"十三五"国家重点出版物出版规划项目
现代机械工程系列精品教材
普通高等教育"十一五"国家级规划教材
山东省高等学校优秀教材一等奖

互换性与技术测量

第 2 版

主　编　韩进宏
副主编　迟彦孝　崔焕勇　谭俊哲
参　编　李云雷　李东兴　戴梦萍
　　　　郑贵明　王红敏　赵海霞
　　　　杨丽颖　董学仁
主　审　唐文彦　许文海

机械工业出版社

本书是在总结多年教学实践经验的基础上,由 2004 年出版的第 1 版修订而成。全书共分 11 章,包括:绪论,几何量测量技术基础,孔、轴的极限与配合,几何公差与几何误差检测,表面粗糙度与检测,光滑工件尺寸检验和光滑极限量规设计,滚动轴承的公差与配合,圆锥的公差与配合,键和花键的公差与检测,螺纹公差,圆柱齿轮公差与检测。书后带有实验指导书。

本书突出对公差带特点的分析与应用,对难点问题分析透彻。每章后均有思考题与习题,并有讲课、解题所需的公差表格,以方便教学与读者自学。

本书可作为普通高等工科院校机械类、仪器仪表类专业的"互换性与技术测量"课程的教材,也可供从事机械与仪器仪表设计、制造工艺、标准化、计量测试等工作的工程技术人员参考。

图书在版编目(CIP)数据

互换性与技术测量/韩进宏主编. —2 版. —北京:机械工业出版社,2017.3(2024.7 重印)

普通高等教育"十一五"国家级规划教材　山东省高等学校优秀教材一等奖

ISBN 978-7-111-55729-6

Ⅰ.①互… Ⅱ.①韩… Ⅲ.①零部件-互换性-高等学校-教材②零部件-测量技术-高等学校-教材　Ⅳ.①TG801

中国版本图书馆 CIP 数据核字(2016)第 306680 号

机械工业出版社(北京市百万庄大街 22 号　邮政编码 100037)
策划编辑:刘小慧　责任编辑:刘小慧　王勇哲　安桂芳　余　皞
责任校对:张晓蓉　封面设计:张　静
责任印制:邓　博
天津市光明印务有限公司印刷
2024 年 7 月第 2 版第 12 次印刷
184mm×260mm・17.75 印张・429 千字
标准书号:ISBN 978-7-111-55729-6
定价:53.80 元

电话服务　　　　　　　网络服务
客服电话:010-88361066　机　工　官　网:www.cmpbook.com
　　　　　010-88379833　机　工　官　博:weibo.com/cmp1952
　　　　　010-68326294　金　书　网:www.golden-book.com
封底无防伪标均为盗版　机工教育服务网:www.cmpedu.com

前言

"互换性与技术测量"是普通高等工科院校机械类与仪器仪表类各专业的一门综合性、实用性都很强的技术基础课。它将互换性原理、标准化生产管理、几何量计量测试等相关知识结合在一起,涉及机械产品及其零件的设计、制造、维修、质量控制与生产管理等多方面的技术问题。

本书是根据国家最新标准编写的,参考了许多已出版的同类教材,融入了编者多年来教学实践中积累的经验,具有以下特点:

1) 紧扣教学大纲要求,注重基础内容,尽量做到少而精,便于自学。

2) 适用面广,40学时左右与20~30学时均可使用,使用者可以根据需要进行取舍。

3) 理论联系实际,结合实例对公差原则等方面的难点问题理清思路,并进行透彻分析,同时将包容要求、最大实体要求和最小实体要求进行比较列表。

4) 为了给学生以后进行课程设计、毕业设计提供必要的参考资料和便于学生解题,本书收录了适量的公差表格。

5) 为减少篇幅,删去了与机械制造工艺课程重复的"尺寸链"内容(如有需要可参阅其他教材)。

6) 为便于开展实验教学,书后带有实验指导书。

本书由山东理工大学韩进宏担任主编,青岛科技大学迟彦孝、济南大学崔焕勇、中国海洋大学谭俊哲担任副主编。其中第一章,第二章,第三章第二节,第四章第三、四节,第五章第三、四、六节,第六章第二节,第八章第三节,第十章第四节和第十一章第二、四、五、七节由韩进宏编写;第三章第一、三、四节,第四章第一、二、五节由迟彦孝和赵海霞编写;第四章第六节,第五章第五节和第六章第一节由李云雷编写;第五章第一、二节由李东兴编写;第七章,第八章第一、二节和第九章由崔焕勇、杨丽颖和董学仁编写;第十章第一、二、三、五节和第十一章第一、三、六节由谭俊哲编写;实验指导书由戴梦萍、郑贵明和王红敏编写。全书由韩进宏统稿和定稿。

本书由哈尔滨工业大学唐文彦教授和大连海事大学许文海教授担任主审。

由于编者水平有限,书中难免存在不当之处,恳请广大读者批评指正。

编　者

于山东淄博

目录

前言

第一章　绪论　1

第一节　互换性与公差的概念　1
第二节　标准化与优先数系　2
第三节　几何量检测的重要性及其发展　6
思考题与习题　6

第二章　几何量测量技术基础　8

第一节　测量与检验的概念　8
第二节　长度和角度基准及其量值传递　8
第三节　计量仪器和测量方法分类　12
第四节　测量误差　16
第五节　各类测量误差的处理　19
第六节　等精度测量列的数据处理　23
思考题与习题　26

第三章　孔、轴的极限与配合　28

第一节　基本术语及定义　28
第二节　公差与配合的标准化　34
第三节　公差与配合的选用　47
第四节　大尺寸、小尺寸公差与配合简介　54
思考题与习题　56

第四章　几何公差与几何误差检测　58

第一节　概述　58
第二节　几何公差的标注　62
第三节　几何公差带的特点分析　68
第四节　公差原则　78
第五节　几何公差的标准化与选用　93
第六节　几何误差的评定与检测原则　99
思考题与习题　103

第五章　表面粗糙度与检测　106

第一节　表面粗糙度的概念及其对零件使用性能的影响　106
第二节　表面粗糙度的评定　107
第三节　表面粗糙度参数及其数值的选择　111
第四节　表面粗糙度轮廓符号的标注方法　113
第五节　表面粗糙度的检测　118
第六节　新旧标准中表面粗糙度术语和参数的比较　119
思考题与习题　120

第六章　光滑工件尺寸检验和光滑极限量规设计　121

第一节　光滑工件尺寸检验　121
第二节　光滑极限量规设计　129
思考题与习题　134

第七章　滚动轴承的公差与配合　135

第一节　滚动轴承的分类及公差特点　135
第二节　滚动轴承配合件公差及选用　137
思考题与习题　144

第八章　圆锥的公差与配合　145

第一节　概述　145
第二节　圆锥几何参数误差对圆锥配合的影响　149
第三节　圆锥的公差与配合选择　151
思考题与习题　157

第九章　键和花键的公差与检测　158

第一节　单键结合的互换性　158

| 第二节 矩形花键结合的互换性 | 161 |
| 思考题与习题 | 166 |

第十章　螺纹公差　167

第一节 螺纹几何参数偏差对互换性的影响	167
第二节 普通螺纹的公差与配合	175
第三节 螺纹的检测	179
第四节 梯形丝杠及螺母的公差	181
第五节 滚珠丝杠副的公差	190
思考题与习题	195

第十一章　圆柱齿轮公差与检测　197

第一节 齿轮的使用要求及加工误差分类	197
第二节 齿轮的强制性检测精度指标、侧隙指标及其检测	200
第三节 齿轮的非强制性检测精度指标及其检测	210
第四节 齿轮副中心距极限偏差和轴线平行度公差	213
第五节 齿轮精度指标的公差及精度等级	215
第六节 齿轮侧隙指标的确定	222
第七节 圆柱齿轮精度设计及应用	224
思考题与习题	227

实验指导书　229

实验一　长度测量　229
　实验 1-1　用立式光学比较仪测量轴的直径　229
　实验 1-2　用内径指示表测量孔的直径　231

实验二　表面粗糙度测量　233
　实验 2-1　用双管显微镜测量表面粗糙度　233
　实验 2-2　用干涉显微镜测量表面粗糙度　236

实验三　几何误差测量　239
　实验 3-1　用圆度仪测量圆度误差　239
　实验 3-2　用投影仪测量线轮廓度　242
　实验 3-3　用光学分度头测量花键角度等分误差　243
　实验 3-4　直线度误差的测量　245
　实验 3-5　平面度误差的测量　248
　实验 3-6　位置误差的测量　252

实验四　螺纹测量　254
　实验 4-1　三针法测量外螺纹的单一中径　254
　实验 4-2　影像法测量螺纹的主要参数　257

实验五　齿轮测量　263
　实验 5-1　齿轮单个齿距偏差与齿距累积总偏差的测量　263
　实验 5-2　齿轮径向综合总偏差的测量　266
　实验 5-3　齿轮齿厚偏差的测量　267
　实验 5-4　齿轮径向跳动的测量　267
　实验 5-5　齿轮公法线长度偏差的测量　268
　实验 5-6　齿轮切向综合总偏差的测量　269

实验六　活塞几何精度的综合测量　272
　实验 6-1　活塞直径尺寸和圆度、平行度等误差测量　272

参考文献　274

第一章 绪论

第一节 互换性与公差的概念

一、互换性的概念

互换性在日常生活中随处可见。例如，灯泡坏了换个新的，自行车的零件坏了也可以换新的。这是因为合格的产品和零部件具有在材料性能、几何尺寸、使用功能上彼此互相替换的性能，即具有互换性。广义上说，互换性是指一种产品、过程或服务能够代替另一产品、过程或服务，且能满足同样要求的能力。

制造业生产中，经常要求产品的零部件具有互换性。什么是零部件的互换性呢？制造业的产品或者机器由许多零部件组成，而这些零部件是由不同的工厂和车间制成的。零部件的互换性就是指在装配时从制成的同一规格的零部件中任意取一件，不需任何挑选或修配，就能与其他零部件安装在一起而组成一台机器，并且能达到规定的使用功能要求。因此可以说，零部件的互换性就是同一规格零部件按规定的技术要求制造，能够彼此相互替换使用而效果相同的性能。

二、公差的概念

加工零件的过程中，由于各种因素（机床、刀具、温度等）的影响，零件的尺寸、形状和表面粗糙度等几何量难以做到理想状态，总是有或大或小的误差。但从零件的使用功能看，不必要求零件几何量制造得绝对准确，只要求零件几何量在某一规定的范围内变动，即保证同一规格零部件（特别是几何量）彼此接近。人们把这个允许几何量变动的范围称为几何量公差。这也是本课程所讲公差的范畴。

为了保证零件的互换性，要用公差来控制误差。设计时要按标准规定公差，而加工时不可避免会产生误差，因此要使零件具有互换性，就应把完工的零件误差控制在规定的公差范围内。设计者的任务就是要正确地确定公差，并把它在图样上明确地表示出来。在满足功能要求的前提下，公差值应尽量规定大一些，以便获得最佳的经济效益。

三、互换性的作用

互换性的作用主要体现在以下三个方面：

（1）在设计方面 若零部件具有互换性，就能最大限度地使用标准件，从而简化绘图和计算等工作，使设计周期变短，利于产品更新换代和 CAD 技术的应用。

(2) 在制造方面　互换性有利于组织专业化生产，使用专用设备和 CAM 技术。

(3) 在使用和维修方面　零部件具有互换性可以及时更换那些已经磨损或损坏的零部件，对于某些易损件可以提供备用件，从而提高机器的使用价值。

互换性在提高产品质量和产品可靠性、提高经济效益等方面均具有重大意义。互换性原则已成为现代制造业中一个普遍遵守的原则。互换性生产对我国现代化生产具有十分重要的意义，但是互换性原则也不是任何情况下都适用。有时只有采取单个配制才符合经济原则，这时零件虽不能互换，但也有公差和检测的要求。

四、互换性的种类

从广义上讲，零部件的互换性应包括几何量、力学性能和理化性能等方面的互换性。但本课程仅讨论零部件几何量的互换性，即几何量方面的公差和检测。

按不同场合对零部件互换的形式和程度的不同要求，互换性可以分为完全互换性和不完全互换性两类。

完全互换性简称互换性，以零部件装配或更换时不需要挑选或修配为条件。孔和轴加工后只要符合设计的规定要求，则它们就具有完全互换性。

不完全互换性也称有限互换性，在零部件装配时允许有附加条件的选择或调整。对于不完全互换性可以采用分组装配法、调整法等方法来实现。

对标准部件或机构来讲，其互换性又可分为内互换性和外互换性。内互换性是指部件或机构内部组成零件间的互换性；外互换性是指部件或机构与其相配合件间的互换性。例如：滚动轴承内、外圈滚道直径与滚动体（滚珠或滚柱）直径间的配合为内互换性；滚动轴承内圈内径与传动轴的配合、滚动轴承外圈外径与壳体孔的配合为外互换性。

第二节　标准化与优先数系

一、标准与标准化的概念

现代制造业生产的特点是规模大、分工细、协作单位多、互换性要求高。为了适应生产中各部门的协调和各生产环节的衔接，必须有一种手段，使分散的、局部的生产部门和生产环节保持必要的统一，成为一个有机的整体，以实现互换性生产。标准与标准化正是联系这种关系的主要途径和手段。实行标准化是互换性生产的基础。

(1) 标准　标准是指为了在一定的范围内获得最佳秩序，对活动或其结果规定共同的和重复使用的规则、导则或特性的文件。标准对于改进产品质量，缩短产品周期，开发新产品和协作配套，提高社会经济效益，发展社会主义市场经济和对外贸易等有很重要的意义。

(2) 标准化　标准化是指为了在一定的范围内获得最佳秩序，对实际或潜在的问题制定共同的和重复使用的规则的活动。标准化是社会化生产的重要手段，是联系设计、生产和使用方面的纽带，是科学管理的重要组成部分。标准化对于改进产品、过程和服务的适用性，防止贸易壁垒，促进技术合作方面具有特别重要的意义。

标准化工作包括制定标准、发布标准、组织实施标准和对标准的实施进行监督的全部活动过程。这个过程是从探索标准化对象开始，经调查、实验和分析，进而起草、制定和贯彻标准，而后修订标准。因此，标准化是个不断循环而又不断提高其水平的过程。

二、标准分类

（1）**按标准的使用范围** 我国将标准分为国家标准、行业标准、地方标准和企业标准。国家标准就是需要在全国范围内统一的技术要求。

行业标准就是对没有国家标准，而又需要在全国某行业范围内统一的技术要求。但在有了国家标准后，该项行业标准即行废止。

地方标准就是对没有国家标准和行业标准，而又需要在省、自治区、直辖市范围内统一的工业产品的安全、卫生等要求。但在公布相应的国家标准或行业标准后，该地方标准废止。

企业标准就是对企业生产的产品，在没有国家标准和行业标准的情况下，制定作为组织生产的依据。对于已有国家标准或行业标准的，企业也可以制定严于国家标准或行业标准的企业标准，在企业内部使用。

（2）**按标准的作用范围** 将标准分为国际标准、区域标准、国家标准、地方标准和试行标准。

国际标准、区域标准、国家标准、地方标准分别是由国际标准化组织、区域标准化组织、国家标准机构、在国家的某个区域一级所通过并发布的标准。试行标准是由某个标准化机构临时采用并公开发布的文件，以便在使用中有必要作为标准依据的经验。

（3）**按标准化对象的特征** 将标准分为基础标准、产品标准、方法标准和安全、卫生与环境保护标准等。

基础标准是指在一定范围内作为标准的基础并普遍使用，具有广泛指导意义的标准，如极限与配合标准、几何公差标准、渐开线圆柱齿轮精度标准等。基础标准是以标准化共性要求和前提条件为对象的标准，是为了保证产品的结构功能和制造质量而制定的、一般工程技术人员必须采用的通用性标准，也是制定其他标准时可依据的标准。本书所涉及的标准就是基础标准。

（4）**按标准的性质** 标准又可分为技术标准、工作标准和管理标准。技术标准指根据生产技术活动的经验和总结，作为技术上共同遵守的法规而制定的。

三、国际标准化的发展历程

标准化在人类开始创造工具时就已出现。标准化是社会生产劳动的产物。标准化在近代工业兴起和发展的过程中显得重要起来。早在19世纪，标准化在国防、造船、铁路运输等行业中的应用十分突出。标准化在行业中的应用也很广泛。到了20世纪初，一些国家相继成立全国性的标准化组织机构，推进了本国的标准化事业。以后由于生产的发展，国际交流越来越频繁，因而出现了地区性和国际性的标准化组织。1926年成立了国际标准化协会（简称ISA），1947年重建国际标准化协会，并改名为国际标准化组织（简称ISO）。现在，这个世界上最大的标准化组织已成为联合国甲级咨询机构。ISO 9000系列标准的颁发，使世界各国的质量管理及质量保证的原则、方法和程序，都统一在国际标准的基础之上。

四、我国标准化的发展

我国标准化是在1949年新中国成立后得到重视并发展的。1958年发布第一批120项国家标准。从 1959 年开始，陆续制定并发布了公差与配合、形状和位置公差、公差原则、表面粗糙度、光滑极限量规、渐开线圆柱齿轮精度、极限与配合等许多公差标准。我国在 1978 年恢复为 ISO 成员国，承担 ISO 技术委员会秘书处工作和国际标准草案起草工作。从 1979 年开始，我国制定并发布了以国际标准为基础制定的新的公差标准。从 1992 年开始，我国又发布了以国际标准为基础进行修订的/T 类新公差标准。1988 年全国人大常委会通过并由国家主席发布了《中华人民共和国标准化法》。1993 年全国人大常委会通过并由国家主席发布了《中华人民共和国产品质量法》。我国公差标准化的水平在我国社会主义现代化建设过程中不断发展提高，对我国经济的发展做出了很大的贡献。

五、优先数系及其公比

国家标准 GB/T 321—2005《优先数和优先数系》规定十进等比数列为优先数系，并规定了五个系列，分别用系列符号 R5、R10、R20、R40 和 R80 表示，称为 Rr 系列。其中前四个系列是常用的基本系列，R80 作为补充系列，仅用于分级很细的特殊场合。

优先数系是工程设计和工业生产中常用的一种数值制度。优先数与优先数系是 19 世纪末（1877 年），由法国人查尔斯·雷诺（Charles Renard）首先提出的。当时载人升空的气球所使用的绳索尺寸由设计者随意规定，多达 425 种。雷诺根据单位长度不同直径绳索的重量级数来确定绳索的尺寸，按几何公比递增，每进 5 项使项值增大 10 倍，把绳索规格减少到 17 种，并在此基础上产生了优先数系的系列。后人为了纪念雷诺将优先数系称为 Rr 数系。基本系列 R5、R10、R20、R40 的 1~10 常用值见表 1-1。

表 1-1 优先数系基本系列的常用值

基本系列	1~10 的常用值									
R5	1.00		1.60		2.50		4.00		6.30	10.00
R10	1.00	1.25	1.60	2.00	2.50	3.15	4.00	5.00	6.30	8.00	10.00
R20	1.00	1.12	1.25	1.40	1.60	1.80	2.00	2.24	2.50	2.80
	3.15	3.55	4.00	4.50	5.00	5.60	6.30	7.10	8.00	9.00	10.00
R40	1.00	1.06	1.12	1.18	1.25	1.32	1.40	1.50	1.60	1.70	1.80
	1.90	2.00	2.12	2.24	2.36	2.50	2.65	2.80	3.00	3.15	3.35
	3.55	3.75	4.00	4.25	4.50	4.75	5.00	5.30	5.60	6.00	6.30
	6.70	7.10	7.50	8.00	8.50	9.00	9.50	10.00

优先数系是十进等比数列，其中包含 10 的所有整数幂（…, 0.01, 0.1, 1, 10, 100, …）。只要知道一个十进段内的优先数值，其他十进段内的数值就可由小数点的前后移位得到。优先数系中的数值可方便地向两端延伸，由表 1-1 中的数值，使小数点前后移位，便可以得到所有小于 1 和大于 10 的任意优先数。

优先数系的公比 $q_r = \sqrt[r]{10}$。优先数在同一系列中，每隔 r 个数，其值增加 10 倍。由表 1-1 可以看出，基本系列 R5、R10、R20、R40 的公比分别为：$q_5 = \sqrt[5]{10} \approx 1.60$、$q_{10} = \sqrt[10]{10} \approx 1.25$、$q_{20} = \sqrt[20]{10} \approx 1.12$、$q_{40} = \sqrt[40]{10} \approx 1.06$。另外补充系列 R80 的公比为：$q_{80} = \sqrt[80]{10} \approx 1.03$。

六、优先数与优先数系的特点

优先数系中的任何一个项值均称为优先数。优先数的理论值为 $(\sqrt[r]{10})^{N_r}$，其中 N_r 是任意整数。按照此式计算得到的优先数的理论值，除 10 的整数幂外，大多为无理数，工程技术中不宜直接使用。而实际应用的数值都是经过化整处理后的近似值，根据取值的有效数字位数，优先数的近似值可以分为：计算值（取 5 位有效数字，供精确计算用）；常用值（即优先值，取 3 位有效数字，是经常使用的）；化整值（是将常用值进行化整处理后所得的数值，一般取 2 位有效数字）。

优先数系主要有以下特点：

1) 任意相邻两项间的相对差近似不变（按理论值则相对差为恒定值）。如 R5 系列约为 60%，R10 系列约为 25%，R20 系列约为 12%，R40 系列约为 6%，R80 系列约为 3%。由表 1-1 可以明显地看出这一点。

2) 任意两项的理论值经计算后仍为一个优先数的理论值。计算包括任意两项理论值的积或商，任意一项理论值的正、负整数乘方等。

3) 优先数系具有相关性。优先数系的相关性表现为：在上一级优先数系中隔项取值，就得到下一系列的优先数系；反之，在下一系列中插入比例中项，就得到上一系列。如在 R40 系列中隔项取值，就得到 R20 系列，在 R10 系列中隔项取值，就得到 R5 系列；又如在 R5 系列中插入比例中项，就得到 R10 系列，在 R20 系列中插入比例中项，就得到 R40 系列。这种相关性也可以说成：R5 系列中的项值包含在 R10 系列中，R10 系列中的项值包含在 R20 系列中，R20 系列中的项值包含在 R40 系列中，R40 系列中的项值包含在 R80 系列中。

七、优先数系的派生系列

为使优先数系具有更宽广的适应性，可以从基本系列中，每逢 p 项留取一个优先数，生成新的派生系列，以符号 Rr/p 表示。派生系列的公比为

$$q_{r/p} = q_r^p = (\sqrt[r]{10})^p = 10^{p/r}$$

如派生系列 R10/3，就是从基本系列 R10 中，自 1 以后每逢 3 项留取一个优先数而组成的，即 1.00，2.00，4.00，8.00，16.0，32.0，64.0，…

八、优先数系的选用规则

优先数系的应用很广泛，它适用于各种尺寸、参数的系列化和质量指标的分级，对保证各种工业产品的品种、规格、系列的合理化分档和协调配套具有十分重要的意义。

选用基本系列时，应遵守先疏后密的规则，即按 R5、R10、R20、R40 的顺序选用；当基本系列不能满足要求时，可选用派生系列，注意应优先采用公比较大和延伸项含有项值 1 的派生系列；根据经济性和需要量等不同条件，还可分段选用最合适的系列，以复合系列的形式来组成最佳系列。

由于优先数系中包含有各种不同公比的系列，因而可以满足各种较密和较疏的分级要求。优先数系以其广泛的适用性，成为国际上通用的标准化数系。工程技术人员应在一切标

准化领域中尽可能地采用优先数系，以达到对各种技术参数协调、简化和统一的目的，促进国民经济更快、更稳地发展。

第三节　几何量检测的重要性及其发展

一、几何量检测的重要性

几何量检测是组织互换性生产必不可少的重要措施。由于零部件的加工误差不可避免，决定了必须采用先进的公差标准，对构成机械的零部件的几何量规定合理的公差，用以实现零部件的互换性。但若不采用适当的检测措施，规定的公差也就形同虚设，不能发挥作用。

因此，应按照公差标准和检测技术要求对零部件的几何量进行检测。只接受几何量合格者，才能保证零部件在几何量方面的互换性。检测是检验和测量的统称。一般来说：测量的结果能够获得具体的数值；检验的结果只能判断合格与否，而不能获得具体数值。

但是，必须注意到，在检测过程中又会不可避免地产生或大或小的测量误差。这将导致两种误判：一是把不合格品误认为合格品而给予接受——误收；二是把合格品误认为废品而给予报废——误废。这是测量误差表现在检测方面的矛盾，需要从保证产品的质量和经济性两方面综合考虑，合理解决。

检测的目的不仅仅在于判断工件合格与否，还有积极的一面，就是根据检测的结果，分析产生废品的原因，以便设法减少和防止废品。

二、我国在几何量检测方面的发展历程

在我国悠久的历史上，很早就有关于几何量检测的记载。秦朝就已经统一了度量衡制度，西汉已有了铜制卡尺。但长期的封建统治，使得科学技术未能进一步发展，检测技术和计量器具一直处于落后的状态，直到 1949 年新中国成立后才扭转了这种局面。

1959 年国务院发布了《关于统一计量制度的命令》，1977 年国务院发布了《中华人民共和国计量管理条例》，1984 年国务院发布了《关于在我国统一实行法定计量单位的命令》，1985 年全国人大常委会通过并由国家主席发布了《中华人民共和国计量法》。这些对于我国采用国际米制作为长度计量单位，健全各级计量机构和长度量值传递系统，保证全国计量单位统一和量值准确可靠，促进我国社会主义现代化建设和科学技术的发展具有特别重要的意义。

在建立和加强我国计量制度的同时，我国的计量器具制造业也有了较大的发展。现在已有许多量仪厂和量具刃具厂，生产的许多品种的计量仪器用于几何量检测，如万能测长仪、万能工具显微镜、万能渐开线检查仪等。此外，还能制造一些世界水平的量仪，如激光光电比长仪、激光丝杠动态检查仪、光栅式齿轮整体误差测量仪、碘稳频 612 激光器、无导轨大长度测量仪等。

思考题与习题

1-1　零件具有什么性能才称它们具有互换性？互换性有什么作用？互换性的分类如何？

1-2　为什么要制定《优先数和优先数系》的国家标准？优先数系是一种什么数列？它有何特点？有哪些优先数的基本系列？什么是优先数的派生系列？

1-3　试写出下列基本系列和派生系列中自 1 以后的 5 个优先数的常用值：R10，R10/2，R20/3，R5/3。

1-4　有一组计算公式为 $10i$，$16i$，$25i$，$40i$，$64i$，$100i$，$160i$，…；另一组公式的系数为 0.50，0.63，0.80，1.00，1.25，1.60，2.00。试判断它们各属于何种优先数的系列（i 为公差单位）。

第二章 几何量测量技术基础

本章主要介绍几何量测量技术方面的基本知识，包括量值传递系统，量块基本知识，测量用器具的基本计量参数，测量误差的特点及分类，测量误差的处理方法，测量结果的数据处理等。

第一节 测量与检验的概念

检测是测量与检验的总称。测量是指将被测量与作为测量单位的标准量进行比较，从而确定被测量的实验过程，而检验则是判断零件是否合格而不需要测出具体数值。

由测量的定义可知，任何一个测量过程都必须有明确的被测对象和确定的测量单位，还要有与被测对象相适应的测量方法，而且测量结果还要达到所要求的测量精度。因此，一个完整的测量过程应包括如下四个要素：

(1) 被测对象　人们研究的被测对象是几何量，即长度、角度、形状、位置、表面粗糙度以及螺纹、齿轮等零件的几何参数。

(2) 测量单位　我国采用的法定计量单位是：长度的计量单位为米(m)，角度单位为弧度 (rad)和度(°)、分(′)、秒(″)。在机械零件制造中，常用的长度计量单位是毫米(mm)，在几何量精密测量中，常用的长度计量单位是微米(μm)，在超精密测量中，常用的长度计量单位是纳米(nm)。常用的角度计量单位是弧度、微弧度(μrad)和度、分、秒，$1\mu rad = 10^{-6} rad$，$1° = 0.0174533\ rad$。

(3) 测量方法　测量时所采用的测量原理、测量器具和测量条件的总和称为测量方法。

(4) 测量精度　测量结果与被测量真值的一致程度称为测量精度。精密测量要将误差控制在允许的范围内，以保证测量精度。为此，除了合理地选择测量器具和测量方法，还应正确估计测量误差的性质和大小，以便保证测量结果具有较高的置信度。

第二节 长度和角度基准及其量值传递

一、长度基准与量值传递

国际上统一使用的米制长度基准是在 1983 年第 17 届国际计量大会上通过的，以米作为长度基准。米的新定义为："米为光于真空中在 (1/299 792 458) s 的时间间隔内所行进的距离"。为了保证长度测量的精度，还需要建立准确的量值传递系统。鉴于激光稳频技术的发展，用激光波长作为长度基准具有很好的稳定性和复现性。我国采用碘吸收稳定的 0.633 μm 氦氖激光辐射作为波长标准来复现"米"。

在实际应用中，不能直接使用光波作为长度基准进行测量，而是采用各种测量器具进行测量。为了保证量值统一，必须把长度基准的量值准确地传递到生产中应用的计量器具和被测工件上。长度基准的量值传递系统如图 2-1 所示。

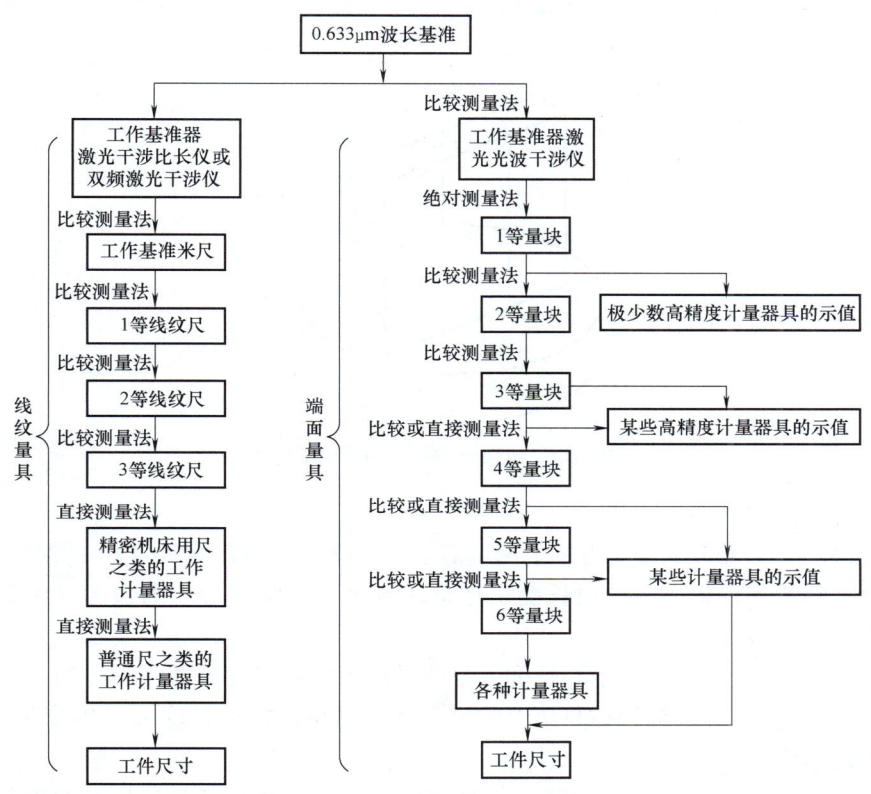

图 2-1　长度基准的量值传递系统

二、角度基准与量值传递

角度是重要的几何量之一，一个圆周角定义为 360°，角度不需要像长度一样建立自然基准。但在计量部门，为了方便，仍采用多面棱体（棱形块）作为角度量值的基准。机械制造中的角度标准一般是角度量块、测角仪或分度头等。

多面棱体有 4 面、6 面、8 面、12 面、24 面、36 面及 72 面等。以多面棱体作为角度基准的量值传递系统，如图 2-2 所示。

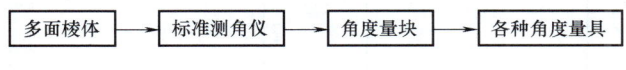

图 2-2　角度基准的量值传递系统

三、量块

量块是精密测量中经常使用的标准量具，分长度量块和角度量块两类。下面介绍长度量块和角度量块的有关问题。

1. 长度量块

长度量块是单值端面量具，其形状大多为长方六面体，其中一对平行平面为量块的工作表面，两工作表面的间距即长度量块的工作尺寸。量块由特殊合金钢制成，耐磨且不易变形，工作表面之间或与辅助体（图2-3）表面间具有可研合性，以便组成所需尺寸的量块组。

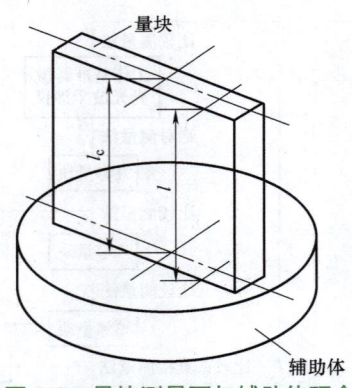

图 2-3 量块测量面与辅助体研合

（1）长度量块尺寸方面的术语

1）量块长度 l。量块长度 l 是一个测量面上的任意点到与其相对的另一测量面相研合的辅助体表面之间的垂直距离。量块长度是指量块测量面上除中心点和边缘（0.8mm）以外的实际测得的长度值（图2-3）。

2）量块中心长度 l_c。量块中心长度 l_c 是测量面上中心点的长度（图2-3）。

3）量块标称长度 l_n。标记在量块上的尺寸称为量块的标称长度 l_n，单位为 m。l_n 也称为量块长度的示值。

4）量块长度偏差 e。量块长度偏差 e 是指任意点的量块长度与标称长度的代数差，即 $e = l - l_n$。量块长度偏差 e 的允许值称为极限偏差 $\pm t_e$。量块长度偏差 e 的合格条件为：$-t_e \leq e \leq +t_e$。量块长度极限偏差值 $\pm t_e$ 列在表2-1中。

5）量块长度变动量 v。量块长度变动量 v 是量块测量面上任意点中最大长度 l_{max} 与最小长度 l_{min} 的差值（图2-4a），即 $v = l_{max} - l_{min}$。量块长度变动量 v 的最大允许值用 t_v 表示。量块长度变动量 v 的合格条件为：$v \leq t_v$。量块长度变动量的最大允许值 t_v 列在表2-1和表2-2中。

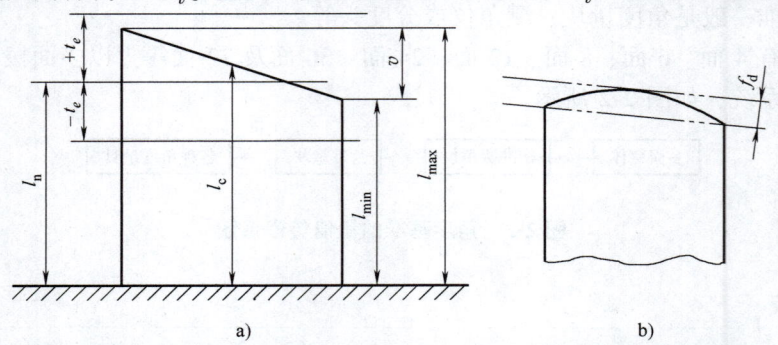

图 2-4 量块长度极限偏差 $\pm t_e$ 和长度变动量 v 以及测量面的平面度 f_d

a）长度极限偏差 $\pm t_e$ 和长度变动量 v b）测量面的平面度 f_d

6）量块测量面的平面度 f_d。量块测量面的平面度 f_d 是包容测量面且距离为最小的两个相互平行平面间的距离（图 2-4b）。量块测量面的平面度 f_d 的最大允许值列于表 2-3 中。

（2）长度量块的分级　量块按制造精度分为五级，即 0、1、2、3、K 级，其中 0 级精度最高，3 级精度最低。K 级为校准级，用来校准 0、1、2 级量块。量块的"级"主要是根据量块长度极限偏差 $\pm t_e$ 和量块长度变动量的允许值 t_v 来划分的。量块按"级"使用时，以量块的标称长度作为工作尺寸。该尺寸包含了量块的制造误差，不需要加修正值，使用较方便，但不如按"等"使用的测量精度高。量块分级的精度指标见表 2-1。

表 2-1　量块测量面上任意点的长度极限偏差 $\pm t_e$ 和长度变动量的最大允许值 t_v

（摘自 JJG 146—2011）　　　　　　　　　　　　　　　　（单位：μm）

标称长度 l_n/mm	K 级		0 级		1 级		2 级		3 级	
	$\pm t_e$	t_v	$\pm t_e$	t_v	$\pm t_e$	t_v	$\pm t_e$	t_v	$\pm t_e$	t_v
$l_n \leq 10$	±0.20	0.05	±0.12	0.10	±0.20	0.16	±0.45	0.30	±1.0	0.50
$10 < l_n \leq 25$	±0.30	0.05	±0.14	0.10	±0.30	0.16	±0.60	0.30	±1.2	0.50
$25 < l_n \leq 50$	±0.40	0.06	±0.20	0.10	±0.40	0.18	±0.80	0.30	±1.6	0.55
$50 < l_n \leq 75$	±0.50	0.06	±0.25	0.12	±0.50	0.18	±1.00	0.35	±2.0	0.55
$75 < l_n \leq 100$	±0.60	0.07	±0.30	0.12	±0.60	0.20	±1.20	0.35	±2.5	0.60
$100 < l_n \leq 150$	±0.80	0.08	±0.40	0.14	±0.80	0.20	±1.60	0.40	±3.0	0.65
$150 < l_n \leq 200$	±1.00	0.09	±0.50	0.16	±1.00	0.25	±2.00	0.40	±4.0	0.70
$200 < l_n \leq 250$	±1.20	0.10	±0.60	0.16	±1.20	0.25	±2.40	0.45	±5.0	0.75

（3）长度量块的分等　量块按检定精度分为 1~5 等，其中 1 等精度最高，5 等精度最低。量块按"等"使用时，是以量块检定书列出的实测中心长度作为工作尺寸，该尺寸排除了量块的制造误差，只包含检定时较小的测量误差。因此，量块按"等"使用比按"级"使用的测量精度高。各等量块的精度指标（长度测量不确定度和长度变动量最大允许值）见表 2-2。

表 2-2　各等量块长度测量不确定度和长度变动量最大允许值

（摘自 JJG 146—2011）　　　　　　　　　　　　　　　　（单位：μm）

标称长度 l_n/mm	1 等		2 等		3 等		4 等		5 等	
	测量不确定度	长度变动量	测量不确定度	长度变动量	测量不确定度	长度变动量	测量不确定度	长度变动量	测量不确定度	长度变动量
$l_n \leq 10$	0.022	0.05	0.06	0.10	0.11	0.16	0.22	0.30	0.6	0.50
$10 < l_n \leq 25$	0.025	0.05	0.07	0.10	0.12	0.16	0.25	0.30	0.6	0.50
$25 < l_n \leq 50$	0.030	0.06	0.08	0.12	0.15	0.18	0.30	0.30	0.8	0.55
$50 < l_n \leq 75$	0.035	0.06	0.09	0.12	0.18	0.18	0.35	0.35	0.9	0.55
$75 < l_n \leq 100$	0.040	0.07	0.10	0.12	0.20	0.20	0.4	0.35	1.0	0.60
$100 < l_n \leq 150$	0.05	0.08	0.12	0.14	0.25	0.20	0.5	0.40	1.2	0.65
$150 < l_n \leq 200$	0.06	0.09	0.15	0.16	0.30	0.25	0.6	0.40	1.5	0.70
$200 < l_n \leq 250$	0.07	0.10	0.16	0.16	0.35	0.25	0.7	0.45	1.8	0.75

注：1. 距离测量面边缘 0.8mm 范围内不计。

　　2. 表内测量不确定度置信概率为 99%。

长度量块的分等，其量值按长度量值传递系统进行，即低一等的量块检定，必须用高一等的量块做基准进行测量。

按"等"使用量块，在测量上需要加入修正值，虽麻烦一些，但消除了量块尺寸制造误差的影响，便可用制造精度较低的量块进行较精密的测量。

（4）长度量块的尺寸组合　利用量块的研合性，可根据实际需要，用多个尺寸不同的量块研合组成所需要的长度标准量，为保证精度一般不超过四块。量块是成套制成的，每套包括一定数量不同尺寸的量块。表2-4列出了83块和46块成套量块的标称尺寸构成。

长度量块的尺寸组合一般采用消尾法，即选一块量块应消去一位尾数。如尺寸46.725mm使用83块套的量块组合为：46.725mm=1.005mm+1.22mm+4.5mm+40mm。

量块常作为尺寸传递的长度标准和计量仪器示值误差的检定标准，也可作为精密机械零件测量、精密机床和夹具调整时的尺寸基准。

表2-3　量块测量面的平面度 f_d 的最大允许值

（摘自JJG146—2011）　　　　　　　　　　　　　　（单位：μm）

标称长度 l_n/mm	等	级	等	级	等	级	等	级
	1	K	2	0	3,4	1	5	2,3
$0.5<l_n≤150$	0.05		0.10		0.15		0.25	
$150<l_n≤500$	0.10		0.15		0.18		0.25	
$500<l_n≤1000$	0.15		0.18		0.20		0.25	

注：1. 距离测量面边缘0.8mm范围内不计。
　　2. 距离测量面边缘0.8mm范围内，表面不得高于测量面的平面。

表2-4　83块和46块成套量块尺寸组成表

（摘自GB/T 6093—2001）

总块数	尺寸系列/mm	间隔/mm	块数	总块数	尺寸系列/mm	间隔/mm	块数
83	0.5		1	46	1		1
	1		1		1.001~1.009	0.001	9
	1.005		1		1.01~1.09	0.01	9
	1.01~1.49	0.01	49		1.1~1.9	0.1	9
	1.5~1.9	0.1	5		2~9	1	8
	2.0~9.5	0.5	16		10~100	10	10
	10~100	10	10				

2. 角度量块

角度量块有三角形（一个工作角）和四边形（四个工作角）两种。三角形角度量块只有一个工作角（10°~79°）可以用作角度测量的标准量，而四边形角度量块则有四个工作角（80°~100°）可以用作角度测量的标准量。

第三节　计量仪器和测量方法分类

一、计量仪器的分类

1. 量具类

量具类是通用的有刻度的或无刻度的一系列单值和多值的量块和量具等，如长度量块、直角尺、角度量块、线纹尺、游标卡尺、千分尺等。

2. 量规类

量规是没有刻度且专用的计量器具，可用以检验零件要素实际尺寸和几何误差的综合结果。使用量规检验不能得到工件的具体实际尺寸和几何误差值，而只能确定被检验工件是否合格。如使用光滑极限量规检验孔、轴，只能判定孔、轴的合格与否，不能得到孔、轴的实际尺寸。

3. 计量仪器

计量仪器（简称量仪）是能将被测几何量的量值转换成可直接观测的示值或等效信息的一类计量器具。计量仪器按原始信号转换的原理可分为以下几种。

（1）机械量仪　机械量仪是指用机械方法实现原始信号转换的量仪，一般都具有机械测微机构。这种量仪结构简单、性能稳定、使用方便，如指示表、杠杆比较仪等。

（2）光学量仪　光学量仪是指用光学方法实现原始信号转换的量仪，一般都具有光学放大（测微）机构。这种量仪精度高、性能稳定，如光学比较仪、工具显微镜、干涉仪等。

（3）电动量仪　电动量仪是指能将原始信号转换为电量信号的量仪，一般都具有放大、滤波等电路。这种量仪精度高、测量信号经 A/D 转换后，易于与计算机连接实现测量和数据处理的自动化，如电感比较仪、电动轮廓仪、圆度仪等。

（4）气动量仪　气动量仪是以压缩空气为介质，通过气动系统流量或压力的变化来实现原始信号转换的量仪。这种量仪结构简单，测量精度和效率高，操作方便，但示值范围小，如水柱式气动量仪、浮标式气动量仪等。

4. 计量装置

计量装置是指为确定被测几何量量值所必需的计量器具和辅助设备的总体。它能够测量同一工件上较多的几何量和形状比较复杂的工件，有助于实现检测自动化或半自动化，如齿轮综合精度检查仪、发动机缸体孔的几何精度综合测量仪等。

二、计量器具的基本技术性能指标

计量器具的基本技术性能指标是合理选择和使用计量器具的重要依据。下面以机械式测微比较仪（图 2-5）为例介绍一些常用的计量技术性能指标。

（1）标尺间距　标尺间距是指计量器具的标尺或分度盘上相邻两刻线中心之间的距离或圆弧长度。考虑人眼观察的方便，一般应取标尺间距为 1~2.5mm。

（2）分度值　分度值是指计量器具的标尺或分度盘上每一标尺间距所代表的量值。一般长度计量器具的分度值有 0.1mm、0.05mm、0.02mm、0.01mm、0.005mm、0.002mm、0.001mm 等几种。一般来说，分度值越小，计量器具的精度就越高。

（3）分辨力　分辨力是指计量器具所能显示的最末一位数所代表的量值。由于在一些量仪（如数字式量仪）中，其读数采用非标尺或非分度盘显示，因此就不能使用分度值这一概念，而将其称作分辨力。例如，国产 JC19 型数显式万能工具显微镜的分辨力为 0.5μm。

（4）示值范围　示值范围是计量器具所能显示或指示的被测几何量起始值到终止值的范围。例如，立式光学比较仪的示值范围为±100μm。

（5）测量范围　测量范围是计量器具在允许的误差限度内所能测出的被测几何量量值的下限值到上限值的范围。一般测量范围上限值与下限值之差称为量程。例如，立式光学比

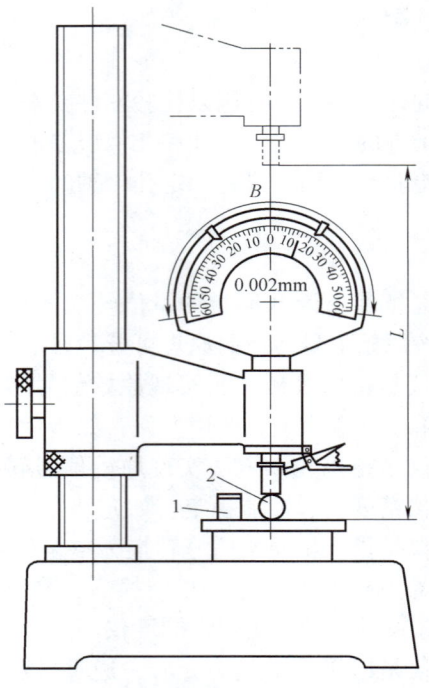

图 2-5 机械式测微比较仪
1—量块（组） 2—被测工件

较仪的测量范围为 0~180mm，或称立式光学比较仪的量程为 180mm。

（6）**灵敏度** 灵敏度是计量器具对被测几何量微小变化的响应变化能力。若被测几何量的变化为 Δx，该几何量引起计量器具的响应变化能力为 ΔL，则灵敏度为

$$S = \Delta L / \Delta x \tag{2-1}$$

当式（2-1）中分子和分母为同种量时，灵敏度也称为放大比或放大倍数。对于具有等分刻度的标尺或分度盘的量仪，放大倍数 K 等于标尺间距 a 与分度值 i 之比，即

$$K = a/i \tag{2-2}$$

（7）**示值误差** 示值误差是指计量器具上的示值与被测几何量的真值的代数差。一般来说，示值误差越小，计量器具的精度就越高。

（8）**修正值** 修正值是指为了消除或减少系统误差，用代数法加到测量结果上的数值，其大小与示值误差的绝对值相等，而符号相反。例如，示值误差为 -0.004mm，则修正值为 $+0.004$mm。

（9）**测量重复性** 测量重复性是指在相同的测量条件下，对同一被测几何量进行多次测量时，各测量结果之间的一致性。通常以测量重复性误差的极限值（正、负偏差）来表示。

（10）**不确定度** 不确定度是指由于测量误差的存在而对被测几何量量值不能肯定的程度。直接反映测量结果的置信度。

三、测量方法的分类

在实际工作中，测量方法通常是指获得测量结果的具体方式，它可以按下面几种情况进

行分类。

1. 按实测几何量是否就是被测几何量分类

(1) 直接测量　直接测量是指被测几何量的量值直接由计量器具读出。例如，用游标卡尺、千分尺测量轴径的大小。

(2) 间接测量　间接测量是指欲测量的几何量的量值由实测几何量的量值按一定的函数关系式运算后获得。例如，采用"弓高弦长法"间接测量圆弧样板的半径 R，只要测得弓高 h 和弦长 b 的量值，然后按公式进行计算即可得到 R 的量值。

直接测量过程简单，其测量精度只与这一测量过程有关，而间接测量的精度不仅取决于实测几何量的测量精度，还与所依据的计算公式和计算的精度有关。一般来说，直接测量的精度比间接测量的精度高。因此，应尽量采用直接测量，对于受条件所限无法进行直接测量的场合采用间接测量。

2. 按示值是否就是被测几何量的量值分类

(1) 绝对测量　绝对测量是计量器具的示值就是被测几何量的量值。例如，用游标卡尺、千分尺测量轴径的大小。

(2) 相对测量　相对测量（又称比较测量）是计量器具的示值只是被测几何量相对于标准量（已知）的偏差，被测几何量的量值等于已知标准量与该偏差值（示值）的代数和。例如，用立式光学比较仪测量轴径，测量时先用量块调整示值零位，该比较仪指示出的示值为被测轴径相对于量块尺寸的偏差。一般来说，相对测量的精度比绝对测量的精度高。

3. 按测量时被测表面与计量器具的测头是否接触分类

(1) 接触测量　接触测量是在测量过程中，计量器具的测头与被测表面接触，即有测量力存在。例如，用立式光学比较仪测量轴径。

(2) 非接触测量　非接触测量是在测量过程中，计量器具的测头不与被测表面接触，即无测量力存在。例如，用光切显微镜测量表面粗糙度，用气动量仪测量孔径。

对于接触测量，测头和被测表面的接触会引起弹性变形，即产生测量误差；而非接触测量则无此影响，故易变形的软质表面或薄壁工件多用非接触测量。

4. 按工件上是否有多个被测几何量同时测量分类

(1) 单项测量　单项测量是对工件上的各个被测几何量分别进行测量。例如，用公法线千分尺测量齿轮的公法线长度偏差，用跳动检查仪测量齿轮的齿轮径向跳动等。

(2) 综合测量　综合测量是对工件上几个相关几何量的综合效应同时测量得到综合指标，以判断综合结果是否合格。例如，用齿距仪测量齿轮的齿距累积总偏差，实际上反映的是齿轮的公法线长度偏差和齿轮径向跳动两种误差的综合结果。

综合测量的效率比单项测量的效率高。一般来说，单项测量便于分析工艺指标；综合测量便于只要求判断合格与否，而不需要得到具体的测得值的场合。

依据测头和被测表面之间是否处于相对运动状态，还可以分为动态测量和静态测量。动态测量是在测量过程中，测头与被测表面处于相对运动状态。动态测量效率高，并能测出工件上几何参数连续变化时的情况。例如，用电动轮廓仪测量表面粗糙度就是动态测量。此外，还有主动测量（也称在线测量），是在加工工件的同时对被测几何量进行测量。其测量结果可直接用以控制加工过程，及时防止废品的产生。

第四节 测量误差

一、测量误差的概念

对于任何测量过程来说,由于计量器具和测量条件的限制,不可避免地会出现或大或小的测量误差。因此,每一个实际测得值往往只是在一定程度上接近被测几何量的真值,这种实际测得值与被测几何量的真值之差称为测量误差。测量误差可以用绝对误差或相对误差来表示。

1. 绝对误差

绝对误差是指被测几何量的测得值与其真值之差,即

$$\delta = x - x_0 \tag{2-3}$$

式中 δ——绝对误差;
    x——被测几何量的测得值;
    x_0——被测几何量的真值。

绝对误差可能是正值,也可能是负值。这样,被测几何量的真值可用下式来表示,即

$$x_0 = x \pm |\delta| \tag{2-4}$$

按照此式,可以由测得值和测量误差来估计真值存在的范围。测量误差的绝对值越小,则被测几何量的测得值就越接近真值,就表明测量精度越高,反之,则表明测量精度越低。对于大小不相同的被测几何量,用绝对误差表示测量精度不方便,所以需要用相对误差来表示或比较它们的测量精度。

2. 相对误差

相对误差是指绝对误差(取绝对值)与真值之比,即 $f = |\delta|/x_0$。由于 x_0 无法得到,因此在实际应用中常以被测几何量的测得值代替真值估算相对误差,则

$$f \approx |\delta|/x \tag{2-5}$$

式中 f——相对误差。

相对误差是一个无量纲的数值,通常用百分比来表示。例如,测得两个孔的直径大小分别为 25.43mm 和 41.94mm,其绝对误差分别为 +0.02mm 和 +0.01mm,由式(2-5)计算得到其相对误差分别为

$$f_1 = 0.02/25.43 = 0.0786\%$$
$$f_2 = 0.01/41.94 = 0.0238\%$$

显然后者的测量精度比前者高。

二、测量误差的来源

由于测量误差的存在,测得值只能近似地反映被测几何量的真值。为减小测量误差,就须分析产生测量误差的原因,以便提高测量精度。在实际测量中,产生测量误差的因素很多,归纳起来主要有以下几个方面。

1. 计量器具的误差

计量器具的误差是计量器具本身的误差,包括计量器具的设计、制造和使用过程中的误

差，这些误差的总和反映在示值误差和测量的重复性上。

设计计量器具时，为了简化结构而采用近似设计的方法会产生测量误差。例如，当设计的计量器具不符合阿贝原则时也会产生测量误差。

阿贝原则是指测量长度时，应使被测零件的尺寸线（简称被测线）和量仪中作为标准的刻度尺（简称标准线）重合或顺次排成一条直线。例如，千分尺的标准线（测微螺杆轴线）与工件被测线（被测直径）在同一条直线上，而游标卡尺作为标准长度的刻度尺与被测直径不在同一条直线上。一般符合阿贝原则的测量引起的测量误差很小，可以略去不计；不符合阿贝原则的测量引起的测量误差较大。所以用千分尺测量轴径要比用游标卡尺测量轴径的测量误差更小，即测量精度更高。有关阿贝原则的详细内容可以参考精密测量与计量仪器方面的书籍。

计量器具零件的制造和装配误差也会产生测量误差。例如，标尺的刻线距离不准确、指示表的分度盘与指针回转轴的安装有偏心等皆会产生测量误差。计量器具在使用过程中的变形等也会产生测量误差。此外，相对测量时使用的标准量（如长度量块）的制造误差也会产生测量误差。

2. 方法误差

方法误差是指测量方法的不完善（包括计算公式不准确，测量方法选择不当，工件安装、定位不准确等）引起的误差，它会产生测量误差。例如，在接触测量中，由于测头测量力的影响，使被测零件和测量装置产生变形而产生测量误差。

3. 环境误差

环境误差是指测量时环境条件（温度、湿度、气压、照明、振动、电磁场等）不符合标准的测量条件所引起的误差，它会产生测量误差。例如，环境温度的影响：在测量长度时，规定的环境条件标准温度为20℃，但是在实际测量时被测零件和计量器具的温度对标准温度均会产生或大或小的偏差，而被测零件和计量器具的材料不同时它们的线膨胀系数是不同的，这将产生一定的测量误差 δ，其大小可按下式进行计算

$$\delta = x[\alpha_1(t_1 - 20℃) - \alpha_2(t_2 - 20℃)]$$

式中　x——被测长度；

　　　α_1、α_2——被测零件、计量器具的线膨胀系数；

　　　t_1、t_2——测量时被测零件、计量器具的温度（℃）。

4. 人员误差

人员误差是测量人员人为的差错，如测量瞄准不准确、读数或估读错误等，都会产生测量误差。

三、测量误差的分类

按测量误差的特点和性质，可分为系统误差、随机误差和粗大误差三类。

1. 系统误差

系统误差是指在一定测量条件下，多次测取同一量值时，绝对值和符号均保持不变的测量误差，或者绝对值和符号按某一规律变化的测量误差。前者称为定值系统误差，后者称为变值系统误差。例如：在比较仪上用相对法测量零件尺寸时，调整量仪所用量块的误差就会引起定值系统误差；量仪的分度盘与指针回转轴偏心所产生的示值误差就会引起变值系统

误差。

根据系统误差的性质和变化规律，系统误差可以用计算或实验对比的方法确定，用修正值（校正值）从测量结果中予以消除。但在某些情况下，系统误差由于变化规律比较复杂，不易确定，因而难以消除。

2. 随机误差

随机误差是指在一定测量条件下，多次测取同一量值时，绝对值和符号以不可预定的方式变化着的测量误差。随机误差主要是由测量过程中一些偶然性因素或不确定因素引起的。例如，量仪传动机构的间隙、摩擦、测量力的不稳定以及温度波动等引起的测量误差，都属于随机误差。

就某一次具体测量而言，随机误差的绝对值和符号无法预先知道。但对于连续多次重复测量来说，随机误差符合一定的概率统计规律，因此，可以应用概率论和数理统计的方法来对它进行处理。

系统误差和随机误差的划分并不是绝对的，它们在一定的条件下是可以相互转化的。例如，按一定基本尺寸制造的量块总是存在着制造误差，对某一具体量块来讲，可认为该制造误差是系统误差，但对一批量块而言，制造误差是变化的，可以认为它是随机误差。在使用某一量块时，若没有检定该量块的尺寸偏差，而按量块标称尺寸使用，则制造误差属于随机误差；若检定出该量块的尺寸偏差，按量块实际尺寸使用，则制造误差属于系统误差。掌握误差转化的特点，可根据需要将系统误差转化为随机误差，用概率论和数理统计的方法来减小该误差的影响；或将随机误差转化为系统误差，用修正的方法减小该误差的影响。

3. 粗大误差

粗大误差是指超出在一定测量条件下预计的测量误差，就是对测量结果产生明显歪曲的测量误差。含有粗大误差的测得值称为异常值，它的数值比较大。粗大误差的产生有主观和客观两方面的原因，主观原因如测量人员疏忽造成的读数误差，客观原因如外界突然振动引起的测量误差。由于粗大误差明显歪曲测量结果，因此在处理测量数据时，应根据判别粗大误差的准则设法将其剔除。

四、测量精度的分类

测量精度是指被测几何量的测得值与其真值的接近程度。它和测量误差是从两个不同角度说明同一概念的术语。测量误差越大，测量精度就越低；测量误差越小，测量精度就越高。为了反映系统误差和随机误差对测量结果的不同影响，测量精度可分为以下几种：

（1）正确度　正确度反映测量结果受系统误差的影响程度。系统误差小，则正确度高。

（2）精密度　精密度反映测量结果受随机误差的影响程度。它是指在一定测量条件下连续多次测量所得的测得值之间相互接近的程度。随机误差小，则精密度高。

（3）准确度　准确度反映测量结果同时受系统误差和随机误差的综合影响程度。若系统误差和随机误差都小，则准确度高。

对于一个具体的测量，精密度高，正确度不一定高；正确度高，精密度也不一定高；精密度和正确度都高的测量，准确度就高；精密度和正确度当中有一个不高，准确度就不高。

第五节　各类测量误差的处理

通过对某一被测几何量进行连续多次的重复测量，得到一系列的测量数据（测得值）——测量列，可以对该测量列进行数据处理，以消除或减小测量误差的影响，提高测量精度。

一、测量列中随机误差的处理

随机误差不可能被修正或消除，但可应用概率论与数理统计的方法，估计出随机误差的大小和规律，并设法减小其影响。

1. 随机误差的特性及分布规律

通过对大量的测试实验数据进行统计后发现，随机误差通常服从正态分布规律（随机误差还存在其他规律的分布，如等概率分布、三角分布、反正弦分布等），其正态分布曲线如图2-6所示（横坐标 δ 表示随机误差，纵坐标 y 表示随机误差的概率密度）。

正态分布的随机误差具有下面四个基本特性。

（1）单峰性　绝对值越小的随机误差出现的概率越大，反之则越小。

（2）对称性　绝对值相等的正、负随机误差出现的概率相等。

（3）有界性　在一定测量条件下，随机误差的绝对值不超过一定界限。

（4）抵偿性　随着测量的次数增加，随机误差的算术平均值趋于零，即各次随机误差的代数和趋于零。这一特性是对称性的必然反映。

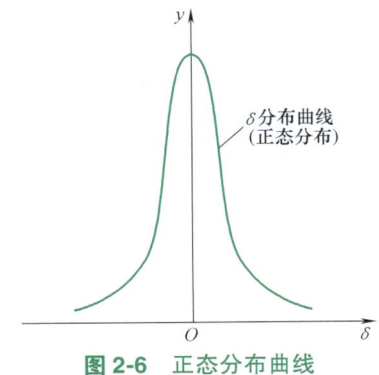

图 2-6　正态分布曲线

正态分布曲线的数学表达式为

$$y = \frac{1}{\sigma\sqrt{2\pi}} e^{-\left(\frac{\delta^2}{2\sigma^2}\right)} \tag{2-6}$$

式中　y——概率密度；

σ——标准偏差；

δ——随机误差；

e——自然对数的底。

2. 随机误差的标准偏差 σ

从式（2-6）可以看出，概率密度 y 的大小与随机误差 δ、标准偏差 σ 有关。当 $\delta=0$ 时，

概率密度 y 最大，即 $y_{max} = 1/(\sigma\sqrt{2\pi})$，显然概率密度最大值 y_{max} 是随标准偏差 σ 变化的。标准偏差 σ 越小，分布曲线就越陡，随机误差的分布就越集中，表示测量精度就越高。反之，标准偏差 σ 越大，分布曲线就越平坦，随机误差的分布就越分散，表示测量精度就越低。随机误差的标准偏差 σ 可用下式计算得到

$$\sigma = (\sum \delta^2/n)^{1/2} \tag{2-7}$$

式中 n——测量次数。

标准偏差 σ 是反映测量列中测得值分散程度的一项指标，它表示的是测量列中单次测量值（任一测得值）的标准偏差。

3. 随机误差的极限值 δ_{lim}

由于随机误差具有有界性，因此随机误差的大小不会超过一定的范围。随机误差的极限值就是测量极限误差。

由概率论的知识可知，正态分布曲线和横坐标轴间所包含的面积等于所有随机误差出现的概率总和，若随机误差区间落在 $(-\infty \sim +\infty)$ 之间，则其概率为 1，即 $P = \int_{-\infty}^{+\infty} y d\delta = \int_{-\infty}^{+\infty} \frac{1}{\sigma\sqrt{2\pi}} e^{-\frac{\delta^2}{2\sigma^2}} d\delta = 1$。实际上随机误差区间落在 $(-\delta \sim +\delta)$ 之间，其概率<1，即 $P = \int_{-\infty}^{+\infty} y d\delta < 1$。为化成标准正态分布，便于求出 $P = \int_{-\infty}^{+\infty} y d\delta$ 的积分值（概率值），其概率积分计算过程如下：

引入 $\quad t = \dfrac{\delta}{\sigma}, \quad dt = \dfrac{d\delta}{\sigma} \quad (\delta = \sigma t, \quad d\delta = \sigma dt)$

则
$$P = \int_{-\delta}^{+\delta} y d\delta$$

$$= \int_{-\sigma t}^{+\sigma t} \frac{1}{\sigma\sqrt{2\pi}} e^{-\frac{t^2}{2}} \sigma dt$$

$$= \frac{1}{\sqrt{2\pi}} \int_{-\sigma t}^{+\sigma t} e^{-\frac{t^2}{2}} dt$$

$$= \frac{2}{\sqrt{2\pi}} \int_{0}^{+\sigma t} e^{-\frac{t^2}{2}} dt \quad （对称性）$$

再令 $\quad P = 2\Phi(t)$

则有 $\quad \Phi(t) = \dfrac{1}{\sqrt{2\pi}} \int_{0}^{+\sigma t} e^{-\frac{t^2}{2}} dt$

这就是拉普拉斯函数（概率积分）。常用的 $\Phi(t)$ 数值列在表 2-5 中。选择不同的 t 值，就对应有不同的概率，测量结果的可信度也就不一样。随机误差在 $\pm t\sigma$ 范围内出现的概率称为置信概率，t 称为置信因子或置信系数。在几何量测量中，通常取置信因子 $t=3$，则置信概率为 $P = 2\Phi(t) = 99.73\%$，也即 δ 超出 $\pm 3\sigma$ 的概率为 $1 - 99.73\% = 0.27\% \approx 1/370$。在实际测量中，测量次数一般不会多于几十次。随机误差超出 3σ 的情况实际上很少出现。所以取测量极限误差为 $\delta_{lim} = \pm 3\sigma$。$\delta_{lim}$ 也表示测量列中单次测量值的测量极限误差。

例如，某次测量的测得值为 30.002mm，若已知标准偏差 $\sigma = 0.0002$mm，置信概率取

99.73%，则测量结果应为（30.002±0.0006）mm。

表 2-5 四个特殊 t 值对应的概率

t	$\delta=\pm t\sigma$	不超出$|\delta|$的概率 $P=2\varPhi(t)$	超出$|\delta|$的概率 $\alpha=1-2\varPhi(t)$
1	1σ	0.6826	0.3174
2	2σ	0.9544	0.0456
3	3σ	0.9973	0.0027
4	4σ	0.99936	0.00064

4. 随机误差的处理步骤

由于被测几何量的真值未知，所以不能直接计算求得标准偏差 σ 的数值。在实际测量时，当测量次数 N 充分大时，随机误差的算术平均值趋于零，便可以用测量列中各个测得值的算术平均值代替真值，并估算出标准偏差，进而确定测量结果。

在假定测量列中不存在系统误差和粗大误差的前提下，可按下列步骤对随机误差进行处理：

（1）**计算测量列中各个测得值的算术平均值** 设测量列的测得值为 x_1、x_2、x_3、…、x_n，则算术平均值为

$$\bar{x}=\frac{\sum_{i=1}^{N} x_i}{N} \tag{2-8}$$

（2）**计算残余误差** 残余误差 ν_i 即测得值与算术平均值之差，一个测量列就对应着一个残余误差列

$$\nu_i = x_i - \bar{x} \tag{2-9}$$

残余误差具有两个基本特性：①残余误差的代数和等于零，即 $\sum \nu_i = 0$；②残余误差的平方和最小，即 $\sum \nu_i^2$ 最小。由此可见，用算术平均值作为测量结果是合理可靠的。

（3）**计算标准偏差**（即单次测量精度 σ） 在实际应用中，常用贝塞尔（Bessel）公式计算标准偏差，贝塞尔公式如下

$$\sigma = \sqrt{\frac{\sum_{i=1}^{N} \nu_i^2}{N-1}} \tag{2-10}$$

若需要，可以写出单次测量结果表达式为

$$x_{ei} = x_i \pm 3\sigma \tag{2-11}$$

（4）**计算测量列的算术平均值的标准偏差 $\sigma_{\bar{x}}$** 若在一定测量条件下，对同一被测几何量进行多组测量（每组皆测量 N 次），则对应每组 N 次测量都有一个算术平均值，各组的算术平均值不相同。不过，它们的分散程度要比单次测量值的分散程度小得多。描述它们的分散程度同样可以用标准偏差作为评定指标。根据误差理论，测量列算术平均值的标准偏差 $\sigma_{\bar{x}}$ 与测量列单次测量值的标准偏差 σ 存在如下关系（图 2-7）

$$\sigma_{\bar{x}} = \frac{\delta}{\sqrt{N}} \tag{2-12}$$

显然，多次测量结果的精度比单次测量的精度高，即测量次数越多，测量精密度就越

高。但图 2-7 中曲线也表明测量次数不是越多越好，一般取 $N>10$（15 次左右）为宜。

（5）计算测量列算术平均值的测量极限误差 $\delta_{\lim(\bar{x})}$

$$\delta_{\lim(\bar{x})} = \pm 3\sigma_{\bar{x}} \tag{2-13}$$

（6）写出多次测量所得结果的表达式 x_e

$$x_e = \bar{x} \pm 3\sigma_{\bar{x}} \tag{2-14}$$

并说明置信概率为 99.73%。

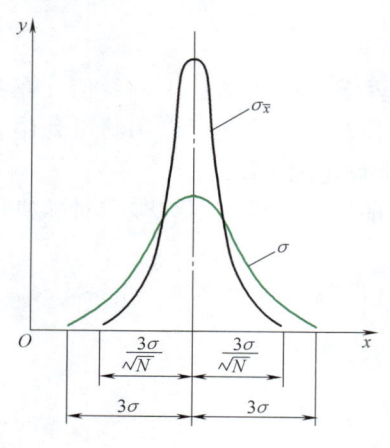
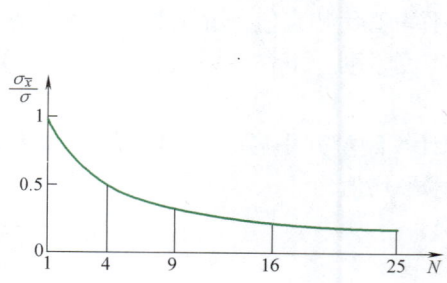

图 2-7　σ 与 $\sigma_{\bar{x}}$ 的关系

二、测量列中系统误差的处理

在实际测量中，系统误差对测量结果的影响是不能忽视的。揭示系统误差出现的规律性，消除系统误差对测量结果的影响，是提高测量精度的有效措施。

1. 发现系统误差的方法

在测量过程中产生系统误差的因素是复杂多样的，查明所有的系统误差是很困难的事情，同时也不可能完全消除系统误差的影响。

发现系统误差必须根据具体测量过程和计量器具进行全面而仔细的分析，但目前还没有能够找到可以发现各种系统误差的方法，下面只介绍两种适用于发现某些系统误差的常用方法。

（1）**实验对比法**　实验对比法就是通过改变产生系统误差的测量条件，进行不同测量条件下的测量来发现系统误差。这种方法适用于发现定值系统误差。例如，量块按标称尺寸使用时，在测量结果中，就存在着由于量块尺寸偏差而产生的大小和符号均不变的定值系统误差，重复测量也不能发现这一误差，只有用另一块更高等级的量块进行对比测量，才能发现它。

（2）**残差观察法**　残差观察法是指根据测量列的各个残差大小和符号的变化规律，直接由残差数据或残差曲线图形来判断有无系统误差，这种方法主要适用于发现大小和符号按一定规律变化的变值系统误差。根据测量先后顺序，将测量列的残差作图，如图 2-8 所示，观察残差的规律。若残差大体上正、负相间，又没有显著变化，就认为不存在变值系统误差，如图 2-8a 所示；若残差按近似的线性规律递增或递减，就可判断存在着线性系统误差，如图 2-8b 所示；若残差的大小和符号有规律地周期变化，就可判断存在着周期性系统误差，如图 2-8c 所示。但是残差观察法对于测量次数不是足够多时，也有一定的难度。

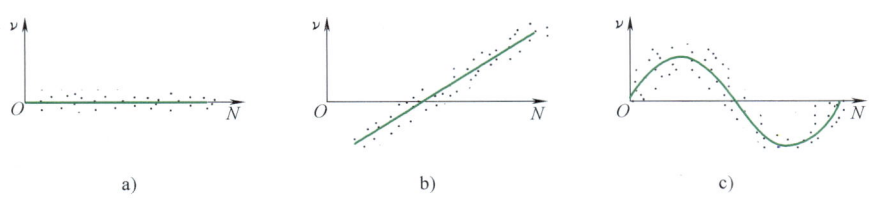

图 2-8 变值系统误差的发现
a）不存在变值系统误差 b）存在线性系统误差 c）存在周期性系统误差

2. 消除系统误差的方法

（1）从产生误差根源上消除系统误差　这要求测量人员对测量过程中可能产生系统误差的各个环节进行分析，并在测量前就将系统误差从根源上加以消除。例如，为了防止测量过程中仪器示值零位的变动，测量开始和结束时都需要检查示值零位。

（2）用修正法消除系统误差　这种方法是预先将计量器具的系统误差检定或计算出来，做出误差表或误差曲线，然后取与误差数值相同而符号相反的值作为修正值，将测得值加上相应的修正值，即可使测量结果不包含系统误差。

（3）用抵消法消除定值系统误差　这种方法要求在对称位置上分别测量一次，以使这两次测量中测得的数据出现的系统误差大小相等，符号相反，取这两次测量中数据的平均值作为测得值，即可消除定值系统误差。例如，在工具显微镜上测量螺纹螺距时，为了消除螺纹轴线与量仪工作台移动方向倾斜而引起的系统误差，可分别测取螺纹左、右牙面的螺距，然后取它们的平均值作为螺距测得值。

（4）用半周期法消除周期性系统误差　对周期性系统误差，可以每相隔半个周期进行一次测量，以相邻两次测量数据的平均值作为一个测得值，即可有效地消除周期性系统误差。

消除和减小系统误差的关键是找出误差产生的根源和规律。实际上，系统误差不可能完全消除。一般来说，系统误差若能减小到使其影响相当于随机误差的程度，则可认为已被消除。

三、测量列中粗大误差的处理

粗大误差的数值相当大，在测量中应尽可能避免。如果粗大误差已经产生，则应根据判断粗大误差的准则予以剔除，通常用拉依达准则来判断。

拉依达准则又称 3σ 准则。当测量列服从正态分布时，残差落在 $\pm 3\sigma$ 外的概率很小，仅有 0.27%，即在连续 370 次测量中只有一次测量的残差会超出 $\pm 3\sigma$，而实际上连续测量的次数绝不会超过 370 次，测量列中就不应该有超出 $\pm 3\sigma$ 的残差。因此，当出现绝对值大于 3σ 的残差时，即 $|v_i| > 3\sigma$，则认为该残差对应的测得值含有粗大误差，应予以剔除。

注意：拉依达准则不适用于测量次数小于或等于 10 的情况。

第六节　等精度测量列的数据处理

等精度测量是指在测量条件（包括量仪、测量人员、测量方法及环境条件等）不变的情况下，对某一被测几何量进行的连续多次测量。虽然在此条件下得到的各个测得值不同，但影响各个测得值精度的因素和条件相同，故测量精度视为相等。相反，在测量过程中全部或部分因素和条件发生改变，则称为不等精度测量。在一般情况下，为了简化对测量数据的处理，大多采用等精度测量。

一、直接测量列的数据处理

为了从直接测量列中得到正确的测量结果，应按以下步骤进行数据处理。

1) 计算测量列的算术平均值和残差（$\bar{x}$，v_i），以判断测量列中是否存在系统误差。如果存在系统误差，则应采取措施加以去除。

2) 计算测量列单次测量值的标准偏差 σ，以判断是否存在粗大误差。若有粗大误差，则应剔除含粗大误差的测得值，并重新组成测量列，再重复上述计算，直到将所有含粗大误差的测得值都剔除干净为止。

3) 计算测量列的算术平均值的标准偏差和测量极限误差（$\sigma_{\bar{x}}$ 和 $\delta_{\lim(\bar{x})}$）。

4) 给出测量结果表达式 $x_e = \bar{x} \pm \delta_{\lim(\bar{x})}$，并说明置信概率。

例 2-1 对某一轴径 x 等精度测量 15 次，按测量顺序将各测得值依次列于表 2-6 中，试求测量结果。

表 2-6 数据处理计算表

测量序号	测得值 x_i/mm	残差（$v_i = x_i - \bar{x}$）/μm	残差的平方 v_i^2/μm²
1	34.959	+2	4
2	34.955	−2	4
3	34.958	+1	1
4	34.957	0	0
5	34.958	+1	1
6	34.956	−1	1
7	34.957	0	0
8	34.958	+1	1
9	34.955	−2	4
10	34.957	0	0
11	34.959	+2	4
12	34.955	−2	4
13	34.956	−1	1
14	34.957	0	0
15	34.958	+1	1
算术平均值为 34.957mm		$\sum v_i = 0$	$\sum v_i^2 = 26 \mu m^2$

解 （1）判断定值系统误差 假设计量器具已经检定、测量环境得到有效控制，可认为测量列中不存在定值系统误差。

（2）求测量列算术平均值

$$\bar{x} = \frac{\sum_{i=1}^{N} x_i}{N} = 34.957 \text{mm}$$

(3) 计算残差　各残差的数值经计算后列于表 2-6 中。按残差观察法，这些残差的符号大体上正、负相间，没有周期性变化，因此可以认为测量列中不存在变值系统误差。

(4) 计算测量列单次测量值的标准偏差

$$\sigma = \sqrt{\frac{\sum_{i=1}^{N} v_i^2}{N-1}} \approx 1.3 \mu m$$

(5) 判断粗大误差　按拉依达准则，测量列中没有出现绝对值大于 3σ（$3 \times 1.3 \mu m = 3.9 \mu m$）的残差，即测量列中不存在粗大误差。

(6) 计算测量列算术平均值的标准偏差　$\sigma_{\bar{x}} = \frac{\sigma}{\sqrt{N}} \approx 0.35 \mu m$。

(7) 计算测量列算术平均值的测量极限误差　$\delta_{\lim(\bar{x})} = \pm 3\sigma_{\bar{x}} = \pm 1.05 \mu m$。

(8) 确定测量结果　$x_e = \bar{x} \pm 3\sigma_{\bar{x}} = (34.957 \pm 0.0011)$ mm。这时的置信概率为 99.73%。

二、间接测量列的数据处理

在有些情况下，由于某些被测对象的特点，不能进行直接测量，这时需要采用间接测量。间接测量是指通过测量与被测几何量有一定关系的几何量，按照已知的函数关系式计算出被测几何量的量值。因此间接测量的被测几何量是测量所得到的各个实测几何量的函数，而间接测量的误差则是各个实测几何量误差的函数，故称这种误差为函数误差。

1. 函数及其微分表达式

间接测量中，被测几何量通常是实测几何量的多元函数，它表示为

$$y = F(x_1, x_2, \cdots, x_m) \tag{2-15}$$

式中　y——欲测几何量（函数）；

x_i——实测几何量（$i = 1, 2, 3, \cdots, m$）。

函数的全微分表达式为

$$dy = \frac{\partial F}{\partial x_1} dx_1 + \frac{\partial F}{\partial x_2} dx_2 + \cdots + \frac{\partial F}{\partial x_m} dx_m \tag{2-16}$$

式中　dy——欲测几何量（函数）的测量误差；

dx_i——实测几何量的测量误差；

$\frac{\partial F}{\partial x_i}$——实测几何量的测量误差传递系数。

2. 函数的系统误差计算式

由各实测几何量测得值的系统误差，可近似得到被测几何量（函数）的系统误差表达式为

$$\Delta y = \frac{\partial F}{\partial x_1}\Delta x_1 + \frac{\partial F}{\partial x_2}\Delta x_2 + \cdots + \frac{\partial F}{\partial x_m}\Delta x_m \tag{2-17}$$

式中　Δy——欲测几何量（函数）的系统误差；

　　　Δx_i——实测几何量的系统误差。

3. 函数的随机误差计算式

由于各实测几何量的测得值中存在着随机误差，因此被测几何量（函数）也存在着随机误差。根据误差理论，函数的标准偏差 σ_y 与各个实测几何量的标准偏差 σ 的关系为

$$\sigma_y = \sqrt{\left(\frac{\partial F}{\partial x_1}\right)^2 \sigma_{x_1}^2 + \left(\frac{\partial F}{\partial x_2}\right)^2 \sigma_{x_2}^2 + \cdots + \left(\frac{\partial F}{\partial x_m}\right)^2 \sigma_{x_m}^2} \tag{2-18}$$

式中　σ_y——欲测几何量（函数）的标准偏差；

　　　σ_{x_i}——实测几何量的标准偏差。

同理，函数的测量极限误差公式为

$$\delta_{\lim(y)} = \pm\sqrt{\left(\frac{\partial F}{\partial x_1}\right)^2 \delta_{\lim(x_1)}^2 + \left(\frac{\partial F}{\partial x_2}\right)^2 \delta_{\lim(x_2)}^2 + \cdots + \left(\frac{\partial F}{\partial x_m}\right)^2 \delta_{\lim(x_m)}^2} \tag{2-19}$$

式中　$\delta_{\lim(y)}$——欲测几何量（函数）的测量极限误差；

　　　$\delta_{\lim(x_i)}$——实测几何量的测量极限误差。

4. 间接测量列数据处理的步骤

1) 找出函数表达式 $y = F(x_1, x_2, \cdots, x_m)$。
2) 求出欲测几何量（函数）值 y。
3) 计算函数的系统误差值 Δy。
4) 计算函数的标准偏差值 σ_y 和函数的测量极限误差值 $\delta_{\lim(y)}$。
5) 给出欲测几何量（函数）的结果表达式

$$y_e = (y - \Delta y) \pm \delta_{\lim(y)} \tag{2-20}$$

最后说明置信概率为 99.73%。

思考题与习题

2-1　测量的实质是什么？一个测量过程包括哪些要素？我国长度测量的基本单位是什么？它是如何定义的？

2-2　量块的作用是什么？其结构上有何特点？量块的"等"和"级"有何区别？并说明按"等"和"级"使用时，各自的测量精度如何？

2-3　以光学比较仪为例说明计量器具有哪些基本计量参数（指标）？

2-4　试说明分度值、标尺间距和灵敏度三者有何区别？

2-5　试举例说明测量范围与示值范围的区别。

2-6　试说明绝对测量方法与相对测量方法、绝对误差与相对误差的区别。

2-7　测量误差分哪几类？产生各类测量误差的主要因素有哪些？

2-8　试说明系统误差、随机误差和粗大误差的特性和不同。

2-9 为什么要用多次重复测量的算术平均值表示测量结果?这样表示测量结果可减少哪一类测量误差对测量结果的影响?

2-10 在立式光学计上对一轴类零件进行比较测量,共重复测量 12 次,测得值如下(单位为 mm):20.015,20.013,20.016,20.012,20.015,20.014,20.017,20.018,20.014,20.016,20.014,20.015。试求出该零件的测量结果。

2-11 若用一块 4 等量块在立式光学计上对一轴类零件进行比较测量,共重复测量 12 次,测得值如下(单位为 mm):20.015,20.013,20.016,20.012,20.015,20.014,20.017,20.018,20.014,20.016,20.014,20.015。在已知量块的中心长度实际偏差为 +0.2μm,其长度的测量不确定度的允许值为 ±0.25μm 的情况下,不考虑温度的影响,试确定该零件的测量结果。

2-12 试用 83 块套的量块组成 59.98mm。

2-13 试用 46 块套的量块组成 23.987mm。

第三章 孔、轴的极限与配合

孔、轴的极限与配合现行国家标准包括 GB/T 1800.1—2009《产品几何技术规范（GPS） 极限与配合 第 1 部分：公差、偏差和配合的基础》，GB/T 1800.2—2009《产品几何技术规范（GPS） 极限与配合 第 2 部分：标准公差等级和孔、轴极限偏差表》，GB/T 1801—2009《产品几何技术规范（GPS） 极限与配合 公差带和配合的选择》，GB/T 1803—2003《极限与配合 尺寸至 18mm 孔、轴公差带》和 GB/T 1804—2000《一般公差 未注公差的线性和角度尺寸的公差》。本章主要介绍以上五个标准的相关内容。

第一节 基本术语及定义

机械工业是我国的支柱产业之一，孔、轴配合对机械产品的性能和寿命有重要影响。GB/T 1800.1—2009 规定了有关尺寸、偏差、公差、配合的基本术语和定义。

一、有关孔、轴和尺寸的术语及定义

1. 孔、轴定义

（1）孔　孔指工件的圆柱形内表面（圆柱形内尺寸要素），也包括非圆柱形的内表面（由两平行平面或切面形成的包容面，称为内尺寸要素）。在基孔制配合中选作基准的孔称为基准孔。

（2）轴　轴指工件的圆柱形外表面（圆柱形外尺寸要素），也包括非圆柱形的外表面（由两平行平面或切面形成的被包容面，称为外尺寸要素）。在基轴制配合中选作基准的轴称为基准轴。

（3）孔与轴的区分

1）从加工过程看：随着余量的切除，孔的尺寸由小变大，轴的尺寸由大变小。

2）从装配关系看：孔是包容面，轴是被包容面。

3）从测量方法看：测孔用内卡尺，测轴用外卡尺。

4）从两表面关系看：非圆柱形孔的两表面相对，其间没有材料；非圆柱形轴的两表面相背，其间有材料；非孔非轴类，两表面相对、相背或同向，其间有的地方有材料，有的地方无材料，如图 3-1 所示。

2. 尺寸定义

（1）尺寸　以特定单位表示线性尺寸和角度尺寸的数值。线性尺寸是指长度值，包括直径、半径、宽度、深度、高度和中心距等。在机械制图中，图样上标注的线性尺寸通常以 mm 为单位。角度尺寸用来表示角度值，单位有：度（°）、分（′）、秒（″）、弧度（rad）。

第三章 孔、轴的极限与配合　　29

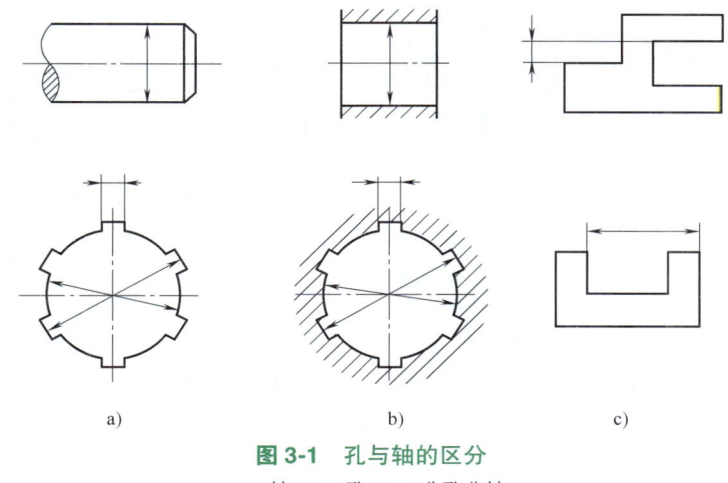

图 3-1　孔与轴的区分
a) 轴　b) 孔　c) 非孔非轴

（2）公称尺寸　公称尺寸是由图样规范确定的理想形状要素的尺寸。它是设计时给定的尺寸。孔、轴的公称尺寸代号分别为 D、d。设计零件时，根据使用要求，一般通过强度和刚度计算或由机械结构等方面的考虑来给定公称尺寸。公称尺寸一般应选取标准值（优先数系中的数值），以便缩减定值刀具、量具、夹具等的规格数量。公称尺寸可以是整数或小数。

（3）极限尺寸　孔或轴（尺寸要素）允许的尺寸的两个极端称为极限尺寸。其中孔、轴所允许的最大尺寸为上极限尺寸，代号分别为 $D_{\max}$、$d_{\max}$；孔、轴所允许的最小尺寸为下极限尺寸，代号分别为 $D_{\min}$、$d_{\min}$。极限尺寸是根据精度设计要求确定的，其目的是限制加工零件的实际尺寸变动范围，如图 3-2 所示。

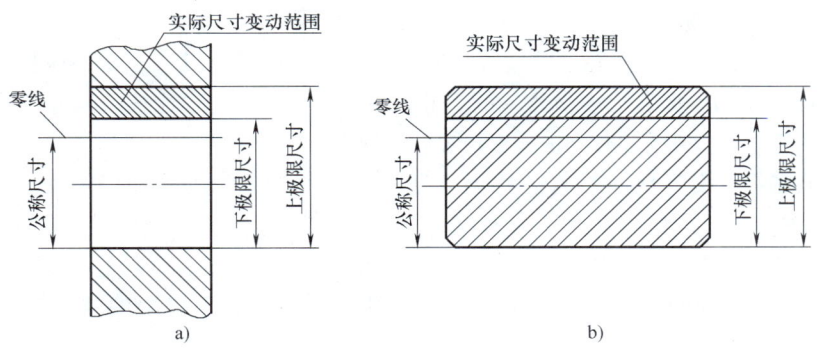

图 3-2　公称尺寸与极限尺寸

（4）实际尺寸　通过测量获得的某一孔、轴的尺寸。孔、轴的实际尺寸代号分别为 D_a、d_a。由于测量中不可避免地存在测量误差，同一零件的相同部位用同一测量器具重复测量多次，其测量的实际尺寸也不完全相同。因此实际尺寸具有不唯一性，如图 3-3 所示。若完工零件任一位置的实际尺寸都在上、下极限尺寸范围内，零件方为合格；否则，为不合格。

二、有关尺寸偏差、公差的术语及定义

1. 尺寸偏差

某一尺寸减其公称尺寸所得的代数差称为尺寸偏差（简称偏差）。孔用 E 表示，轴用 e

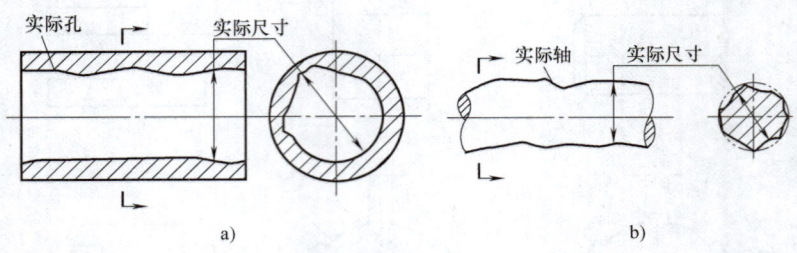

图 3-3 实际尺寸

表示。偏差可能为正值或负值,也可为零。

(1) **上极限偏差** 上极限尺寸减其公称尺寸所得的代数差称为上极限偏差。孔用 ES 表示,轴用 es 表示

$$ES = D_{max} - D \tag{3-1}$$
$$es = d_{max} - d \tag{3-2}$$

式中 D、d——孔、轴的公称尺寸;
D_{max}——孔的上极限尺寸;
d_{max}——轴的上极限尺寸。

(2) **下极限偏差** 下极限尺寸减其公称尺寸所得的代数差称为下极限偏差。孔用 EI 表示,轴用 ei 表示

$$EI = D_{min} - D \tag{3-3}$$
$$ei = d_{min} - d \tag{3-4}$$

式中 D_{min}——孔的下极限尺寸;
d_{min}——轴的下极限尺寸。

上极限偏差总是大于下极限偏差。在图样上采用公称尺寸带上、下极限偏差的标注形式,可以直观地表示出极限尺寸和公差的大小。

(3) **极限偏差** 上极限偏差和下极限偏差统称为极限偏差。

(4) **实际偏差** 实际尺寸减其公称尺寸所得的代数差称为实际偏差。孔和轴的实际偏差代号分别为 E_a 和 e_a。

(5) **基本偏差** 在极限与配合标准中,确定尺寸公差带相对零线位置的那个极限偏差称为基本偏差。孔、轴的基本偏差数值均以标准化,它可以是上极限偏差或下极限偏差,一般为靠近零线的那个极限偏差。

2. 公差

(1) **尺寸公差(简称公差)** 上极限尺寸减下极限尺寸之差,或上极限偏差减下极限偏差之差(图3-4)。它是允许尺寸的变动量。尺寸公差是一个没有符号的绝对值。若孔的公差用 T_h 表示,轴的公差用 T_s 表示,其关系为

$$T_h = |D_{max} - D_{min}| = |ES - EI| \tag{3-5}$$
$$T_s = |d_{max} - d_{min}| = |es - ei| \tag{3-6}$$

(2) **标准公差(IT)** 在极限与配合标准中,所规定的用以确定公差带大小的任一公差称为标准公差。国际公差的英文缩略语为 IT。

(3) **公差带** 在公差带图解中,由代表上极限偏差和下极限偏差或上极限尺寸和下极

限尺寸的两条直线所限定的一个区域称为公差带。它是由公差大小和其相对零线的位置如基本偏差来确定，如图 3-5a 所示。

1) **零线**。公差带图中，表示公称尺寸的一条直线称为零线，以其为基准确定偏差和公差。位于零线上方的极限偏差值为正数，位于零线下方的极限偏差值为负数，当与零线重合时，表示偏差为零。

2) **偏差线**。公差带图中与零线平行的直线，用于表示上、下极限偏差，也称为上、下极限偏差线。其间的宽度表示公差带的大小，即公差值。公差带相对零线的位置由基本偏差确定。公差带图的实例画法如图 3-5b 所示。

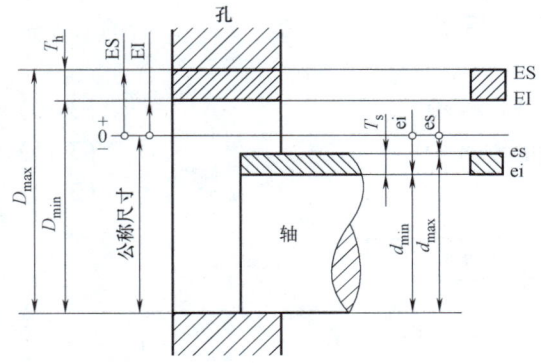

图 3-4 孔、轴的尺寸公差与公称尺寸、极限尺寸、极限偏差的关系

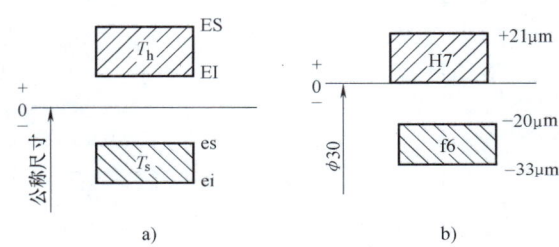

图 3-5 公差带图及其实例画法
a) 公差带图　b) 公差带图的实例画法

三、有关配合的术语及定义

1. 配合、间隙或过盈

（1）**配合**　配合是指公称尺寸相同的，相互结合的孔和轴公差带之间的关系。

（2）**间隙**　孔的尺寸减去相配合的轴的尺寸所得的代数差为正值时，此代数差为间隙。间隙的代号为 X。

（3）**过盈**　孔的尺寸减去相配合的轴的尺寸所得的代数差为负值时，此代数差为过盈。过盈的代号为 Y。

2. 配合种类

（1）**间隙配合**　具有间隙（包括最小间隙等于零）的配合。此时，孔的公差带在轴的公差带之上。间隙配合有最大间隙、最小间隙和平均间隙。

间隙配合中孔和轴的实际尺寸合格时（假定孔、轴无形状误差），装配后得到的实际间隙处于最小间隙和最大间隙之间。当孔为上极限尺寸、轴为下极限尺寸时，装配后得到最大间隙；当孔为下极限尺寸、轴为上极限尺寸时，装配后便得到最小间隙。间隙配合的公差带图如图 3-6 所示。

最大间隙　　　　　　　$X_{\max} = D_{\max} - d_{\min} = ES - ei > 0$　　　　　　　(3-7)

最小间隙　　　　　　　$X_{\min} = D_{\min} - d_{\max} = EI - es \geq 0$　　　　　　　(3-8)

平均间隙　　　　　　　$X_{av} = (X_{\max} + X_{\min})/2 > 0$　　　　　　　(3-9)

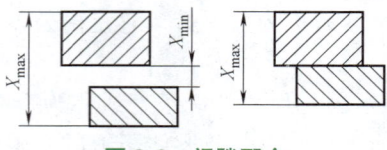

图 3-6 间隙配合

(2) 过盈配合 具有过盈（包括最小过盈等于零）的配合。此时，孔的公差带在轴的公差带之下。过盈配合有最大过盈、最小过盈和平均过盈。

过盈配合中孔和轴的实际尺寸合格时（假定孔、轴无形状误差），装配后得到的实际过盈处于最小过盈和最大过盈之间。当孔为上极限尺寸、轴为下极限尺寸时，装配后得到最小过盈；当孔为下极限尺寸、轴为上极限尺寸时，装配后便得到最大过盈。过盈配合的公差带图如图 3-7 所示。

最大过盈 $\qquad Y_{max} = D_{min} - d_{max} = \text{EI} - \text{es} < 0 \qquad$ (3-10)

最小过盈 $\qquad Y_{min} = D_{max} - d_{min} = \text{ES} - \text{ei} \leqslant 0 \qquad$ (3-11)

平均过盈 $\qquad Y_{av} = (Y_{max} + Y_{min})/2 < 0 \qquad$ (3-12)

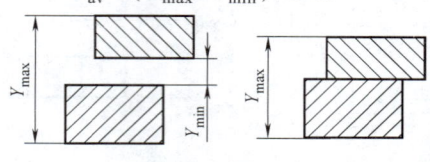

图 3-7 过盈配合

(3) 过渡配合 可能具有间隙或过盈的配合（对于孔、轴群体而言；一个孔、轴的配合无过渡之说）。此时，孔的公差带与轴的公差带相互交叠。过渡配合有最大间隙、最大过盈和平均间隙（或过盈）。

过渡配合中孔和轴的实际尺寸合格时（假定孔、轴无形状误差），装配后得到的实际间隙或过盈处于最大间隙和最大过盈之间。当孔为上极限尺寸、轴为下极限尺寸时，装配后得到最大间隙；当孔为下极限尺寸、轴为上极限尺寸时，装配后便得到最大过盈。过渡配合公差带图如图 3-8 所示。

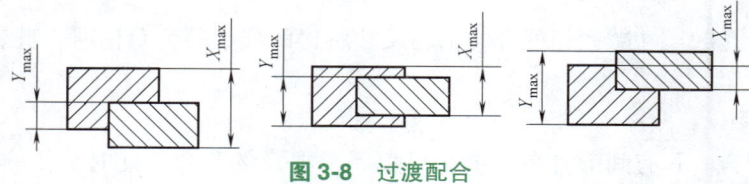

图 3-8 过渡配合

在过渡配合中，平均间隙或平均过盈为最大间隙与最大过盈的平均值，所得值为正，则为平均间隙；所得值为负，则为平均过盈，即

$$X_{av}(Y_{av}) = (X_{max} + Y_{max})/2 \qquad (3\text{-}13)$$

3. 配合公差

(1) 配合公差 T_f 组成配合的孔与轴的公差之和。它是允许间隙或过盈的变动量，它表示配合松紧的变化范围。配合公差的大小表示配合精度。在间隙配合中，配合公差等于最大间隙与最小间隙之差的绝对值；在过盈配合中，配合公差等于最小过盈与最大过盈之差的绝对值；在过渡配合中，配合公差等于最大间隙与最大过盈之差的绝对值，即

$$T_{\mathrm{f}} = \begin{cases} |X_{\max} - X_{\min}| \\ |Y_{\min} - Y_{\max}| \\ |X_{\max} - Y_{\max}| \end{cases} \tag{3-14}$$

（2）配合公差 T_{f} 与孔、轴公差（T_{h}、T_{s}）的关系　根据式（3-14）及式（3-7）~式（3-13），对于各种配合均可以推导得出配合公差与孔、轴公差之间的关系，即配合公差等于组成配合的孔、轴公差之和，表达式为

$$T_{\mathrm{f}} = T_{\mathrm{h}} + T_{\mathrm{s}} \tag{3-15}$$

式（3-15）说明配合精度与零件加工精度有关。若要提高装配精度，使配合后间隙或过盈的变化范围减小，应减小零件的公差，即需要提高零件的加工精度。

4. 配合制

同一极限制的孔和轴组成的一种配合制度称为配合制。在 GB/T 1800.1—2009 中规定了两种等效的配合制：基孔制配合和基轴制配合。

在生产实践中，需要各种不同的孔、轴公差带来实现各种不同性质的配合。为了设计和制造的方便，把孔（或轴）的公差带位置固定，改变与其配合的轴（或孔）的公差带位置来形成所需要的各种配合。

（1）基孔制配合　基本偏差为一定的孔的公差带，与不同基本偏差的轴的公差带形成各种配合的一种制度。本标准的极限与配合制，是孔的下极限尺寸与公称尺寸相等、孔的下极限偏差为零的一种配合制，如图 3-9a 所示。基孔制配合中选作基准的孔为基准孔，其代号为"H"。

（2）基轴制配合　基本偏差为一定的轴的公差带，与不同基本偏差的孔的公差带形成各种配合的一种制度。本标准的极限与配合制，是轴的上极限尺寸与公称尺寸相等、轴的上极限偏差为零的一种配合制，如图 3-9b 所示。基轴制配合中选作基准的轴为基准轴，其代号为"h"。

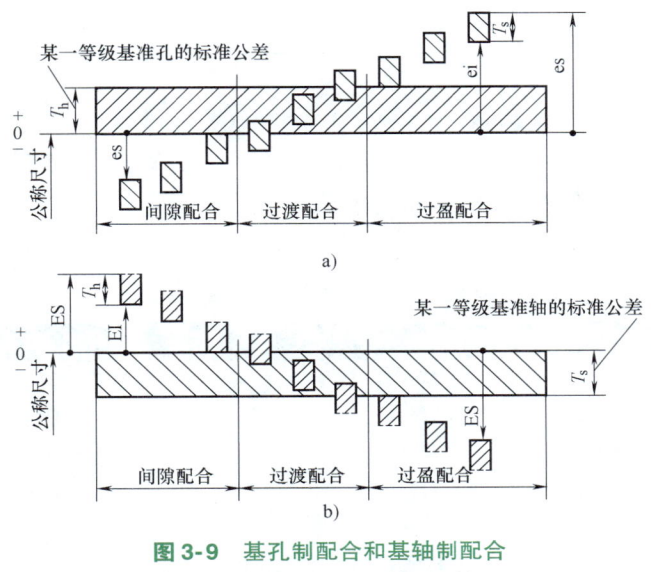

图 3-9　基孔制配合和基轴制配合
a）基孔制配合　b）基轴制配合

配合制是规定配合系列的基础,采用它是为了统一和简化基准孔或基准轴的极限偏差,以减少定值刀具、量具的使用规格和数量,从而获得最佳的经济效益。

第二节　公差与配合的标准化

公差与配合的标准化是指孔、轴各自公差带的大小、位置的标准化及其所形成各种配合的标准化。标准公差系列使公差带大小标准化,基本偏差系列使公差带位置标准化。

一、标准公差系列

标准公差系列由不同公差等级和不同公称尺寸的标准公差构成。标准公差是指大小已经标准化的公差值,即在国家标准极限与配合制中所规定的任一公差,用以确定公差带大小,即公差带宽度。

（1）**公差单位**　公差单位是计算标准公差的基本单位,是制定标准公差系列表格的基础。

公差是用于控制误差的,因此确定公差值的依据是加工误差的规律性与测量误差的规律性。根据生产实践及科学实验与统计分析得知:零件的加工误差 ω（主要是加工时的力变形与热变形）与公称尺寸之间呈立方抛物线关系,如图 3-10 所示;测量误差（包括测量时温度不稳定或测量时温度偏离标准温度及量规变形等所引起的误差）基本上与公称尺寸呈线性关系,因此标准规定公称尺寸 $D \leqslant 500\mathrm{mm}$ 的常用尺寸段的公差单位（公差因子）i 的计算公式为

$$i = 0.45\sqrt[3]{D} + 0.001D \tag{3-16}$$

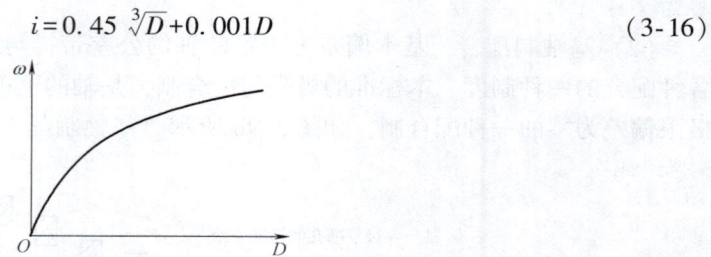

图 3-10　加工误差范围与零件尺寸的关系

（2）**公差等级**　公差等级是指确定尺寸精度的等级。确定尺寸精度的等级,主要用公差等级系数 a（表 3-1）来区分,且标准公差值 T 按下式计算

$$T = ai \tag{3-17}$$

表 3-1　标准公差数值的计算公式

标准公差等级	计算公式	标准公差等级	计算公式	标准公差等级	计算公式
IT01	$0.3+0.008D$	IT6	$10i$	IT13	$250i$
IT0	$0.5+0.012D$	IT7	$16i$	IT14	$400i$
IT1	$0.8+0.020D$	IT8	$25i$	IT15	$640i$
IT2	$(\text{IT1})(\text{IT5}/\text{IT1})^{1/4}$	IT9	$40i$	IT16	$1000i$
IT3	$(\text{IT1})(\text{IT5}/\text{IT1})^{2/4}$	IT10	$64i$	IT17	$1600i$
IT4	$(\text{IT1})(\text{IT5}/\text{IT1})^{3/4}$	IT11	$100i$	IT18	$2500i$
IT5	$7i$	IT12	$160i$		

GB/T 1800.1—2009 规定标准公差代号为 IT（即 ISO Tolerane 的缩写）。在公称尺寸至 500mm 内规定了 20 个标准公差等级：IT01、IT0、IT1、…、IT18；在公称尺寸大于 500mm 至 3150mm 内规定了 18 个标准公差等级：IT1、IT2、…、IT18。从 IT01 到 IT18，等级依次降低，公差依次增大。属于同一等级的公差，对所有的尺寸段虽然公差数值不同，但应看作同等精度。表 3-2 为公称尺寸至 500mm 的标准公差数值。

（3）**公称尺寸分段** 根据标准公差计算公式，每一个公称尺寸都有一个相应的公差值。由于生产实践中公称尺寸很多，公差值也会很多，为了统一公差值，减少公差数目，简化公差表格，便于生产应用，国家标准对公称尺寸进行了分段，如表 3-2 中的公称尺寸一栏所列。按标准公差公式计算标准公差时，一个尺寸段内的所有尺寸均用该尺寸段首尾两尺寸的几何平均值 $D=\sqrt{D_n D_{n+1}}$（但对于 ≤3mm 的公称尺寸段，用 $D=\sqrt{1\times 3}\,\text{mm}=1.732\text{mm}$）去代替，但计算后必须按规定的标准公差值尾数的修约规则进行修约。表 3-2 中所列标准公差数值就是经过计算和尾数修约后的各公称尺寸段的标准公差值，在生产应用时以此表所列数值为准。

表 3-2 公称尺寸至 500mm 的标准公差数值（摘自 GB/T 1800.1—2009）

公称尺寸/mm		IT01	IT0	IT1	IT2	IT3	IT4	IT5	IT6	IT7	IT8	IT9	IT10	IT11	IT12	IT13	IT14	IT15	IT16	IT17	IT18
大于	至	/μm													/mm						
—	3	0.3	0.5	0.8	1.2	2	3	4	6	10	14	25	40	60	0.1	0.14	0.25	0.4	0.6	1	1.4
3	6	0.4	0.6	1	1.5	2.5	4	5	8	12	18	30	48	75	0.12	0.18	0.3	0.48	0.75	1.2	1.8
6	10	0.4	0.6	1	1.5	2.5	4	6	9	15	22	36	58	90	0.15	0.22	0.36	0.58	0.9	1.5	2.2
10	18	0.5	0.8	1.2	2	3	5	8	11	18	27	43	70	110	0.18	0.27	0.43	0.7	1.1	1.8	2.7
18	30	0.6	1	1.5	2.5	4	6	9	13	21	33	52	84	130	0.21	0.33	0.52	0.84	1.3	2.1	3.3
30	50	0.6	1	1.5	2.5	4	7	11	16	25	39	62	100	160	0.25	0.39	0.62	1	1.6	2.5	3.9
50	80	0.8	1.2	2	3	5	8	13	19	30	46	74	120	190	0.3	0.46	0.74	1.2	1.9	3	4.6
80	120	1	1.5	2.5	4	6	10	15	22	35	54	87	140	220	0.35	0.54	0.87	1.4	2.2	3.5	5.4
120	180	1.2	2	3.5	5	8	12	18	25	40	63	100	160	250	0.4	0.63	1	1.6	2.5	4	6.3
180	250	2	3	4.5	7	10	14	20	29	46	72	115	185	290	0.46	0.72	1.15	1.85	2.9	4.6	7.2
250	315	2.5	4	6	8	12	16	23	32	52	81	130	210	320	0.52	0.81	1.3	2.1	3.2	5.2	8.1
315	400	3	5	7	9	13	18	25	36	57	89	140	230	360	0.57	0.89	1.4	2.3	3.6	5.7	8.9
400	500	4	6	8	10	15	20	27	40	63	97	155	250	400	0.63	0.97	1.55	2.5	4	6.3	9.7

二、基本偏差系列

1. 基本偏差系列及其特点

基本偏差是决定公差带位置的唯一参数。国家标准规定，孔和轴各有 28 种基本偏差。图 3-11 所示为孔的基本偏差系列，图 3-12 所示为轴的基本偏差系列。

基本偏差的代号用拉丁字母表示，大写表示孔，小写表示轴。26 个字母中去掉 5 个易与其他参数相混淆的字母：I、L、O、Q、W（i、l、o、q、w），即去掉构成 LOW IQ 这两个

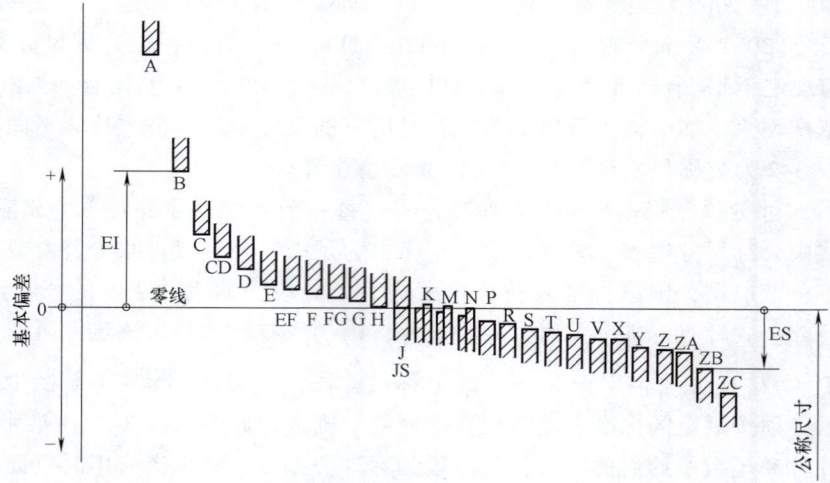

图 3-11　孔的基本偏差系列

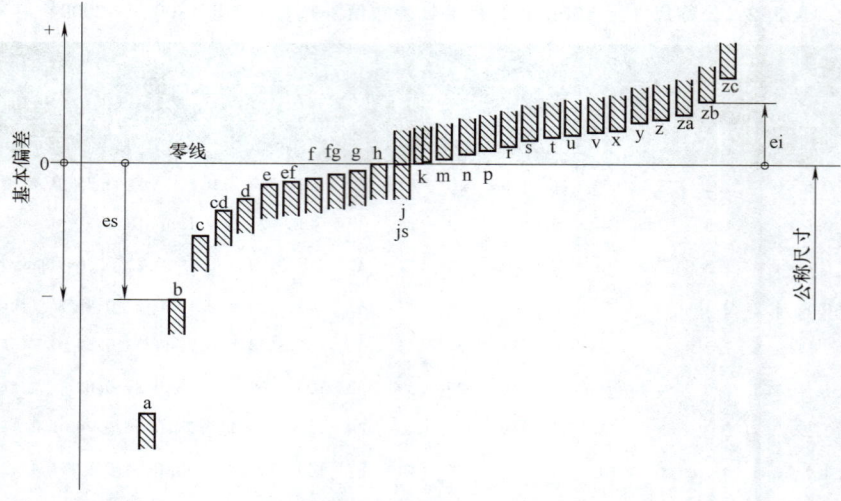

图 3-12　轴的基本偏差系列

英文单词的所有字母；为满足某些配合的需要，又增加了 7 个双写字母：CD、EF、FG、ZA、ZB、ZC（cd、ef、fg、za、zb、zc）及 JS（js），即可分别得到孔、轴的 28 个基本偏差代号。孔、轴的基本偏差特点总结见表 3-3。

表 3-3　孔、轴的基本偏差特点总结

基本偏差种类		基本偏差特征	基本偏差与标准公差的关系		与基准孔(轴)组成配合的性质
轴	a~g	上极限偏差 es<0(负值)	无关	基孔制	间隙配合
	h(基准轴)	上极限偏差 es=0(零)	无关		最小间隙为零的配合
	js	上极限偏差 es>0(es=+IT/2)或下极限偏差 ei<0(ei=-IT/2)，公差带对称于零线	有关		过渡配合
	j~zc	下极限偏差 ei>0(多为正值)	大多无关		过渡或过盈配合

（续）

基本偏差种类		基本偏差特征	基本偏差与标准公差的关系		与基准孔(轴)组成配合的性质
孔	A~G	下极限偏差 EI>0（正值）	无关	基轴制	间隙配合
	H（基准孔）	下极限偏差 EI=0（零）	无关		最小间隙为零的配合
	JS	上极限偏差 ES>0（ES=+IT/2）或下极限偏差 EI<0（EI=-IT/2），公差带对称于零线	有关		过渡配合
	J~ZC	上极限偏差 ES<0（多为负值），具有修正值	大多有关		过渡或过盈配合

基本偏差是确定公差带位置的唯一标准化参数，而标准公差是确定公差带宽度（大小）的唯一标准化参数。

2. 轴的基本偏差值

轴的各种基本偏差值是按公式计算得到的，计算公式是由实验和统计分析得到的，见表 3-4。

表 3-4　轴的基本偏差计算公式

公称尺寸/mm		轴			公式/μm	公称尺寸/mm		轴			公式/μm
大于	至	基本偏差	符号	极限偏差		大于	至	基本偏差	符号	极限偏差	
1	120	a	−	es	$265+1.3D$	0	500	k	+	ei	$0.6\sqrt[3]{D}$
120	500				$3.5D$	500	3150		无符号		偏差=0
1	160	b	−	es	$\approx 140+0.85D$	0	500	m	+	ei	IT7−IT6
160	500				$\approx 1.8D$	500	3150				$0.024D+12.6$
0	40	c	−	es	$52D^{0.2}$	0	500	n	+	ei	$5D^{0.34}$
40	500				$95+0.8D$	500	3150				$0.04D+21$
0	10	cd	−	es	c 和 d 值的几何平均值	0	500	p	+	ei	IT7+(0~5)
						500	3150				$0.072D+37.8$
0	3150	d	−	es	$16D^{0.44}$	0	3150	r	+	ei	p 和 s 值的几何平均值
0	3150	e	−	es	$11D^{0.41}$						
0	10	ef	−	es	e 和 f 值的几何平均值	0	50	s	+	ei	IT8+(1~4)
						50	3150				IT7+0.4D
0	3150	f	−	es	$5.5D^{0.41}$	24	3150	t	+	ei	IT7+0.63D
0	10	fg	−	es	f 和 g 值的几何平均值	0	3150	u	+	ei	IT7+D
						14	500	v	+	ei	IT7+1.25D
0	3150	g	−	es	$2.5D^{0.34}$	0	500	x	+	ei	IT7+1.6D
0	3150	h	无符号	es	偏差=0	18	500	y	+	ei	IT7+2D
0	500	j			无公式	0	500	z	+	ei	IT7+2.5D
						0	500	za	+	ei	IT8+3.15D
0	3150	js	+ −	es ei	$0.5ITn$	0	500	zb	+	ei	IT9+4D
						0	500	zc	+	ei	IT10+5D

注：1. 公式中的 D 是公称尺寸分段的几何平均值。
　　2. 基本偏差 k 的计算公式仅适用于标准公差等级 IT4~IT7，其他的标准公差等级的基本偏差 k=0。

轴的基本偏差特点及使用范围：a~h 用于间隙配合；j~n 用于过渡配合；p~zc 用于过盈配合。轴的基本偏差数值见表 3-5。轴的各种基本偏差与基本偏差为 H 的孔（基准孔）组成配合的具体应用见表 3-7。

表 3-5 轴的基本

公称尺寸 /mm		基本上极限偏差 es											基本下极限			
		所有标准公差等级												IT5和IT6	IT7	IT8	IT4~IT7
大于	至	a	b	c	cd	d	e	ef	f	fg	g	h	js	j	j	j	k
—	3	−270	−140	−60	−34	−20	−14	−10	−6	−4	−2	0		−2	−4	−6	0
3	6	−270	−140	−70	−46	−30	−20	−14	−10	−6	−4	0		−2	−4		+1
6	10	−280	−150	−80	−56	−40	−25	−18	−13	−8	−5	0		−2	−5		+1
10	14	−290	−150	−95		−50	−32		−16		−6	0	偏差=±IT_n/2, 式中IT_n为标准公差值	−3	−6		+1
14	18																
18	24	−300	−160	−110		−65	−40		−20		−7	0		−4	−8		+2
24	30																
30	40	−310	−170	−120		−80	−50		−25		−9	0		−5	−10		+2
40	50	−320	−180	−130													
50	65	−340	−190	−140		−100	−60		−30		−10	0		−7	−12		+2
65	80	−360	−200	−150													
80	100	−380	−220	−170		−120	−72		−36		−12	0		−9	−15		+3
100	120	−410	−240	−180													
120	140	−460	−260	−200		−145	−85		−43		−14	0		−11	−18		+3
140	160	−520	−280	−210													
160	180	−580	−310	−230													
180	200	−660	−340	−240		−170	−100		−50		−15	0		−13	−21		+4
200	225	−740	−380	−260													
225	250	−820	−420	−280													
250	280	−920	−480	−330		−190	−110		−56		−17	0		−16	−26		+4
280	315	−1050	−540	−330													
315	355	−1200	−600	−360		−210	−125		−62		−18	0		−18	−28		+4
355	400	−1350	−680	−400													
400	450	−1500	−760	−440		−230	−135		−68		−20	0		−20	−32		+5
450	500	−1650	−840	−480													

注：1. 公称尺寸≤1mm时，基本偏差 a 和 b 均不采用。
2. 公差带 js7~js11，若 IT_n 值是奇数，则取偏差 =±(IT_n−1)/2。

偏差数值 (单位：μm)

偏差数值													
偏差 ei													
≤IT3 >IT7						所有标准公差等级							
k	m	n	p	r	s	t	u	v	x	y	z	za	zb	zc
0	+2	+4	+6	+10	+14		+18		+20		+26	+32	+40	+60
0	+4	+8	+12	+15	+19		+23		+28		+35	+42	+50	+80
0	+6	+10	+15	+19	+23		+28		+34		+42	+52	+67	+97
0	+7	+12	+18	+23	+28		+33		+40		+50	+64	+90	+130
0	+7	+12	+18	+23	+28		+33	+39	+45		+60	+77	+108	+150
0	+8	+15	+22	+28	+35		+41	+47	+54	+63	+73	+98	+136	+188
0	+8	+15	+22	+28	+35	+41	+48	+55	+64	+75	+88	+118	+160	+218
0	+9	+17	+26	+34	+43	+48	+60	+68	+80	+94	+112	+148	+200	+274
0	+9	+17	+26	+34	+43	+54	+70	+81	+97	+114	+136	+180	+242	+325
0	+11	+20	+32	+41	+53	+66	+87	+102	+122	+144	+172	+226	+300	+405
0	+11	+20	+32	+43	+59	+75	+102	+120	+146	+174	+210	+274	+360	+480
0	+13	+23	+37	+51	+71	+91	+124	+146	+178	+214	+258	+335	+445	+585
0	+13	+23	+37	+54	+79	+104	+144	+172	+210	+254	+310	+400	+525	+690
0	+15	+27	+43	+63	+92	+122	+170	+202	+248	+300	+365	+470	+620	+800
0	+15	+27	+43	+65	+100	+134	+190	+228	+280	+340	+415	+535	+700	+900
0	+15	+27	+43	+68	+108	+146	+210	+252	+310	+380	+465	+600	+780	+1000
0	+17	+31	+50	+77	+122	+166	+236	+284	+350	+425	+520	+670	+880	+1150
0	+17	+31	+50	+80	+130	+180	+258	+310	+385	+470	+575	+740	+960	+1250
0	+17	+31	+50	+84	+140	+196	+284	+340	+425	+520	+640	+820	+1050	+1350
0	+20	+34	+56	+94	+158	+218	+315	+385	+475	+580	+710	+920	+1200	+1550
0	+20	+34	+56	+98	+170	+240	+350	+425	+525	+650	+790	+1000	+1300	+1700
0	+21	+37	+62	+108	+190	+268	+390	+475	+590	+730	+900	+1150	+1500	+1900
0	+21	+37	+62	+114	+208	+294	+435	+530	+660	+820	+1000	+1300	+1650	+2100
0	+23	+40	+68	+126	+232	+330	+490	+595	+740	+920	+1100	+1450	+1850	+2400
0	+23	+40	+68	+132	+252	+360	+540	+660	+820	+1000	+1250	+1600	+2100	+2600

表 3-6 孔的基本

公称尺寸/mm		下极限偏差 EI 所有标准公差等级											基本偏差 上极限									
													J			K		M		N		
													IT6	IT7	IT8	≤IT8	>IT8	≤IT8	>IT8	≤IT8	>IT8	
大于	至	A	B	C	CD	D	E	EF	F	FG	G	H	JS	J			K		M		N	
—	3	+270	+140	+60	+34	+20	+14	+10	+6	+4	+2	0	偏差=±IT_n/2，式中IT_n为标准公差值	+2	+4	+6	0	0	-2	-2	-4	-4
3	6	+270	+140	+70	+46	+30	+20	+14	+10	+6	+4	0		+5	+6	+10	-1+Δ		-4+Δ	-4	-8+Δ	0
6	10	+280	+150	+80	+56	+40	+25	+18	+13	+8	+5	0		+5	+8	+12	-1+Δ		-6+Δ	-6	-10+Δ	0
10	14	+290	+150	+95		+50	+30		+16		+6	0		+6	+10	+15	-1+Δ		-7+Δ	-7	-12+Δ	0
14	18	+290	+150	+95		+50	+30		+16		+6	0		+6	+10	+15	-1+Δ		-7+Δ	-7	-12+Δ	0
18	24	+300	+160	+110		+65	+40		+20		+7	0		+8	+12	+20	-2+Δ		-8+Δ	-8	-15+Δ	0
24	30	+300	+160	+110		+65	+40		+20		+7	0		+8	+12	+20	-2+Δ		-8+Δ	-8	-15+Δ	0
30	40	+310	+170	+120		+80	+50		+25		+9	0		+10	+14	+24	-2+Δ		-9+Δ	-9	-17+Δ	0
40	50	+320	+180	+130		+80	+50		+25		+9	0		+10	+14	+24	-2+Δ		-9+Δ	-9	-17+Δ	0
50	65	+340	+190	+140		+100	+60		+30		+10	0		+13	+18	+28	-2+Δ		-11+Δ	-11	-20+Δ	0
65	80	+360	+200	+150		+100	+60		+30		+10	0		+13	+18	+28	-2+Δ		-11+Δ	-11	-20+Δ	0
80	100	+380	+220	+170		+120	+72		+36		+12	0		+16	+22	+34	-3+Δ		-13+Δ	-13	-23+Δ	0
100	120	+410	+240	+180		+120	+72		+36		+12	0		+16	+22	+34	-3+Δ		-13+Δ	-13	-23+Δ	0
120	140	+460	+260	+200		+145	+85		+43		+14	0		+18	+26	+41	-3+Δ		-15+Δ	-15	-27+Δ	0
140	160	+520	+280	+210		+145	+85		+43		+14	0		+18	+26	+41	-3+Δ		-15+Δ	-15	-27+Δ	0
160	180	+580	+310	+230		+145	+85		+43		+14	0		+18	+26	+41	-3+Δ		-15+Δ	-15	-27+Δ	0
180	200	+660	+340	+240		+170	+100		+50		+15	0		+22	+30	+47	-4+Δ		-17+Δ	-17	-31+Δ	0
200	225	+740	+380	+260		+170	+100		+50		+15	0		+22	+30	+47	-4+Δ		-17+Δ	-17	-31+Δ	0
225	250	+820	+420	+280		+170	+100		+50		+15	0		+22	+30	+47	-4+Δ		-17+Δ	-17	-31+Δ	0
250	280	+920	+480	+300		+190	+110		+56		+17	0		+25	+36	+55	-4+Δ		-20+Δ	-20	-34+Δ	0
280	315	+1050	+540	+330		+190	+110		+56		+17	0		+25	+36	+55	-4+Δ		-20+Δ	-20	-34+Δ	0
315	355	+1200	+600	+360		+210	+125		+62		+18	0		+29	+39	+60	-4+Δ		-21+Δ	-21	-37+Δ	0
355	400	+1350	+680	+400		+210	+125		+62		+18	0		+29	+39	+60	-4+Δ		-21+Δ	-21	-37+Δ	0
400	450	+1500	+760	+440		+230	+135		+68		+20	0		+33	+43	+66	-5+Δ		-23+Δ	-23	-40+Δ	0
450	500	+1650	+840	+480		+230	+135		+68		+20	0		+33	+43	+66	-5+Δ		-23+Δ	-23	-40+Δ	0

注：1. 公称尺寸≤1mm 时，基本偏差 A 和 B 及>IT8 的 N 均不采用。
2. 公差带 JS7~JS11，若 IT_n 值是奇数，则取偏差=±(IT_{n-1})/2。
3. 对于≤IT8 的 K、M、N 和≤IT7 的 P~ZC，均应加一个 Δ 值，Δ 值从表中选取。
4. 特殊情况：250~315mm 尺寸段的 M6，取 ES=-9μm（代替-11μm）。

第三章　孔、轴的极限与配合　　41

偏差数值　　　　　　　　　　　　　　　　　　　　　　　　　　　　　　（单位：μm）

数值 偏差 ES ≤IT7 P~ZC	>IT7 的标准公差等级											Δ 值 标准公差等级					
	P	R	S	T	U	V	X	Y	Z	ZA	ZB	ZC	IT3	IT4	IT5	IT6	IT7	IT8
在 >IT7 的相应数值上增加一个Δ值	−6	−10	−14		−18		−20		−26	−32	−40	−60	0	0	0	0	0	0
	−12	−15	−19		−23		−28		−35	−42	−50	−80	1	1.5	1	3	4	6
	−15	−19	−23		−28		−34		−42	−52	−67	−97	1	1.5	2	3	6	7
	−18	−23	−28		−33	−39	−40		−50	−64	−90	−130	1	2	3	3	7	9
							−45		−60	−77	−108	−150						
	−22	−28	−35		−41	−47	−54	−63	−73	−98	−136	−188	1.5	2	3	4	8	12
				−41	−48	−55	−64	−75	−88	−118	−160	−218						
	−26	−34	−43	−48	−60	−68	−80	−94	−112	−148	−200	−274	1.5	3	4	5	9	14
				−54	−70	−81	−97	−114	−136	−180	−242	−325						
	−32	−41	−53	−66	−87	−102	−122	−144	−172	−226	−300	−405	2	3	5	6	11	16
		−43	−59	−75	−102	−120	−146	−174	−210	−274	−360	−480						
	−37	−51	−71	−91	−124	−146	−178	−214	−258	−335	−445	−585	2	4	5	7	13	19
		−54	−79	−104	−144	−172	−210	−254	−310	−400	−525	−690						
	−43	−63	−92	−122	−170	−202	−248	−300	−365	−470	−620	−800	3	4	6	7	15	23
		−65	−100	−134	−190	−228	−280	−340	−415	−535	−700	−900						
	−50	−68	−108	−146	−210	−252	−310	−380	−465	−600	−780	−1000	3	4	6	9	17	26
		−77	−122	−166	−236	−284	−350	−425	−520	−670	−880	−1150						
		−80	−130	−180	−258	−310	−385	−470	−575	−740	−960	−1250						
		−84	−140	−196	−284	−340	−425	−520	−640	−820	−1050	−1350						
	−56	−94	−158	−218	−315	−385	−475	−580	−710	−920	−1200	−1550	4	4	7	9	20	29
		−98	−170	−240	−350	−425	−525	−650	−790	−1000	−1300	−1700						
	−62	−108	−190	−268	−390	−475	−590	−730	−900	−1150	−1500	−1900	4	5	7	11	21	32
		−114	−208	−294	−435	−530	−660	−820	−1000	−1300	−1650	−2100						
	−68	−126	−232	−330	−490	−595	−740	−920	−1100	−1450	−1850	−2400	5	5	7	13	23	34
		−132	−252	−360	−540	−660	−820	−1000	−1250	−1600	−2100	−2600						

3. 孔的基本偏差值

孔的基本偏差值按表 3-6 所列的轴的基本偏差值，通过一定的换算规则得出。换算的前提是：在孔、轴的同一公差等级或孔比轴低一级的配合条件下，当基轴制配合中孔的基本偏差代号与基孔制配合中轴的基本偏差代号相当（如孔的 F 对轴的 f）时，使基轴制形成的配合性质（如 F6/h5）与基孔制形成的配合性质（如 H6/f5）相同。据此有如下两种换算规则：

通用规则：同一字母表示的孔、轴基本偏差的绝对值相等，而符号相反。

对于 A~H　　　　　　　　　　$EI = -es$ 　　　　　　　　　　　　　　(3-18)

对于 K~ZC　　　　　　　　　$ES = -ei$ 　　　　　　　　　　　　　　(3-19)

特殊规则：对于标准公差 ≤ IT8 的 J、K、M、N 和 ≤ IT7 的 P~ZC，孔的基本偏差 ES 与同字母的轴的基本偏差 ei 的符号相反，而绝对值相差一个 Δ 值。

$$\begin{cases} ES = -ei + \Delta \\ \Delta = IT_n - IT_{n-1} \end{cases} \quad (3\text{-}20)$$

式中　IT_n——孔的标准公差；

　　　IT_{n-1}——精度比孔高一级的轴的标准公差。

现由过渡配合的基准制变换，对式（3-19）、式（3-20）推导证明如下：

在图 3-13 中，由过渡配合公差带图可知：$X_{max} = T_h - ei$，$X'_{max} = ES + T_s$

因为 $X'_{max} = X_{max}$（过渡配合在由基孔制转为基轴制时，应当保证 X_{max} 不变）

即　　　　　　　　　　　　　$ES + T_s = T_h - ei$

所以　　　　　　　　　　　　$ES = -ei + T_h - T_s$

引入　　　　　　　　　　　　$\Delta = T_h - T_s$

得到　　　　　　　　　　　$\begin{cases} ES = -ei + \Delta \\ \Delta = T_h - T_s \end{cases}$

当孔、轴公差同级，即 $T_h = T_s$ 时，$\Delta = 0$

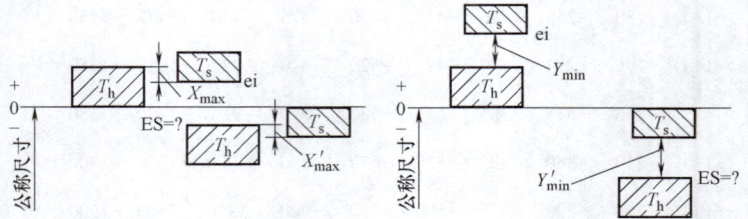

图 3-13　过渡配合和过盈配合的基准制转换

所以　　　　　　　　　　　　　$ES = -ei$

式（3-19）得证。

一般 T_h 与 T_s 相差一级，且轴的精度比孔的高一级，即 $T_h = IT_n$，$T_s = IT_{n-1}$

所以　　　　　　　　　　　　　$ES = -ei + \Delta$

$$\Delta = IT_n - IT_{n-1}$$

式（3-20）得证。

过盈配合公差带图的证明过程与此相似，请读者自行证明。注意：对于过盈配合，在由基孔制转为基轴制时，应当保证 Y_{min} 不变。

孔的基本偏差数值见表 3-6，使用时勿忘"Δ"，对于标准公差≤IT8 的 J、K、M、N 和≤IT7 的 P～ZC，"Δ"是表中查得数的修正值。

表 3-7 各种基本偏差的应用说明

配合	基本偏差	与 H 孔组成配合的特性及应用
间隙配合	a,b	可得到特别大的间隙,应用很少。主要用于高温工作、热变形大的零件配合,如内燃机的活塞与缸套的配合为 H9/a9
	c	可得到很大的间隙,一般用于缓慢、松弛的动配合。用于工作条件较差(如农用机械),受力变形,或为了便于装配而必须有较大间隙时。推荐配合为 H11/c11。其较高等级的配合,如 H8/c7 适用于轴在高温工作的间隙配合,如内燃机排气阀和导管的配合 H8/c7
	d	一般用于 IT7~IT11,适用松的转动配合,如密封盖、滑轮、空转带轮等与轴的配合。也适用于大直径滑动轴承配合,如汽轮机、球磨机、轧辊成形机和重型弯曲机及其他重型机械中的一些滑动支承
	e	多用于 IT7~IT9。通常适用要求有明显间隙,易于传动的支承配合,如大跨距支承、多支点支承等配合。高等级的 e 轴适用于大的、高速、重载支承,如涡轮发电机、大的发电机的支承等,也适用于内燃机主要轴承、凸轮轴支承、摇臂支承等配合
	f	多用于 IT6~IT8 的一般转动配合。当温度差别不大,对配合基本上没有影响时,被广泛用于普通润滑油(或润滑脂)润滑支承,如齿轮箱、小电动机、泵等的转轴与滑动支承
	g	多用于 IT5~IT7,配合间隙很小,制造成本高,除很轻负荷的精密装置外,不推荐用于转动配合。最适合于不回转的精密滑动配合,也适用于插销等定位配合,如精密连杆轴承、活塞及滑阀、连杆销等
	h	多用于 IT4~IT11。广泛用于无相对转动的零件,作为一般的定位配合。若没有温度、变形影响,也用于精密滑动配合
过渡配合	js	为完全对称偏差(±IT/2),平均起来为稍有间隙的配合,多用于 IT4~IT7,要求间隙比 h 轴配合时小,并允许略有过盈的定位配合,如联轴器、齿圈与钢制轮毂,一般可用锤子或木锤装配
	k	平均起来没有间隙的配合,适合于 IT4~IT7。推荐用于要求稍有过盈的定位配合,如为了消除振动用的定位配合。一般用木锤装配
	m	平均起来具有较小过盈的过渡配合,适用于 IT4~IT7。用于精密的定位配合,一般可用木锤装配,但在最大过盈时,要求相当的压入力
	n	平均过盈比用 m 轴时稍大,很少得到间隙,适用于 IT4~IT7。用锤子或压力机装配。通常推荐用于紧密的组件配合。H6/n5 为过盈配合
过盈配合	p	与 H6 或 H7 孔配合时是过盈配合,而与 H8 孔配合时为过渡配合。对非铁类零件,为较轻的压入配合,当需要时易于拆卸。对钢、铸铁和铜零件装配是标准的压入配合。对弹性材料,如轻合金等,往往要求很小的过盈,可采用 p 配合
	r	对铁类零件,为中等打入配合;对非铁类零件,为轻的打入配合,当需要时,可以拆卸。r8 轴与 H8 孔形成的配合,当直径在 100mm 以下时为过渡配合
	s	用于铁和钢制零件的永久性和半永久性装配,过盈量充分,可产生相当大的结合力。当用弹性材料,如轻合金时,配合性质与铁类零件的 p 轴相当。如套环压在轴上、阀座上等配合为 H7/s6。尺寸较大时,为了避免损伤配合表面,需用热胀或冷缩法装配
	t	用于钢和铁制零件的永久性装配,不用键可传递扭矩,需用热套法或冷轴法装配
	u	用于过盈量大的配合,最大过盈量需验算,用热套法装配
	v,x,y,z	过盈量依次增大,一般不推荐

三、常用公差带及配合

1. 标准规定的优先、常用公差带与配合

根据一般机械产品的使用需要，并考虑零件、定值刀具和量具的规格统一，对孔的公差做了规定，如图 3-14 所示，公称尺寸至 500mm 一般用途的公差带 105 种，常用公差带 44 种（方框中），优先选用公差带 13 种（圆圈中）；对轴的公差做了规定，如图 3-15 所示，公称尺寸至 500mm 一般用途的公差带 116 种，常用公差带 59 种（方框中），优先选用公差带 13 种（圆圈中）。在孔、轴的公差带中，又组成了如表 3-8 所列基轴制常用配合 47 种，优先配合 13 种；

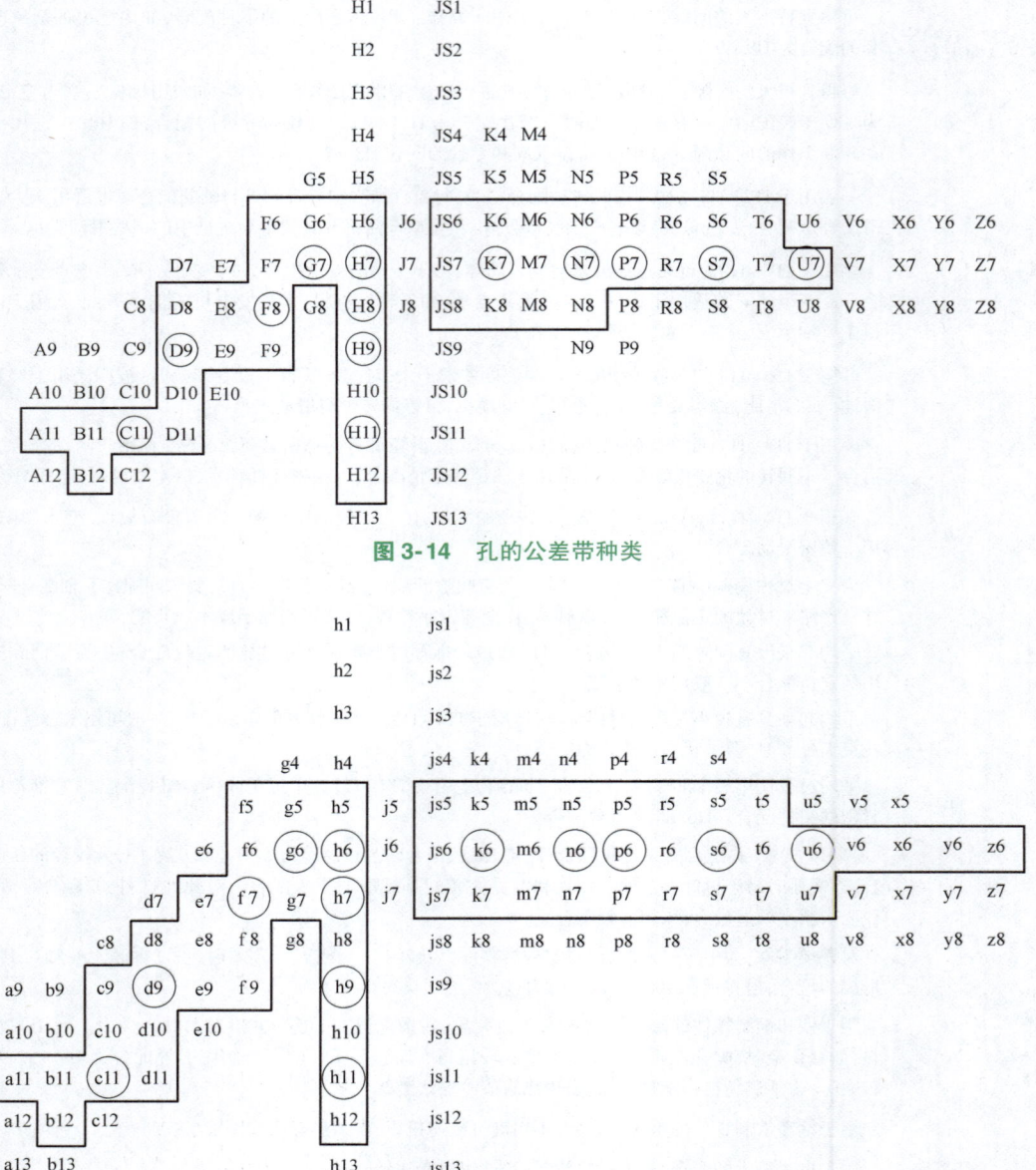

图 3-14 孔的公差带种类

图 3-15 轴的公差带种类

如表 3-9 所列基孔制常用配合 59 种、优先配合 13 种。在 GB/T 1801—2009 中对基孔制和基轴制优先、常用配合的极限间隙或极限过盈数值制定了表格，以供设计时选用。

表 3-8 基轴制优先、常用配合

基准轴	孔																			
	A	B	C	D	E	F	G	H	Js	K	M	N	P	R	S	T	U	V	X	Y	Z
	间隙配合								过渡配合				过盈配合								
h5						F6/h5	G6/h5	H6/h5	JS6/h5	K6/h5	M6/h5	N6/h5	P6/h5	R6/h5	S6/h5	T6/h5					
h6						F7/h6	▼G7/h6	▼H7/h6	JS7/h6	K7/h6	M7/h6	▼N7/h6	▼P7/h6	R7/h6	▼S7/h6	T7/h6	▼U7/h6				
h7					E8/h7	▼F8/h7		▼H8/h7	JS8/h7	K8/h7	M8/h7	N8/h7									
h8				D8/h8	E8/h8	F8/h8		H8/h8													
h9				▼D9/h9	E9/h9	F9/h9		▼H9/h9													
h10				D10/h10				H10/h10													
h11	▼A11/h11	B11/h11	▼C11/h11	D11/h11				▼H11/h11													
h12		B12/h12						H12/h12													

注：带▼的配合为优先配合。

表 3-9 基孔制优先、常用配合

基准孔	轴																			
	a	b	c	d	e	f	g	h	js	k	m	n	p	r	s	t	u	v	x	y	z
	间隙配合								过渡配合				过盈配合								
H6						H6/f5	H6/g5	H6/h5	H6/js5	H6/k5	H6/m5	H6/n5	H6/p5	H6/r5	H6/s5	H6/t5					
H7						H7/f6	▼H7/g6	▼H7/h6	H7/js6	▼H7/k6	H7/m6	▼H7/n6	▼H7/p6	H7/r6	▼H7/s6	H7/t6	▼H7/u6	H7/v6	H7/x6	H7/y6	H7/z6
H8					H8/e7	▼H8/f7	H8/g7	▼H8/h7	H8/js7	H8/k7	H8/m7	H8/n7	H8/p7	H8/r7	H8/s7	H8/t7	H8/u7				
				H8/d8	H8/e8	H8/f8		H8/h8													
H9			▼H9/c9	▼H9/d9	H9/e9	H9/f9		▼H9/h9													
H10			H10/c10	H10/d10				H10/h10													
H11	▼H11/a11	H11/b11	▼H11/c11	H11/d11				▼H11/h11													
H12		H12/b12						H12/h12													

注：1. H6/n5、H7/p6 在公称尺寸小于或等于 3mm，H8/r7 在公称尺寸小于或等于 100mm 时，为过渡配合。
2. 标注▼的配合为优先配合。

2. 公差带与配合的标注代号

公差带代号由基本偏差字母加标准公差等级数字组成。标注时有三种方式,如 $\phi50H7$ 可写成 $\phi50H7\,({}^{+0.025}_{\ \ 0})$,也可写成 $\phi50^{+0.025}_{\ \ 0}$。配合代号由孔、轴公差带代号共同组成。标注时一般采用分式形式,如 $\phi50H7/f6$,也可写成 $\phi50\dfrac{H7}{f6}$。

四、未注公差

GB/T 1804—2000《一般公差 未注公差的线性和角度尺寸的公差》对线性尺寸的未注公差规定了四个公差等级,即精密级 f、中等级 m、粗糙级 c 和最粗级 v,并制定了相应的极限偏差数值,见表 3-10 和表 3-11。但图样上不标出(未注),而在加工时控制。线性尺寸的未注公差要求应写在零件图上或技术文件中。例如选用粗糙级时,表示为:"未注公差尺寸按 GB1804-c"。

表 3-10 未注公差的线性尺寸的极限偏差数值 (单位:mm)

公差等级	公称尺寸分段							
	0.5~3	>3~6	>6~30	>30~120	>120~400	>400~1000	>1000~2000	>2000~4000
精密级 f	±0.05	±0.05	±0.1	±0.1	±0.2	±0.3	±0.5	—
中等级 m	±0.1	±0.1	±0.2	±0.3	±0.5	±0.8	±1.2	±2
粗糙级 c	±0.2	±0.3	±0.5	±0.8	±1.2	±2	±3	±4
最粗级 v	—	±0.5	±1	±1.5	±2.5	±4	±6	±8

在零件图上,对于在车间一般加工条件下能够保证的非配合线性尺寸和倒圆半径、倒角高度尺寸的公差和极限偏差可以不注出,而采用 GB/T 1804—2000 所规定的线性尺寸一般公差,以简化图样标注。对于角度尺寸,表 3-12 给出了角度尺寸的极限偏差数值。

表 3-11 倒圆半径和倒角高度尺寸的极限偏差数值 (单位:mm)

公差等级	公称尺寸分段			
	0.5~3	>3~6	>6~30	>30
精密级 f 中等级 m	±0.2	±0.5	±1	±2
粗糙级 c 最粗级 v	±0.4	±1	±2	±4

注:倒圆半径和倒角高度的含义参见 GB/T 6403.4。

表 3-12 角度尺寸的极限偏差数值 (单位:mm)

公差等级	长度分段				
	~10	>10~50	>50~120	>120~400	>400
精密级 f 中等级 m	±1°	±30′	±20′	±10′	±5′
粗糙级 c	±1°30′	±1°	±30′	±15′	±10′
最粗级 v	±3°	±2°	±1°	±30′	±20′

第三节　公差与配合的选用

一、基准制的选用

基准制的选用主要考虑两个因素：①加工工艺及测量经济性；②结构形式的合理性。基准制的选用原则如下：

（1）**一般情况优先选用基孔制**　以减少孔的定值尺寸和定值刀具、量具的规格及数量，可以获得显著的经济效益。

（2）**特殊情况选用基轴制**

1）冷拉钢轴与相配件的配合。例如，纺织机械、农业机械中的长轴与带孔零件的配合。

2）轴型标准件与相配件的配合。例如，电动机轴与齿轮孔、带轮孔的配合，钟表类小轴与轮片孔的配合，标准圆柱销与带孔零件的配合，平键、半圆键与轴键槽、轮毂键槽的配合，滚动轴承外径与机座外壳孔的配合。

3）一轴配多孔且各处松紧要求不同的配合。如图 3-16a 所示，内燃机中活塞销与活塞孔及连杆套孔的三处配合，实质是一轴配两孔的配合。图 3-16b 表示采用基孔制配合的孔、轴公差带是不合理的；图 3-16c 表示采用基轴制配合的孔、轴公差带是合理的。

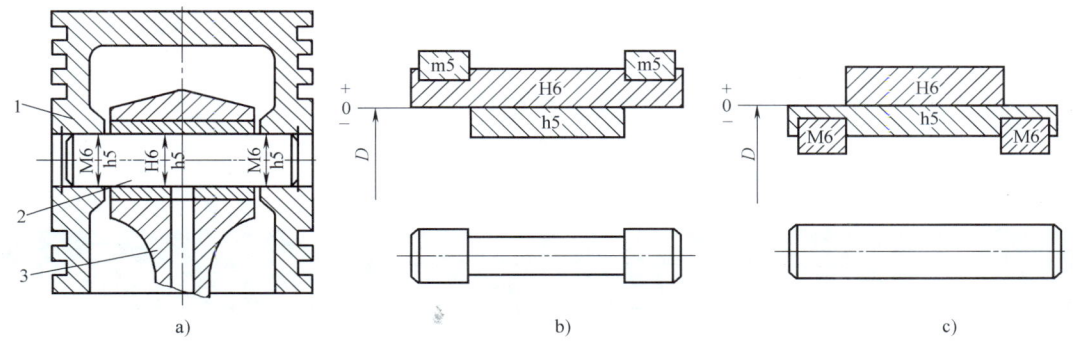

图 3-16　活塞销与活塞、连杆机构的配合及其孔、轴公差带
a）活塞销与活塞、连杆机构的配合　b）基孔制配合的孔、轴公差带　c）基轴制配合的孔、轴公差带
1—活塞　2—活塞销　3—连杆

（3）**精度不高且需经常装拆的情况允许采用非基准制**　如滚动轴承端盖凸缘与箱体外壳孔的配合，轴上用于轴向定位的隔套与轴的配合采用非基准制，如图 3-17 所示。这样一来可以先确定重要的配合制度，后确定精度不高的配合制度。

二、公差等级的选用

标准公差等级的选择是一项重要且困难的工作，因为公差等级的高低直接影响产品使用性能和加工的经济性。公差等级过低，产品质量得不到保证；公差等级过高，将使制造成本增加。所以，必须正确合理地选用标准公差等级。

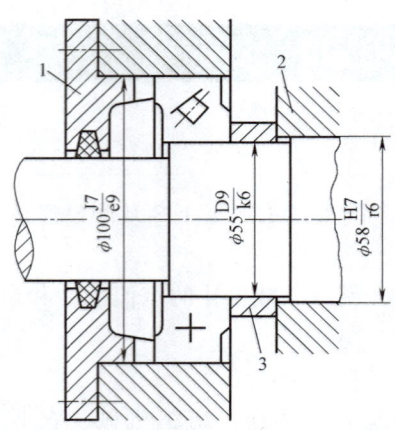

图 3-17　端盖与外壳孔、轴套与轴的配合
1—端盖　2—齿轮　3—轴套

1. 基本原则
公差等级的选用应遵循两个原则：①满足使用条件；②经济性好。

2. 选择方法
（1）**类比法**　即经验法。这种方法就是找一些生产中验证过的同类产品的图样，将所设计的机械（机构）工作要求、使用条件、加工工艺装备等情况进行比较，从而定出合理的标准公差等级。

（2）**分析计算法**　根据一定的理论和计算公式，经过计算后，再根据极限与配合的标准定出合理的标准公差等级。

3. 用类比法确定标准公差等级应注意的问题
（1）**了解各个公差等级的应用范围**　可参考表 3-13。

表 3-13　标准公差等级的应用范围

应用	公差等级(IT)																		
	01	0	1	2	3	4	5	6	7	8	9	10	11	12	13	14	15	16	17	18
量块	—	—	—																	
量规			—	—	—	—	—	—	—											
特精件配合				—	—	—	—	—	—											
一般配合							—	—	—	—	—	—	—	—	—	—				
原材料公差										—	—	—	—	—	—	—				
未注公差尺寸													—	—	—	—	—	—		

（2）**掌握配合尺寸公差等级的应用情况**　可参考表 3-14。

（3）**熟悉各种工艺方法的加工精度**　公差等级与加工方法的关系见表 3-15。要慎重选择使用高精度公差等级，否则会使加工成本急剧增加。

（4）**注意与相配合零部件的精度协调**

1）与齿轮孔相配合的轴的公差等级应以齿轮孔的公差等级为参照，而齿轮孔的公差等级是与齿轮精度要求密切相关的。

第三章 孔、轴的极限与配合

表 3-14 配合尺寸公差等级的应用

公差等级	重要处		常用处		次要处	
	孔	轴	孔	轴	孔	轴
精密机械	IT4	IT4	IT5	IT5	IT7	IT6
一般机械	IT5	IT5	IT7	IT6	IT8	IT9
较粗机械	IT7	IT6	IT8	IT9	IT10~IT12	

表 3-15 各种加工方法可能达到的标准公差等级

加工方法	公差等级(IT)																		
	01	0	1	2	3	4	5	6	7	8	9	10	11	12	13	14	15	16	17	18
研磨	—	—	—	—	—	—	—													
衍磨							—	—	—											
圆磨							—	—	—	—										
平磨							—	—	—	—										
金刚石车							—	—	—											
金刚石镗							—	—	—											
拉削							—	—	—	—										
铰孔								—	—	—	—	—								
车									—	—	—	—	—							
镗									—	—	—	—	—							
铣										—	—	—	—							
刨、插												—	—							
钻孔												—	—	—	—					
滚压、挤压												—	—							
冲压												—	—	—	—	—				
压铸													—	—	—	—				
粉末冶金成形									—	—	—									
粉末冶金烧结										—	—	—	—							
砂型铸造、气割																		—	—	—
锻造																		—	—	

2) 与滚动轴承相配的轴颈公差等级、外壳孔公差等级都应以滚动轴承的精度等级为参照。

（5）注意相配合的孔、轴工艺等价性　相配合的孔、轴工艺等价性见表 3-16。

（6）精度要求不高的配合允许孔、轴的公差等级相差 2~3 级　如图 3-17 中轴承端盖凸缘与箱体外壳孔的配合代号为 φ100J7/e9，孔、轴的公差等级相差 2 级，孔 J7 随轴承外圈配合先定，轴（端盖凸缘）e9 后定；轴上定位用的隔套与轴的配合代号为 φ55D9/k6，孔、轴的公差等级相差 3 级，轴 k6 随轴承内圈配合先定，孔（隔套）D9 后定。

表 3-16　相配合的孔、轴工艺等价性

配合种类	T_h 的等级	T_s 应选等级	T_s 与 T_h 的关系	举　　例
间隙配合或过渡配合	$T_h \leqslant$ IT8	$T_s < T_h$	差一级	H7/f6, H7/k6, H8/n7, H7/n6, H8/p7
	$T_h \geqslant$ IT9	$T_s = T_h$	同级	H9/d9
过盈配合	$T_h \leqslant$ IT7	$T_s < T_h$	差一级	H7/p6, H6/n5, H7/r6
	$T_h \geqslant$ IT8	$T_s = T_h$	同级	H8/s8

三、配合的选用

配合的选用主要是根据使用要求确定配合类别和配合代号。

1. 配合类别的选用

标准规定有间隙、过渡和过盈三类配合。在精度设计中选用哪类配合，主要取决于使用要求。当孔、轴间有相对运动要求时，应选间隙配合；当孔、轴间无相对运动要求时，应根据具体工作条件不同，从三类配合中选取：若要求传递足够大的扭矩，且不要求拆卸时，一般应选过盈配合；若需要传递一定的扭矩，但要求能够拆卸的情况下，应选过渡配合；当对同轴度要求不高，只是为了装配方便时，应选间隙配合。

在配合类别的选用中，还应注意工作温度、装配变形和生产类型等对配合性质的影响。

（1）**工作温度对配合性质的影响**　孔、轴配合的工作温度与装配温度相差悬殊时，由于孔、轴材料和温度不同，会引起配合性质的改变（工作时配合变松或变紧），严重影响机器（机构）的功能。

孔、轴配合的间隙变化量可按公式：$\Delta X = D(\alpha_2 \Delta t_2 - \alpha_1 \Delta t_1)$ 计算，即用孔的热变形量减去轴的热变形量。其中 α_2、α_1 表示孔、轴材料线膨胀系数，Δt_2、Δt_1 表示孔、轴工作时温度的变化。间隙变化量为负数表示工作温度高使间隙变小（配合变紧），在选用配合类别时应注意选择装配间隙更大的配合。

（2）**装配变形对配合性质的影响**　如图 3-18 所示的机械结构中，薄壁套筒件在装配后产生变形。由于套筒外表面与机座孔的配合为过盈配合，套筒内孔与轴的配合为间隙配合，当套筒压入机座孔，产生装配变形使套筒内孔收缩，孔径变小，而套筒内孔与轴的配合间隙变小或消失，不能满足具有间隙的使用要求。

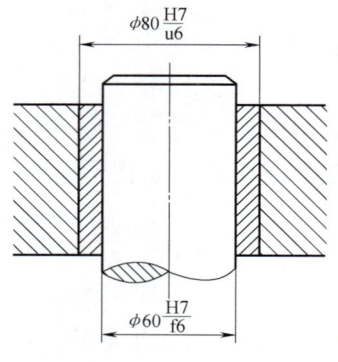

图 3-18　易装配变形结构

在选择套筒内孔与轴的配合时，应考虑装配变形的影响。为保证装配以后的变形不影响配合性质，方法有两种：一种是用工艺的办法，即套筒内孔未加工到最终尺寸就压入机座孔，待产生装配变形后，再按 φ80H7 加工套筒内孔；另一种是将套筒内孔的实际尺寸做大，以补偿装配变形。其中工艺方法简单易行。

(3) 生产类型对配合性质的影响　大批大量生产多用调整法，调整法加工后尺寸的分布通常遵循正态分布。单件小批生产多用试切法，试切法加工后，孔、轴尺寸的分布皆为偏态分布。即孔尺寸多偏向于下极限尺寸，轴尺寸多偏向于上极限尺寸，即孔偏小，轴偏大。显然对配合性质的影响是使配合变紧。如图 3-19a 所示，对于 φ50H7/js6 配合，用调整法加工形成的间隙 X_{av} 大于用试切法加工形成的间隙 X'_{av}（即 $X_{av} > X'_{av}$）；设计时按平均间隙为 X_{av} 选定孔与轴的配合代号为 φ50H7/js6，当生产批量小，采用试切法加工时，孔、轴装配后形成的平均间隙必然减小，导致不符合设计给定的平均间隙要求。为了满足相同的使用要求，只有在小批量生产采用试切法加工的同时，将孔与轴的配合代号改为 φ50H7/h6，才能满足平均间隙要求，如图 3-19b 所示。

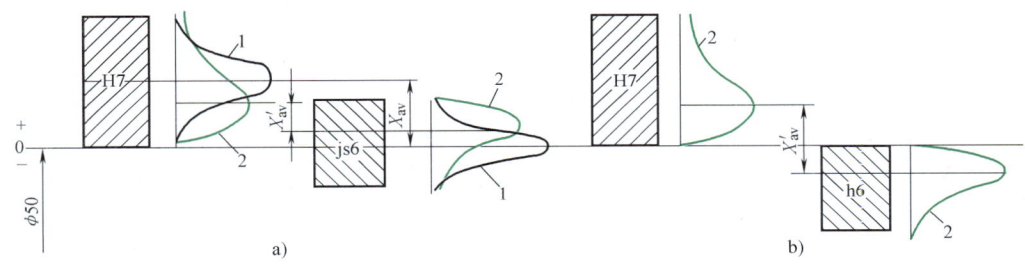

图 3-19　生产类型对配合性质的影响

a) φ50H7/js6 调整法加工形成的间隙大于试切法加工形成的间隙 ($X_{av} > X'_{av}$)
b) φ50H7/h6 尺寸偏态分布形成的间隙 X'_{av} 与 φ50H7/js6 调整法加工形成的间隙 X_{av} 相当
1—实际尺寸正态分布曲线　2—实际尺寸偏态分布曲线

2. 配合代号的确定

配合代号的确定就是在确定配合制度和标准公差等级后，根据使用要求确定与基准件配合的轴或孔的基本偏差代号。配合代号的确定方法通常有计算法、试验法和类比法三种。计算法是根据一定的理论、用公式计算出所需的间隙或过盈，然后确定基本偏差代号。类比法是生产中广泛采用的最简便的方法。采用类比法，需要分析零件的工作条件及使用要求，注意积累生产中已经验证过的典型实例（国内、外类似机械的资料），同时考虑生产设备的状况等工艺条件。各种基本偏差的应用实例说明见表 3-7。各种配合类别的适用范围见表 3-17。

表 3-17　各种配合类别的适用范围

配合类别	适用范围	配合类别	适用范围
H/js 类	轻微定心配合	H/n 类	精确定心配合
H/k 类	标准定心配合	H/p 类	轻压定心配合
H/m 类	高级定心配合	H/h 类	间隙定位配合

3. 公差与配合选择的实例

为使公差与配合的选择更加简单准确，确定和验算过程更加直观明了，多采用图解计算与查表相结合的方法。公差与配合选择的实例如下：

例 3-1 已知配合的公称尺寸为 $\phi 30$mm，要求最小间隙 $X_{\min} = +0.020$mm，最大间隙 $X_{\max} = +0.055$mm，试选择合适的配合代号。

解 （1）确定配合制度 由题意可知，无特殊要求，采用基孔制。即孔的基本偏差字母为 H，基本偏差为 EI=0。

（2）确定公差等级 由题意可知，这是一个间隙配合，要求的配合公差为

$$T_f = X_{\max} - X_{\min} = [+55 - (+20)] \mu m = 35 \mu m$$

又因为 $T_f = T_h + T_s$

按 $T_h = T_s = T_f/2 = 17.5 \mu m$（估计值）

查标准公差数值表（即表 3-2）知：IT6=13μm、IT7=21μm

同时考虑工艺等价性：当 $T_h \leq$ IT8 时，应使 $T_s < T_h$（差一级）

所以选取 $T_h =$ IT7$= 21\mu m$、$T_s =$ IT6$= 13 \mu m$，同时验算

$$T'_f = \text{IT7} + \text{IT6} = 34 \mu m （因为 T'_f < 35\mu m，所以符合要求）$$

因此基准孔的公差带代号应为 $\phi 30$H7 $\binom{+0.021}{0}$。

（3）确定配合代号（定轴的公差带代号） 先画出孔的公差带图，如图 3-20 所示。再由公式 $X_{\min} =$ EI$-$es 求得

$$es = EI - X_{\min} = -20 \mu m$$

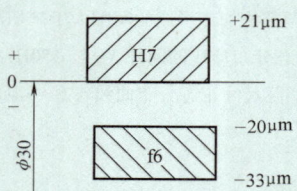

图 3-20 例 3-1 的公差带图

查表 3-5，比对轴的基本偏差数值，方可确定轴的基本偏差代号为 f（es=$-20\mu m$），再由公式 $T_s =$ es$-$ei 求得

$$ei = es - T_s = (-20 - 13) \mu m = -33 \mu m$$

所以非基准轴的公差带代号应为 $\phi 30$f6 $\binom{-0.020}{-0.033}$。

综合确定配合代号为 $\phi 30$H7/f6。

（4）验算 如图 3-20 所示

$$X'_{\max} = \text{ES} - ei = [+21 - (-33)] \mu m = +54 \mu m$$

$$X'_{\min} = \text{EI} - es = [0 - (-20)] \mu m = +20 \mu m$$

可见 $X'_{\min} \sim X'_{\max}$ 恰在 $X_{\min} \sim X_{\max}$ 之内，所选配合 $\phi 30$H7/f6 符合要求。

例 3-2 已知配合的公称尺寸为 $\phi 40\text{mm}$，要求最大过盈 $Y_{\max}=-0.019\text{mm}$，最大间隙 $X_{\max}=+0.025\text{mm}$，试按基轴制选择合适的配合代号。

解 （1）确定配合制度　由题意可知，采用基轴制。即轴的基本偏差字母为 h，基本偏差为 es=0。

（2）确定公差等级　由题意可知，这是一个过渡配合，要求的配合公差为

$$T_f = X_{\max} - Y_{\max} = [+25-(-19)]\mu m = 44\mu m$$

又因为

$$T_f = T_h + T_s$$

按

$$T_h = T_s = T_f/2 = 22\mu m (估计值)$$

查标准公差数值表（即表 3-2）知：IT6=16μm、IT7=25μm。

同时考虑工艺等价性：当 $T_h \leqslant$ IT8 时，应使 $T_s < T_h$（差一级）

所以选取 T_h=IT7=25μm、T_s=IT6=16μm，同时验算

$$T'_f = \text{IT7} + \text{IT6} = 41\mu m（因为 T'_f < 44\mu m，所以符合要求）$$

因此基准轴的公差带代号应为 $\phi 30\text{h}6\left({}^{\ 0}_{-0.016}\right)$。

（3）确定配合代号（定孔的公差带代号）　先画出轴的公差带图，如图 3-21 所示。再由公式 $X_{\max}=\text{ES}-\text{ei}$ 求得

$$\text{ES} = \text{ei} + X_{\max} = (-16+25)\mu m = +9\mu m$$

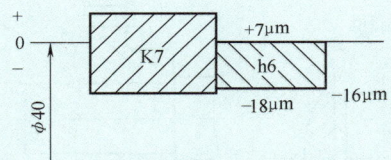

图 3-21　例 3-2 的公差带图

查表 3-6，比对孔的基本偏差数值，方可确定孔的基本偏差代号为 K7，而 K7 的 ES=+7μm。然后由公式 $T_h = \text{ES} - \text{EI}$ 可以求得

$$\text{EI} = \text{ES} - T_h = (+7-25)\mu m = -18\mu m$$

所以非基准孔的公差带代号应为 $\phi 40\text{K}7\left({}^{+0.007}_{-0.018}\right)$。

综合确定配合代号为 $\phi 40\text{K}7/\text{h}6$。

（4）验算　如图 3-21 所示

$$X'_{\max} = \text{ES} - \text{ei} = [+7-(-16)]\mu m = +23\mu m$$

$$Y'_{\max} = \text{EI} - \text{es} = (-18-0)\mu m = -18\mu m$$

可见 $Y'_{\max} \sim X'_{\max}(-18 \sim +23\mu m)$ 在 $Y_{\max} \sim X_{\max}(-19 \sim +25\mu m)$ 之内，所选配合 $\phi 40\text{K}7/\text{h}6$ 符合要求。

工程中常用机构的配合如图 3-22 所示。

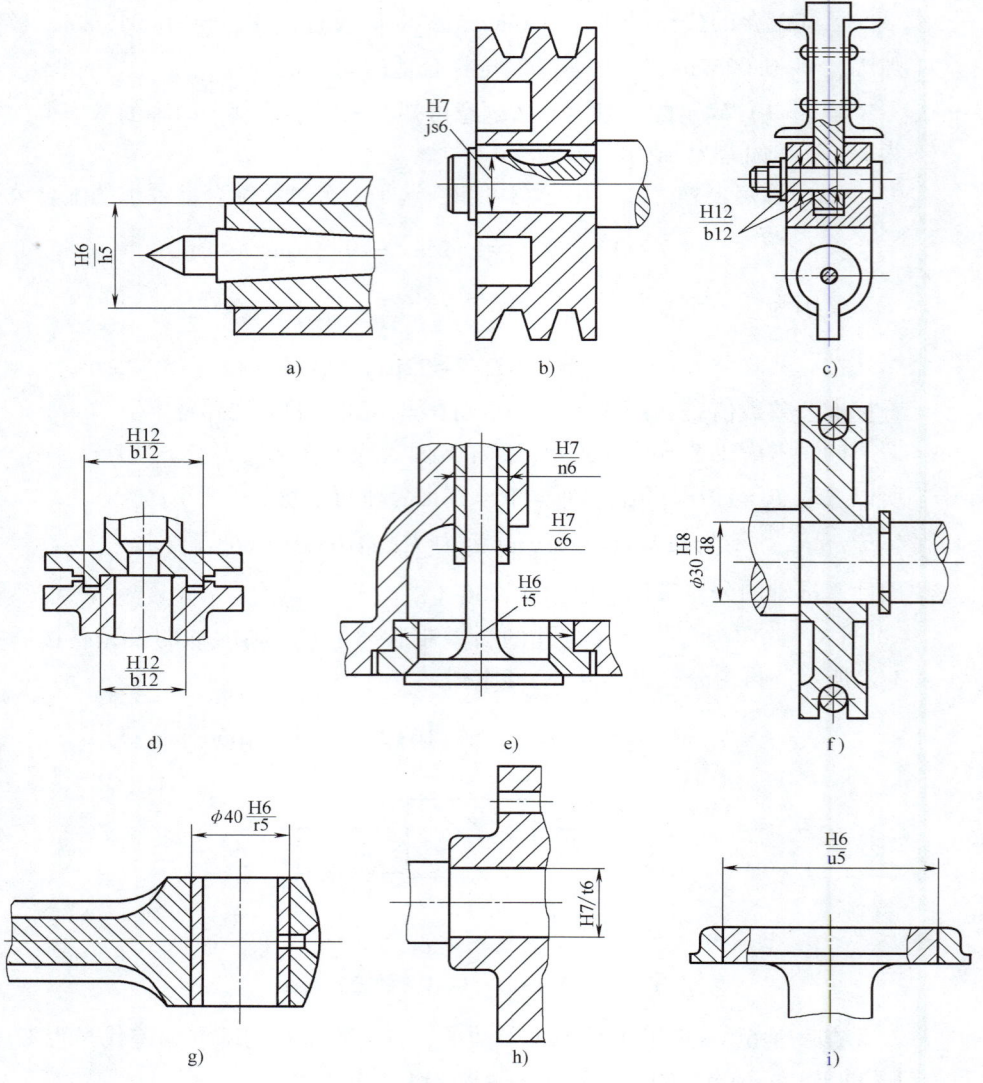

图 3-22 工程中常用机构的配合

a) 车床尾座和顶尖套筒配合　b) 带轮与轴配合　c) 起重机吊钩铰链配合
d) 法兰盘的榫槽配合　e) 内燃机排气阀与导管配合　f) 滑轮与轴配合
g) 连杆小头孔与衬套配合　h) 联轴器孔与轴配合　i) 火车轮缘与轮毂配合

第四节　大尺寸、小尺寸公差与配合简介

一、大尺寸公差与配合

大尺寸通常是指公称尺寸在 500mm 以上的零件尺寸。大尺寸公差与配合的特点是：①通常是单件小批量生产；②大多采用配作或修配的制造方法即配制配合；③在实际使用

中，只要求保证配合的特性，不强调严格的公称尺寸；④不采用定值刀具加工，也很少采用量规检验；⑤大尺寸零件总的制造误差中几何误差和测量误差所占比重大，特别是温度引起的误差突出。这些特点使常用尺寸段公差与配合的经验不适用于大尺寸段。

GB/T 1800.1—2009 规定了大尺寸（>500~3150mm）的标准公差值。原则上仍然有 20 级，但使用以 IT6~IT18 为宜。GB/T 1801—2009 规定了大尺寸常用的轴、孔公差带，如图 3-23 所示，且规定一般应采用同级的孔、轴配合。标注代号中的 H（h）表示先做孔（轴）。大尺寸的公差与配合标注代号和常用尺寸的公差与配合标注代号相比，代号后加写大写字母 MF（表示配制配合）。

					g6	h6	js6	k6	m6	n6	p6	r6	s6	t6	u6				G6	H6	JS6	K6	M6	N6
			f7	g7	h7	js7	k7	m7	n7	p7	r7	s7	t7	u7				F7	G7	H7	JS7	K7	M7	N7
		f8			h8	js8										D8	E8	F8	H8		JS8			
d8	e8	f9			h9	js9										D9	E9	F9	H9		JS9			
d9	e9				h10	js10										D10			H10		JS10			
d10					h11	js11										D11			H11		JS11			
d11					h12	js12													H12		JS12			

a)   b)

图 3-23 公称尺寸>500~3150mm 常用轴和孔公差带
a）大尺寸常用轴公差带 41 种 b）大尺寸常用孔公差带 31 种

二、小尺寸公差与配合

所谓"小尺寸"是一种简化说法，它主要相对于"中等尺寸"及"大尺寸"而言，但对小尺寸与中等尺寸的分界及范围，并无统一、明确的规定。

在 GB/T 1803—2003 中，规定了公称尺寸至 18mm 的轴、孔公差带，主要用于仪器仪表和钟表行业，如图 3-24、图 3-25 所示。

									h1		js1											
									h2		js2											
					ef3	f3	fg3	g3	h3		js3	k3	m3	n3	p3	r3						
					ef4	f4	fg4	g4	h4		js4	k4	m4	n4	p4	r4	s4					
	c5	cd5	d5	e5	ef5	f5	fg5	g5	h5	j5	js5	k5	m5	n5	p5	r5	s5	u5	v5	x5	z5	
	c6	cd6	d6	e6	ef6	f6	fg6	g6	h6	j6	js6	k6	m6	n6	p6	r6	s6	u6	v6	x6	z6	za6
	c7	cd7	d7	e7	ef7	f7	fg7	g7	h7	j7	js7	k7	m7	n7	p7	r7	s7	u7	v7	x7	z7	za7 zb7 zc7
	b8	c8	cd8	d8	e8	ef8	f8	fg8	g8	h8		js8	k8	m8	n8	p8	r8	s8	u8	v8	x8	z8 za8 zb8 zc8
a9	b9	c9	cd9	d9	e9	ef9	f9	fg9	g9	h9		js9	k9	m9	n9	p9	r9	s9	u9		x9	z9 za9 zb9 zc9
a10	b10	c10	cd10	d10	e10	ef10	f10			h10		js10	k10									
a11	b11	c11		d11						h11		js11										
a12	b12	c12								h12		js12										
a13	b13	c13								h13		js13										

图 3-24 公称尺寸至 18mm 的轴公差带

									H1	JS1									
									H2	JS2									
				EF3	F3	FG3	G3	H3		JS3	K3	M3	N3	P3	R3				
				EF4	F4	FG4	G4	H4		JS4	K4	M4	N4	P4	R4				
			E5	EF5	F5	FG5	G5	H5		JS5	K5	M5	N5	P5	R5	S5			
		CD6	D6	E6	EF6	F6	FG6	G6	H6	J6	JS6	K6	M6	N6	P6	R6	S6	U6	V6	X6	Z6
		CD7	D7	E7	EF7	F7	FG7	G7	H7	J7	JS7	K7	M7	N7	P7	R7	S7	U7	V7	X7	Z7	ZA7	ZB7	ZC7
	B8	C8	CD8	D8	E8	EF8	F8	FG8	G8	H8	J8	JS8	K8	M8	N8	P8	R8	S8	U8	V8	X8	Z8	ZA8	ZB8	ZC8
A9	B9	C9	CD9	D9	E9	EF9	F9	FG9	G9	H9		JS9	K9	M9	N9	P9	R9	S9	U9		X9	Z9	ZA9	ZB9	ZC9
A10	B10	C10	CD10	D10	E10	EF10				H10		JS10		N10											
A11	B11	C11		D11						H11		JS11													
A12	B12	C12								H12		JS12													
										H13		JS13													

图 3-25　公称尺寸至 18mm 的孔公差带

思考题与习题

3-1　什么是极限尺寸？什么是实际尺寸？两者关系如何？

3-2　什么是标准公差？什么是基本偏差？两者各自的作用是什么？

3-3　尺寸公差与尺寸偏差有何联系与区别？

3-4　什么是配合？当公称尺寸相同时，如何判断孔、轴配合性质的异同？

3-5　间隙配合、过渡配合、过盈配合各适用于何种场合？

3-6　如何根据图样标注或其他条件确定尺寸公差带图？

3-7　什么是配合制？国家标准中规定了几种配合制？如何正确选择配合制及进行基准制转换？

3-8　什么是公差因子、公差等级系数？如何判断某一尺寸公差值的等级高低？

3-9　国家标准规定了多少个公差等级？同一公称尺寸的公差值大小与公差等级高低有何关系？

3-10　国家标准对孔和轴各规定了多少种基本偏差？孔和轴的基本偏差是如何确定的？

3-11　选用标准公差等级的原则是什么？公差等级是否越高越好？

3-12　在用类比法进行公差与配合的选择时，应注意哪些问题？

3-13　为什么要规定优先、常用和一般孔、轴公差带以及优先常用配合？

3-14　如何根据给定的极限间隙或极限过盈进行公差与配合的选择？

3-15　什么是线性尺寸的一般公差？它分为哪几个公差等级？如何确定其极限偏差？

3-16　已知一孔、轴配合，图样上标注为孔 $\phi 30^{+0.033}_{0}$、轴 $\phi 30^{+0.029}_{+0.008}$。试作出此配合的尺寸公差带图，并计算孔、轴极限尺寸及配合的极限间隙或极限过盈，判定配合性质。

3-17　已知某孔的图样上标注为 $\phi 50^{-0.003}_{-0.042}$，试给出此孔的实际尺寸 D_a 的合格条件。

3-18　已知某配合的公称尺寸为 $\phi 60$mm，配合公差 $T_f = 49 \mu m$，平均过盈 $Y_{av} =$

$-35.5\mu m$，孔、轴公差值之差 $\Delta = |Y_{min}|$，轴的中间偏差 $e_m = +50.5\mu m$，试作出此配合的尺寸公差带图。

3-19　已知两轴图样上标注分别为 $d_1 = \phi 30^{+0.054}_{+0.041}$、$d_2 = \phi 30^{-0.040}_{-0.061}$。试比较两轴的加工难易程度。

3-20　试通过查标准公差数值表和基本偏差数值表确定下列孔、轴的公差带代号。

① 轴 $\phi 100^{+0.038}_{+0.003}$；② 轴 $\phi 70^{-0.030}_{-0.076}$；③ 孔 $\phi 80^{+0.028}_{-0.018}$；④ 孔 $\phi 120^{-0.079}_{-0.133}$。

3-21　已知 $\phi 50M7\left(^{\ 0}_{-0.025}\right)$ 和 $\phi 50r6\left(^{+0.050}_{+0.034}\right)$，不查表，试确定 $\phi 50 \dfrac{H7}{m6}$、$\phi 50 \dfrac{R7}{h6}$ 的尺寸公差带图，并标出所有的极限偏差。

3-22　不查表，试直接判别下列各组配合的配合性质是否完全相同。

① $\phi 18 \dfrac{H6}{f5}$ 与 $\phi 18 \dfrac{F6}{h5}$；② $\phi 30 \dfrac{H7}{m6}$ 与 $\phi 30 \dfrac{M7}{h6}$；③ $\phi 50 \dfrac{H8}{t7}$ 与 $\phi 50 \dfrac{T8}{h7}$；

④ $\phi 80 \dfrac{H8}{t8}$ 与 $\phi 80 \dfrac{T8}{h8}$；⑤ $\phi 120 \dfrac{H7}{js6}$ 与 $\phi 120 \dfrac{JS7}{h6}$。

3-23　已知下列三对孔、轴配合的公称尺寸及工作极限间隙或工作极限过盈，试分别按基孔制及基轴制，选择出所有满足使用要求且加工成本较低的配合，并画出它们的尺寸公差带图。

① $D = \phi 35mm$，$X'_{max} = +110\mu m$，$X'_{min} = +45\mu m$；

② $D = \phi 65mm$，$X'_{max} = +25\mu m$，$Y'_{max} = -55\mu m$；

③ $D = \phi 80mm$，$Y'_{min} = -30\mu m$，$Y'_{max} = -120\mu m$。

3-24　某发动机的铝制活塞与钢制气缸之间的工作间隙要求为 $80 \sim 220\mu m$。工作时，活塞的温度 $t_d = 180℃$，气缸的温度 $t_D = 110℃$。已知活塞与气缸的公称尺寸为 $\phi 80mm$，活塞材料的线膨胀系数 $\alpha_d = 24 \times 10^{-6}℃^{-1}$，气缸材料的线膨胀系数 $\alpha_D = 12 \times 10^{-6}℃^{-1}$。试选择满足工作要求的配合，并画出此配合的尺寸公差带图。

第四章　几何公差与几何误差检测

机械零件上几何要素的形状和位置精度是一项重要的质量指标，直接影响零件（机械产品）的使用功能和互换性，正确给定几何公差是机械精度设计的重要内容。GB/T1182—2008《产品几何技术规范（GPS）　几何公差　形状、方向、位置和跳动公差标注》、GB/T 1184—1996《形状和位置公差　未注公差值》、GB/T 4249—2009《产品几何技术规范（GPS）　公差原则》、GB/T 16671—2009《产品几何技术规范（GPS）　几何公差　最大实体要求、最小实体要求和可逆要求》等，是确定几何公差的一系列标准。在几何误差检测方面，我国也发布了一系列国家标准和行业标准，以便按零件图上给出的几何公差来检测几何误差。

第一节　概述

一、几何要素及其分类

几何要素是指构成零件几何特征的点（圆心、球心、中心点、交点）、线（素线、轴线、中心线、引线、曲线）、面（平面、中心平面、圆柱面、圆锥面、球面、曲面），如图 4-1 所示。对零件进行几何误差的控制就是对几何要素的形状和位置的控制。几何要素的分类如下：

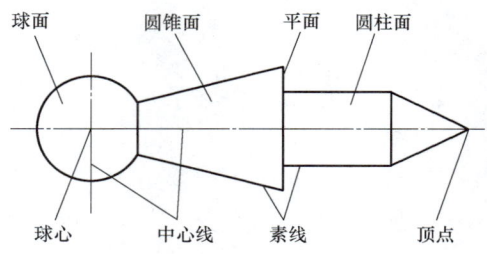

图 4-1　零件的几何要素

（1）组成（轮廓）要素与导出（中心）要素　组成要素是零件外表轮廓上的点、线、面，即可触及的要素，如图 4-1 所示的素线、顶点、球面、圆锥面、圆柱面、平面。导出要素是实际上不便触及但客观存在，一般由组成要素导出的要素，如球心、轴线、中心线、中心平面等。

（2）理想要素与实际要素　理想要素是指没有任何误差的几何要素，可分为理想组成要素和理想导出要素。实际要素是零件上实际存在的要素。测量时由测得的要素所代替，可分为实际组成要素和实际导出要素。

(3) 单一要素与关联要素　单一要素是对其给出形状公差要求的要素,是独立的,与基准不相关的。关联要素是对其给出位置公差要求,相对其他要素(基准)有位置关系的要素,不是独立的,是与基准相关的。

(4) 被测要素与基准要素　被测要素是有几何公差要求的要素,即被控制的要素。基准要素是用来确定被测要素方向和位置的参照要素,应为理想要素。

二、几何公差项目

几何公差的特征项目和符号见表4-1。几何公差项目总共有14个,其中形状公差4个,由于它是对单一要素提出的要求,因此无基准要求;方向公差有3个,位置公差有3个,跳动公差有2个,由于方向、位置、跳动这8个公差是对关联要素提出的要求,因此,在大多数情况下有基准要求;另外,特殊可变的轮廓公差有2个,若无基准要求,则为形状公差;若有基准要求,则可能为方向公差、也可能为位置公差。

表4-1 几何公差的特征项目和符号（摘自 GB/T 1182—2008）

公差类型	几何特征	符号	有无基准	公差类型	几何特征	符号	有无基准
形状公差	直线度	—	无	方向公差	面轮廓度	⌒	有
	平面度	▱	无	位置公差	位置度	⊕	有或无
	圆度	○	无		同心度(用于中心点)	◎	有
	圆柱度	⌭	无		同轴度(用于轴线)	◎	有
	线轮廓度	⌒	无		对称度	═	有
	面轮廓度	⌒	无		线轮廓度	⌒	有
方向公差	平行度	∥	有		面轮廓度	⌒	有
	垂直度	⊥	有	跳动公差	圆跳动	↗	有
	倾斜度	∠	有		全跳动	⌰	有
	线轮廓度	⌒	有				

三、几何公差带概念

(1) 形状公差及公差带　形状公差指单一实际要素的形状所允许的变动全量。形状公差带是指限制被测单一实际要素形状变动的区域。

(2) 位置公差及公差带　位置公差指关联实际要素的方向或位置对基准所允许的变动全量。位置公差带是指限制被测关联实际要素相对于基准要素的方向或位置变动的区域。

(3) 跳动公差及公差带　跳动公差指关联实际要素绕基准轴线旋转时所允许的最大跳动量。由于跳动公差是相对于基准规定的,因此可列入位置公差带类,也就是说,广义的位置公差包括跳动公差。跳动公差带是指关联实际要素绕基准轴线旋转时所允许的变动区域。

（4）几何公差及公差带 几何公差指形状公差、位置公差、跳动公差的统称。几何公差带是指限制被测实际要素形状、方向与位置变动的区域。

（5）几何公差带三要素 几何公差带的大小、形状、方位（方向和位置）称为几何公差带的三要素。几何公差带的形状由被测要素的特征及设计要求来确定；几何公差带的宽度或直径即几何公差带的大小，由所给定的几何公差值决定。常用的几何公差带的形状有 11 种，如图 4-2 所示。也可以归纳成四类：

1）两等距线之间的区域类：①两平行直线间（图 4-2a）；②两任意曲线间（图 4-2b）；③两同心圆间（图 4-2f）。

2）两等距面之间的区域类：①两平行平面间（图 4-2c）；②两任意等距曲面间（图 4-2d）；③两同轴圆柱面间（图 4-2i）。

3）一个回转体内的区域类：①一个圆柱内（图 4-2e）；②一个圆周内（图 4-2g）；③一个球内（图 4-2h）。

4）一段回转体表面的区域类：①一小段圆柱表面（图 4-2j）；②一小段圆锥表面（图 4-2k）。

几何公差带必须包含实际被测要素，而且实际被测要素在几何公差带内可以具有任何形状（除非另有要求）。一般来说，几何公差带适用于整个被测要素。

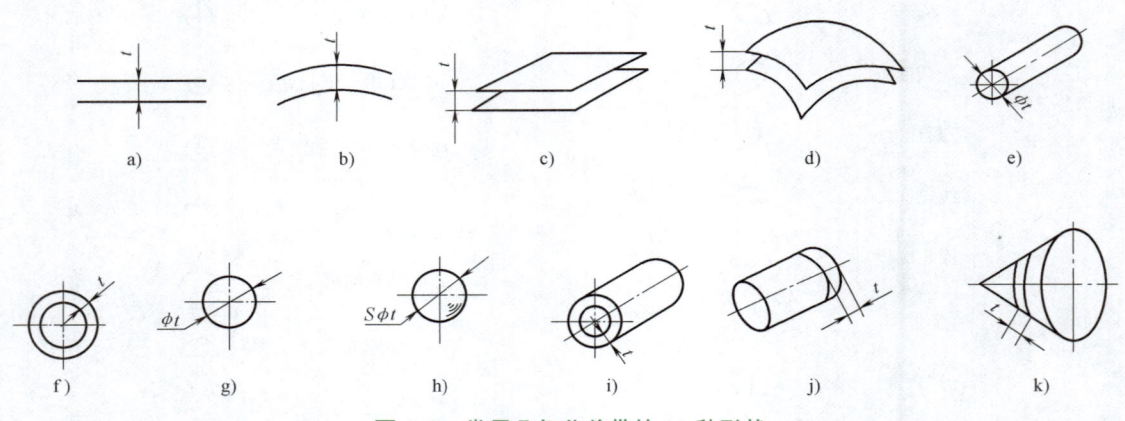

图 4-2 常用几何公差带的 11 种形状

四、最小条件及最小包容区域

最小条件是指被测实际要素对其理想要素的最大变动量为最小。如图 4-3 所示，平面内实际线相对于理想直线 A_1B_1、A_2B_2、A_3B_3 的最大变动量分别为 f_1、f_2、f_3。其中 f_1 为最小，即 A_1B_1 是满足最小条件的理想要素。最小包容区域是指包容被测实际要素并且有最小宽度或直径的区域，也就是满足最小条件的包容区域。

对于有方向公差要求的被测要素的最小包容区域，如图 4-4 所示，其构成要素与基准应保持图样上给定的方向要求。

对于有位置公差要求的被测要素的最小包容区域，其构成要素与基准除了保持图样上给定的方向要求外，还应保持图样上给定的由理论正确尺寸确定的理想位置要求。

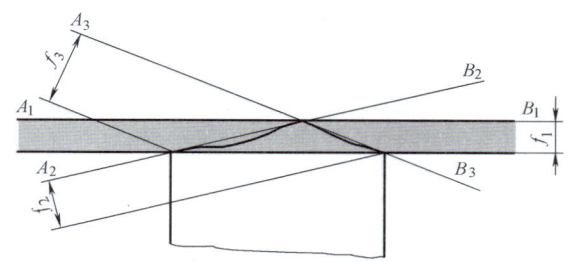

图 4-3　平面内实际线对理想直线变动量的最小条件及最小包容区域

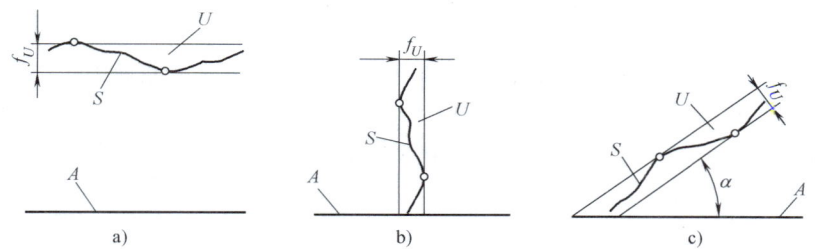

图 4-4　方向公差的被测要素的最小包容区域
a) 实际要素 S 的最小包容区域 U 相对基准 A 平行，其平行度误差 f_U
b) 实际要素 S 的最小包容区域 U 相对基准 A 垂直，其垂直度误差 f_U
c) 实际要素 S 的最小包容区域 U 相对基准 A 夹角 α，其倾斜度误差 f_U

最小包容区域与几何公差带都具有大小、形状和方位三要素，但两者又是有区别的。最小包容区域与几何公差带的形状和方位是一致的，但"大小"这一要素不同。几何公差带的"大小"是设计时根据零件的功能和互换性要求确定的，属于"公差"问题；而最小包容区域的大小是由被测实际要素的实际状态决定的，属于"误差"问题。几何精度符合要求是指几何误差（最小包容区域的大小）不超过几何公差（几何公差带的大小）。

五、理论正确尺寸及几何框图

（1）理论正确尺寸（TED）　用来确定被测要素的理想形状和方位的尺寸，不附带公差。理论正确尺寸的标注应围以框格。

（2）几何框图　用理论正确尺寸确定的一组理想要素之间，或者一组理想要素和基准之间，具有正确几何关系的图形称为几何框图。在几何框图中，由理论正确尺寸定位之处，即为几何公差带的中心，如图 4-5 所示。

六、基准

基准是用于定义几何公差带的位置和（或）方向的理想要素。基准有三种：单一基准、公共（组合）基准和三基面体系。单一基准是指一个平面或一条直线（或轴线）作为基准；公共基准是指由两个平面或两条直线（或两条轴线）组合成一个公共平面或一条公共直线（或公共轴线）作为基准；三基面体系是由三个互相垂直的基准平面组成的基准体系，它的三个平面是确定和测量零件上各要素几何关系的起点。在建立基准体系时，基准有顺序之

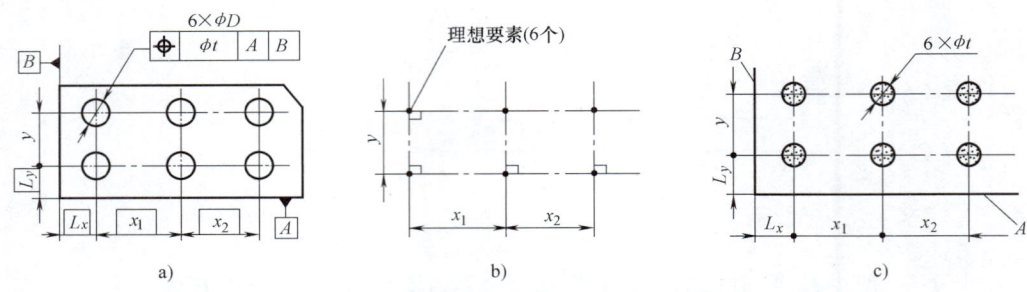

图 4-5 位置度的定位用理论正确尺寸和公差带的几何框图
a) 六孔组的图样标注　b) 六孔组的几何框图　c) 六孔组的位置度公差带

分。首先建立的基准称为第一基准平面,它应有三点与第一基准要素接触;其次为第二基准平面,它应有两点与第二基准要素接触;再次为第三基准平面,它应有一点与第三基准要素接触。在图样上,基准的优先顺序,用基准代号字母以自左至右的顺序注写在公差框格的基准格内来表示,如图 4-6 所示。

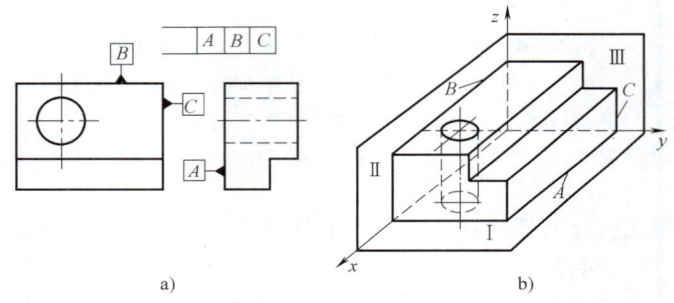

图 4-6 三基面体系
a) 三基面体系的基准符号及框格字母标注　b) 三基面体系的坐标解释

此外还有基准目标等要求,可以参照有关标准。

第二节　几何公差的标注

在技术图样中标注几何公差时,一般均应采用代号标注。进行标注时,应绘制公差框格,注明几何公差数值及有关符号。只有当图样上无法采用代号标注时,才允许采用文字说明,但应做到内容完整,不应产生不同的理解。

一、公差框格与基准符号

公差框格为矩形方框,由两格或多格组成,在图样中只能水平或垂直绘制。框格中的内容从左到右或从下到上按以下次序填写(图 4-7):公差特征项目符号;公差值,公差带形状是圆形或圆柱形时则在公差值前加"ϕ",如图 4-7c、e 所示,如果是球形时则加"$S\phi$",如图 4-7d 所示;如果需要基准符号,则用一个或多个字母表示基准要素或基准体系,如图 4-7b、c、d、f 所示。若一个以上的要素为被测要素,应在框格上方标明数量,如图 4-7e 所示。如对同一个要素有一个以上的公差特征项目要求，为方便起见，可将一个框格放在另一个框格的下面，如图 4-7f 所示。如要求在公差带内进一步限定被测要素的形状，则应在公差值后面加注有关符号，可以参照有关标准规定，如图 4-7g、h 所示。

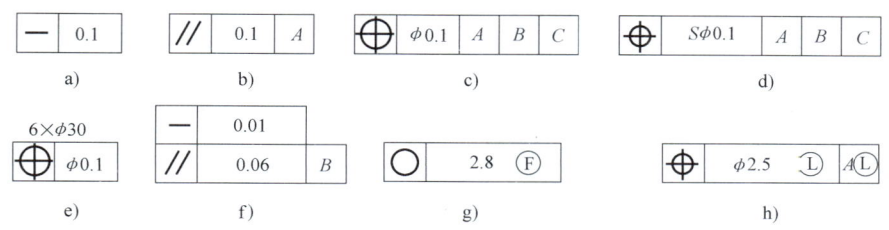

图 4-7　几何公差框格

a）形状公差　b）方向公差，单一基准　c）位置度公差，多基准，圆形公差带
d）位置度公差，多基准，球形公差带　e）六个相同要素同一项位置公差要求
f）一个要素同时有多项几何公差要求　g）非刚性零件的自由状态公差要求
h）被测关联要素及其基准均有最小实体要求的位置度公差

基准符号由带方格的大写字母和小三角形（涂黑或空白）用细实线连接而成，如图 4-8 所示。应注意方框内的大写字母必须竖直方向书写。为避免引起误解，表示基准要素的大写字母不采用 E、F、I、J、L、M、O、P、R。大写字母 E、F、L、M、P、R 及字母组合 CZ、NC 等在几何公差的标注中作为附加符号，见表 4-2。

表 4-2　几何公差标注中的部分附加符号及意义

标注的大写字母	含　义	标注的大写字母	含　义
Ⓔ	包容要求	CZ	公共公差带
Ⓛ	最小实体要求	ACS	任意横截面
Ⓟ	延伸公差带	NC	不凸起
Ⓜ	最大实体要求	LD	小径（螺纹）
Ⓡ	可逆要求	MD	大径（螺纹）
Ⓕ	自由状态条件（非刚性零件）	PD	中径、节径（螺纹）

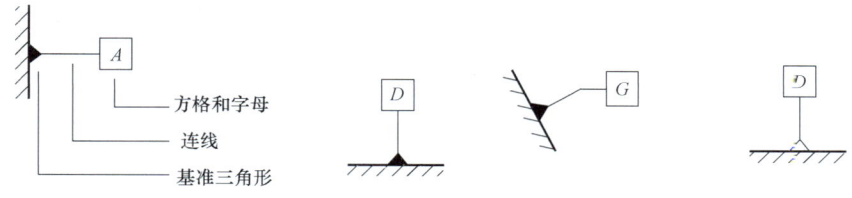

图 4-8　基准符号

二、被测要素的表示法

采用带箭头的指引线连接框格与被测要素，具体的标注方法是：

1）当被测要素是组成（轮廓）要素时，箭头应指向要素的轮廓线或轮廓线的延长线上，但必须与尺寸线明显地错开，如图 4-9 所示。应注意：圆度标注的指引线箭头必须垂指向回转体的轴线。

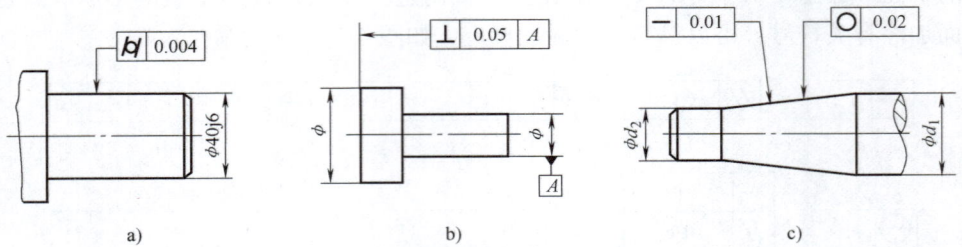

图4-9 被测要素为组成要素时的标注
a) 被测圆柱面 b) 被测左端平面 c) 被测圆锥素线、被测圆锥横截面轮廓（圆周线）

2) 当被测要素是导出（中心）要素时，箭头应对准尺寸线，即与尺寸线的延长线重合。被测要素指引线的箭头，可兼作一个尺寸箭头，如图4-10所示。

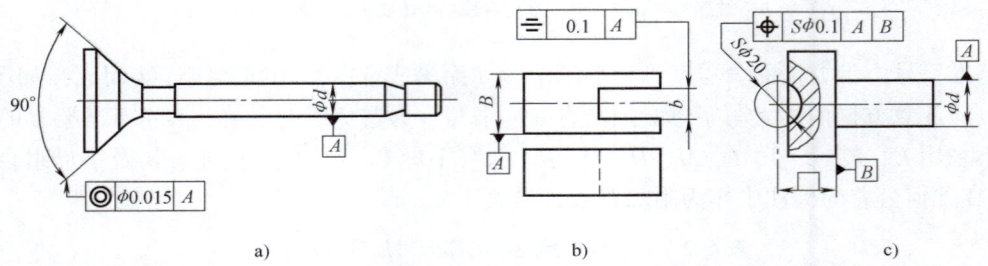

图4-10 被测要素为导出要素时的标注
a) 圆锥轴线为被测要素 b) 槽的中心平面为被测要素 c) 球心为被测要素

还要注意：指引线只能从框格的一端（左、右）垂直引出，指到位置之前最多拐折两次。

三、基准要素的标注方法

基准要素是作为被测要素的方位参照的，基准要素的标注用基准符号表示。基准要素的标注应注意以下几点：

1) 当基准要素是组成要素时，基准符号的小三角形应贴近基准要素的轮廓线或轮廓面，也可贴近轮廓的延长线，但连线必须与尺寸线明显分开，如图4-11所示。

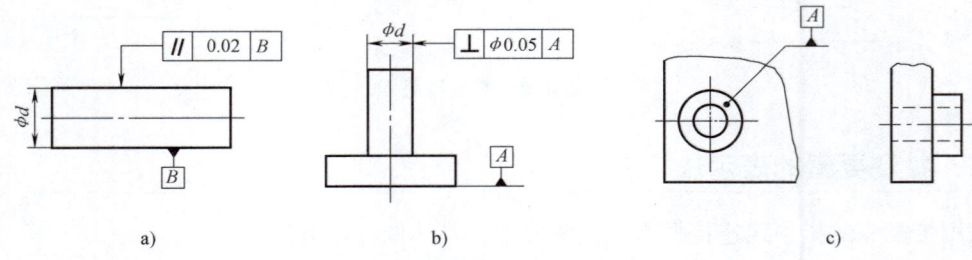

图4-11 基准要素为组成要素的标注
a) 圆柱的素线作基准 b) 底平面作基准 c) 空心圆柱凸台的环状平面（狭小面）作基准

2) 当基准要素是导出要素时,基准符号中的连线(细实线)应对准尺寸线,基准符号中的小三角形也可代替尺寸线的一个箭头,如图 4-12 所示。

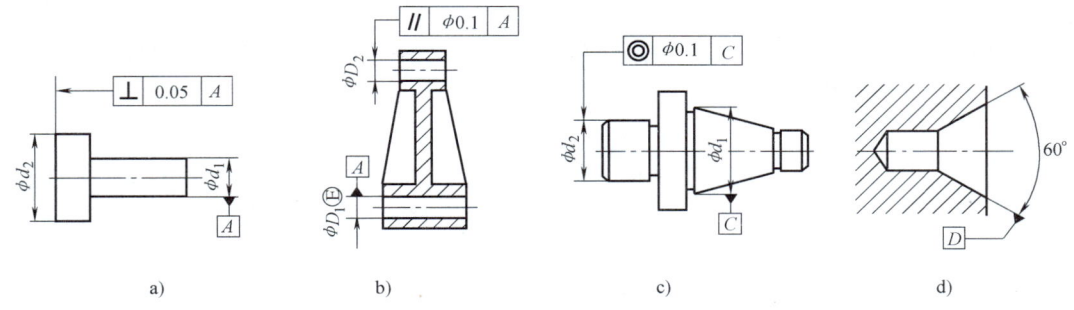

图 4-12 基准要素为导出要素的标注
a) 小圆柱轴线作基准 b) 下面孔的轴线作基准 c) 圆锥的大端轴线作基准 d) 中心孔轴线作基准

3) 对于由两个要素组成的公共基准,在公差框格的第三及以后格中,用由横线隔开的两个大写字母表示,如图 4-13a、b 所示。对于由两个或三个要素组成的多基准体系,表示基准的大写字母应按基准的优先次序从左至右分别置于公差框格的第三及其以后格中,如图 4-13c 所示。

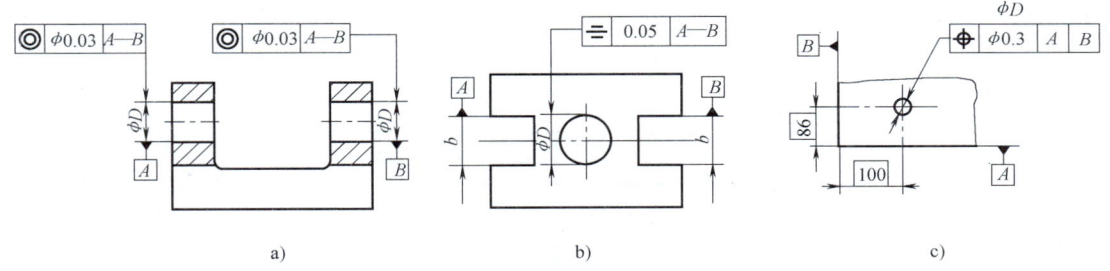

图 4-13 公共基准和多基准体系的标注方法
a) 两孔中心轴线为公共基准的标注 b) 两槽中心平面为公共基准的标注 c) 多基准体系的标注

4) 当需要在基准要素上指定某些点、线或局部表面来体现各基准平面时,应标注基准目标,基准目标的标注方法可以参照有关标准。还要注意有些标注方法是不允许使用的,如图 4-14 所示。

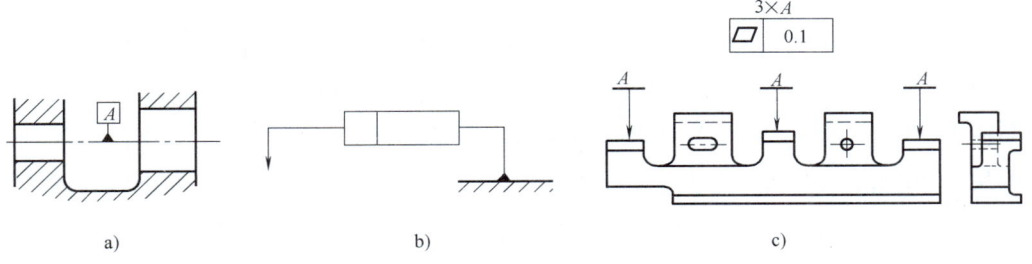

图 4-14 不允许使用的标注方法
a) 不许用的公共轴线基准标注 b) 不许用的基准符号省略标注 c) 不许用的被测公共要素 T 尾箭头标注

四、常用的简化标注方法

1) 当一个要素具有多项公差要求时，可以将多个公差框格叠放一起，使用一条指引线，如图 4-15 所示。这里应注意：$t_{形状} < t_{方向} < t_{位置(或跳动)}$，这是由几何公差特点所决定的，将在第三节中分析叙述。

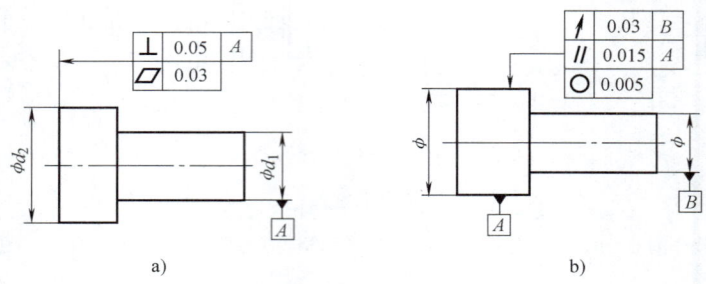

图 4-15 一个要素具有多项公差要求的简化标注

2) 一项公差要求适用于多个要素，可使用一个公差框格，在一条指引线上分出多个带箭头的线分别指到多个要素，如图 4-16 所示。当多个要素作为公共被测要素给出单一公差带时，可以采用一个公差框格并在公差值后面加注公共公差带符号 CZ 的方式标注，如图 4-17 所示。

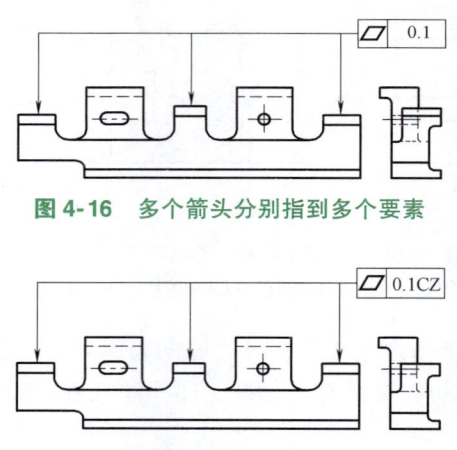

图 4-16 多个箭头分别指到多个要素

图 4-17 公共被测要素（CZ）的标注方式

3) 当多个同类要素具有同一项公差要求时，对于多个形成一组的同类要素（简称成组要素），可以只标注一个要素，同时在公差框格的上方写明成组要素的数量标记，如图 4-18、图 4-19 所示。图 4-18a 中标注的位置度公差框格上方的 "3×刻线" 表示三条刻线在理论正确尺寸 20 8 的位置上分布，具有同样的位置度公差要求；图 4-18b 中标注的圆柱度和径向圆跳动公差框格，其上方的 "2×φd" 表示两个轴颈（φd Ⓔ）具有相同的几何公差要求；图 4-19 中标注的位置度公差框格上方的 "4×φ9H7" 表示四个小孔在理论正确尺寸 φ32mm 的圆周上均匀分布，具有相同的位置度公差要求。

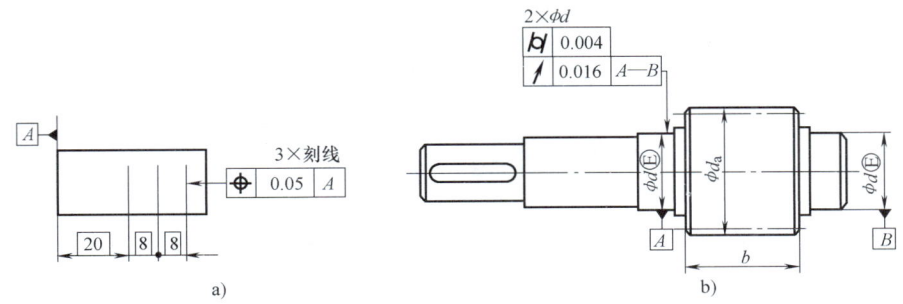

图 4-18　多个同类要素具有同一项公差要求的简化标注
a) 三条刻线同一要求　b) 两个轴颈有相同的几何公差要求

五、其他标注方法

1. 延伸公差带

为保证相配零件配合时能顺利装入，将被测要素的公差带延伸到工件实体之外，以控制工件外部的公差带称为延伸公差带。延伸公差带的标注用符号 ⓟ 表示，并要求注出其延伸的范围（ⓟ45），如图 4-19 所示。

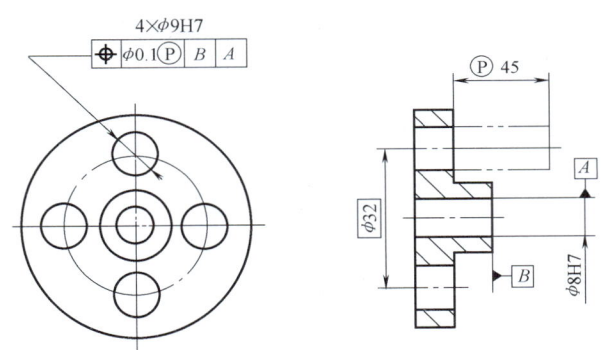

图 4-19　延伸公差带的标注

2. 复合位置度

有基准的成组要素的位置度，若要求组内各个要素之间相对位置更严格，可以给出更小的位置度公差值（附加标注），这种成组要素同时给出两种位置度公差值的情况被称为复合位置度公差，如图 4-20a 所示。图 4-20a 所标注的复合位置度公差带的几何框图如图 4-20b、c 所示，显然，位置度公差值小的自由度更多，图 4-20c 所示的 $\phi 0.01$mm 位置度公差带的几何框图只要求垂直于基准面 Z，对基准面 B 和 A 没有位置要求。而位置度公差值大的自由度更少，图 4-20b 所示的 $\phi 0.2$mm 位置度公差带的几何框图，不仅要求垂直于基准面 Z，还要求相对于基准面 B 和 A 按理论正确尺寸 20mm、30mm 和 25mm、45mm 确定公差带的位置。

需要注意的是，标注复合位置度公差的要素，必须同时满足由两种位置度公差值所限定的区域要求。

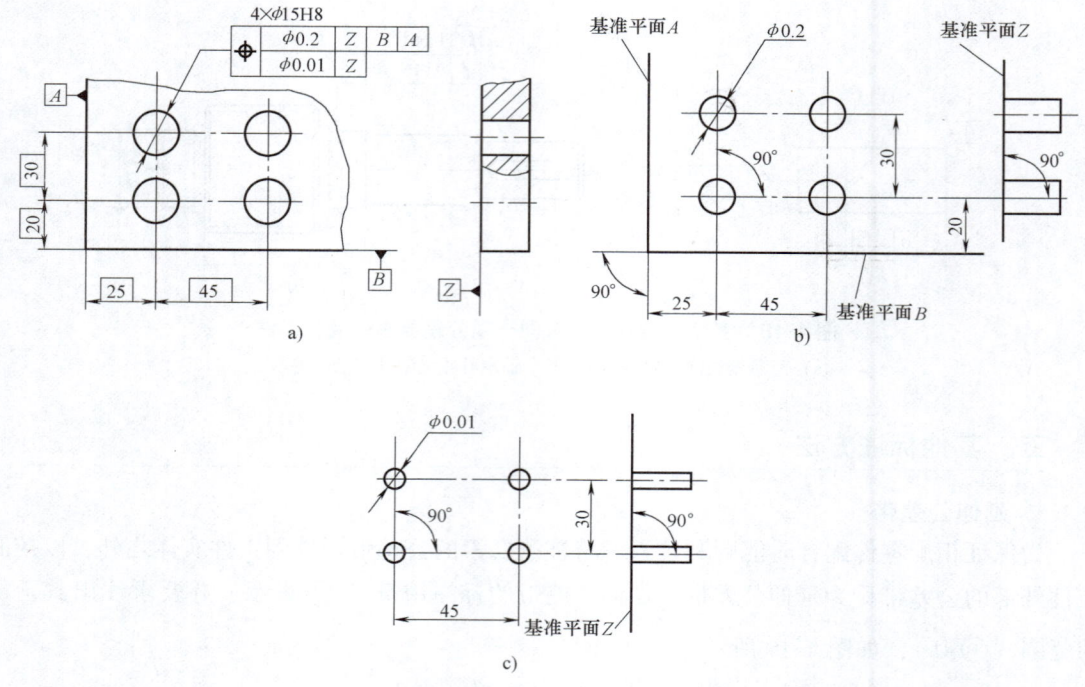

图 4-20 复合位置度的标注与公差带的几何框图

a) 复合位置度的标注　b) $\phi 0.2$mm 位置度公差带的几何框图　c) $\phi 0.01$mm 位置度公差带的几何框图

3. 螺纹的附加符号

当螺纹轴线作为被测要素或基准时，默认的是螺纹中径。螺纹大径标注附加符号 MD，螺纹小径标注附加符号 LD，放在框格和基准符号下面。图 4-21 所示是螺纹轴线为被测要素基准的标注。

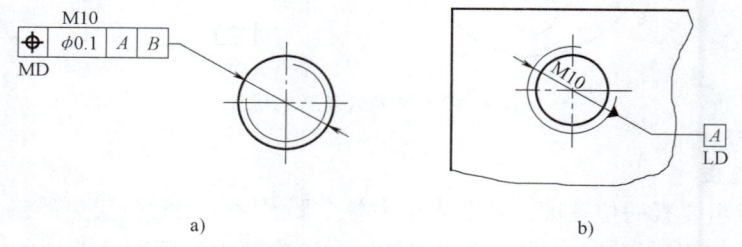

图 4-21 螺纹轴线为被测要素或基准的标注

a) 螺纹大径（MD）轴线的位置度公差带标注　b) 螺纹小径（LD）轴线为基准的标注

第三节　几何公差带的特点分析

几何公差带与尺寸公差带相比，形状多样（11 种），方位各异，使得学习过程中问题较多而且复杂。通过本章的学习，要掌握根据图样上标注的几何公差要求，大致画出几何公差带的形状、方位和标出公差带大小的方法，即绘制几何框图。能够准确无误地判定几何公差带的大小和方位是学习和使用几何公差的基本要领。几何公差的特征项目较多，而每个项目的具体要求不同，几何公差带的形状也就有各种不同的形式。所以针对几何公差带的特点进行分析，对于正确理解和掌握几何公差的基本内容是非常重要的。

一、形状公差带的特点

形状公差有四个项目：直线度、平面度、圆度和圆柱度。被测要素有直线、平面和圆柱面。形状公差不涉及基准，形状公差带的方位可以浮动（用公差带判定实际被测要素是否位于它的区域内时，它的方位可以随实际被测要素的方位变动）。形状公差带只能控制被测要素的形状误差。表 4-3 给出了形状公差带的定义、标注和解释。

表 4-3　形状公差带的定义、标注和解释

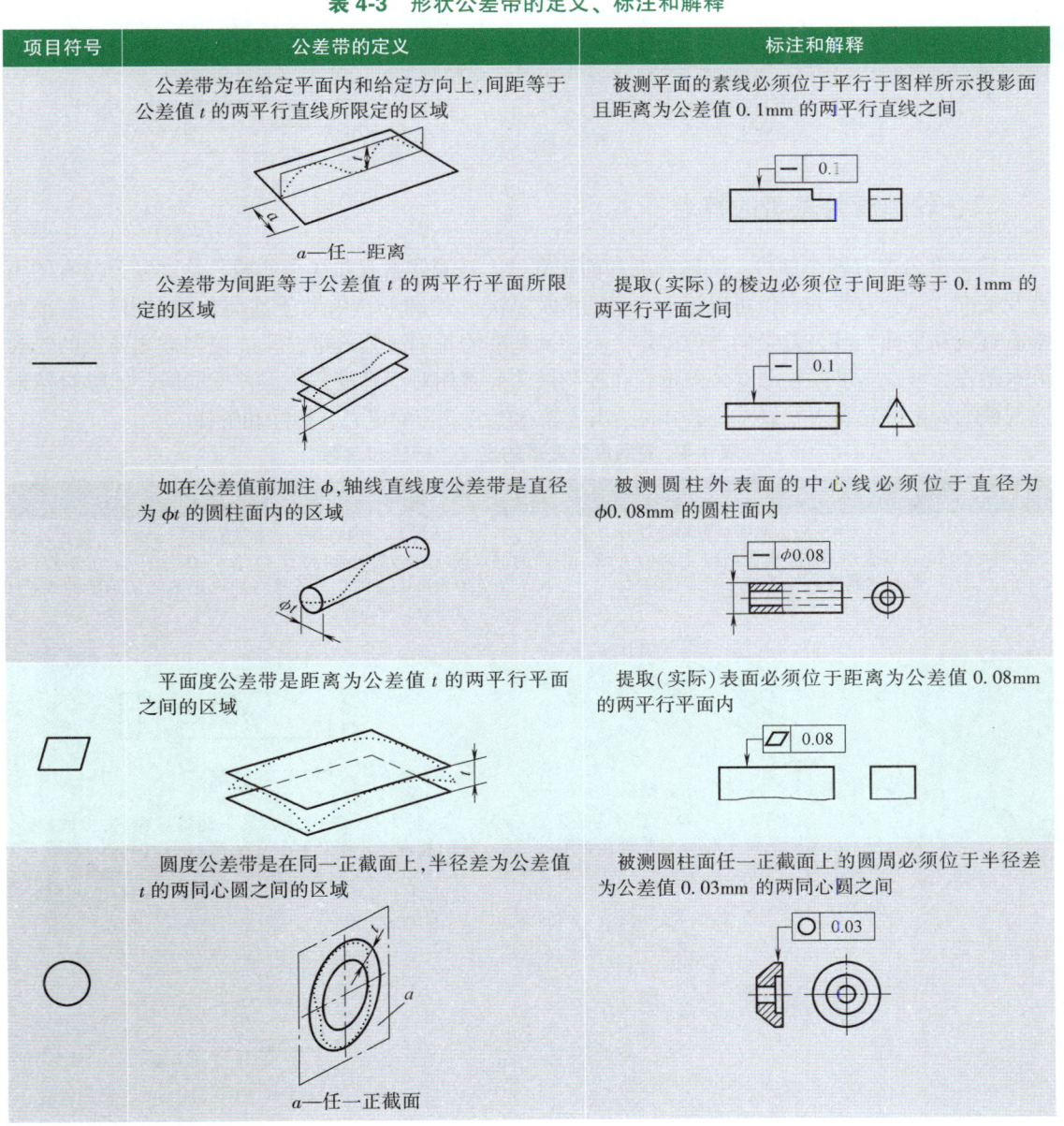

项目符号	公差带的定义	标注和解释
○	圆度公差带是在同一正截面上,半径差为公差值 t 的两同心圆之间的区域 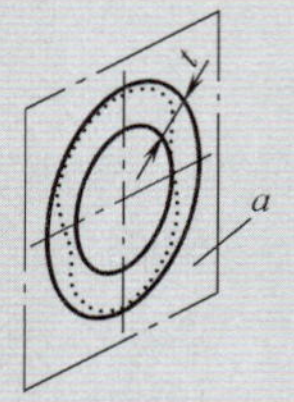 a—任一正截面	被测圆锥面任一正截面上的圆周必须位于半径差为公差值 0.1mm 的两同心圆之间 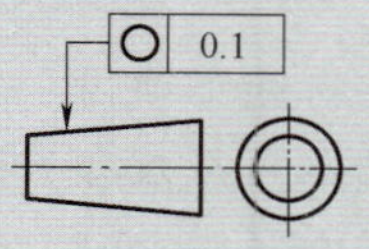
⌭	圆柱度公差带是半径差为公差值 t 的两同轴圆柱面之间的区域 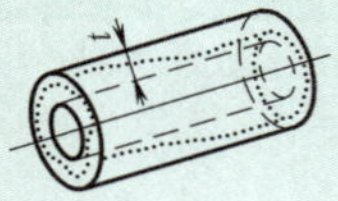	提取(实际)圆柱面必须位于半径差为公差值 0.1mm 的两同轴圆柱面之间 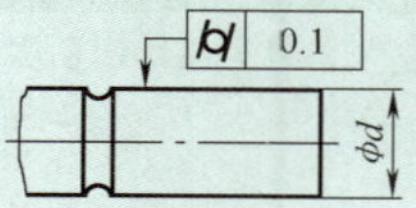

二、轮廓度公差带的特点

轮廓度公差有两个项目:线轮廓度和面轮廓度。被测要素有曲线和曲面。轮廓度公差有的不涉及基准,其公差带的方位可以浮动;有的涉及基准(轮廓形状借助于基准方可得出),基准要素有直线和平面,其公差带的方位固定。不涉及基准的轮廓度公差带,只能控制被测要素的轮廓形状误差。涉及基准的轮廓度公差带,在控制被测要素相对于基准方位误差的同时,能够自然地控制被测要素的轮廓形状误差。表 4-4 给出了轮廓度公差带的定义、标注和解释。

表 4-4 轮廓度公差带的定义、标注和解释

项目符号	公差带的定义	标注和解释
⌒	无基准时,线轮廓度公差带是包络一系列直径为公差值 t 的圆的两包络线之间的区域。诸圆的圆心位于具有理论正确几何形状的线上 a—任意距离　b—垂直于右侧视图所在平面 有基准时,线轮廓度公差带是直径为公差值 t 且圆心位于由基准平面 A 和基准平面 B 确定的被测要素理论正确几何形状上的一系列圆的两包络线之间的区域 a、b—基准平面 A、B c—平行于基准平面 A 的平面	在平行于图样所示投影面的任一截面上,提取(实际)轮廓线必须位于包络一系列直径为公差值 0.04mm 且圆心位于具有理论正确几何形状的线上的两包络线之间 在任一平行于图示投影平面的截面内,提取(实际)轮廓线必须位于直径为公差值 0.04mm,且圆心位于由基准平面 A 和基准平面 B 确定的被测要素理论正确几何形状上的一系列圆的两等距包络线之间

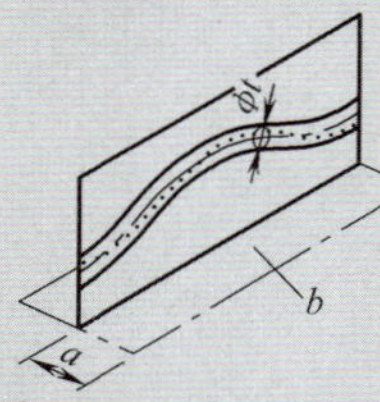

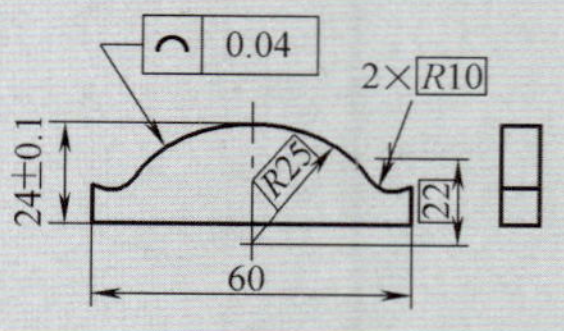

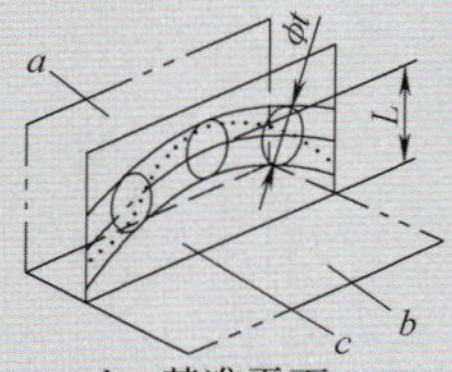

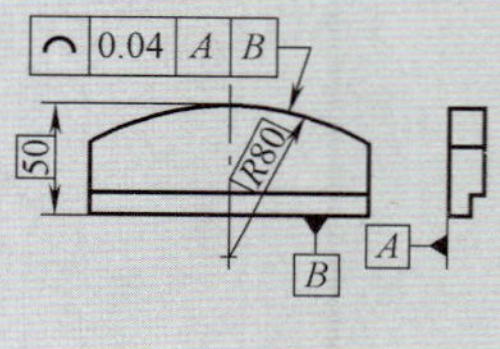

(续)

项目符号	公差带的定义	标注和解释
⌓	无基准时,面轮廓度公差带是包络一系列直径为公差值 t 的球的两包络面之间的区域。诸球的球心应位于具有理论正确几何形状的面上 有基准时,面轮廓度公差带是直径为公差值 t、球心位于由基准平面 A 确定的被测要素理论正确几何形状上的一系列球的两包络面之间的区域 a—基准平面 A L—理论正确几何图形的顶点到基准平面 A 的距离	提取(实际)轮廓面必须位于包络一系列球的两包络面之间,诸球的直径为公差值 0.02mm,且球心位于具有理论正确几何形状的面上的两包络面之间 提取(实际)轮廓面必须位于直径等于公差值 0.1mm,且球心位于由基准平面 A 确定的被测要素具有理论正确几何形状上的一系列球的两等距包络面之间

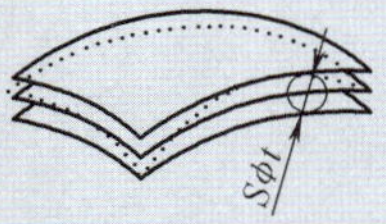

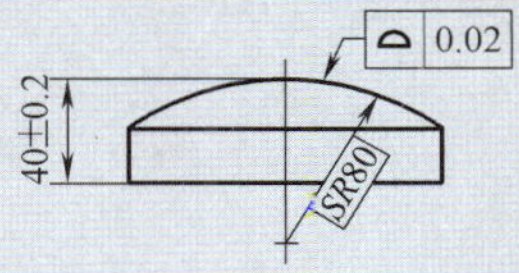

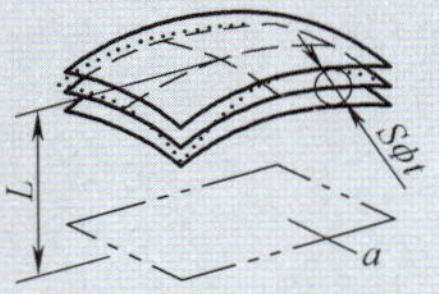

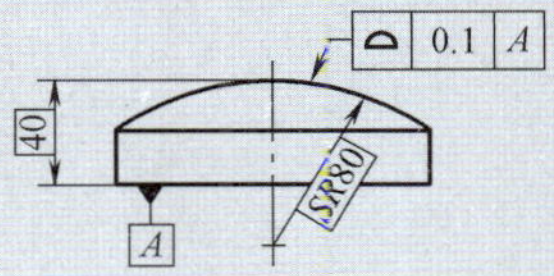

三、方向公差带的特点

方向公差有三个项目:平行度、垂直度和倾斜度。被测要素有直线和平面,基准要素也有直线和平面。按被测要素相对于基准要素,有线对线、线对面、面对线和面对面四种情况。方向公差涉及基准,被测要素相对于基准要素必须保持图样给定的平行、垂直和倾斜所夹角度的方向关系,被测要素相对于基准的方向关系要求由理论正确角度来确定。方向公差带的方位(主要是方向)是固定的,方向公差带在控制被测要素相对于基准平行、垂直和倾斜所夹角度方向误差的同时,能够自然地控制被测要素的形状误差。表 4-5 给出了方向公差带的定义、标注和解释。

表 4-5 方向公差带的定义、标注和解释

项目符号	公差带的定义	标注和解释
∥	线对线的平行度公差带是两对互相垂直的距离分别为 t_1 和 t_2 且平行于基准轴线的两平行平面之间的区域 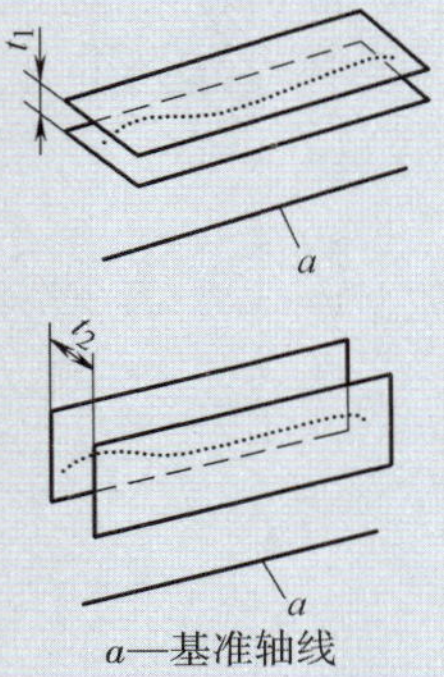 a—基准轴线	提取(实际)中心线必须位于距离分别为公差值 0.2mm 和 0.1mm,在给定的互相垂直方向上且平行于基准轴线的两组平行平面之间 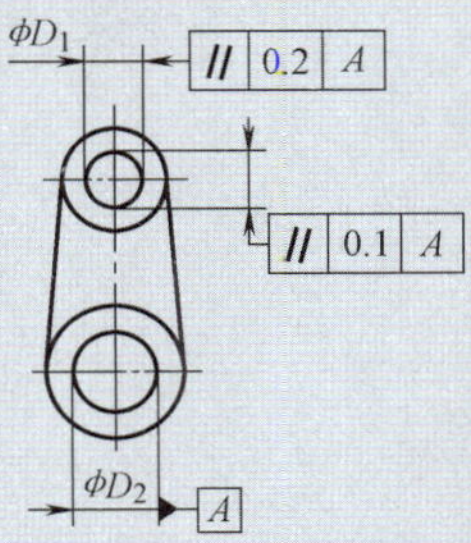

(续)

项目符号	公差带的定义	标注和解释
∥	如在公差值前加注 ϕ，线对线的平行度公差带是直径为公差值 ϕt 且平行于基准轴线的圆柱面内的区域 a—基准轴线	提取（实际）中心轴线必须位于直径为公差值 $\phi 0.03$mm 且平行于基准轴线的圆柱面内 ∥ | $\phi 0.03$ | A
∥	线对面的平行度公差带是距离为公差值 t 且平行于基准平面的两平行平面之间的区域 a—基准平面	提取（实际）中心轴线必须位于距离为公差值 0.1mm 且平行于基准平面 B 的两平行平面之间 ∥ | 0.01 | B
∥	面对线的平行度公差带是距离为公差值 t 且平行于基准轴线的两平行平面之间的区域 a—基准轴线	提取（实际）表面必须位于距离为公差值 0.1mm 且平行于基准轴线 C 的两平行平面之间 ∥ | 0.1 | C
∥	面对面的平行度公差带是距离为公差值 t 且平行于基准平面的两平行平面之间的区域 a—基准平面	提取（实际）表面必须位于距离为公差值 0.01mm 且平行于基准表面 D（基准平面）的两平行平面之间 ∥ | 0.01 | D
⊥	线对线的垂直度公差带是距离为公差值 t 且垂直于基准线的两平行平面之间的区域 a—基准轴线	提取（实际）中心线必须位于距离为公差值 0.06mm 且垂直于基准线 A（基准轴线）的两平行平面之间 ⊥ | 0.06 | A
⊥	如在公差值前加注 ϕ，则线对面的垂直度公差带是直径为公差值 ϕt 且垂直于基准面的圆柱面内的区域 a—基准平面	提取（实际）中心线必须位于直径为公差值 $\phi 0.01$mm 且垂直于基准面 A（基准平面）的圆柱面内 ⊥ | $\phi 0.01$ | A

(续)

项目符号	公差带的定义	标注和解释
⊥	面对线的垂直度公差带是距离为公差值 t 且垂直于基准线的两平行平面之间的区域 a—基准轴线 面对面的垂直度公差带是距离为公差值 t 且垂直于基准平面的两平行平面之间的区域 a—基准平面	提取(实际)表面必须位于距离为公差值 0.08mm 的两平行平面之间,且垂直于基准轴线 A(基准平面) 提取(实际)表面必须位于距离为公差值 0.08mm 且垂直于基准平面 A 的两平行平面之间
∠	被测线与基准线在同一平面内,线对线的倾斜度公差带是距离为公差值 t 且与基准线成一给定角度的两平行平面之间的区域 a—基准轴线 被测线与基准线在同一平面内,线对面的倾斜度公差带是距离为公差值 t 且与基准面成一给定角度的两平行平面之间的区域 a—基准平面 面对面的倾斜度公差带是距离为公差值 t 且与基准面成一给定角度的两平行平面之间的区域 a—基准平面	被测斜孔的轴线必须位于距离为公差值 0.08mm 且与 A—B 公共基准轴线成理论正确角度 60° 的两平面之间 被测斜孔的轴线必须位于距离为公差值 0.08mm 且与基准面 A(基准平面)成理论正确角度 60° 的两平行平面之间 提取(实际)表面必须位于距离为公差值 0.08mm 且与基准面 A(基准平面)成理论正确角度 40° 的两平行平面之间

四、位置公差带的特点

位置公差有三个项目:位置度、同轴度和对称度。位置度的被测要素有点、直线和平面,基准要素主要有直线和平面,给定位置度的被测要素相对于基准要素必须保持图样给定的正确位置关系,被测要素相对于基准的正确位置关系应由理论正确尺寸来确定。

同轴度的被测要素主要是回转体的轴线,基准要素也是轴线,且被测要素与基准要素的理想位置重合(定位尺寸为零),实质是回转体的被测轴线相对于基准轴线的位置度要求。

对称度的被测要素主要是槽类的中心平面,基准要素也是中心平面(或轴线),且被测要素与基准要素的理想位置重合(定位尺寸为零),实质是被测槽类的中心平面相对于基准中心平面(或轴线)的位置度要求。

位置公差涉及基准,公差带的方位(主要是位置)是固定的。位置公差带在控制被测要素相对于基准位置误差的同时,能够自然地控制被测要素相对于基准的方向误差和被测要素的形状误差。表 4-6 给出了位置公差带的定义、标注和解释。

表 4-6 位置公差带的定义、标注和解释

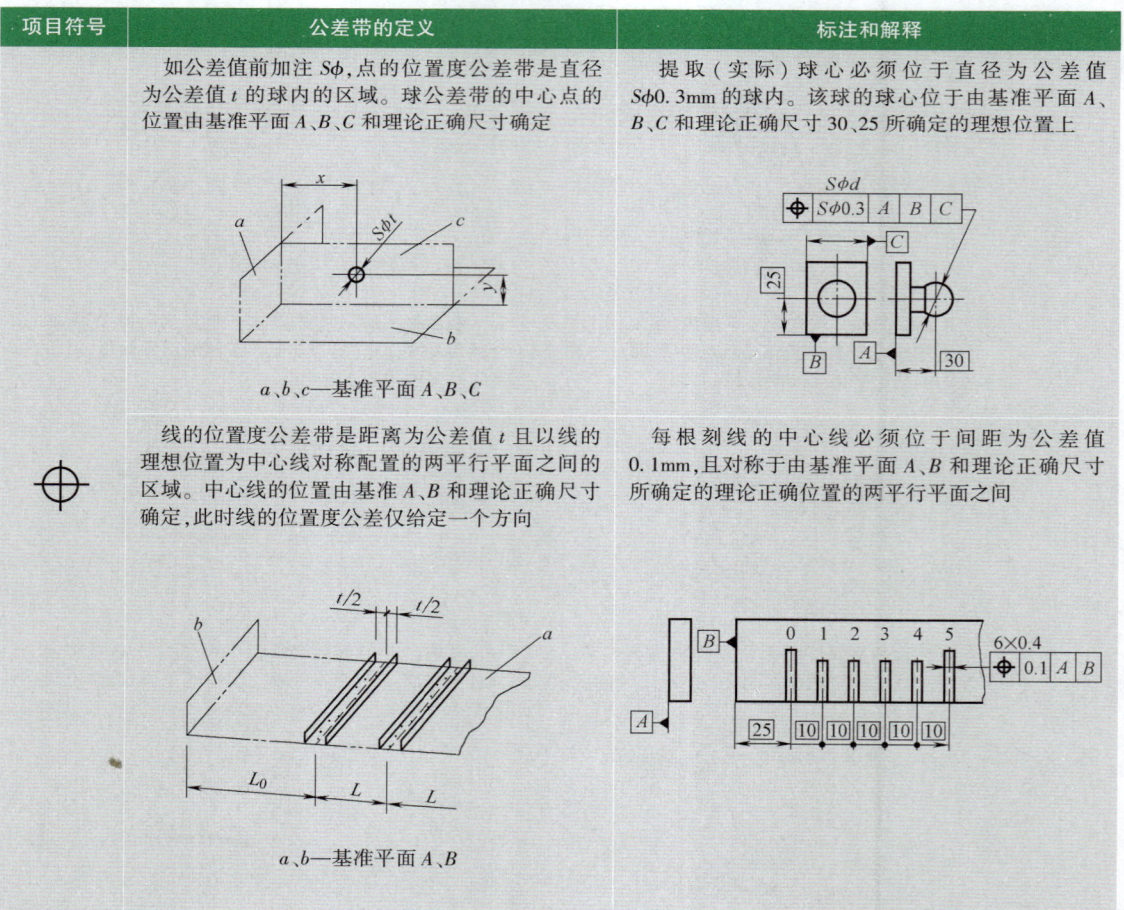

项目符号	公差带的定义	标注和解释
	如公差值前加注 ϕ，轴线的位置度公差带是直径为公差值 ϕt 的圆柱面内的区域。圆柱公差带的中心轴线位置由相对于基准平面 C、A、B 和理论正确尺寸确定 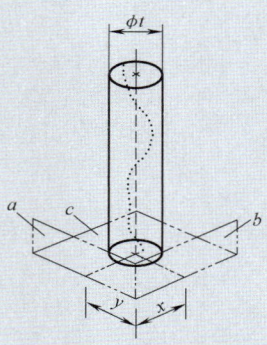 a、b、c—基准平面 A、B、C	提取（实际）中心线必须位于直径等于 $\phi 0.08$ mm 的圆柱面内。该圆柱面的轴线位置应在由基准平面 C、A、B 和理论正确尺寸 100、68 所确定的理论正确位置上 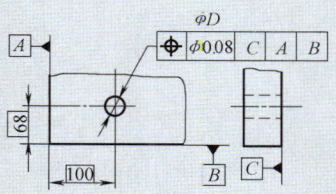 各被测要素（8 个孔 $\phi 12$ mm）的中心线必须位于直径等于 $\phi 0.1$ mm 的圆柱面内。该圆柱面的轴线位置应在由基准平面 C、A、B 和理论正确尺寸 20、15、30 所确定的各孔轴线的理论正确位置上 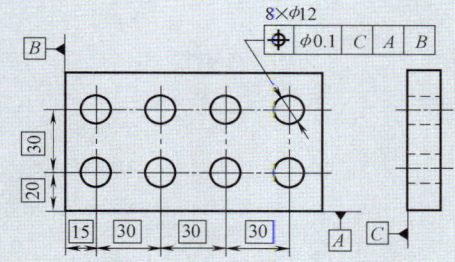
	面的位置度公差带是距离为公差值 t 且以被测斜平面的理论正确位置为中心面对称配置的两平行平面之间的区域。中心面的位置由基准平面 a、基准轴线 b 和理论正确尺寸 L、理论正确角度 α 确定 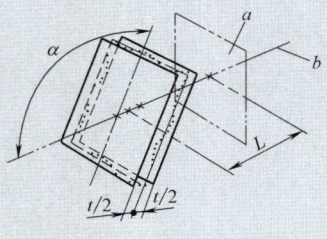 a—基准平面　b—基准轴线	被测斜平面应在距离为公差值 0.05 mm 且对称于斜平面的理论正确位置的两平行平面之间。该理论正确位置由基准平面 A、基准轴线 B 和理论正确尺寸 15、理论正确角度 105° 确定 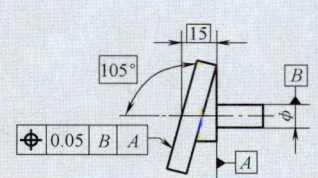

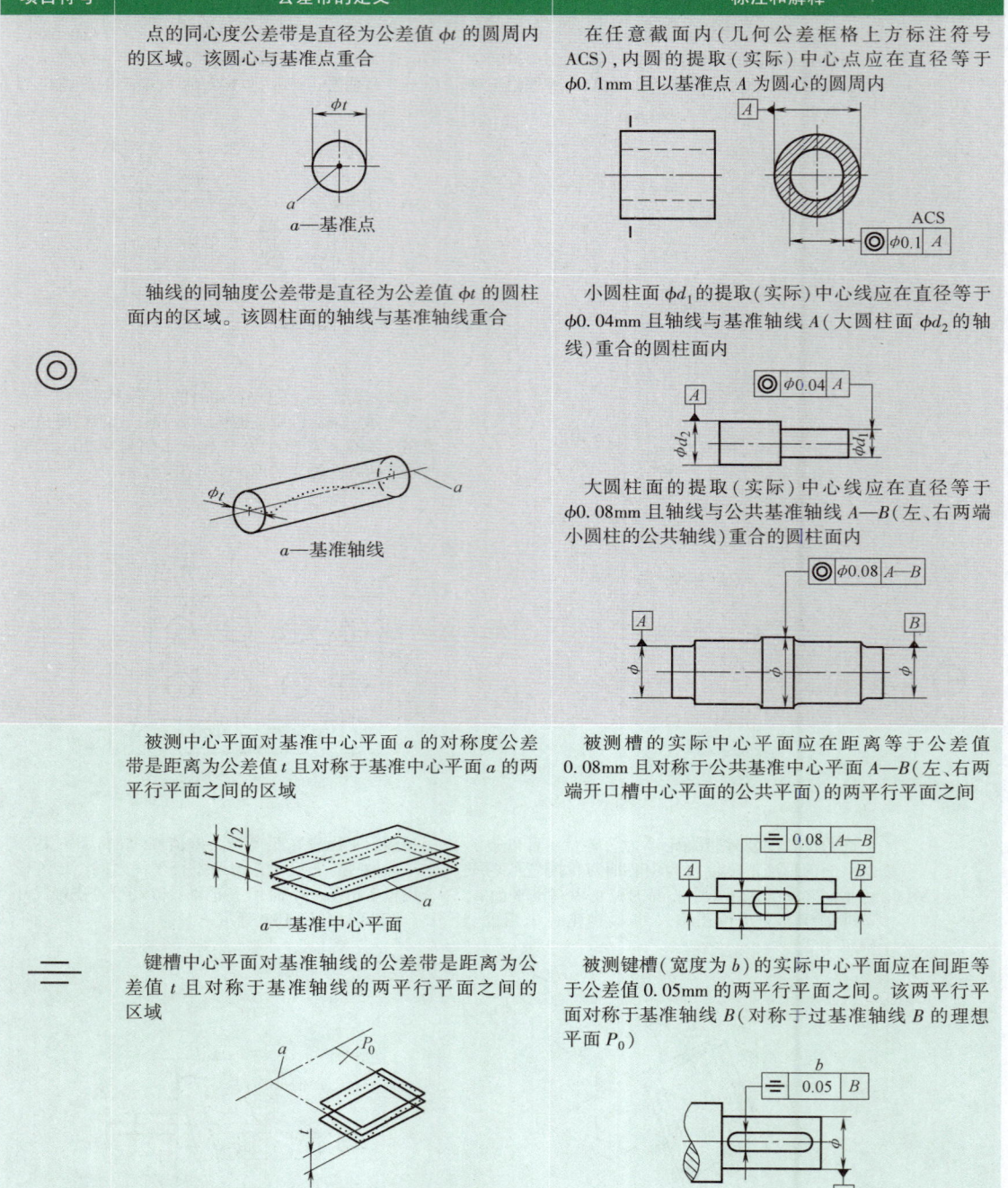

五、跳动公差带的特点

跳动公差有两个项目：圆跳动和全跳动。圆跳动的被测要素有圆柱面、圆锥面和端面，基准要素是轴线,被测要素相对于基准要素回转一周,同时测头相对于基准不动。全跳动的被测要素有圆柱面和端面,基准要素是轴线,被测要素相对于基准要素回转多周,同时测头相对于基准移动。

跳动公差涉及基准,跳动公差带的方位(主要是位置)是固定的。跳动公差带在控制被测要素相对于基准位置误差的同时,能够自然地控制被测要素相对于基准的方向误差和被测要素的形状误差。表4-7给出了跳动公差带的定义、标注和解释。

表 4-7 跳动公差带的定义、标注和解释

项目符号	公差带的定义	标注和解释
	径向圆跳动的公差带是在与基准轴线垂直的任一测量平面上,半径差为公差值 t,圆心在基准轴线上的两同心圆之间的区域	被测圆柱面绕基准轴线 A 旋转一周且无轴向移动,在任一测量平面内的径向跳动量均不得大于 0.05mm
	轴向圆跳动的公差带是在与基准轴线同轴的任一直径的圆柱截面上,素线长等于公差值 t 的一段圆柱表面的区域	被测端面与基准轴线 D 垂直,绕基准轴线 D 旋转一周,在与基准轴线 D 同轴线的任一直径测量圆柱面上的轴向跳动量均不得大于 0.1mm
	斜向圆跳动的公差带是在与基准轴线同轴的某一圆锥截面上,素线长等于公差值 t 的一段圆锥表面的区域。测量方向一般应垂直于被测表面	在与基准轴线 C 同轴线的任一测量圆锥面上的斜向跳动量均不得大于 0.1mm

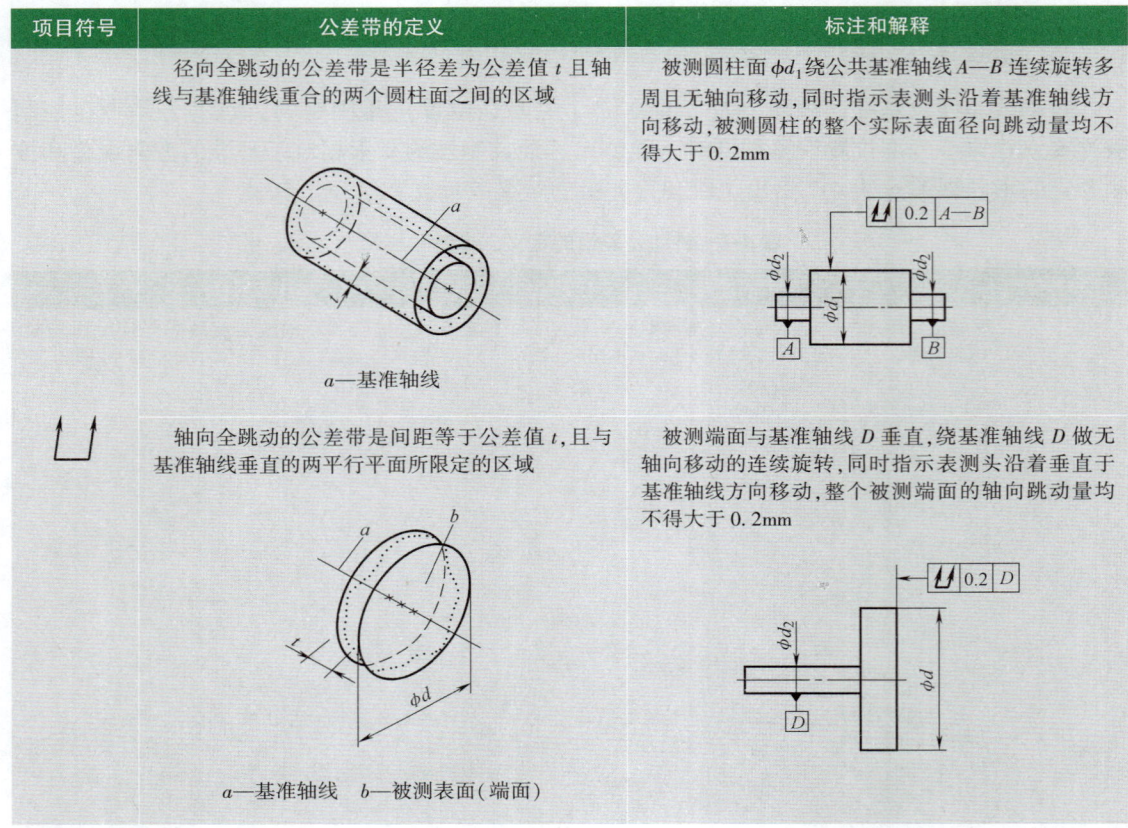

六、形状、轮廓度、方向、位置和跳动公差的特点总结

形状、轮廓度、方向、位置和跳动公差之间，既有联系又有区别。有的几个项目公差带形状是相同的，如轴线的直线度、轴线的同轴度、轴线对端面的垂直度、组孔轴线的位置度等，这 4 个项目的公差带形状都是直径为 ϕt 的圆柱；有的一个项目公差带就有几种不同的形状，如直线度公差带有间距为 t 的两平行直线、间距为 t 的两平行平面和直径为 ϕt 的圆柱 3 种不同的形状，又如位置度公差带有直径为 ϕt 的圆、直径为 $S\phi t$ 的球、间距为 t 的两平行直线、直径为 ϕt 的圆柱和间距为 t 的两平行平面 5 种不同的形状，还可以列举出很多这样的例子。请读者仔细阅读表 4-3 ~ 表 4-7，从被测要素的种类、有无相对基准及方位的要求、能够控制误差的功能等方面，分析各类形状、位置公差的特点以及相互之间的关系。

一般来说，公差带形状主要是随被测要素的种类来确定的，公差带的方位主要是随被测要素相对基准的方位来确定的，公差带的大小是按对被测要素的功能和精度要求来确定的。

第四节 公差原则

公差原则是处理几何公差与尺寸公差的关系的基本原则。公差原则有独立原则和相关原则，相关原则又可分成包容要求、最大实体要求（及其可逆要求）和最小实体要求（及其可逆要求）。

一、有关公差原则的术语及定义

1. 体外作用尺寸

在被测要素的给定长度上，与实际轴（外表面）体外相接的最小理想孔（内表面）的直径（或宽度）称为轴的体外作用尺寸 d_{fe}；与实际孔（内表面）体外相接的最大理想轴（外表面）的直径（或宽度）称为孔的体外作用尺寸 D_{fe}，如图 4-22 所示。对于关联实际要素，该体外相接的理想孔（轴）的轴线（非圆形孔、轴则为中心平面）必须与基准保持图样给定的几何关系。

2. 体内作用尺寸

在被测要素的给定长度上，与实际轴（外表面）体内相接的最大理想孔（内表面）的直径（或宽度）称为轴的体内作用尺寸 d_{fi}；与实际孔（内表面）体内相接的最小理想轴（外表面）的直径（或宽度）称为孔的体内作用尺寸 D_{fi}，如图 4-22 所示。对于关联实际要素，该体内相接的理想孔（轴）的轴线（非圆形孔、轴则为中心平面）必须与基准保持图样给定的几何关系。

需要注意：作用尺寸是局部实际尺寸与几何误差综合形成的结果，作用尺寸是存在于实际孔、轴上的，表示其装配状态的尺寸。

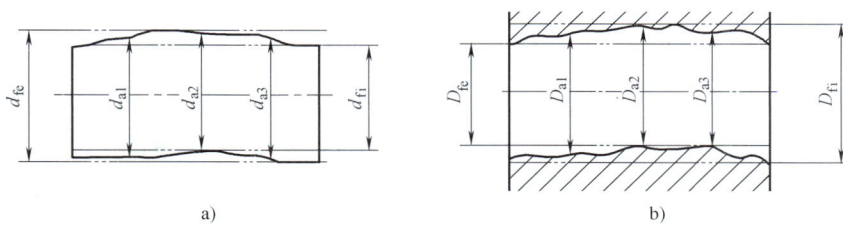

图 4-22　实际尺寸和作用尺寸

a）轴的实际尺寸和体内、外作用尺寸　b）孔的实际尺寸和体内、外作用尺寸

3. 最大实体状态和最大实体尺寸

最大实体状态 MMC 是实际要素在给定长度上，处处位于极限尺寸之间并且实体最大时（占有材料量最多）的状态。最大实体状态对应的极限尺寸称为最大实体尺寸 MMS。显然，轴的最大实体尺寸 d_M 就是轴的上极限尺寸 d_{max}，即

$$d_M = d_{max} \tag{4-1}$$

孔的最大实体尺寸 D_M 就是孔的下极限尺寸 D_{min}，即

$$D_M = D_{min} \tag{4-2}$$

4. 最小实体状态和最小实体尺寸

最小实体状态 LMC 是实际要素在给定长度上，处处位于极限尺寸之间并且实体最小时（占有材料量最少）的状态。最小实体状态对应的极限尺寸称为最小实体尺寸 LMS。显然，

轴的最小实体尺寸 d_L 就是轴的下极限尺寸 d_{min}，即
$$d_L = d_{min} \tag{4-3}$$

孔的最小实体尺寸 D_L 就是孔的上极限尺寸 D_{max}，即
$$D_L = D_{max} \tag{4-4}$$

5. 最大实体实效状态和最大实体实效尺寸

最大实体实效状态 MMVC 是在给定长度上，实际要素处于最大实体状态，且其导出要素的形状或位置误差等于给出公差值时的综合极限状态。最大实体实效状态对应的体外作用尺寸称为最大实体实效尺寸 MMVS。对于轴，它等于最大实体尺寸 d_M 加上带有Ⓜ的几何公差值 t，即
$$d_{MV} = d_{max} + t \, Ⓜ \tag{4-5}$$

对于孔，它等于最大实体尺寸 D_M 减去带有Ⓜ的几何公差值 t，即
$$D_{MV} = D_{min} - t \, Ⓜ \tag{4-6}$$

6. 最小实体实效状态和最小实体实效尺寸

最小实体实效状态 LMVC 是在给定长度上，实际要素处于最小实体状态，且其导出要素的形状或位置误差等于给出公差值时的综合极限状。最小实体实效状态对应的体内作用尺寸称为最小实体实效尺寸 LMVS。对于轴，它等于最小实体尺寸 d_L 减去带有Ⓛ的几何公差值 t，即
$$d_{LV} = d_{min} - t \, Ⓛ \tag{4-7}$$

对于孔，它等于最小实体尺寸 D_L 加上带有Ⓛ的几何公差值 t，即
$$D_{LV} = D_{max} + t \, Ⓛ \tag{4-8}$$

需要注意：最大实体状态和最小实体状态只要求具有极限状态的尺寸，不要求具有理想形状。最大实体实效状态和最小实体实效状态只要求具有实效状态的尺寸，不要求具有理想形状。最大实体状态和最大实体实效状态由带有Ⓜ的几何公差值 t 相联系；最小实体状态和最小实体实效状态由带有Ⓛ的几何公差值 t 相联系。

7. 边界

边界是设计所给定的具有理想形状的极限包容面。这里需要注意，孔（内表面）的理想边界是一个理想轴（外表面）；轴（外表面）的理想边界是一个理想孔（内表面）。依据极限包容面的尺寸，理想边界有最大实体边界 MMB、最小实体边界 LMB、最大实体实效边界 MMVB 和最小实体实效边界 LMVB，如图 4-23 所示。各种理想边界尺寸的计算公式如下：

孔的最大实体边界尺寸：$MMB_D = D_M = D_{min}$

轴的最大实体边界尺寸：$MMB_d = d_M = d_{max}$

孔的最小实体边界尺寸：$LMB_D = D_L = D_{max}$

轴的最小实体边界尺寸：$LMB_d = d_L = d_{min}$

孔的最大实体实效边界尺寸：$MMVB_D = D_{MV} = D_M - t_1 = D_{min} - t_1 \, Ⓜ$

轴的最大实体实效边界尺寸：$MMVB_d = d_{MV} = d_M + t_1 = d_{max} + t_1 \, Ⓜ$

孔的最小实体实效边界尺寸：$LMVB_D = D_{LV} = D_L + t_1 = D_{max} + t_1 \, Ⓛ$

轴的最小实体实效边界尺寸：$LMVB_d = d_{LV} = d_L - t_1 = d_{min} - t_1 \, Ⓛ$

为方便记忆，将以上有关公差原则的术语及表示符号和公式列在表 4-8 中。

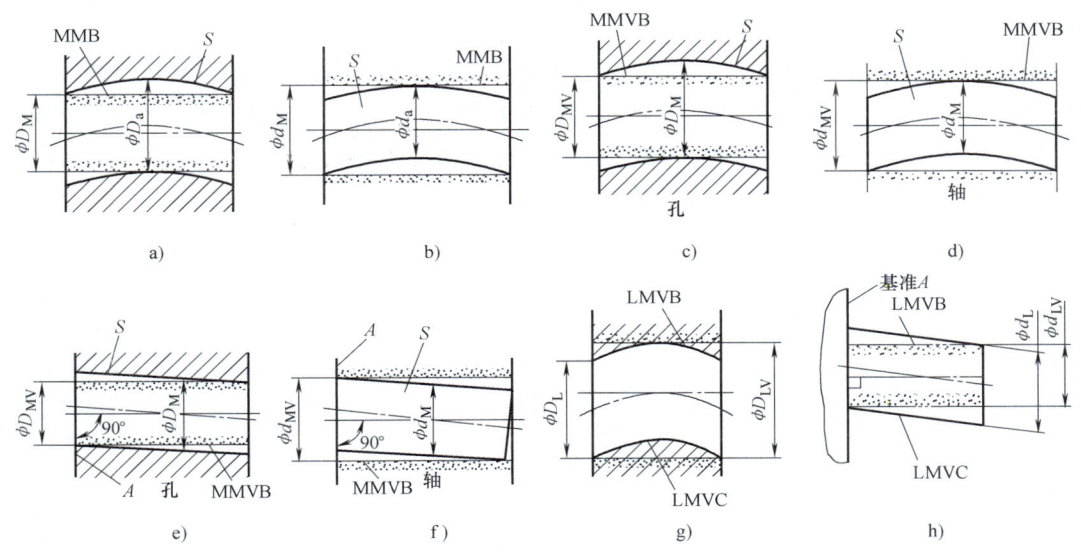

图 4-23 理想边界示意图

a) 单一孔的最大实体边界　b) 单一轴的最大实体边界　c) 单一孔的最大实体实效边界
d) 单一轴的最大实体实效边界　e) 关联孔的最大实体实效边界　f) 关联轴的最大实体实效边界
g) 单一孔的最小实体实效边界　h) 关联轴的最小实体实效边界

表 4-8　公差原则术语及对应的表示符号和公式

术　语	符号和公式	术　语	符号和公式
孔的体外作用尺寸	$D_{fe}=D_a-f$	最大实体尺寸	MMS
轴的体外作用尺寸	$d_{fe}=d_a+f$	孔的最大实体尺寸	$D_M=D_{min}$
孔的体内作用尺寸	$D_{fi}=D_a+f$	轴的最大实体尺寸	$d_M=d_{max}$
轴的体内作用尺寸	$d_{fi}=d_a-f$	最小实体尺寸	LMS
最大实体状态	MMC	孔的最小实体尺寸	$D_L=D_{max}$
最大实体实效状态	MMVC	轴的最小实体尺寸	$d_L=d_{min}$
最小实体状态	LMC	最大实体实效尺寸	MMVS
最小实体实效状态	LMVC	孔的最大实体实效尺寸	$D_{MV}=D_{min}-t$ Ⓜ
最大实体边界	MMB	轴的最大实体实效尺寸	$d_{MV}=d_{max}+t$ Ⓜ
最大实体实效边界	MMVB	最小实体实效尺寸	LMVS
最小实体边界	LMB	孔的最小实体实效尺寸	$D_{LV}=D_{max}+t$ Ⓛ
最小实体实效边界	LMVB	轴的最小实体实效尺寸	$d_{LV}=d_{min}-t$ Ⓛ

二、独立原则

独立原则是几何公差和尺寸公差不相干的公差原则，或者说几何公差和尺寸公差要求是各自独立的。大多数机械零件的几何精度都是遵循独立原则的，尺寸公差控制尺寸误差，几何公差控制几何误差，图样上不需任何附加标注。尺寸公差包括线性尺寸公差和角度尺寸公差，以及未注公差的尺寸标注，都是独立公差原则的极好实例。本书前面大部分插图的尺寸标注都是独立原则，读者可以自行分析，不再赘述。

独立原则的适用范围较广，尺寸公差、几何公差两者要求都严、一严一松、两者要求都松的情况下，使用独立原则都能满足要求。如印刷机滚筒几何公差要求严、尺寸公差要求松；通油孔几何公差要求松、尺寸公差要求严；连杆的小头孔尺寸公差、几何公差两者要求都严，使用独立原则均能满足要求，如图 4-24 所示。

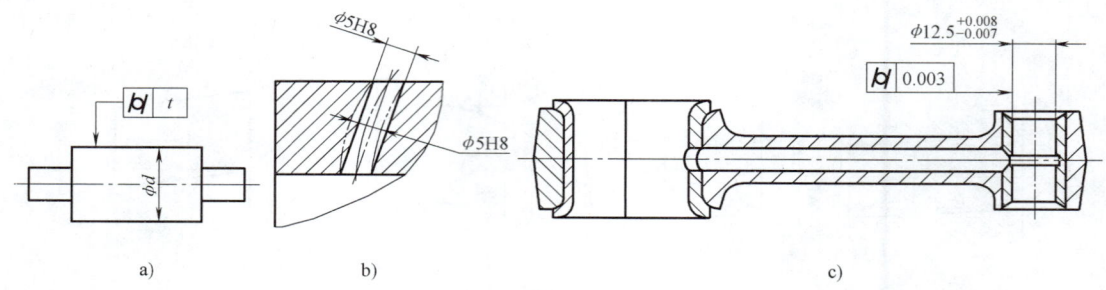

图 4-24　独立原则的适用实例
a) 印刷机滚筒　b) 通油孔　c) 连杆

三、包容要求

1. 包容要求的公差解释

包容要求是相关公差原则中的三种要求之一，适用包容要求的被测实际要素（单一要素）的实体（体外作用尺寸）应遵守最大实体边界；被测实际要素的局部实际尺寸受最小实体尺寸所限；形状公差 t 与尺寸公差 $T_h(T_s)$ 有关，在最大实体状态下给定的形状公差值为零；当被测实际要素偏离最大实体状态时，形状公差获得补偿，补偿量来自尺寸公差（被测实际要素偏离最大实体状态的量，相当于尺寸公差富余的量，可作为补偿量），补偿量的一般计算公式为 $t_2 = |\text{MMS} - D_a(d_a)|$；当被测实际要素为最小实体状态时，形状公差获得补偿量最多，即 $t_{2\max} = T_h(T_s)$，这种情况下允许形状公差的最大值为

$$t_{\max} = t_{2\max} = T_h(T_s) \tag{4-9}$$

形状公差 t 与尺寸公差 $T_h(T_s)$ 的关系可以用动态公差图表示，如图 4-25b 所示。由于给定形状公差值 t_1 为零，故动态公差图的图形一般为直角三角形。

2. 包容要求的标注标记、应用与合格性判定

包容要求主要用于需要保证配合性质的孔、轴单一要素的中心轴线的直线度。包容要求在零件图样上的标注标记是在尺寸公差带代号后面加写Ⓔ，如图 4-25a 所示。符合包容要求的被测实体（D_{fe}、d_{fe}）不得超越最大实体边界 MMB；被测要素的局部实际尺寸（D_a、d_a）不得超越最小实体尺寸 LMS。生产中采用光滑极限量规（一种成对的、按极限尺寸判定孔、轴合格性的定值量具，见第六章）检验符合包容要求的被测实际要素，通规检验体外作用尺寸（D_{fe}、d_{fe}）是否超越最大实体边界，即通规测头模拟最大实体边界 MMB，通规测头通过为合格；止规检验局部实际尺寸（D_a、d_a）是否超越最小实体尺寸，即止规测头给出最小实体尺寸，止规测头止住（不通过）为合格。符合包容要求的被测实际要素的合格条件为：

对于孔（内表面）：$D_{fe} \geq D_M = D_{\min}$；$D_a \leq D_L = D_{\max}$

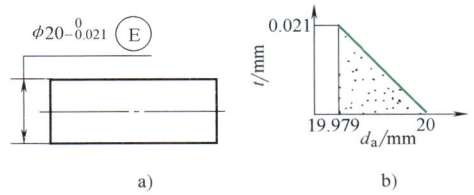

图 4-25　包容要求的标注标记与动态公差图
a）包容要求的标注标记　b）动态公差图

对于轴（外表面）：$d_{fe} \leq d_M = d_{max}$；$d_a \geq d_L = d_{min}$

综上所述，在使用包容要求的情况下，图样上所标注的尺寸公差具有双重职能，即控制尺寸误差和控制形状误差。

3. 包容要求的实例分析

例 4-1　对图 4-25a 做出解释。

解　（1）T、t 标注解释　被测轴的尺寸公差 $T_s = 0.021$mm，$d_M = d_{max} = \phi 20$mm，$d_L = d_{min} = \phi 19.979$mm；在最大实体状态下（$\phi 20$mm）给定形状公差（轴线的直线度）$t = 0$，当被测要素尺寸偏离最大实体状态的尺寸时，形状公差获得补偿，当被测要素尺寸为最小实体状态的尺寸 $\phi 19.979$mm 时，形状公差（直线度）获得补偿最多，此时形状公差（轴线的直线度）的最大值可以等于尺寸公差 T_s，即 $t_{max} = 0.021$mm。

（2）动态公差图　T、t 的动态公差图如图 4-25b 所示，图形形状为直角三角形。

（3）遵守边界　遵守最大实体边界 MMB，其边界尺寸为 $d_M = \phi 20$mm。

（4）检验与合格条件　对于大批量生产，可采用光滑极限量规检验（用孔型的通规测头——模拟被测轴的最大实体边界）。其合格条件为

$$d_{fe} \leq \phi 20 \text{mm}, \quad d_a \geq \phi 19.979 \text{mm}$$

四、最大实体要求

1. 最大实体要求的公差解释

最大实体要求也是相关公差原则中的三种要求之一，适用最大实体要求的被测实际要素（多为关联要素）的实体（体外作用尺寸）应遵守最大实体实效边界；被测实际要素的局部实际尺寸同时受最大实体尺寸和最小实体尺寸所限；几何公差 t 与尺寸公差 T_h（或 T_s）有关，在最大实体状态下给定几何公差（多为位置公差）值 t_1 不为零（一定大于零，当为零时，是一种特殊情况——最大实体要求的零几何公差）；当被测实际要素偏离最大实体状态时，几何公差获得补偿，补偿量来自尺寸公差（即被测实际要素偏离最大实体尺寸的量，相当于尺寸公差富余的量，可作为补偿量），补偿量的一般计算公式为

$$t_2 = |\text{MMS} - D_a(d_a)| \tag{4-10}$$

当被测实际要素为最小实体状态时，几何公差获得补偿量最多，即 $t_{2max} = T_h(T_s)$，这种情况下允许几何公差的最大值为

$$t_{\max} = t_{2\max} + t_1 = T_h(T_s) + t_1 \tag{4-11}$$

几何公差 t 与尺寸公差 $T_h(T_s)$ 的关系可以用动态公差图表示，如图 4-26b 所示。由于给定几何公差值 t_1 不为零，故动态公差图的图形一般为直角梯形。

2. 最大实体要求的应用与检测

最大实体要求主要用于需保证装配成功率的螺栓或螺钉连接处（如法兰盘上的连接用孔组或轴承端盖上的连接用孔组）的导出要素，一般是孔组轴线的位置度，还有槽类的对称度和同轴度。最大实体要求在零件图样上的标注标记是在几何公差框格内的几何公差给定值 t_1 后面加写 Ⓜ，如图 4-26a 所示。

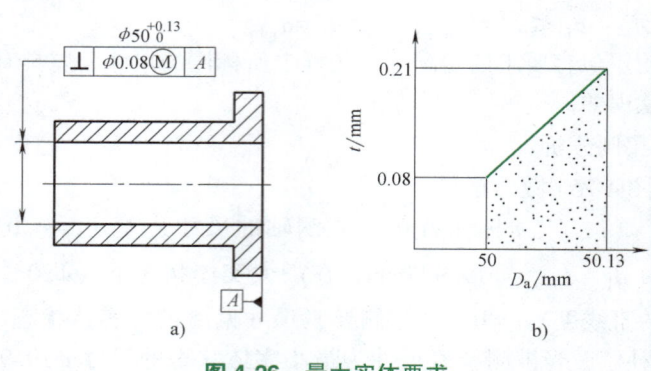

图 4-26 最大实体要求
a) 标注标记　b) 动态公差图

当基准（导出要素如轴线）也适用最大实体要求时，则在几何公差框格内的基准字母后面也加写 Ⓜ，如图 4-27a 所示。符合最大实体要求的被测实体（D_{fe}、d_{fe}）不得超越最大实体实效边界 MMVB；被测要素的局部实际尺寸（D_a、d_a）不得超越最大实体尺寸 MMS 和最小实体尺寸 LMS。生产中采用位置量规（只有通规，专为按最大实体实效尺寸判定孔、轴作用尺寸合格性而设计制造的定值量具，可以参考几何误差检验的相关标准和有关书籍）检验使用最大实体要求的被测实际要素的实体，位置量规（通规）检验体外作用尺寸（D_{fe}、d_{fe}）是否超越最大实体实效边界，即位置量规测头模拟最大实体实效边界 MMVB，位置量规测头通过为合格；被测实际要素的局部实际尺寸（D_a、d_a）采用通用量具按两点

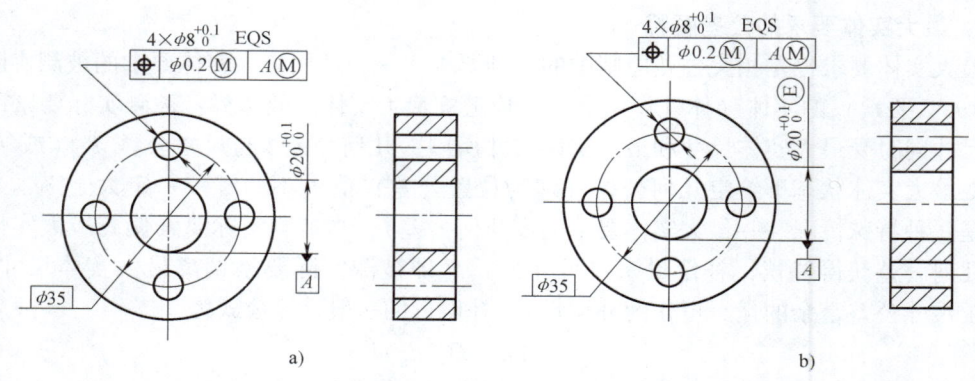

图 4-27 基准（导出要素）适用最大实体要求
a) 基准自身形状公差按未注要求　b) 基准自身形状公差采用包容要求

法测量,以判定是否超越最大实体尺寸和最小实体尺寸,局部实际尺寸落入极限尺寸内为合格。符合最大实体要求的被测实际要素的合格条件为:

对于孔(内表面): $D_{fe} \geq D_{MV} = D_{min} - t_1$; $D_{min} = D_M \leq D_a \leq D_L = D_{max}$

对于轴(外表面): $d_{fe} \leq d_{MV} = d_{max} + t_1$; $d_{max} = d_M \geq d_a \geq d_L = d_{min}$

3. 最大实体要求的零几何公差

这是最大实体要求的特殊情况,在零件图样上的标注标记是在位置公差框格的第二格内,即在位置公差值的格内写 0 Ⓜ (ϕ0 Ⓜ),如图 4-28a 所示。此种情况下,被测实际要素的最大实体实效边界就变成了最大实体边界。对于位置公差而言,最大实体要求的零几何公差比起最大实体要求来,显然更严格。由于零几何公差的缘故,动态公差图的形状由直角梯形(最大实体要求)转为直角三角形(相当于裁掉直角梯形中的矩形),如图 4-28b 所示。

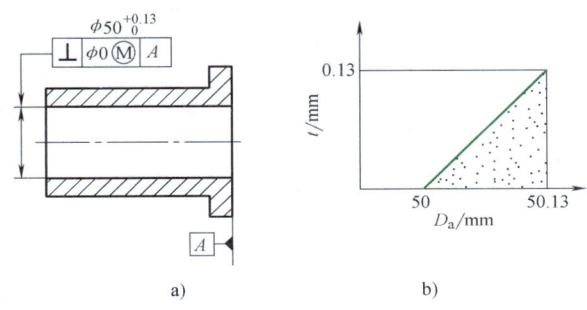

图 4-28 最大实体要求的零几何公差

a) 标注标记 b) 动态公差图

另外,需要限制几何公差的最大值时,可以采用如图 4-29a 所示的双格几何公差值的标注方法,一般将几何公差最大值写在双格的下格内。注意:在几何公差最大值的后面,不再加写Ⓜ。此时,由于几何公差最大值的缘故,动态公差图的形状由直角梯形(最大实体要求)转为具有三个直角的五边形(相当于裁掉直角梯形中的部分三角形),如图 4-29b 所示。

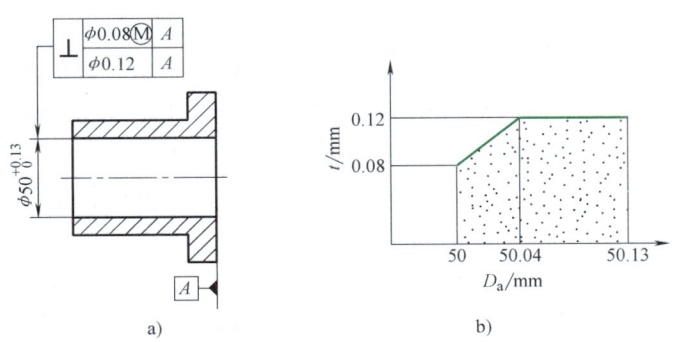

图 4-29 几何公差值受限的最大实体要求

a) 标注标记 b) 动态公差图

4. 可逆要求用于最大实体要求

在不影响零件功能的前提下,位置公差可以反过来补给尺寸公差,即位置公差有富余的情况下，允许尺寸误差超过给定的尺寸公差，显然在一定程度上能够降低工件的废品率。在零件图样上，可逆要求用于最大实体要求的标注标记是在位置公差框格的第二格内位置公差值后面加写Ⓡ，如图 4-30a 所示。此时，尺寸公差有双重职能：①控制尺寸误差；②协助控制几何误差。而位置公差也有双重职能：①控制几何误差；②协助控制尺寸误差。可逆要求用于最大实体要求的动态公差图，由于尺寸误差可以超差的缘故，其图形形状由直角梯形（最大实体要求）转为直角三角形（相当于在直角梯形的基础上加一个三角形），如图 4-30b 所示。

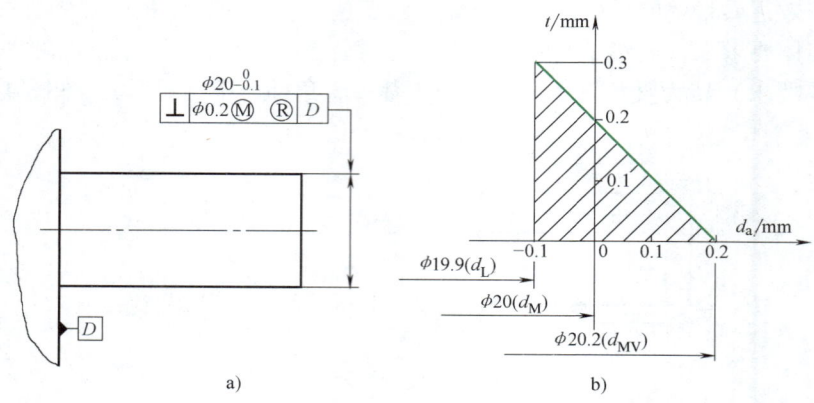

图 4-30 可逆要求用于最大实体要求
a）标注标记 b）动态公差图

5. 最大实体要求的实例分析

例 4-2 对图 4-26a 做出解释。

解 （1）T、t 标注解释 被测孔的尺寸公差为 $T_h = 0.13$ mm，$D_M = D_{min} = \phi 50$ mm，$D_L = D_{max} = \phi 50.13$ mm；在最大实体状态下（$\phi 50$ mm）给定几何公差（垂直度）$t_1 = 0.08$ mm，当被测要素尺寸偏离最大实体状态的尺寸时，几何公差（垂直度）获得补偿，当被测要素尺寸为最小实体状态的尺寸 $\phi 50.13$ mm 时，几何公差获得补偿最多，此时几何公差（垂直度）具有的最大值可以等于给定几何公差 t_1 与尺寸公差 T_h 的和，即 $t_{max} = (0.08 + 0.13)$ mm $= 0.21$ mm。

（2）动态公差图 T、t 的动态公差图如图 4-26b 所示，图形形状为具有两直角的梯形。

（3）遵守边界 被测孔遵守最大实体实效边界 MMVB，其边界尺寸为
$$D_{MV} = D_{min} - t_1 = \phi 50\text{mm} - \phi 0.08\text{mm} = \phi 49.92\text{mm}$$

（4）检验与合格条件 采用位置量规（轴型通规——模拟被测孔的最大实体实效边界）检验被测要素的体外作用尺寸 D_{fe}，采用两点法检验被测要素的局部实际尺寸 D_a。其合格条件为
$$D_{fe} \geq \phi 49.92\text{mm}，\phi 50\text{mm} \leq D_a \leq \phi 50.13\text{mm}$$

例 4-3 对图 4-28a 做出解释。

解 （1）T、t 标注解释 如图 4-28a 所示，这是最大实体要求的零几何公差。被测孔的尺寸公差为 $T_h = 0.13\text{mm}$，即 $D_M = D_{\min} = \phi50\text{mm}$，$D_L = D_{\max} = \phi50.13\text{mm}$；在最大实体状态下（$\phi50\text{mm}$）给定被测孔轴线的几何公差（垂直度）$t_1 = 0$，当被测要素尺寸偏离最大实体状态时，几何公差获得补偿，当被测要素尺寸为最小实体状态的尺寸 $\phi50.13\text{mm}$ 时，几何公差（垂直度）获得补偿最多，此时几何公差（垂直度）具有的最大值可以等于给定几何公差 t_1 与尺寸公差 T_h 的和，即 $t_{\max} = (0+0.13)\text{mm} = 0.13\text{mm}$。

（2）动态公差图 T、t 的动态公差图如图 4-28b 所示，图形形状为直角三角形，恰好与包容要求的动态公差图形状相同。

（3）遵守边界 遵守最大实体实效边界 MMVB，其边界尺寸为 $D_{MV} = D_{\min} - t_1 = (\phi50 - \phi0)\text{mm} = \phi50\text{mm}$，显然就是最大实体边界（因为给定的 $t_1 = 0$）。

（4）检验与合格条件 采用位置量规（轴型通规——模拟被测孔的最大实体实效边界）检验被测要素的体外作用尺寸 D_{fe}，采用两点法检验被测要素的实际尺寸 D_a。其合格条件为

$$D_{fe} \geqslant \phi50\text{mm}, \quad \phi50\text{mm} \leqslant D_a \leqslant \phi50.13\text{mm}$$

例 4-4 对图 4-29a 做出解释。

解 （1）T、t 标注解释 由图 4-29a 可见，这是几何公差最大值受限的最大实体要求。尺寸公差为 $T_h = 0.13\text{mm}$，即 $D_M = D_{\min} = \phi50\text{mm}$，$D_L = D_{\max} = \phi50.13\text{mm}$；在最大实体状态下（$\phi50\text{mm}$）给定几何公差 $t_1 = 0.08\text{mm}$，并给定几何公差最大值 $t_{\max} = 0.12\text{mm}$。当被测要素尺寸偏离最大实体状态的尺寸时，或当被测要素尺寸为最小实体状态尺寸 $\phi50.13\text{mm}$ 时，几何公差均可获得补偿。但最多可以补偿 $t_{\max}$ 与 t_1 的差值，即 $(0.12 - 0.08)\text{mm} = 0.04\text{mm}$，几何公差（垂直度）具有的最大值就等于给定几何公差（垂直度）的最大值，即 $t_{\max} = 0.12\text{mm}$。

（2）动态公差图 T、t 的动态公差图如图 4-29b 所示，由于 $t_{\max} = 0.12\text{mm}$，图形形状为具有三直角的五边形。

（3）遵守边界 遵守最大实体实效边界 MMVB，其边界尺寸为 $D_{MV} = D_{\min} - t_1 = (\phi50 - \phi0.08)\text{mm} = \phi49.92\text{mm}$。

（4）检验与合格条件 采用位置量规（轴型通规——模拟被测孔的最大实体实效边界）检验被测要素的体外作用尺寸 D_{fe}，采用两点法检验被测要素的实际尺寸 D_a，采用通用量具检验被测要素的几何误差（垂直度误差）$f_\perp$。其合格条件为

$$D_{fe} \geqslant \phi49.92\text{mm}, \quad \phi50\text{mm} \leqslant D_a \leqslant \phi50.13\text{mm}, \quad f_\perp \leqslant 0.12\text{mm}$$

例 4-5 对图 4-30a 做出解释。

解 (1) T、t 标注解释 图 4-30a 所示为可逆要求用于最大实体要求的轴线问题。轴的尺寸公差为 $T_s = 0.1$mm，即 $d_M = d_{max} = \phi20$mm，$d_L = d_{min} = \phi19.9$mm；在最大实体状态下（$\phi20$mm）给定几何公差 $t_1 = 0.2$mm，当被测要素尺寸偏离最大实体状态的尺寸时，几何公差获得补偿，当被测要素尺寸为最小实体状态的尺寸 $\phi19.9$mm 时，几何公差获得补偿最多，此时几何公差具有的最大值可以等于给定几何公差 t_1 与尺寸公差 T_s 的和，即 $t_{max} = (0.2 + 0.1)$mm $= 0.3$mm。

(2) 可逆解释 在被测要素轴的几何误差（轴线垂直度）小于给定几何公差的条件下，即 $f_\perp < 0.2$mm 时，被测要素的尺寸误差可以超差，即被测要素轴的实际尺寸可以超出极限尺寸 $\phi20$mm，但不可以超出所遵守的边界（最大实体实效边界）尺寸 $\phi20.2$mm。图 4-30b 中横轴的 $\phi20 \sim \phi20.2$mm 为尺寸误差可以超差的范围（或称可逆范围）。

(3) 动态公差图 T、t 的动态公差图如图 4-30b 所示，其形状是三角形。

(4) 遵守边界 遵守最大实体实效边界 MMVB，其边界尺寸为 $d_{MV} = d_{max} + t_1 = (\phi20 + \phi0.2)$mm $= \phi20.2$mm。

(5) 检验与合格条件 采用位置量规（孔型通规——模拟被测轴的最大实体实效边界）检验被测要素的体外作用尺寸 d_{fe}，采用两点法检验被测要素的实际尺寸 d_a。其合格条件为

$$d_{fe} \leq \phi20.2\text{mm}, \phi19.9\text{mm} \leq d_a \leq \phi20\text{mm}$$

$$\text{当 } f_\perp < 0.2\text{mm 时}, \phi19.9\text{mm} \leq d_a \leq \phi20.2\text{mm}$$

五、最小实体要求

1. 最小实体要求的公差解释

最小实体要求也是相关公差原则中的三种要求之一，适用最小实体要求的被测实际要素（关联要素）的实体（体内作用尺寸）应遵循最小实体实效边界；被测实际要素的局部实际尺寸同时受最大实体尺寸和最小实体尺寸所限；几何公差 t 与尺寸公差 $T_h(T_s)$ 有关，在最小实体状态下给定几何公差（多为位置公差）值 t_1 不为零（一定大于零，当为零时，是一种特殊情况——最小实体要求的零几何公差）；当被测实际要素偏离最小实体状态时，几何公差获得补偿，补偿量来自尺寸公差（被测实际要素偏离最小实体状态的量，相当于尺寸公差富余的量，可作为补偿量），补偿量的一般计算公式为

$$t_2 = |LMS - D_a(d_a)| \tag{4-12}$$

当被测实际要素为最大实体状态时，几何公差获得补偿量最多，即 $t_{2max} = T_h(T_s)$，这种情况下允许几何公差的最大值为

$$t_{max} = t_{2max} + t_1 = T_h(T_s) + t_1 \tag{4-13}$$

几何公差 t 与尺寸公差 $T_h(T_s)$ 的关系可以用动态公差图表示，如图 4-31b 所示。由于给定几何公差值 t_1 不为零，故动态公差图的图形一般为直角梯形。

2. 最小实体要求的应用与检测

最小实体要求主要用于需要保证最小壁厚处（如空心的圆柱凸台、带孔的小垫圈等）

的导出要素，一般是中心轴线的位置度、同轴度等。最小实体要求在零件图样上的标注标记是在几何公差框格的几何公差给定值 t_1 后面加写Ⓛ，如图4-31a 所示。

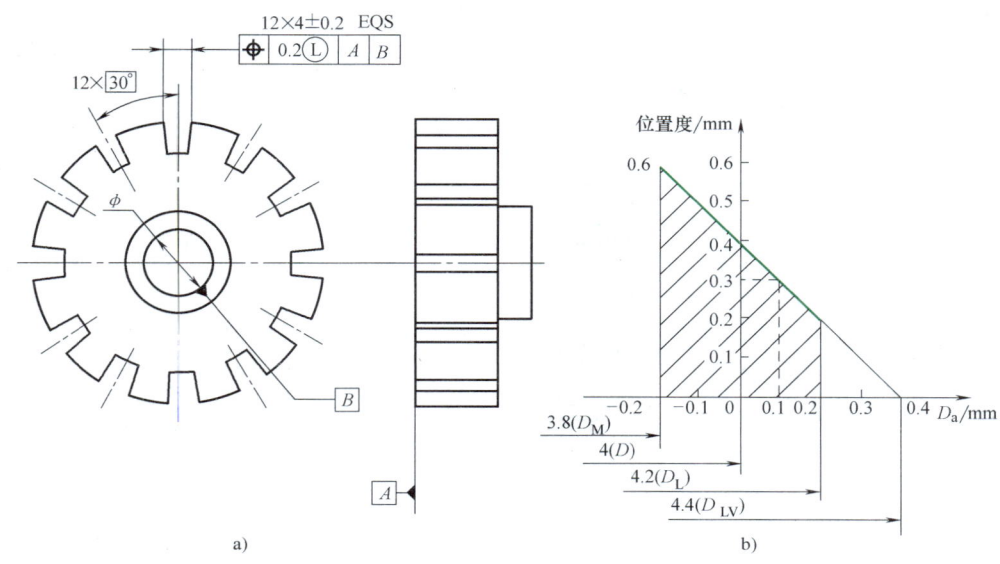

图 4-31　最小实体要求
a）标注标记　b）动态公差图

当基准（导出要素如轴线）也使用最小实体要求时，则在几何公差框格内的基准字母后面也加写Ⓛ。符合最小实体要求的被测实体（D_{fi}、d_{fi}）不得超越最小实体实效边界 LMVB；被测要素的局部实际尺寸（D_a、d_a）不得超越最大实体尺寸 MMS 和最小实体尺寸 LMS。目前还没有用于检验符合最小实体要求的量规。因为按工件（孔）的最小实体实效尺寸制作的通规测头（轴型），其尺寸大于工件孔的上极限尺寸，所以不能通过被测孔。即无法实现"通规通过被测孔表示孔的作用尺寸合格"这一量规检验过程（量规测头不可能进入被测要素的体内，除非是刀具，但真是刀具又不可以，检测过程不能破坏工件）。生产中一般采用通用量具检验被测实际要素的体内作用尺寸（D_{fi}、d_{fi}）是否超越最小实体实效边界，即测量足够多点的数据，采用绘图法（在测量具备很好条件时，当然用坐标机测量并由计算机处理测量数据更好）求得被测要素的体内作用尺寸（D_{fi}、d_{fi}），再判定其是否超越最小实体实效边界 LMVB，不超越为合格；被测实际要素的局部实际尺寸（D_a、d_a）按两点法测量，以判定是否超越最大实体尺寸和最小实体尺寸，局部实际尺寸落入极限尺寸内为合格。符合最小实体要求的被测实际要素的合格条件为：

对于孔（内表面）：$D_{fi} \leqslant D_{LV} = D_{max} + t_1$；$D_{min} = D_M \leqslant D_a \leqslant D_L = D_{max}$

对于轴（外表面）：$d_{fi} \geqslant d_{LV} = d_{min} - t_1$；$d_{max} = d_M \geqslant d_a \geqslant d_L = d_{min}$

3. 最小实体要求的零几何公差

这是最小实体要求的特殊情况，允许在最小实体状态时给定位置公差值为零。在零件图样上的标注标记是在位置公差框格的第二格内，即在位置公差值的格内写 0 Ⓛ（φ0 Ⓛ），如图4-32a 所示。此种情况下，被测实际要素的最小实体实效边界就变成了最小实体边界。对于位置公差而言，最小实体要求的零几何公差比起最小实体要求来，显然更严格。图4-

32b 是图 4-32a 的动态公差图，其形状为直角三角形。动态公差图的形状恰好与同类要素的最大实体要求的零几何公差的动态公差图形状（图 4-28b）相同，但斜边的方向相反（呈现镜像关系）。

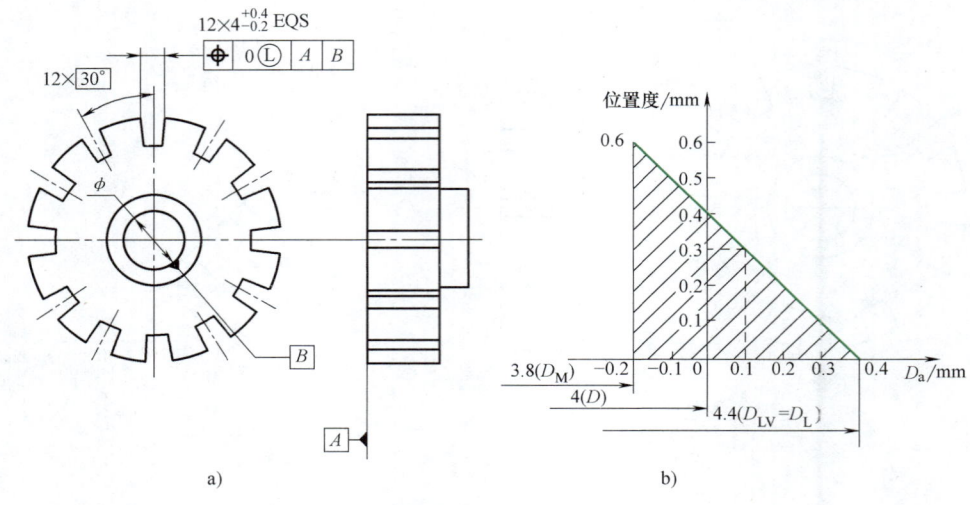

图 4-32　最小实体要求的零几何公差
a）标注标记　b）动态公差图

4. 可逆要求用于最小实体要求

在不影响零件功能的前提下，位置公差可以反过来补给尺寸公差，即位置公差有富余的情况下，允许尺寸误差超过给定的尺寸公差，显然在一定程度上能够降低工件的废品率。在零件图样上，可逆要求用于最小实体要求的标注标记是在位置公差框格的第二格

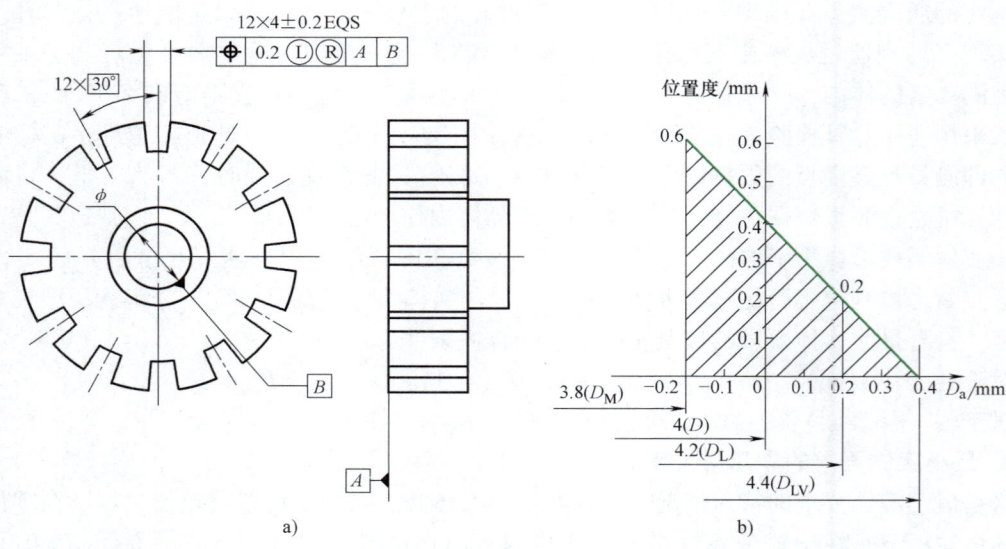

图 4-33　可逆要求用于最小实体要求
a）标注标记　b）动态公差图

内，位置公差值后面加写Ⓛ Ⓡ，如图 4-33a 所示。此时尺寸公差有双重职能：①控制尺寸误差；②协助控制几何误差。而位置公差也有双重职能：①控制几何误差；②协助控制尺寸误差。图4-33a所示槽的位置度，其可逆要求用于最小实体要求的动态公差图如图 4-33b 所示，图中横轴（槽宽尺寸）上 4.2～4.4mm 即为槽宽尺寸可以超差的范围（注意：仅当位置度误差小于 0.2mm 时有效）。可逆要求用于最小实体要求的动态公差图，其形状由直角梯形（最小实体要求的动态公差图）转为直角三角形（在直角梯形的直角短边处加一三角形）。

5. 最小实体要求的实例分析

例 4-6 对图 4-31a 做出解释。

解 （1） T、t 标注解释　被测槽宽的尺寸公差 $T_h = 0.4$mm，$D_M = D_{min} = 3.8$mm，$D_L = D_{max} = 4.2$mm；在最小实体状态下给定几何公差（位置度）$t_1 = 0.2$mm，当被测要素尺寸（槽宽）偏离最小实体状态的尺寸 4.2mm 时，几何公差位置度获得补偿，当被测要素尺寸为最大实体状态的尺寸 3.8mm 时，几何公差位置度获得补偿最多，此时几何公差具有的最大值可以等于给定几何公差 t_1 与尺寸公差 T_h 的和，即 $t_{max} = (0.2 + 0.4)$mm = 0.6mm。

（2） 动态公差图　T、t 的动态公差图如图 4-31b 所示，图形形状为具有两直角的梯形。

（3） 遵守边界　遵守最小实体实效边界 LMVB，其边界尺寸为
$$D_{LV} = D_{max} + t_1 = (4.2 + 0.2)\text{mm} = 4.4\text{mm}$$

（4） 合格条件　被测要素的体内作用尺寸 D_{fi} 和局部实际尺寸 D_a 的合格条件为
$$D_{fi} \leq 4.4\text{mm}, \ 3.8\text{mm} \leq D_a \leq 4.2\text{mm}$$

例 4-7 对图 4-32a 做出解释。

解 （1） T、t 标注解释　如图 4-32a 所示，这是最小实体要求的零几何公差。被测槽宽的尺寸公差 $T_h = 0.6$mm，$D_M = D_{min} = 3.8$mm，$D_L = D_{max} = 4.4$mm；在最小实体状态下（4.4mm）给定几何公差（位置度）$t_1 = 0$，当被测要素尺寸偏离最小实体状态时，几何公差获得补偿，当被测要素尺寸为最大实体状态的尺寸 3.8mm 时，几何公差（位置度）获得补偿最多，此时几何公差具有的最大值可以等于给定几何公差 t_1 与尺寸公差 T_h 的和，即 $t_{max} = (0 + 0.6)$mm = 0.6mm。

（2） 动态公差图　T、t 的动态公差图如图 4-32b 所示，图形形状为直角三角形。

（3） 遵守边界　遵守最小实体实效边界 LMVB，其边界尺寸为 $D_{LV} = D_{max} + t_1 = (4.4 + 0)$mm = 4.4mm，显然就是最小实体边界（因为给定的 $t_1 = 0$）。

（4） 合格条件　被测要素的体内作用尺寸 D_{fi} 和局部实际尺寸 D_a 的合格条件为
$$D_{fi} \leq 4.4\text{mm}, \ 3.8\text{mm} \leq D_a \leq 4.4\text{mm}$$

例 4-8 对图 4-33a 做出解释。

解 （1）T、t 标注解释 图 4-33a 所示为可逆要求用于最小实体要求的槽的位置度问题。槽宽的尺寸公差为 $T_h = 0.4$mm，即 $D_M = D_{\min} = 3.8$mm，$D_L = D_{\max} = 4.2$mm；在最小实体状态下（4.2mm）给定位置度公差 $t_1 = 0.2$mm，当被测要素尺寸（槽宽的尺寸）偏离最小实体状态的尺寸时，位置度公差获得补偿，当被测要素尺寸为最大实体状态的尺寸 3.8mm 时，位置度公差获得补偿最多，此时位置度公差具有的最大值可以等于给定位置度公差 t_1 与尺寸公差 T_h 的和，即 $t_{\max} = (0.2 + 0.4)$mm $= 0.6$mm。

（2）可逆解释 在被测要素槽的位置度误差小于给定位置度公差的条件下，即 $f < 0.2$mm 时，被测要素槽的尺寸误差可以超差，即被测要素槽的实际尺寸可以超出极限尺寸 4.2mm，但不可以超出所遵守边界的尺寸 4.4mm。图 4-33b 中横轴的 4.2~4.4mm 为槽的尺寸误差可以超差的范围（或称可逆范围）。

（3）动态公差图 T、t 的动态公差图如图 4-33b 所示，其形状是三角形。

（4）遵守边界 遵守最小实体实效边界 LMVB，其边界尺寸为

$$D_{LV} = D_{\max} + t_1 = (4.2 + 0.2)\text{mm} = 4.4\text{mm}$$

（5）合格条件 被测要素的体内作用尺寸 D_{fi} 和被测要素的局部实际尺寸 D_a 的合格条件为

$$D_{fi} \leqslant 4.4\text{mm}, \ 3.8\text{mm} \leqslant D_a \leqslant 4.2\text{mm}$$

当 $f < 0.2$mm 时，$3.8\text{mm} \leqslant D_a \leqslant 4.4\text{mm}$

综上所述，公差原则是解决生产一线中尺寸误差与几何误差关系等实际问题的常用规则。但由于相关公差原则的术语、概念较多，各种要求适用范围迥然不同，补偿、可逆、零公差、动态公差图等都是前面几章所未有的，再加上几何公差的问题本来就较尺寸公差的复杂，不免难以学透、不易用好。既然相关，不妨比较，有比较方可得以鉴别。下面就把相关公差原则的三种要求做个详细比较，列在表 4-9 中，供读者参考。

表 4-9 相关公差原则三种要求的比较

相关公差原则			包容要求	最大实体要求	最小实体要求
标注标记			Ⓔ	Ⓜ，可逆要求为ⓂⓇ	Ⓛ，可逆要求为ⓁⓇ
几何公差的给定状态及 t_1 值			最大实体状态下给定 $t_1 = 0$	最大实体状态下给定 $t_1 > 0$	最小实体状态下给定 $t_1 > 0$
特殊情况			无	$t_1 = 0$ 时，称为最大实体要求的零几何公差	$t_1 = 0$ 时，称为最小实体要求的零几何公差
遵守的理想边界	边界名称		最大实体边界	最大实体实效边界	最小实体实效边界
	边界尺寸计算公式	孔	$MMB_D = D_M = D_{\min}$	$MMVB_D = D_M = D_{\min} - t_1$	$LMVB_D = D_L = D_{\max} + t_1$
		轴	$MMB_d = d_M = d_{\max}$	$MMVB_d = d_M = d_{\max} + t_1$	$LMVB_d = d_L = d_{\min} - t_1$
几何公差 t 与尺寸公差 T_h（T_s）的关系	最大实体状态		$t_1 = 0$	$t_1 > 0$	$t_{\max} = T_h(T_s) + t_1$
	最小实体状态		$t_{\max} = T_h(T_s)$	$t_{\max} = T_h(T_s) + t_1$	$t_1 > 0$

(续)

相关公差原则		包容要求	最大实体要求	最小实体要求
几何公差获得尺寸公差补偿量的一般计算公式		$t_2 = \|MMS - D_a(d_a)\|$	$t_2 = \|MMS - D_a(d_a)\|$	$t_2 = \|LMS - D_a(d_a)\|$
检验方法及量具		采用光滑极限量规,通规检测 $D_{fe}(d_{fe})$,止规检测 $D_a(d_a)$	$D_{fe}(d_{fe})$ 采用位置量规,$D_a(d_a)$ 采用两点法测量	尚无量规,几何误差采用通用量具,$D_a(d_a)$ 采用两点法测量
合格条件	孔	$D_{fe} \geq D_M$ $D_a \leq D_L$	$D_{fe} \geq D_{MV}$ $D_M \leq D_a \leq D_L$	$D_{fi} \leq D_{LV}$ $D_M \leq D_a \leq D_L$
	轴	$d_{fe} \leq d_M$ $d_a \geq d_L$	$d_{fe} \leq d_{MV}$ $d_M \geq d_a \geq d_L$	$d_{fi} \geq d_{LV}$ $d_M \geq d_a \geq d_L$
适用范围		保证配合性质的单一要素	保证容易装配的关联导出要素	保证最小壁厚的关联导出要素
可逆要求		不适用。尺寸公差只能补给几何公差	适用。不仅尺寸公差能补给几何公差;相反,在一定条件下尺寸公差也可以获得来自于几何公差的补偿	适用。不仅尺寸公差能补给几何公差;相反,在一定条件下尺寸公差也可以获得来自于几何公差的补偿
动态公差图形状		一般为直角三角形,限制几何公差最大值则为具有两直角的梯形	一般为具有两直角的梯形,限制几何公差最大值则为具有三直角的五边形,适用可逆要求时(不限制几何公差最大值)则为直角三角形,零几何公差时也为直角三角形	一般为具有两直角的梯形,限制几何公差最大值则为具有三直角的五边形,适用可逆要求时(不限制几何公差最大值)则为直角三角形,零几何公差时也为直角三角形,与最大实体要求的动态公差图形状呈现镜像关系(关于镜面对称)

第五节 几何公差的标准化与选用

一、几何公差值的标准介绍

(1) 直线度、平面度的公差值　直线度、平面度的公差值见表 4-10。

表 4-10　直线度、平面度的公差值

主参数 L /mm	公差等级											
	1	2	3	4	5	6	7	8	9	10	11	12
	公差值/μm											
≤10	0.2	0.4	0.8	1.2	2	3	5	8	12	20	30	60
>10~16	0.25	0.5	1	1.5	2.5	4	6	10	15	25	40	80
>16~25	0.3	0.6	1.2	2	3	5	8	12	20	30	50	100

(续)

主参数 L /mm	公差等级											
	1	2	3	4	5	6	7	8	9	10	11	12
	公差值/μm											
>25~40	0.4	0.8	1.5	2.5	4	6	10	15	25	40	60	120
>40~63	0.5	1	2	3	5	8	12	20	30	50	80	150
>63~100	0.6	1.2	2.5	4	6	10	15	25	40	60	100	200
>100~160	0.8	1.5	3	5	8	12	20	30	50	80	120	250
>160~250	1	2	4	6	10	15	25	40	60	100	150	300
>250~400	1.2	2.5	5	8	12	20	30	50	80	120	200	400
>400~630	1.5	3	6	10	15	25	40	60	100	150	250	500
>630~1000	2	4	8	12	20	30	50	80	120	200	300	600

（2）圆度、圆柱度的公差值　圆度、圆柱度的公差值见表4-11。

表 4-11　圆度、圆柱度的公差值

主参数 $d(D)$ /mm	公差等级												
	0	1	2	3	4	5	6	7	8	9	10	11	12
	公差值/μm												
≤3	0.1	0.2	0.3	0.5	0.8	1.2	2	3	4	6	10	14	25
>3~6	0.1	0.2	0.4	0.6	1	1.5	2.5	4	5	8	12	18	30
>6~10	0.12	0.25	0.4	0.6	1	1.5	2.5	4	6	9	15	22	36
>10~18	0.15	0.25	0.5	0.8	1.2	2	3	5	8	11	18	27	43
>18~30	0.2	0.3	0.6	1	1.5	2.5	4	6	9	13	21	33	52
>30~50	0.25	0.4	0.6	1	1.5	2.5	4	7	11	16	25	39	62
>50~80	0.3	0.5	0.8	1.2	2	3	5	8	13	19	30	46	74
>80~120	0.4	0.6	1	1.5	2.5	4	6	10	15	22	35	54	87
>120~180	0.6	1	1.2	2	3.5	5	8	12	18	25	40	63	100
>180~250	0.8	1.2	2	3	4.5	7	10	14	20	29	46	72	115
>250~315	1.0	1.6	2.5	4	6	8	12	16	23	32	52	81	130
>315~400	1.2	2	3	5	7	9	13	18	25	36	57	89	140
>400~500	1.5	2.5	5	6	8	10	15	20	27	40	63	97	155

（3）平行度、垂直度、倾斜度的公差值　平行度、垂直度、倾斜度的公差值见表4-12。

表 4-12　平行度、垂直度、倾斜度的公差值

主参数 L,$d(D)$ /mm	公差等级											
	1	2	3	4	5	6	7	8	9	10	11	12
	公差值/μm											
≤10	0.4	0.8	1.5	3	5	8	12	20	30	50	80	120
>10~16	0.5	1	2	4	6	10	15	25	40	60	100	150
>16~25	0.6	1.2	2.5	5	8	12	20	30	50	80	120	200
>25~40	0.8	1.5	3	6	10	15	25	40	60	100	150	250
>40~63	1	2	4	8	12	20	30	50	80	120	200	300
>63~100	1.2	2.5	5	10	15	25	40	60	100	150	250	400

(续)

主参数 L, $d(D)$ /mm	公差等级											
	1	2	3	4	5	6	7	8	9	10	11	12
	公差值/μm											
>100~160	1.5	3	6	12	20	30	50	80	120	200	300	500
>160~250	2	4	8	15	25	40	60	100	150	250	400	600
>250~400	2.5	5	10	20	30	50	80	120	200	300	500	800
>400~630	3	6	12	25	40	60	100	150	250	400	600	1000
>630~1000	4	8	15	30	50	80	120	200	300	500	800	1200

（4）同轴度、对称度、圆跳动、全跳动的公差值　同轴度、对称度、圆跳动、全跳动的公差值见表4-13。

（5）位置度数系　位置度数系见表4-14。

表 4-13　同轴度、对称度、圆跳动、全跳动的公差值

主参数 $d(D)$, B, L /mm	公差等级											
	1	2	3	4	5	6	7	8	9	10	11	12
	公差值/μm											
≤1	0.4	0.6	1	1.5	2.5	4	6	10	15	25	40	60
>1~3	0.4	0.6	1	1.5	2.5	4	6	10	20	40	60	120
>3~6	0.5	0.8	1.2	2	3	5	8	12	25	50	80	150
>6~10	0.6	1	1.5	2.5	4	6	10	15	30	60	100	200
>10~18	0.8	1.2	2	3	5	8	12	20	40	80	120	250
>18~30	1	1.5	2.5	4	6	10	15	25	50	100	150	300
>30~50	1.2	2	3	5	8	12	20	30	60	120	200	400
>50~120	1.5	2.5	4	6	10	15	25	40	80	150	250	500
>120~250	2	3	5	8	12	20	30	50	100	200	300	600
>250~500	2.5	4	6	10	15	25	40	60	120	250	400	800

表 4-14　位置度数系　　　　　　　　　　　　　　（单位：μm）

优先数系	1	1.2	1.5	2	2.5	3	4	5	6	8
	1×10^n	1.2×10^n	1.5×10^n	2×10^n	2.5×10^n	3×10^n	4×10^n	5×10^n	6×10^n	8×10^n

注：n 为正整数。

二、几何公差的未注公差值规定

国家标准 GB/T 1184—1996 规定了几何公差的未注公差值，下面给出直线度和平面度、垂直度、对称度和圆跳动的未注公差值，见表4-15～表4-18。

除了以上项目的未注公差值以外，对于圆度、圆柱度、平行度、同轴度等项目的未注公差值，应按以下原则确定。

1）圆度的未注公差值等于标准的直径公差值，但不能大于表4-18 中的径向圆跳动值。

表 4-15　直线度和平面度的未注公差值　　　　　　　　　　（单位：mm）

公差等级	基本长度范围					
	≤10	>10~30	>30~100	>100~300	>300~1000	>1000~3000
H	0.02	0.05	0.1	0.2	0.3	0.4
K	0.05	0.1	0.2	0.4	0.6	0.8
L	0.1	0.2	0.4	0.8	1.2	1.6

注：一般情况下，平面度的未注公差值必然控制了直线度的误差。在考虑要素是否需遵守直线度的未注公差值时，还应视该要素是否已由其他综合性未注公差值控制。如圆柱面已考虑全跳动的未注公差值，则素线的直线度误差与轴线的直线度误差均已被控制，就不必再考虑这两项目的直线度未注公差值。

表 4-16　垂直度的未注公差值　　　　　　　　　　（单位：mm）

公差等级	基本长度范围			
	≤100	>100~300	>300~1000	>1000~3000
H	0.2	0.3	0.4	0.5
K	0.4	0.6	0.8	1
L	0.6	1	1.5	2

注：一般取形成直角的两边中较长的一边作为基准，较短的一边作为被测要素；若两边的长度相等，则可取其中的任意一边作为基准。

表 4-17　对称度的未注公差值　　　　　　　　　　（单位：mm）

公差等级	基本长度范围			
	≤100	>100~300	>300~1000	>1000~3000
H	0.5			
K	0.6		0.8	1
L	0.6	1	1.5	2

注：对称度的未注公差值用于至少两个要素中的一个是中心平面，或两个要素的轴线相互垂直。一般应取两要素中较长者作为基准，较短者作为被测要素；若两要素长度相等则可选任一要素为基准。

表 4-18　圆跳动的未注公差值　　　　　　　　　　（单位：mm）

公差等级	圆跳动公差值
H	0.1
K	0.2
L	0.5

注：应以设计或工艺给出的支承要素作为基准，否则应取两要素中较长的一个作为基准；若两要素的长度相等则可选任一要素为基准。本表适用于径向、端面和斜向圆跳动。

2）圆柱度的未注公差值不做规定。但应注意：①圆柱度误差由三个部分组成：圆度、直线度和相对素线的平行度误差，而其中每一项误差均由它们的注出公差或未注公差控制；②如因功能要求，圆柱度的未注公差值小于圆度、直线度和平行度的未注公差的综合结果，则应在被测要素上按标准规定注出圆柱度公差值；③采用包容要求。

3）平行度的未注公差值等于给出的尺寸公差值，或是直线度和平面度未注公差值中的相应公差值取较大者。应取两要素中的较长者作为基准，若两要素的长度相等则可选任一要素为基准。

4）同轴度的未注公差值未做规定。在极限状况下，同轴度的未注公差值可以和表 4-18 中规定的径向圆跳动的未注公差值相等。应选两要素中的较长者作为基准，若两要素的长度相等则可选任一要素为基准。

表 4-19 对未注几何公差进行了总结，以便于记忆与应用。

表 4-19 关于未注几何公差的总结说明

特征项目	对未注公差值的规定	说　　明
直线度、平面度	规定了数值表	平面度同时控制了直线度
圆度	等于给出的尺寸公差值	不能大于径向圆跳动未注公差值
圆柱度	1. 分别由圆度、轴线直线度和素线间平行度的未注公差值控制 2. 采用包容要求	不能认为圆柱度误差值是这三项误差值的相加
线轮廓度 面轮廓度	由尺寸公差控制（线性尺寸和角度尺寸）	
平行度	1. 两要素间的尺寸公差 2. 直线度或平面度未注公差值，取较大者	当实际尺寸相等，产生的平行度误差主要是由直线度或平面度误差形成时，采用第二种方法
垂直度	规定了数值表	选用数值时，应大于直线度或平面度未注公差值
倾斜度	由角度公差控制	
位置度	由相应的几何公差未注公差值或尺寸公差控制	不必特意考虑位置度的未注公差值
同轴度	在极限情况下可采用径向圆跳动的未注公差值，一般情况下应小于这个值	
对称度	规定了未注公差数值表	两要素中必须有一个是对称中心面，如两要素都是轴线，必须相互垂直
圆跳动	规定了未注公差数值表（径向、端面、斜向）	综合控制了被测部分的形状或位置误差
全跳动	由相应的几何公差未注公差值分别控制	径向全跳动误差由圆跳动、直线度和平行度未注公差值控制。端面全跳动由垂直度未注公差值控制

未注几何公差值的图样表示法是，在标题栏附近或在技术要求、技术文件中注出标准号及未注几何公差等级代号，如 GB/T 1184—K 。

三、几何公差的选用原则

（1）几何公差特征项目的确定　确定几何公差特征项目应根据零件几何特征、使用功能要求、特征项目的公差带特点以及测量的方便性等方面综合考虑。例如，齿轮中心孔轴线应当与其端面有垂直度的要求，但考虑测量的方便性，一般给定端面圆跳动。

（2）几何公差等级的确定　确定几何公差的常用等级可以参考表 4-20～表 4-23 提供的各种几何公差项目及其常用等级的应用实例，根据具体情况进行选择。同时还要注意：

1）几何公差与尺寸公差及表面粗糙度参数之间的协调关系，即 $T>t>Ra$（Ra 为表面粗糙度的参数，见第五章及表 5-3）。

2) 形状公差、方向公差、位置公差之间的关系，即位置公差值>方向公差值>形状公差值，如图 4-34 所示。

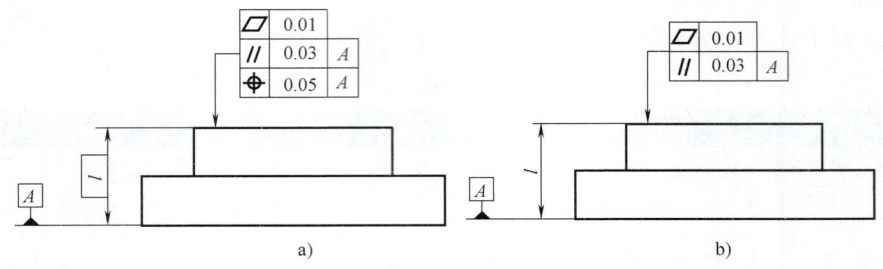

图 4-34 形状公差、方向公差、位置公差之间的关系
a) 形状公差<方向公差<位置公差　b) 形状公差<方向公差

3) 位置度的公差值一般与被测要素的类型、连接方式等有关，如带孔零件的连接方式不同，孔心线的位置度也不同。螺栓连接孔心线的位置度取其最小间隙数值的 1 倍；螺钉连接则取其最小间隙数值的 $\frac{1}{2}$，然后再按表 4-14 进行优化确定。

表 4-20　直线度和平面度公差常用等级的应用举例

公差等级	应用举例
5	1 级平板,2 级宽平尺,平面磨床的纵导轨、垂直导轨、立柱导轨及工作台,液压龙门刨床和转塔车床床身导轨,柴油机进气、排气阀门导杆
6	普通机床导轨,如卧式车床、龙门刨床、滚齿机、自动车床等的床身导轨、立柱导轨,柴油机壳体
7	2 级平板,机床主轴箱,摇臂钻床底座和工作台,镗床工作台,液压泵盖,减速器壳体结合面
8	机床传动箱体,交换齿轮箱体,车床溜板箱体,柴油机气缸体,连杆分离面,汽车发动机缸盖结合面,汽车发动机缸盖、曲轴箱结合面,液压管件和法兰连接面
9	3 级平板,自动车床床身底面,摩托车曲轴箱体,汽车变速器壳体,手动机械的支承面

表 4-21　圆度和圆柱度公差常用等级的应用举例

公差等级	应用举例
5	一般计量仪器主轴、测杆外圆柱面,陀螺仪轴颈,一般机床主轴轴颈及主轴轴承孔,柴油机、汽油机活塞、活塞销,与 6 级滚动轴承配合的轴颈
6	仪表端盖外圆柱面,一般机床主轴及前轴承孔,泵、压缩机的活塞、气缸,汽油发动机凸轮轴,纺机锭子,减速器转动轴颈,高速船用柴油机、拖拉机曲轴主轴颈,与 6 级滚动轴承配合的外壳孔,与 0 级滚动轴承配合的轴颈
7	大功率低速柴油机曲轴轴颈、活塞、活塞销、连杆、气缸,高速柴油机箱体轴承孔,千斤顶或液压缸活塞,机车传动轴,水泵及通用减速器转轴轴颈,与 0 级滚动轴承配合的外壳孔
8	大功率低速发动机曲轴轴颈,压气机连杆盖、连杆体,拖拉机气缸、活塞,炼胶机冷铸轴辊,印刷机传墨辊,内燃机曲轴轴颈,柴油机凸轮轴承孔、凸轮轴,拖拉机,小型船用柴油机气缸套
9	空气压缩机缸体,液压传动筒,通用机械杠杆与拉杆用套筒销子,拖拉机活塞环、套筒孔

表 4-22　平行度、垂直度和倾斜度公差常用等级的应用举例

公差等级	应用举例
4,5	卧式车床导轨、重要支承面,机床主轴轴承孔对基准的平行度,精密机床重要零件,计量仪器、量具、模具的基准面和工作面,机床主轴箱体重要孔,通用减速器壳体孔,齿轮泵的油孔端面,发动机轴和离合器的凸缘,气缸支承端面,安装精密滚动轴承的壳体孔的凸肩
6,7,8	一般机床的基准面和工作面,压力机和锻锤的工作面,中等精度钻模的工作面,机床一般轴承孔对基准的平行度,变速器箱体孔,主轴花键对定心表面轴线的平行度,重型机械滚动轴承端盖、卷扬机、手动传动装置中的传动轴,一般导轨,主轴箱体孔,刀架、砂轮架、气缸配合面对基准轴线以及活塞销孔对活塞轴线的垂直度,滚动轴承内、外圈端面对轴线的垂直度
9,10	低精度零件,重型机械滚动轴承端盖、柴油机、煤气发动机箱体曲轴轴孔,曲轴轴颈,花键轴和轴肩端面,带式运输机法兰盘等端面对轴线的垂直度,手动卷扬机及传动装置中轴承孔端面,减速器壳体平面

表 4-23　同轴度、对称度和径向跳动公差常用等级的应用举例

公差等级	应用举例
5,6,7	这是应用范围较广的公差等级。用于几何精度要求较高、尺寸的标准公差等级为 IT8 及高于 IT8 的零件。5 级常用于机床主轴轴颈,计量仪器的测杆,涡轮机主轴,柱塞泵转子,高精度滚动轴承外圈,一般精度滚动轴承内圈。7 级用于内燃机曲轴、凸轮轴、齿轮轴、水泵轴、汽车后轮输出轴,电动机转子、印刷机传墨辊的轴颈,键槽
8,9	常用于几何精度要求一般、尺寸的标准公差等级为 IT9~IT11 的零件。8 级用于拖拉机发动机分配轴轴颈,与 9 级精度以下齿轮相配的轴,水泵叶轮,离心泵体,棉花精梳机前后滚子,键槽等。9 级用于内燃机气缸套配合面,自行车中轴

第六节　几何误差的评定与检测原则

几何公差带的形状、方向与位置是多种多样的,它取决于被测要素的几何理想要素和设计要求,并以此评定几何误差。若被测实际要素全部位于几何公差带内,零件合格,反之则不合格。

一、几何误差的评定

几何公差带具有大小、形状、方位三要素,该三要素将在标注中体现出来。最小包容区域也同样具有大小、形状、方位三要素,最小包容区域的尺度即为几何误差值。最小包容区域与几何公差带除大小以外,其他要素完全相同。如果能正确确定被测要素的最小包容区域,则几何公差带也就一目了然。

零件的几何误差合格性条件,是被测要素的几何误差值 f 不大于相应的几何公差值 t,即 $f \leq t$。也就是说,零件的几何误差若合格,其被测要素的最小包容区域必须能够为相应的几何公差带所包容。

1. 形状误差的评定

形状公差是指实际单一要素的实际形状相对于理想要素形状的允许变动量,形状误差是被测实际要素的形状对其理想要素的变动量。在数值上,形状误差不应大于形状公差,因此直线度、平面度、圆度误差的合格性,应按图 4-35 a、b、c 所示形状误差的最小包容区域来评定。

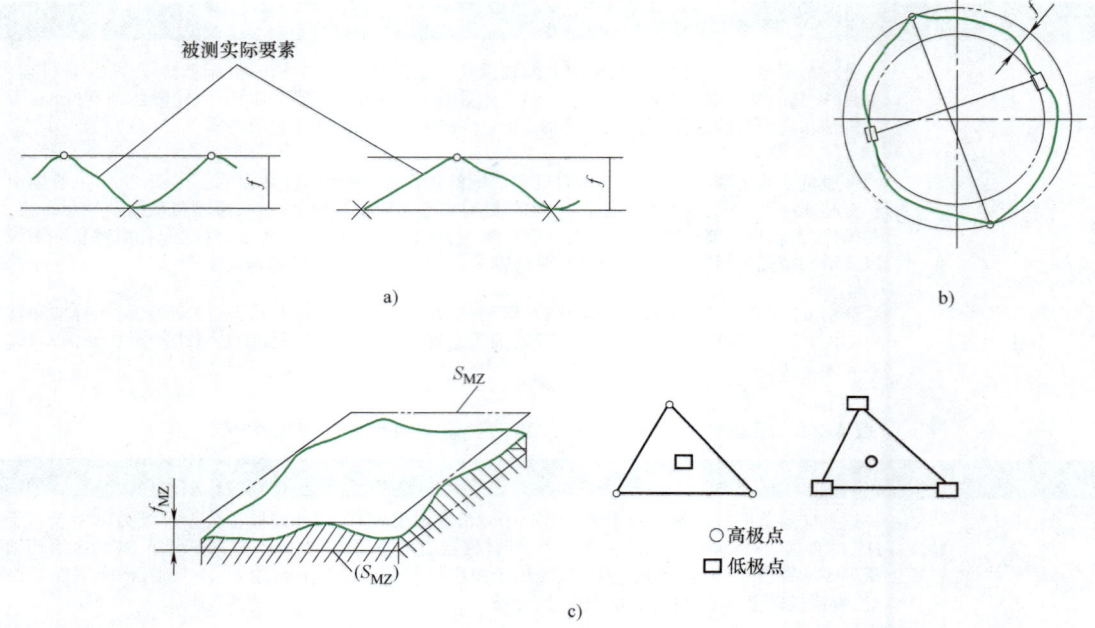

图 4-35 形状误差按最小包容区域评定
a) 直线度误差的最小包容区域 b) 圆度误差的最小包容区域
c) 平面度误差的最小包容区域（三角形准则）

2. 方向误差的评定

方向公差是指实际关联要素相对于基准的实际方向对理想方向的允许变动量。平行度、垂直度和倾斜度误差的合格性，应按本章第一节图 4-4 a、b、c 所示方向误差的最小包容区域来评定。

3. 位置误差的评定

位置公差是指实际关联要素相对于基准的实际位置对理想位置的允许变动量。位置误差的合格性，应按图 4-36 a、b 所示位置误差（点、线的位置度误差）的最小包容区域来评定。

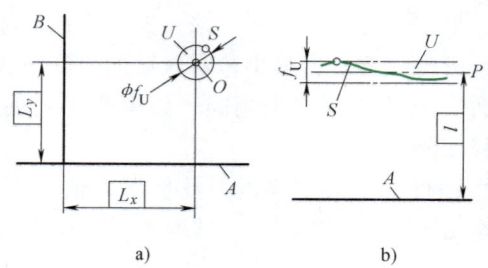

图 4-36 位置误差的评定
a) 点的位置度最小包容区域 b) 线的位置度最小包容区域

评定形状、方向和位置误差的最小包容区域的大小是有区别的，这与形状、方向和位置公差带大小的特点相类似。不涉及基准的形状最小包容区域的尺度应当最小，涉及基准的位置最小包容区域的尺度应当最大，涉及基准的方向最小包容区域的尺度应当在"最大"和"最小"之间，如图 4-37 所示。

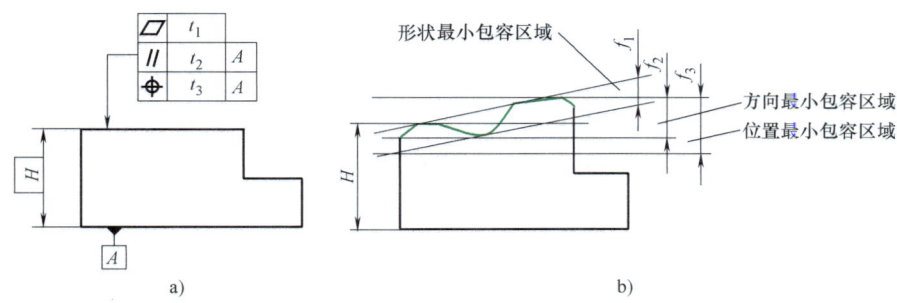

图 4-37　评定形状、方向和位置误差的区别
a）形状、方向和位置公差标注：$t_1 < t_2 < t_3$
b）形状、方向和位置误差评定的最小包容区域：$f_1 < f_2 < f_3$

在形状误差的评定中，数学的最小二乘法原理是普遍适用的。例如，用最小二乘圆法评定圆度误差，如图 4-38 所示，最小二乘圆是指被测实际圆上各点至该圆的距离的平方和为最小的圆。从最小二乘圆的圆心作包容实际圆的两个同心圆，该两个同心圆的半径差值即为圆度误差值。

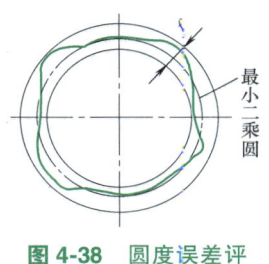

图 4-38　圆度误差评定的最小二乘圆法

二、几何误差的检测原则

被测零件的结构特点不同、其尺寸大小和精度要求不同，检测时使用的设备及条件不同，都可引出这样一个事实：对于同一几何误差项目，可以使用不同的检测方法进行检测。从检测原理上说，可以将几何误差的检测方法概括为以下五种检测原则。

（1）与理想要素比较原则　　与理想要素比较原则是指将实际被测要素与其理想要素做比较，从中获得测量数据，进而评定几何误差。如图 4-39a 所示，就是将实际被测直线与刀口尺的刃口（模拟理想直线）相比较，根据其间的光隙大小，来确定直线度误差值。再如图 4-39b 所示，是将实际被测平面与平板的工作面（模拟理想平面，也是测量基准）相比较，取得被测实际平面上各测点的测量数据（指示表示值），然后按一定规则处理测量数据，确定平面度误差值。

（2）测量坐标值原则　　测量坐标值原则是指利用计量器具固有的坐标系，测出被测实际要素上的各测点的相对坐标值，再经过精确计算从而确定几何误差值。如图 4-36a 所示，在坐标测量仪器上，测得被测零件的孔轴线 S 的实际坐标值（实际位置），当然应使零件基准与测量系统的坐标轴方向一致。然后，与理想位置相比较（减去孔轴线理想位置的理论正确尺寸），得到实际坐标值与理论坐标值的偏差值，再利用数学方法求得被测轴线的位置度误差值。即

$$\phi f = 2[(x-L_x)^2 + (y-L_y)^2]^{1/2}$$

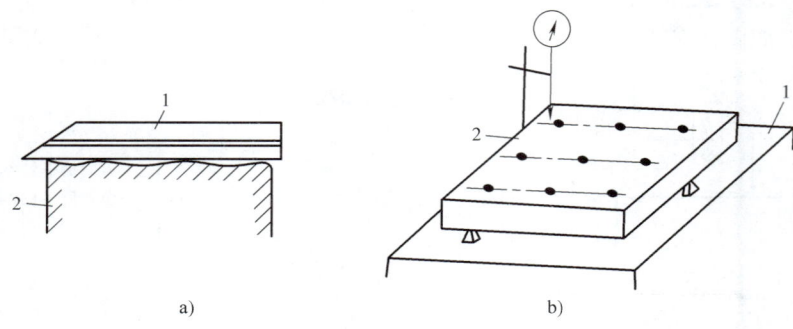

图 4-39 与理想要素比较原则的实例
1—理想要素（a 中为刀口尺，b 中为平板） 2—被测零件

（3）测量特征参数原则　测量特征参数原则是指测量实际被测要素上具有代表性的参数，用以表示几何误差值。但这种检测原则是不符合几何误差定义的，只是近似地表示而已。如采用两点法测量圆柱面的圆度误差，就是在一个横截面内的几个方向上测量直径值，取相互垂直的两直径的差值中的最大值的一半，视为该截面内的圆度误差值。这显然不符合圆度误差的评定区域定义，但由于方法简易，仍具有实用价值。

（4）测量跳动原则　跳动是按回转体零件特有的测量方法来定义的位置误差项目。测量跳动原则是针对圆跳动和全跳动的定义与实现方法，概括出的检测原则。图 4-40 为径向圆跳动和轴向圆跳动的测量示意图。被测零件的基准用心轴轴线（两顶尖的公共轴线）体现，即测量基准。被测实际圆柱面绕着基准轴线回转一周，位置固定的指示表的测头径向移动量的最大值（指示表的最大与最小示值的差值），表示被测实际圆柱面的径向圆跳动误差值，要注意：同轴度误差和形状误差是混在

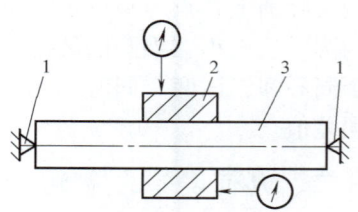

图 4-40 圆跳动测量
1—顶尖　2—被测零件　3—心轴

一起的。被测实际端面绕基准轴线回转一周过程中，位置固定的指示表的测头轴向移动量的最大值（指示表的最大与最小示值的差值），表示被测实际端面的轴向圆跳动的误差值。

（5）边界控制原则　若按包容要求或最大实体要求给出几何公差，就相当于给定了最大实体边界或最大实体实效边界，就是要求被测要素的实际轮廓不得超出该边界。边界控制原则就是指用光滑极限量规的通规或位置量规（只有通规）的工作表面来模拟体现图样上给定的边界，以便检测实际被测要素的体外作用尺寸的合格性。若量规的通规测头能够通过被测要素的实际轮廓，则表示被测要素的体外作用尺寸合格，否则就不合格。图 4-41 所示为一个阶梯轴的轴线同轴度量规，按边界控制原则检测轴的体外作用尺寸，图中的工件大端圆柱体（被测要素的实际轮廓）应遵守最大实体边界——由 $d_M = \phi 25mm$（最大实体尺寸）所确定的位置量规测头（直径为 $\phi 25mm$ 的理想圆柱孔）。

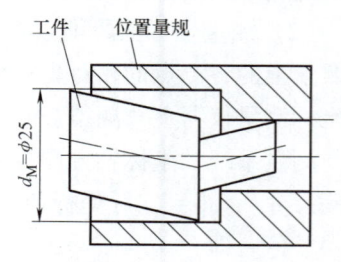

图 4-41 测量同轴度的位置量规

思考题与习题

4-1　形状和位置公差各规定了哪些项目？它们的符号是什么？

4-2　几何公差带由哪些要素组成？几何公差带的形状有哪些？

4-3　评定几何误差的最小条件是什么？最小包容区域由哪些要素组成？

4-4　几何误差的最小包容区域与几何公差带有何区别与联系？

4-5　如何确定被测要素的几何误差值？如何判定几何误差的合格性？

4-6　基准有哪几种？什么是三基面体系？基准字母代号的选用及书写有何规定？

4-7　如果某圆柱面的径向圆跳动误差为 15μm，其圆度误差能否大于 15μm？

4-8　如果某平面的平面度误差为 20μm，其垂直度误差能否小于 20μm？

4-9　什么是理论正确尺寸？其在几何公差中的作用是什么？图样上如何表示？

4-10　什么是体内作用尺寸、体外作用尺寸？它们与实际尺寸的关系如何？

4-11　什么是最大实体尺寸、最小实体尺寸？两者有何异同？

4-12　体外（内）作用尺寸与最大（小）实体尺寸有何区别与联系？

4-13　最大（小）实体状态和最大（小）实体实效状态的区别是什么？

4-14　理想边界有几种？理想边界的名称和代号如何？

4-15　当被测要素遵守包容要求时，其实际尺寸和体外作用尺寸的合格条件如何？

4-16　当被测要素遵守最大实体要求时，其实际尺寸和体外作用尺寸的合格条件如何？

4-17　当被测要素遵守最小实体要求时，其实际尺寸和体外作用尺寸的合格条件如何？

4-18　几何公差值的选择原则是什么？具体选择时应考虑哪些情况？

4-19　未注几何公差有何规定？图样上如何表示？

4-20　将下列几何公差要求标注在图 4-42 中，并阐述各几何公差项目的公差带。

1）左端面的平面度公差值为 0.01mm。

2）右端面对左端面的平行度公差值为 0.04mm。

3）φ70H7 孔遵守包容要求，其轴线对左端面的垂直度公差值为 φ0.02mm。

4）φ210h7 圆柱面对 φ70H7 孔的同轴度公差值为 φ0.03mm。

5）4×φ20H8 孔的轴线对左端面（第一基准）和 φ70H7 孔的轴线的位置度公差值为 φ0.15mm，要求均布在 $\boxed{\phi140}$ 的圆周上。

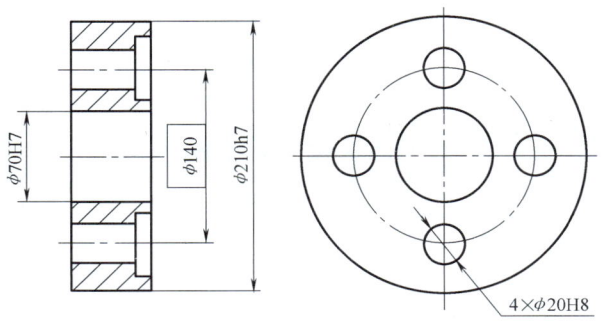

图 4-42　题 4-20 图

4-21 将下列几何公差要求标注在图 4-43 中,并阐述各几何公差项目的公差带。

1) ϕd 圆锥的左端面对 ϕd_1 轴线的轴向圆跳动公差值为 0.02mm。
2) ϕd 圆锥面对 ϕd_1 轴线的斜向圆跳动公差值为 0.02mm。
3) ϕd_2 圆柱面轴线对 ϕd 圆锥左端面的垂直度公差值为 ϕ0.015mm。
4) ϕd_2 圆柱面轴线对 ϕd_1 圆柱面轴线的同轴度公差值为 ϕ0.03mm。
5) ϕd 圆锥面的任意横截面的圆度公差值为 0.006mm。

4-22 改正图 4-44 中的标注错误,不准改变几何公差项目。

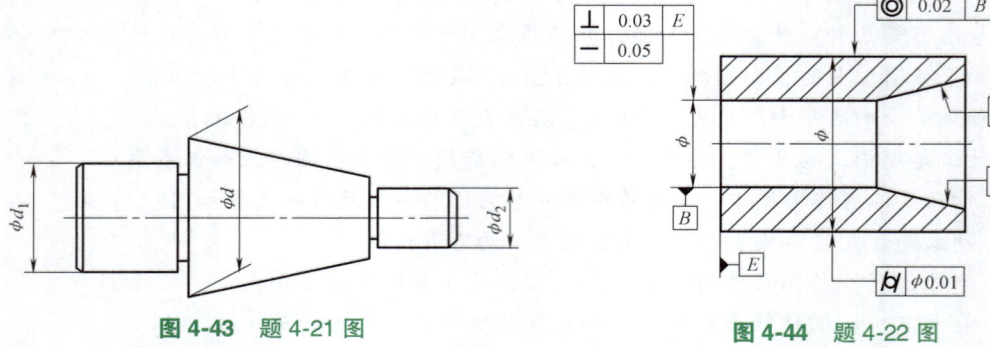

图 4-43 题 4-21 图   图 4-44 题 4-22 图

4-23 改正图 4-45 中的标注错误,不准改变几何公差项目。

4-24 改正图 4-46 中的标注错误,不准改变几何公差项目。

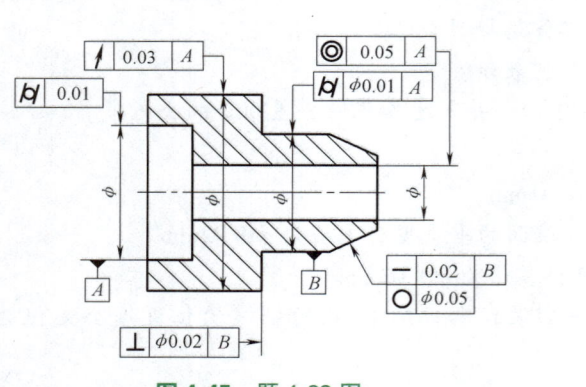
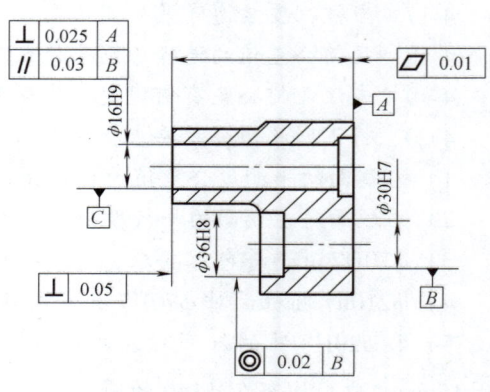

图 4-45 题 4-23 图   图 4-46 题 4-24 图

4-25 分析图 4-47 中的标注内容,按要求将有关内容填入表 4-24 中。

表 4-24 题 4-25 的表格

图号	最大实体尺寸	最小实体尺寸	几何公差的给定值	几何公差的最大允许值	遵守的边界名称	边界的尺度	合格条件
a							
b							
c							
d							
e							

第四章　几何公差与几何误差检测

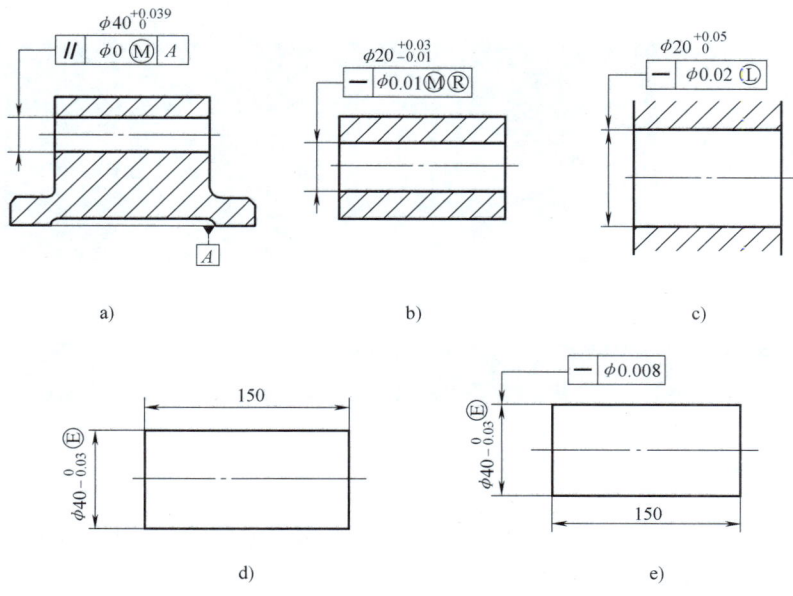

图 4-47　题 4-25 图

第五章 表面粗糙度与检测

第一节　表面粗糙度的概念及其对零件使用性能的影响

一、表面粗糙度的概念

用机械加工或是用其他方法获得的零件表面，总会存在着由较小的间距和峰谷组成的微量高低不平的痕迹。它是一种微观几何形状误差，也称为微观不平度。人们把这种微观几何形状误差称为表面粗糙度。轮廓的表面粗糙度值越小，表面越光滑。

表面粗糙度与形状误差（宏观的误差）和表面波纹度是有区别的。通常波距小于 1mm 的属于表面粗糙度；波距在 1~10mm 的属于表面波纹度；波距大于 10mm 的属于形状误差。

二、表面粗糙度对零件使用性能的影响

表面粗糙度值的大小对零件的使用性能和使用寿命有很大影响。

（1）**影响零件的耐磨性**　表面越粗糙，摩擦因数就越大，两相对运动的表面磨损也越快；表面过于光滑，由于润滑油被挤出和分子间的吸附作用等原因，也会使摩擦阻力增加，加剧磨损。

（2）**影响配合性质的稳定性**　对于间隙配合，相对运动的表面因粗糙不平而迅速磨损，致使间隙增大；对于过盈配合，由于装配时将微观凸峰挤平，产生塑性变形，使实际有效过盈减少，降低连接强度；对于过渡配合，因多用压力及锤敲装配，表面粗糙度也会使配合变松。

（3）**影响疲劳强度**　粗糙的零件表面，在交变应力作用下，对应力集中很敏感，使疲劳强度降低。

（4）**影响抗腐蚀性**　粗糙的表面，易使腐蚀性物质附着于表面的微观凹谷，并渗入到金属内层，造成表面锈蚀。

此外，表面粗糙度对接触刚度、密封性、产品外观及表面反射能力等都有明显的影响。因此，为保证机械零件的使用性能，在对其进行精度设计时，必须提出合理的表面粗糙度要求。

表面粗糙度属于零件表面的微观几何形状误差，完工后零件的轮廓表面粗糙度如图 5-1 所示，图中 λ 为波距。

第五章 表面粗糙度与检测

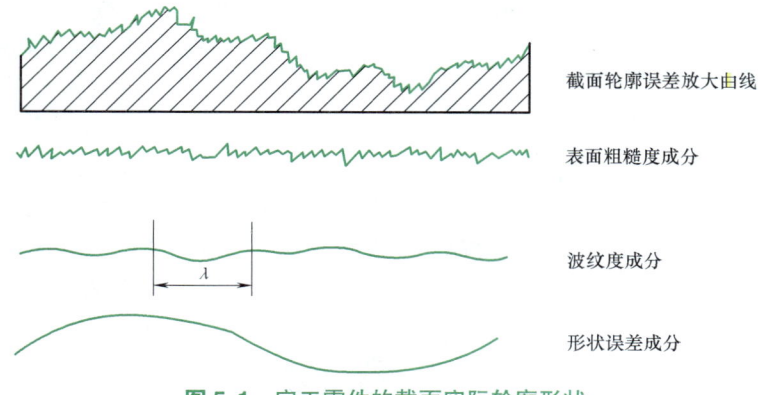

图 5-1 完工零件的截面实际轮廓形状

第二节　表面粗糙度的评定

一、取样长度与评定长度等术语

(1) 取样长度 lr　取样长度 lr 是指测量和评定表面粗糙度时所规定的一段基准线长度。它至少应包含五个以上完整轮廓的峰和谷,如图 5-2 所示。取样长度方向与轮廓走向一致。表面越粗糙,取样长度就应越大。

(2) 评定长度 ln　一个零件的表面粗糙度不一定很均匀,在一个取样长度内不能完全合理地反映某一表面粗糙度特征,因此,在测量和评定时,需规定一段最小长度作为评定长度。评定长度一般包括一个或几个取样长度。一般取 $ln=5lr$。对均匀性好的表面,可选 $ln<5lr$。对均匀性差的表面,可选 $ln>5lr$。标准取样长度和标准评定长度数值见表 5-1。

表 5-1　标准取样长度和标准评定长度的数值（摘自 GB/T 1031—2009、GB/T 10610—2009）

$Ra/\mu m$	$Rz/\mu m$	Rsm/mm	标准取样长度 lr		标准评定长度 $ln=5\times lr/mm$
			$\lambda s/mm$	$lr=\lambda c/mm$	
≥0.008~0.02	≥0.025~0.1	≥0.013~0.04	0.0025	0.08	0.4
>0.02~0.1	>0.1~0.5	>0.04~0.13	0.0025	0.25	1.25
>0.1~2	>0.5~10	>0.13~0.4	0.0025	0.8	4
>2~10	>10~50	>0.4~1.3	0.008	2.5	12.5
>10~80	>50~320	>1.3~4	0.025	8	40

(3) 轮廓和轮廓滤波器　轮廓分为表面轮廓、原始轮廓、粗糙度轮廓和波纹度轮廓。表面轮廓是指一个指定平面与实际表面相交所得截面的轮廓。原始轮廓是指通过 λs 轮廓滤波器后的总轮廓。粗糙度轮廓是指对原始轮廓采用 λc 轮廓滤波器抑制长波成分以后形成的轮廓,是经过人为修正的轮廓。波纹度轮廓是指对原始轮廓连续采用 λf 和 λc 两个轮廓滤波器以后形成的轮廓,λf 轮廓滤波器抑制长波成分,λc 轮廓滤波器抑制短波成分,也是经过人为修正的轮廓。

轮廓滤波器是将轮廓分成长波与短波成分的滤波器,包括 λs 轮廓滤波器、λc 轮廓滤波器和 λf 轮廓滤波器三种。λs 轮廓滤波器是确定存在于表面上的粗糙度与更短波的成分之间相交界限的滤波器。λc 轮廓滤波器是确定粗糙度与波纹度成分之间相交界限的滤波器。λ_f 轮廓滤波器是确定存在于表面上的波纹度与比它更长波的成分之间相交界限的滤波器。

二、基准线

基准线是指用以评定表面粗糙度参数的给定中线。中线是具有几何轮廓形状并划分轮廓的基准线。中线又分为粗糙度轮廓中线（用 λc 轮廓滤波器所抑制的长波轮廓成分对应的中线）、波纹度轮廓中线（用 λ_f 轮廓滤波器所抑制的长波轮廓成分对应的中线）和原始轮廓中线（对原始轮廓进行最小二乘拟合确定的中线）。评定表面粗糙度所使用的基准线有两种确定方法。

（1）轮廓最小二乘中线 轮廓最小二乘中线是指具有几何轮廓形状并划分轮廓的基准线，在取样长度内使轮廓上各点至基准线的距离 z_i 的平方和为最小，如图 5-2 所示。

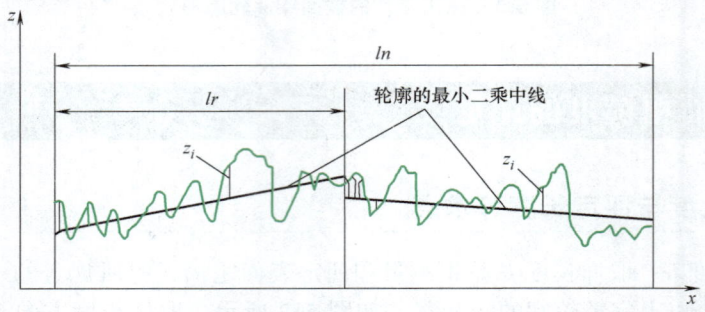

图 5-2 取样长度和轮廓最小二乘中线

（2）轮廓算术平均中线 轮廓算术平均中线是指在取样长度内划分实际轮廓为上、下两部分，使上下两部分面积之和相等的线，如图 5-3 所示。

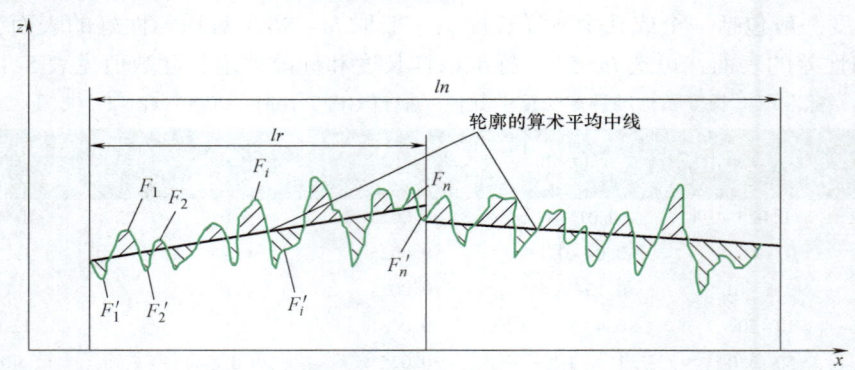

图 5-3 轮廓算术平均中线

可以借助于计算机求最小数的方法确定最小二乘中线的位置。微机化的表面粗糙度测量仪使用最小二乘中线作为基准线。光切法测量表面粗糙度可用轮廓算术平均中线作为基准线，一般用目测估计法来确定。

三、评定参数

国家标准 GB/T 1031—2009 从表面微观几何形状的高度和间距两方面的特征，规定了相应的评定参数（两个幅度参数、一个间距参数和一个曲线参数）。

1. 幅度参数

常用的幅度参数有如下两个：

（1）**轮廓算术平均偏差 Ra**　Ra 是指在一个取样长度 lr 内轮廓偏离最小二乘中线距离的绝对值的算术平均值，如图 5-4 所示。

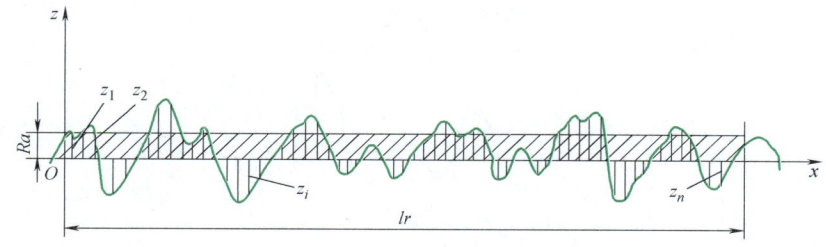

图 5-4　轮廓算术平均偏差 Ra

表达式为

$$Ra = \frac{1}{lr}\int_0^{lr} |z(x)|\,\mathrm{d}x \tag{5-1}$$

近似表达式为

$$Ra = \frac{1}{n}\sum |z_i| \tag{5-2}$$

式中　z——轮廓偏离最小二乘中线的距离；

z_i——第 i 点的"轮廓偏距"（$i=1$，2，3…）。

一般说来，Ra 值越大表面越粗糙。Ra 能较全面客观地反映表面微观几何形状特征。或者说 Ra 能提供的表面信息量很丰富。

（2）**轮廓最大高度 Rz**　轮廓上各个高极点至中线的距离为轮廓峰高 Zp_i，最大的距离为最大轮廓峰高 Rp；轮廓上各个低极点至中线的距离为轮廓谷深 Zv_i，最大的距离为最大轮廓谷深 Rv。轮廓最大高度 Rz 是指在一个取样长度 lr 内，轮廓的最大轮廓峰高 Rp 和轮廓的最大谷深 Rv 之和的高度，如图 5-5 所示。Rz 值越大，表面加工的痕迹越深。

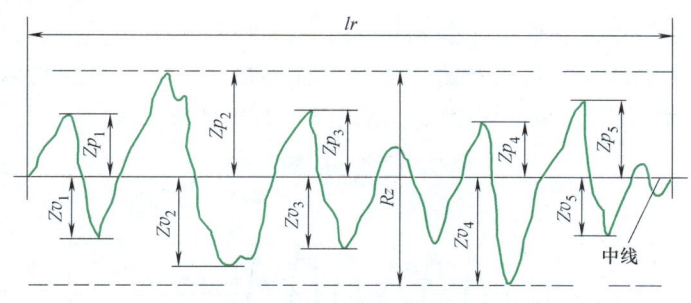

图 5-5　轮廓最大高度 Rz

$$Rz = Rp + Rv \tag{5-3}$$

式中　Rp——最大轮廓峰高；

Rv——最大轮廓谷深。

2. 间距参数

常用的间距参数是轮廓单元的平均宽度 Rsm。

轮廓单元的平均宽度用于评定表面轮廓上的微小峰、谷的间距特征。如图 5-6 所示，在一个标准取样长度内，轮廓单元宽度 Xs_i 的平均值为 Rsm，可表示为

$$Rsm = \frac{1}{m} \sum Xs_i \tag{5-4}$$

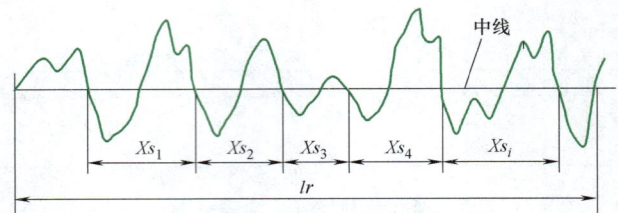

图 5-6 轮廓单元的宽度 Xs_i 与轮廓单元的平均宽度 Rsm

轮廓单元的平均宽度 Rsm 属于附加评定参数，不能独立采用，只能与 Ra 或 Rz 同时选用。国家标准规定的轮廓算术平均偏差 Ra、轮廓最大高度 Rz 和轮廓单元的平均宽度 Rsm 的数值见表 5-2。

表 5-2 轮廓算术平均偏差 Ra、轮廓最大高度 Rz 和轮廓单元的平均宽度 Rsm 的数值（摘自 GB/T 1031—2009）

轮廓算术平均偏差 $Ra/\mu m$			轮廓最大高度 $Rz/\mu m$			轮廓单元的平均宽度 Rsm/mm		
0.012	0.4	12.5	0.025	1.6	100	0.006	0.1	1.6
0.025	0.8	25	0.05	3.2	200	0.0125	0.2	3.2
0.05	1.6	50	0.1	6.3	400	0.025	0.4	6.3
0.1	3.2	100	0.2	12.5	800	0.05	0.8	12.5
0.2	6.3		0.4	25	1600			
			0.8	50				

3. 曲线参数

常用的曲线参数是轮廓支承长度率 $Rmr(c)$。

轮廓支承长度率 $Rmr(c)$ 是指在给定水平截面高度 c 上，轮廓的实体材料长度 $Ml(c)$ 与评定长度 ln 的比率（图 5-7），评定时应给出对应的水平截距 c。

$$Rmr(c) = [Ml(c)]/ln \tag{5-5}$$

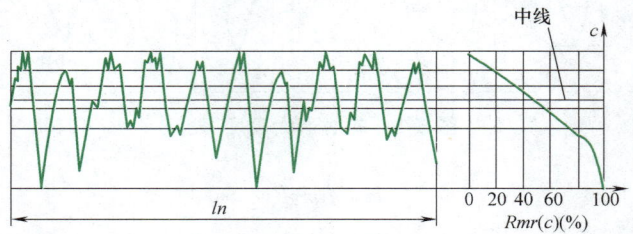

图 5-7 轮廓支承长度率曲线

第三节　表面粗糙度参数及其数值的选择

应当根据零件的功能要求和经济性等因素来选择表面粗糙度的评定参数和参数值的大小。

一、表面粗糙度参数选择

表面粗糙度的评定参数中，最常采用的是幅度参数。当只给出幅度参数不能满足零件的功能要求时，才附加给出间距参数。选择表面粗糙度参数时应注意：

1) 对于光滑表面和半光滑表面，一般采用 Ra 作为评定参数。Ra 值反映实际轮廓微观几何形状特性的信息量大，而且 Ra 值用触针式电动轮廓仪测量比较容易。

2) 对于极光滑和极粗糙表面，宜采用 Rz 作为评定参数。Rz 值通常月非接触式的光切显微镜测量。但 Rz 不如 Ra 对表面微观几何形状特性反映得全面。可按实际情况，Rz 与 Ra 联用，综合控制表面粗糙度。

3) 对密封性要求高的表面，在给出 Ra 或 Rz 的同时，可使用间距参数 Rsm。

二、表面粗糙度参数值的选择

表面粗糙度参数值可以按国家标准 GB/T 1031—2009 的规定选取。表面粗糙度幅度参数的数值系列见表 5-2。一般来说选用原则如下：

1) 工作表面的表面粗糙度参数值应比非工作表面小。
2) 相对运动速度高、单位面积压力大的摩擦表面，其表面粗糙度参数值应小。
3) 承受交变应力的零件，易产生应力集中处，如圆角、沟槽等，其表面粗糙度参数值应小。
4) 配合性质要求稳定、小间隙配合和受重载的过盈配合，其配合表面的表面粗糙度参数值应小。
5) 有防腐蚀、密封性要求和外表美观的表面，其表面粗糙度参数值应小。
6) 注意表面粗糙度参数值与形状公差值的协调关系，见表 5-3。
7) 遇到已有专门标准对表面粗糙度做出要求的（如齿轮齿面的表面粗糙度），应按专门标准来确定表面粗糙度参数值。
8) 在实际工作经验不足的情况下，注意参照表 5-3 和表 5-4。表 5-3 列出了表面粗糙度与尺寸公差、形状公差的一般关系，表 5-4 列出了许多有关表面粗糙度参数值选用的实例。另外，表 5-5 列出了许多有关孔、轴的表面粗糙度参数值选用的实例，仅供使用时参考。

表 5-3　表面粗糙度与尺寸公差、形状公差的一般关系

形状公差 t 占尺寸公差 T 的百分比 $t/T(\%)$	表面粗糙度参数值占尺寸公差值的百分比	
	$Ra/T(\%)$	$Rz/T(\%)$
约 60	≤5	≤30
约 40	≤2.5	≤15
约 25	≤1.2	≤7

表5-4 表面粗糙度参数值的选用实例

应用举例	表面粗糙度参数 Ra 值/μm	表面粗糙度参数 Rz 值/μm	表面形状特征	
表面粗糙度值很大的加工面,未注公差(一般公差)的表面	>20	>125	粗糙表面	明显可见刀痕
半成品粗加工表面、非配合表面,如轴端面、倒角、穿螺钉孔和铆钉孔的表面、齿轮和带轮侧面、垫圈的接触面等	>10~20	>63~125		可见刀痕
轴上不安装轴承或齿轮的非配合表面,键槽底面,紧固件自由装配表面,轴和孔的退刀槽等	>5~10	>32~63	半光表面	微见加工痕迹
半精加工面,箱体、支架、盖面、套筒等与其他零件结合而没有配合要求的表面等	>2.5~5	>16~32		微见加工痕迹
接近于精加工表面,箱体上安装轴承的镗孔表面,齿轮的齿面等	>1.25~2.5	>8.0~16		看不清加工痕迹
卧式车床导轨表面,圆柱销和圆锥销,与滚动轴承配合的表面,内外花键的定心表面,齿轮齿面等	>0.63~1.25	>4.0~8.0	光表面	可辨加工痕迹方向
配合性质要求稳定的配合表面,较高精度车床导轨表面,工作时受交变应力的重要表面,高精度齿轮齿面等	>0.32~0.63	>2.0~4.0		微辨加工痕迹方向
精密机床主轴圆锥孔,顶尖圆锥面,发动机曲轴轴颈表面,凸轮轴的凸轮工作表面等	>0.16~0.32	>1.0~2.0		不可辨加工痕迹方向
精密机床主轴轴颈表面,量规工作表面,气缸套内表面,活塞销表面等	>0.08~0.16	>0.5~1.0	极光表面	暗光泽面
精密机床主轴轴颈表面,滚动轴承滚珠表面,高压泵中柱塞和柱塞孔的配合表面等	>0.04~0.08	>0.25~0.5		亮光泽面
	>0.01~0.04			镜状光泽面
高精度量仪、量块工作表面,光学仪器中的金属镜面等	≤0.01			镜面

表5-5 轴和孔的表面粗糙度参数 Ra 推荐值

表面特征			公称尺寸/Ra 值	
			公称尺寸/mm	
	公差等级	表面	≤50	>50~500
			Ra 不大于/μm	
轻度装卸零件的配合表面(如交换齿轮、滚刀等)	IT5	轴	0.2	0.4
		孔	0.4	0.8
	IT6	轴	0.4	0.8
		孔	0.4~0.8	0.8~1.6
	IT7	轴	0.4~0.8	0.8~1.6
		孔	0.8	1.6
	IT8	轴	0.8	1.6
		孔	0.8~1.6	1.6~3.2

(续)

表面特征			公称尺寸/Ra 值		
	公差等级	表面	公称尺寸/mm		
			≤50	>50~120	>120~500
			Ra 不大于/μm		
过盈配合的配合表面 1. 装配按机械压入法 2. 装配按热处理法	IT5	轴	0.1~0.2	0.4	0.4
		孔	0.2~0.4	0.8	0.8
	IT6~IT7	轴	0.4	0.8	1.6
		孔	0.8	1.6	1.6
	IT8	轴	0.8	0.8~1.6	1.6~3.2
		孔	1.6	1.6~3.2	1.6~3.2
	—	轴	1.6		
		孔	1.6~3.2		
精密定心用配合的零件表面		表面	径向圆跳动公差/μm		
			2.5	4	6	10	16	25
			Ra 不大于/μm		
		轴	0.05	0.1	0.1	0.2	0.4	0.8
		孔	0.1	0.2	0.2	0.4	0.8	1.6
滑动轴承的配合表面		表面	公差等级		液体湿摩擦条件
			IT6~IT9	IT10~IT12	
			Ra 不大于/μm		
		轴	0.4~0.8	0.8~3.2	0.1~0.4
		孔	0.8~1.6	1.6~3.2	0.2~0.8

第四节 表面粗糙度轮廓符号的标注方法

确定了表面粗糙度的评定参数及其数值后,还应按国家标准中有关表面粗糙度轮廓技术要求符号、评定长度、判定合格方式、加工方法、纹理符号及其注法的规定,把对表面粗糙度的轮廓技术要求正确地标注在零件图上。

1. 表面粗糙度轮廓符号

表面粗糙度轮廓符号有一个基本图形符号、三个完整图形符号和三个特殊图形符号,见表 5-6。

表 5-6 表面粗糙度轮廓符号分类及标注意义

符号分类	符号	标注意义
基本图形符号	∨	基本图形符号,表示用任何方法获得的表面,当不加注参数数值或有关说明(如表面处理、局部热处理状况等)时,仅用于简化标注

(续)

符号分类	符号	标注意义
完整图形符号	✓	完整图形符号,允许任何工艺的符号,用任何方法获得的表面
	✓	完整图形符号,去除材料的符号,表示用去除材料方法获得的表面,如车、铣、钻、磨、剪切、抛光、腐蚀、电火花加工、气割等
	✓	完整图形符号,不去除材料的符号,用不去除材料方法获得的表面,如铸、锻、冲压变形、热轧、冷轧、粉末冶金等或者是用于保持原供应状况的表面(包括保持上道工序的状况)
特殊图形符号	✓ ✓ ✓	由完整图形符号加一小圆构成,小圆表示所有表面具有相同的表面粗糙度要求

2. 表面粗糙度轮廓技术要求在完整符号的标注位置

在表面粗糙度完整符号的周围标注表面粗糙度轮廓的各项技术要求,表面粗糙度幅度参数字母及其数值、加工方法、取样长度、加工纹理、加工余量和间距参数等有关规定内容应注写在不同位置,表5-7列出了在表面粗糙度轮廓的完整符号标注中,表面粗糙度参数字母及其数值和各种有关规定内容注写的位置。

表 5-7 表面粗糙度轮廓技术要求在完整符号的标注位置

表面粗糙度轮廓完整符号	表面粗糙度参数及数值和各种有关规定注写位置的解释
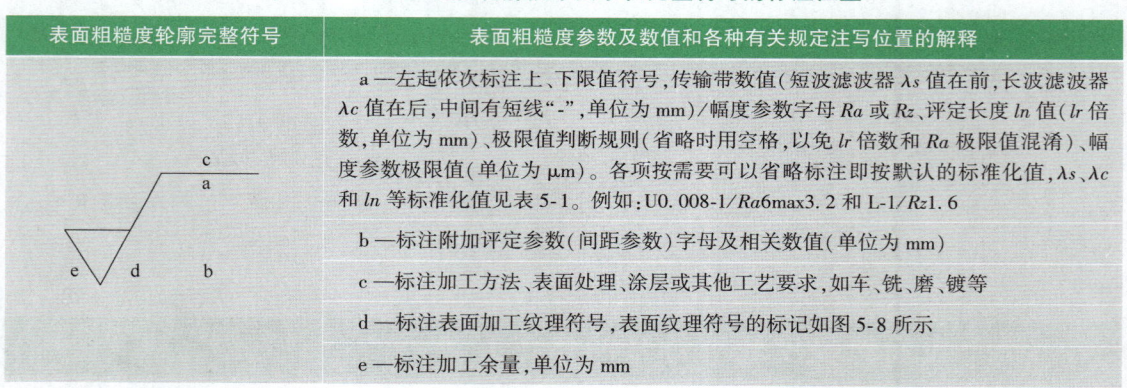	a—左起依次标注上、下限值符号,传输带数值(短波滤波器 λs 值在前,长波滤波器 λc 值在后,中间有短线"-",单位为 mm)/幅度参数字母 Ra 或 Rz、评定长度 ln 值(lr 倍数,单位为 mm)、极限值判断规则(省略时用空格,以免 lr 倍数和 Ra 极限值混淆)、幅度参数极限值(单位为 μm)。各项按需可以省略标注即按默认的标准化值,λs、λc 和 ln 等标准化值见表 5-1。例如:U0.008-1/Ra6max3.2 和 L-1/Rz1.6
	b—标注附加评定参数(间距参数)字母及相关数值(单位为 mm)
	c—标注加工方法、表面处理、涂层或其他工艺要求,如车、铣、磨、镀等
	d—标注表面加工纹理符号,表面纹理符号的标记如图 5-8 所示
	e—标注加工余量,单位为 mm

3. 表面粗糙度轮廓极限值和极限值判断规则的标注

表面粗糙度幅度参数的极限值标注,只标一个数值时默认为上限值;分两行标注两个数值时,上面数值为上限值(传输带前面加字母 U),下面数值为下限值(传输带前面加字母 L)。注意传输带值和幅度参数字母之间有斜线"/",幅度参数字母后面先写评定长度(取样长度倍数),后写幅度参数极限值。

关于极限值判断规则的标注,有16%规则和最大规则(max)两种。16%规则是默认规则,指在同一评定长度内实测值中,大于上限值和小于下限值的实测值个数均少于总数的16%为合格。最大规则是指在幅度参数字母后加注 max,判断表面合格时,不允许有测得值超过上限值。要注意16%规则和最大规则在标注标记和表面合格的判断是有区别的。

4. 表面粗糙度轮廓的传输带和取样长度、评定长度要求标注

传输带和取样长度、评定长度等要求,如果不是默认情况和标准化值时,也要在表面粗糙度的轮廓完整符号中的适当位置标记出来,见表5-8中所列。

表 5-8　表面粗糙度的轮廓完整符号标注示例

表面粗糙度轮廓完整符号	意 义 解 释
∇ Ra 1.6	表示去除材料表面，默认单向上限值，默认传输带，默认评定长度 $ln=5lr$，默认 16% 规则，幅度参数 Ra 的极限值 1.6μm
∇ Rz 3.2	表示不允许去除材料的表面，默认单向上限值，默认传输带，默认评定长度 $ln=5lr$，默认 16% 规则，幅度参数 Rz 极限值 3.2μm
∇ U Ra 3.2 / L Ra 1.6	表示去除材料表面，双向上、下限值，默认传输带，默认评定长度 $ln=5lr$，默认 16% 规则，幅度参数 Ra 的极限值 1.6～3.2μm
∇ U Rz 6.3 / L Rz 3.2	表示去除材料表面，双向上、下限值，默认传输带，默认评定长度 $ln=5lr$，默认 16% 规则，幅度参数 Rz 的极限值 3.2～6.3μm
∇ Ra max 0.8	表示去除材料表面，默认上限值，默认传输带，默认评定长度 $ln=5lr$，确认上限值用 max 规则，幅度参数 Ra 的极限值 0.8μm
∇ U Ra max 3.2 / L Ra 0.8	表示去除材料表面，双向上、下限值，默认传输带，默认评定长度 $ln=5lr$，确认 max 规则的上限值，默认 16% 规则的下限值，幅度参数 Ra 的极限值 0.8～3.2μm
∇ 0.0025-0.8/Ra 3.2	表示去除材料表面，默认上限值，传输带短波滤波器 $\lambda s=0.0025mm$，长波滤波器 $\lambda c=lr=0.8mm$，默认评定长度 $ln=5lr$，默认 16% 规则，幅度参数 Ra 的极限值 3.2μm
∇ 0.0025-/Ra 3.2	表示去除材料表面，默认上限值，传输带短波滤波器 $\lambda s=0.0025mm$，长波滤波器 λc 为默认标准化值（短线"-"后无数值，按表 5-1 应为 $\lambda c=lr=2.5mm$），默认评定长度 $ln=5lr=12.5mm$，默认 16% 规则，幅度参数 Ra 的极限值 3.2μm
∇ -0.8/Ra 3.2	表示去除材料表面，默认上限值，传输带短波滤波器 λs 为默认标准化值（0.8 前面有短线"-"），长波滤波器 $\lambda c=0.8mm$，默认评定长度 $ln=5lr$，默认 16% 规则，幅度参数 Ra 的极限值 3.2μm
∇ -1/Ra 3 1.6	表示去除材料表面，默认上限值，传输带 λs 为默认标准化值（短线"-"前面无数值，按表 5-1 应为 $\lambda s=0.0025mm$），长波滤波器 $\lambda c=1mm$，评定长度 $ln=3lr$，默认 16% 规则，幅度参数 Ra 的极限值 1.6μm
∇ 0.008-1/Ra 6 max 1.6	表示去除材料表面，默认上限值，传输带为 0.008～1mm，评定长度 $ln=6lr$，确认 max 规则，幅度参数 Ra 的极限值 1.6μm
车 ∇ Ra 2.5　0.4	车削表面，加工余量为 0.4mm，默认上限值，默认传输带标准化值，默认评定长度 $ln=5lr$，默认 16% 规则，幅度参数 Ra 的极限值 2.5μm
磨 ∇ U 0.008-1/Ra 6 max 1.6 / L 0.008-1/Ra 0.2　⊥ Rsm 0.05	磨削表面，双向上、下限值，传输带均为 0.008～1mm，默认评定长度 $ln=5lr$，确认 max 规则的上限值 1.6μm，默认 16% 规则的下限值 0.2μm，幅度参数轮廓算术平均偏差 Ra 的极限值为 0.2～1.6μm，附加间距参数 Rsm 为 0.05mm，加工纹理垂直于（⊥）视图所在的投影面

5. 表面粗糙度的轮廓完整符号标注示例

表 5-8 列出了表面粗糙度的轮廓完整符号标注示例，在标注表面粗糙度的轮廓完整符号时，要注意加工方法、表面粗糙度幅度和间距参数字母及其数值（单位）的上限值（下限值）以及判断规则符号、评定长度等正确注写的位置。需要控制表面加工纹理方向时，可在规定之处加注表面纹理符号，如图 5-8 所示。

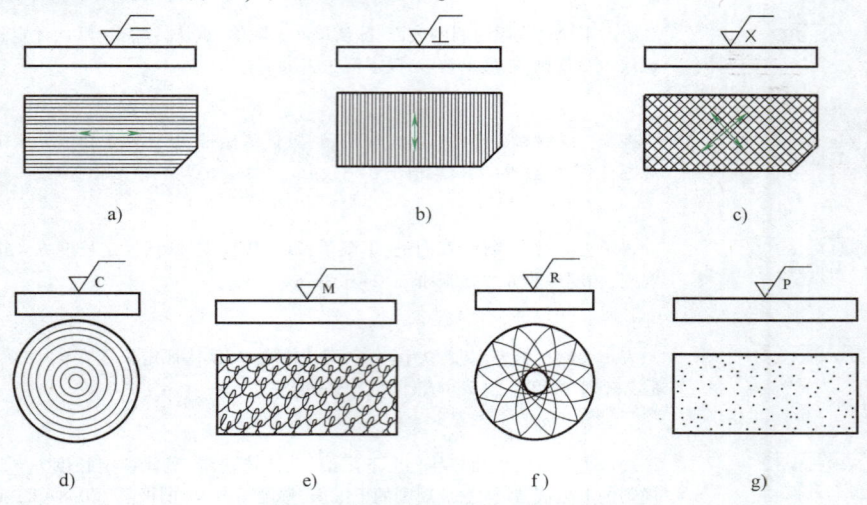

图 5-8　常见的加工纹理方向符号

a) 纹理平行于标注代号的视图投影面　b) 纹理垂直于标注代号的视图投影面　c) 纹理呈相交的方向
d) 纹理呈近似同心圆　e) 纹理呈多方向　f) 纹理呈近似放射状（面铣刀痕迹）　g) 纹理无方向或呈凸起的细粒状

6. 表面粗糙度轮廓完整符号在零件图中的标注注意

1) 表面粗糙度轮廓完整符号一般标注在可见轮廓线、尺寸界线、引出线或它们的延长线上。符号的尖端必须从材料外指向表面，如图 5-9a 所示。

2) 表面粗糙度轮廓完整符号中数字书写和读取的方向必须按机械制图中尺寸标注的规定，注意尺寸标注的"30°"禁区，不方便表达时应使用带箭头的引线引出后标注。遇较小投影面时可使用带黑端点的引线引出后标注，如图 5-9b、c 所示。

3) 表面粗糙度轮廓完整符号可以标注在直径和键槽宽度等特征尺寸线上，如图 5-9d、e 所示。

4) 表面粗糙度轮廓完整符号可以标注在几何公差框格的上方，如图 5-9f 所示。

5) 重复要素的表面（齿轮齿面、花键键槽表面），表面粗糙度轮廓完整符号只标注一次，如图 5-9g 所示。

6) 当多个表面具有相同表面粗糙度轮廓要求时，可以采用特殊符号进行标注，如图 5-9h 所示。

7) 零件上未标注表面粗糙度要求（其余表面）符号的，可以标注在图样的右下角技术要求下面，并需同时注写一个基本符号，如图 5-9i 所示。

7. 表面粗糙度在图样上的标注实例

图 5-10 所示为一减速器中的输出轴，表面粗糙度的轮廓技术要求均已标注齐全。读图时注意以下几点：

1) 两个轴颈 φ55k6 与滚动轴承配合，参照表 5-2、表 5-4、表 5-5 及表 7-9（见第七

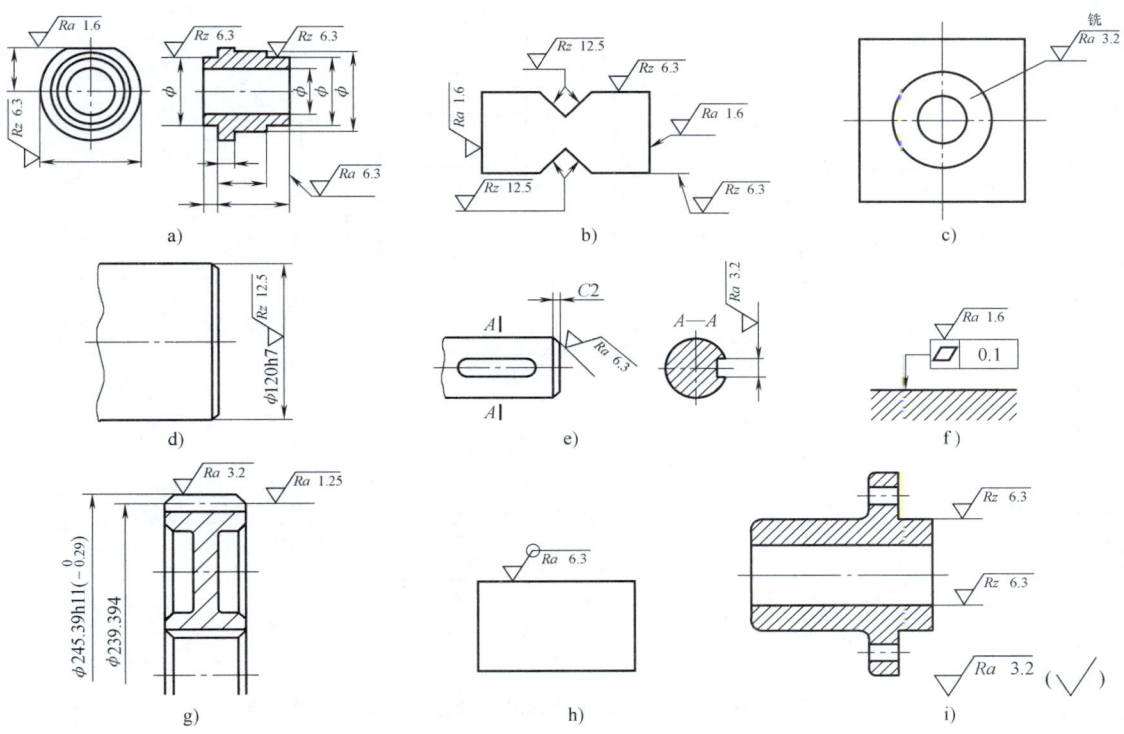

图 5-9　表面粗糙度轮廓完整符号在零件图中的标注注意
a) 标注在可见轮廓线、尺寸界线、引出线或延长线上　b) 标注时符号数字书写和读取方向，用带箭头的引线
c) 标注时用带黑点的引线　d) 标注在轴的直径尺寸线上　e) 标注在轴上键槽宽度尺寸线上
f) 标注在几何公差框格上方　g) 齿轮齿面属于重复要素，只标一次
h) 所有表面要求相同，使用特殊符号简化标注　i) 未注表面的简化标注（右下角）

章），应选取 $Ra ≤ 0.8\mu m$，图中取 Ra 极限值为 $0.8\mu m$，标注在几何公差框格上方，$2×\phi 55mm$ 后面。

2) $\phi 58r6$ 和 $\phi 45n7$ 两个圆柱分别与齿轮和带轮配合，参照表 5-2、表 5-4 及表 5-5，应选取 Ra 为 $0.8\sim 1.6\mu m$，图中取装齿轮的圆柱 $\phi 58r6$ 的 Ra 极限值为 $0.8\mu m$，装带轮的圆柱 $\phi 45n7$ 的 Ra 极限值为 $1.6\mu m$，分别标注在各自几何公差框格（径向圆跳动）上方。

3) $\phi 65mm$ 的左右两轴肩为止推面，分别对齿轮和滚动轴承起定位作用，参照表 5-2、表 5-4、表 5-5 及表 7-9，应选取 $Ra ≤ 3.2\mu m$，图中取 Ra 极限值为 $3.2\mu m$，标注在几何公差框格（轴向圆跳动）上方。

4) 两个键槽的两侧面一般是铣削加工，其精度较低，但作为键的配合面，应按第九章选 Ra 为 $3.2\mu m$，图中取 Ra 极限值为 $3.2\mu m$，分别标注在各自键槽宽度尺寸线上。

5) $\phi 52mm$ 圆柱面，虽然不是配合表面，但属于轴上传递扭矩的主要受力段，当轴正反转动时承受交变应力，故按表 5-2 和表 5-4 选取 Ra 极限值为 $0.8\mu m$，图中标注在 $\phi 52mm$ 圆柱面轮廓线上。

6) 轴上其他非配合表面，键槽底面应按第九章取 Ra 为 $6.3\mu m$；端面属于不太重要的表面（已经标注表面以外的其余表面），故选取 Ra 极限值为 $25\mu m$，图中标注在右下角技术要求下面，按照标注规定加注一个基本符号。

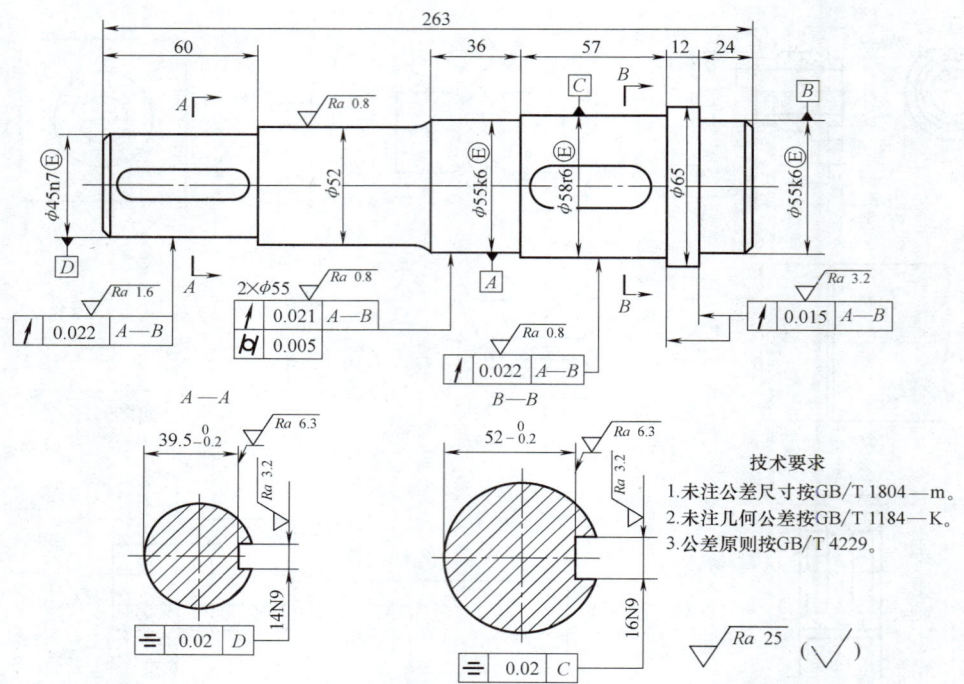

图 5-10　表面粗糙度轮廓完整符号在减速器输出轴的图样上的标注

第五节　表面粗糙度的检测

表面粗糙度的检测方法有四种。

1. 比较法

比较法是将零件表面与表面粗糙度样板比较，估计出表面粗糙度。比较法精度较差，仅适用于车间检验。

2. 光切法

光切法是利用光切原理测量表面粗糙度的方法。常采用的仪器是光切显微镜（也称双管显微镜）。该仪器适宜测量车、铣、刨或其他类似方法加工的金属零件的平面或外圆表面。光切法通常适用于测量 $Rz = 0.5 \sim 80 \mu m$ 的表面。

3. 干涉法

干涉法是利用光波干涉原理测量表面粗糙度的方法。常采用的仪器是干涉显微镜。干涉法通常适用于测量极光滑的表面，即 $Rz = 0.025 \sim 0.8 \mu m$ 的表面。

4. 触针法

触针法是通过针尖（金刚石制成，半径为 $2 \sim 3 \mu m$ 的针尖）感触微观不平度的截面轮廓的方法，它实际上是一种接触式电测量方法。所用测量仪器一般称为电动轮廓测量仪，它可以测定 $Ra = 0.025 \sim 5 \mu m$ 的表面。该方法测量快速可靠、操作简便，并易于实现自动测量和计算机数据处理，但被测表面易被触针划伤。

图 5-11 所示为电感式轮廓仪的原理框图，图 5-12 所示为传感器结构原理图。传感器测杆上

的触针 1 与被测表面接触，当触针以一定速度沿被测表面移动时，由于工件表面的峰谷使传感器杠杆 3 绕其支点 2 摆动，使电磁铁心 5 在感应线圈 4 中运动，引起电感量的变化，从而使测量电桥的输出电压有相应变化，即得到测量表面粗糙度的电信号。电信号经过放大、滤波、A/D 转换等处理，可输入微型计算机进行数据处理，经由显示器显示被测表面微观不平度的截面轮廓形状，同时给出被测表面的各个表面粗糙度参数的测得值。也可制成智能化的数字显示仪器。

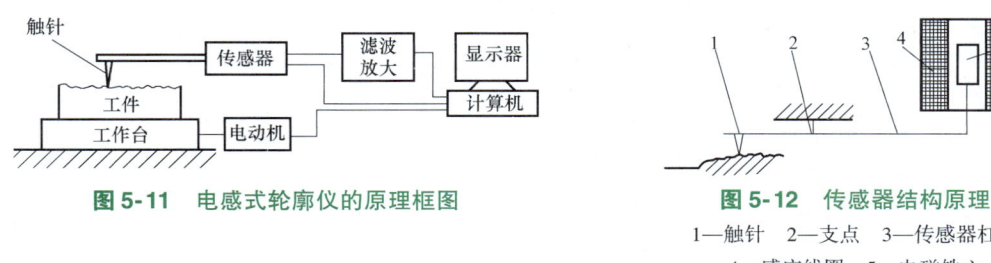

图 5-11　电感式轮廓仪的原理框图　　　图 5-12　传感器结构原理

1—触针　2—支点　3—传感器杠杆
4—感应线圈　5—电磁铁心

轮廓仪的触针与被测表面接触，并以一定速度沿被测表面移动的过程，全部可由微型计算机自动控制完成。其包括驱动工作台 x、y 方向的移动，被测表面数据的采集频率，各个表面粗糙度参数的计算分析，被测表面各个表面粗糙度参数的测量结果显示等。

第六节　新旧标准中表面粗糙度术语和参数的比较

目前采用标准 GB/T 3505—2009《产品几何技术规范（GPS）　表面结构　轮廓法　术语、定义及表面结构参数》，GB/T 10610—2009《产品几何技术规范（GPS）　表面结构　轮廓法　评定表面结构的规则和方法》，GB/T 1031—2009《产品几何技术规范（GPS）　表面结构　轮廓法　表面粗糙度参数及其数值》，GB/T 131—2006《产品几何技术规范（GPS）　技术产品文件中表面结构的表示法》已替代旧标准 GB/T 3505—1983 等。表面粗糙度新旧标准之间关于基本术语与评定参数符号（字母）的差别见表 5-9，表面粗糙度新旧标准标注符号位置的差别见表 5-10。

表 5-9　表面粗糙度新旧标准之间关于基本术语与评定参数符号的差别

基本术语	新标准	旧标准	评定参数	新标准	旧标准
取样长度	lr	l	轮廓的算术平均偏差	Ra	R_a
评定长度	ln	ln	轮廓的最大高度	Rz	R_y
纵坐标值	$Z(x)$	y	轮廓单元的平均宽度	Rsm	S_m
轮廓峰高	Zp	y_p	轮廓的支承长度率	$Rmr(c)$	t_p
轮廓谷深	Zv	y_v	微观不平度十点高度		R_z

表 5-10　表面粗糙度新旧标准标注符号位置的差别

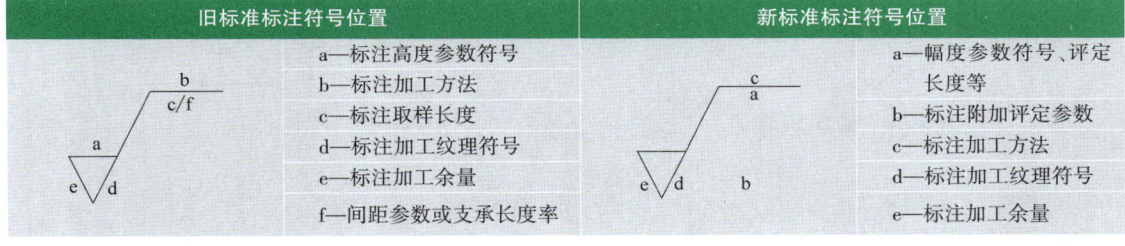

思考题与习题

5-1 表面粗糙度影响零件哪些使用性能?

5-2 取样长度和评定长度有什么区别?

5-3 最小二乘中线和算术平均中线有哪些区别?

5-4 Ra、Rz 两个幅度评定参数的定义如何?

5-5 Rz 和 Ra 有什么区别?

5-6 Ra 的最大值与上限值有什么区别?

5-7 最大规则与16%规则有什么区别?

5-8 检测表面粗糙度参数的方法有哪些?

5-9 标注表面粗糙度轮廓完整符号应注意哪些问题?

5-10 将下列表面粗糙度的轮廓技术要求标注在图5-13上。

1) 圆锥面 a 的表面粗糙度参数 Ra 的上限值为 3.2μm。

2) 端面 c 和端面 b 的表面粗糙度参数 Ra 的最大值为 3.2μm。

3) φ30mm 孔采用拉削加工,表面粗糙度参数 Ra 的最大值为 6.3μm,并标注加工纹理方向。

4) (8±0.018) mm 键槽两侧面的表面粗糙度参数 Rz 的上限值为 12.5μm。

5) 其余表面的表面粗糙度参数 Ra 的上限值为 12.5μm。

5-11 将下列表面粗糙度的轮廓技术要求标注在图5-14上。

1) ϕD_1 孔的表面粗糙度参数 Ra 的最大值为 3.2μm。

2) ϕD_2 孔的表面粗糙度参数 Ra 的上、下限值应在 3.2~6.3μm 范围内。

3) 凸缘右端面采用铣削加工,表面粗糙度参数 Rz 的上限值为 12.5μm,加工纹理呈近似放射状。

4) ϕd_1 和 ϕd_2 圆柱面表面粗糙度参数 Rz 的最大值为 25μm。

5) 其余表面的表面粗糙度参数 Ra 的最大值为 12.5μm。

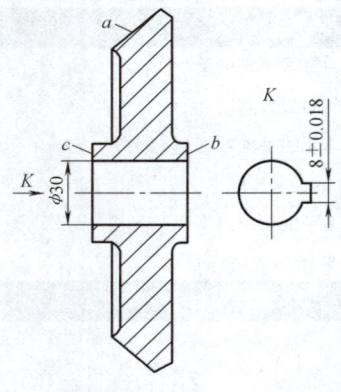

图 5-13　题 5-10 图

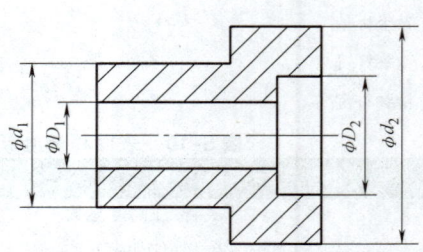

图 5-14　题 5-11 图

第六章 光滑工件尺寸检验和光滑极限量规设计

为了提高产品质量，目前国内外都考虑在验收界限"内缩"的基础上，制定检测标准。我国参考 ISO 标准，制定了 GB 3177—1982《光滑工件尺寸的检验》和 GB 1957—1981《光滑极限量规》两个国家标准，并且都先后进行了修订，目前最新的国家标准为 GB/T 3177—2009《产品几何技术规范（GPS） 光滑工件尺寸的检验》和 GB/T 1957—2006《光滑极限量规 技术要求》及 GB/T 8069—1998《功能量规》，作为贯彻执行《极限与配合》《几何公差》《普通平键与键槽》和《矩形花键》等国家标准的技术保证。下面将分别介绍 GB/T 3177—2009 和 GB/T 1957—2006 两个新标准的主要内容。

第一节 光滑工件尺寸检验

零件制造厂在加工车间环境的条件下，使用通用的计量器具检验零件时，通常采用两点法测量，测得值为零件的局部实际尺寸。由于计量器具存在测量极限误差、零件本身的形状误差、测量条件的误差等，对零件的测量有影响，同时由于计量器具和计量系统都存在内在误差，故任何测量都不能测出真值。另外，多数计量器具通常只用于测量尺寸，不测量工件上可能存在的形状误差。因此，为保证足够的测量精度，如何处理测量结果以及如何正确地选择计量器具，GB/T 3177—2009 对此都做了相应的规定。本节主要讨论在车间条件下关于验收原则、安全裕度与验收极限的确定问题。

一、工件验收原则、安全裕度与尺寸验收极限

1. 工件验收原则

由于测量误差的存在，若按零件的上、下极限尺寸验收零件，当零件的实际尺寸处于上、下极限尺寸附近时，有可能将本来处于零件公差带内的合格品判为废品，或将本来处于零件公差带以外的废品误判为合格品，前者称为"误废"，后者称为"误收"。况且车间的实际情况是，工件合格与否，一般只按一次测量的结果来判断。对于温度、压陷效应，以及计量器具和标准量器的系统误差等均不进行修正，因此，任何检验都可能存在误判，即产生"误收"或"误废"。

国家标准规定的工件验收原则是：所用验收方法原则上是应只接收位于规定的尺寸极限之内的工件，也即只允许有误废而不允许有误收。

2. 安全裕度

为了保证上述验收原则（即防止误收）的实施，采取规定验收极限的方法，即采用安全裕度抵消测量的不确定度。验收极限是检验工件尺寸时判断合格与否的尺寸界限。国家标

准规定，光滑工件尺寸验收方法可以选择下列两种之一：

方法1：内缩方式　验收极限是从规定的最大实体尺寸（MMS）和最小实体尺寸（LMS）分别向工件公差带内移动一个安全裕度（A）来确定，如图6-1所示。A值按工件公差（T）的10%确定，IT6～IT13的安全裕度A值和计量器具的测量不确定度允许值u_1见表6-1。

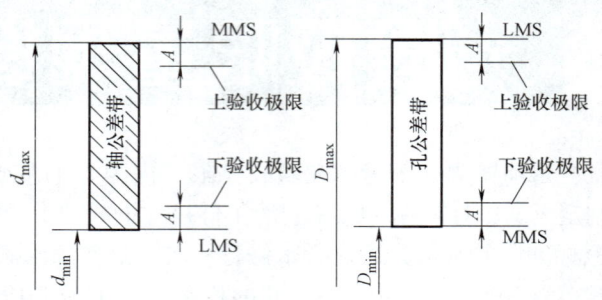

图6-1　安全裕度与验收极限

表6-1　安全裕度A值与计量器具的测量不确定度允许值u_1　　（单位：μm）

公差等级		IT6				IT7				IT8				IT9			
公称尺寸/mm		T	A	u_1		T	A	u_1		T	A	u_1		T	A	u_1	
大于	至			Ⅰ	Ⅱ	Ⅲ			Ⅰ	Ⅱ	Ⅲ			Ⅰ	Ⅱ	Ⅲ			Ⅰ	Ⅱ	Ⅲ
—	3	6	0.6	0.54	0.9	1.4	10	1.0	0.9	1.5	2.3	14	1.4	1.3	2.1	3.2	25	2.5	2.3	3.8	5.6
3	6	8	0.8	0.72	1.2	1.8	12	1.2	1.1	1.8	2.7	18	1.8	1.6	2.7	4.1	30	3.0	2.7	4.5	6.8
6	10	9	0.9	0.81	1.4	2.0	15	1.5	1.4	2.3	3.4	22	2.2	2.0	3.3	5.0	36	3.6	3.3	5.4	8.1
10	18	11	1.1	1.0	1.7	2.5	18	1.8	1.7	2.7	4.1	27	2.7	2.4	4.1	6.1	43	4.3	3.9	6.5	9.7
18	30	13	1.3	1.2	2.0	2.9	21	2.1	1.9	3.2	4.7	33	3.3	3.0	5.0	7.4	52	5.2	4.7	7.8	12
30	50	16	1.6	1.4	2.4	3.6	25	2.5	2.3	3.8	5.6	39	3.9	3.5	5.9	8.8	62	6.2	5.6	9.3	14
50	80	19	1.9	1.7	2.9	4.3	30	3.0	2.7	4.5	6.8	46	4.6	4.1	6.9	10	74	7.4	6.7	11	17
80	120	22	2.2	2.0	3.3	5.0	35	3.5	3.2	5.3	7.9	54	5.4	4.9	8.1	12	87	8.7	7.8	13	20
120	180	25	2.5	2.3	3.8	5.6	40	4.0	3.6	6.0	9.0	63	6.3	5.7	9.5	14	100	10	9.0	15	23
180	250	29	2.9	2.6	4.4	6.5	46	4.6	4.1	6.9	10	72	7.2	6.5	11	16	115	12	10	17	26
250	315	32	3.2	2.9	4.8	7.2	52	5.2	4.7	7.8	12	81	8.1	7.3	12	18	130	13	12	19	29
315	400	36	3.6	3.2	5.4	8.1	57	5.7	5.1	8.5	13	89	8.9	8.0	13	20	140	14	13	21	32
400	500	40	4.0	3.6	6.0	9.0	63	6.3	5.7	9.5	14	97	9.7	8.7	15	22	155	16	14	23	35

公差等级		IT10				IT11				IT12				IT13		
公称尺寸/mm		T	A	u_1		T	A	u_1		T	A	u_1		T	A	u_1	
大于	至			Ⅰ	Ⅱ	Ⅲ			Ⅰ	Ⅱ	Ⅲ			Ⅰ	Ⅱ			Ⅰ	Ⅱ
—	3	40	4.0	3.6	6.0	9.0	60	6.0	5.4	9.0	14	100	10	9.0	15	140	14	13	21
3	6	48	4.8	4.3	7.2	11	75	7.5	6.8	11	17	120	12	11	18	180	18	16	27
6	10	58	5.8	5.2	8.7	13	90	9.0	8.1	14	20	150	15	14	23	220	22	20	33
10	18	70	7.0	6.3	11	16	110	11	10	17	25	180	18	16	27	270	27	24	41

(续)

公差等级		IT10					IT11					IT12					IT13				
公称尺寸/mm		T	A	u_1			T	A	u_1			T	A	u_1			T	A	u_1		
大于	至			Ⅰ	Ⅱ	Ⅲ			Ⅰ	Ⅱ	Ⅲ			Ⅰ	Ⅱ	Ⅲ			Ⅰ	Ⅱ	
18	30	84	8.4	7.6	13	19	130	13	12	20	29	210	21	19	32		330	33	30	50	
30	50	100	10	9.0	15	23	160	16	14	24	36	250	25	23	38		390	39	35	59	
50	80	120	12	11	18	27	190	19	17	29	43	300	30	27	45		460	46	41	69	
80	120	140	14	13	21	32	220	22	20	33	50	350	35	32	53		540	54	49	81	
120	180	160	16	15	24	36	250	25	23	38	56	400	40	36	60		630	63	57	95	
180	250	185	18	17	28	42	290	29	26	44	65	460	46	41	69		720	72	65	110	
250	315	210	21	19	32	47	320	32	29	48	72	520	52	47	78		810	81	73	120	
315	400	230	23	21	35	52	360	36	32	54	81	570	57	51	80		890	89	80	130	
400	500	250	25	23	38	56	400	40	36	60	90	630	63	57	95		970	97	87	150	

方法 2：不内缩方式 验收极限等于规定的最大实体尺寸（MMS）和最小实体尺寸（LMS），即 A 值等于零，也就是上极限尺寸和下极限尺寸。

3. 尺寸验收极限

验收方法的选择，要结合尺寸功能要求及其重要程度、尺寸公差等级、测量不确定度和工艺能力等因素综合考虑。

1) 采用方法 1 验收，则工件验收极限如下：

轴尺寸的验收极限：

$$上验收极限 = 最大实体尺寸(MMS) - 安全裕度(A) = d_{max} - A$$
$$下验收极限 = 最小实体尺寸(LMS) + 安全裕度(A) = d_{min} + A$$

孔尺寸的验收极限：

$$上验收极限 = 最小实体尺寸(LMS) - 安全裕度(A) = D_{max} - A$$
$$下验收极限 = 最大实体尺寸(MMS) + 安全裕度(A) = D_{min} + A$$

方法 1 的验收极限比较严格，适用于如下情况：

对遵守包容要求的尺寸、公差等级高的尺寸，其验收极限应按方法 1 确定。

对偏态分布的尺寸，其"尺寸偏向边"的验收极限按方法 1 确定。

对遵守包容要求的尺寸，当工艺能力指数 $C_p \geq 1$ 时，其最大实体尺寸一边的验收极限按方法 1 确定为宜。

2) 采用方法 2 验收，此时工件验收极限如下：

$$上验收极限 = 轴最大实体尺寸(孔最小实体尺寸)$$
$$下验收极限 = 轴最小实体尺寸(孔最大实体尺寸)$$

工艺能力指数 C_p 是工件公差（T）值与加工设备工艺能力（$C\sigma$）之比值，C 为常数，工件尺寸遵循正态分布时取 $C=6$，σ 为加工设备的标准偏差。显然，当工件遵循正态分布时，$C_p = T/6\sigma$。

方法 2 的验收极限比较宽松，适用于如下情况：

当工艺能力指数 $C_p \geq 1$ 时，其验收极限可以按方法 2 确定，即取 A 值等于零。

对遵守包容要求的尺寸，其最小实体尺寸一边的验收极限按方法 2 确定为宜。

对非配合尺寸和一般公差的尺寸，其验收极限按方法 2 确定。

对偏态分布的尺寸，其"尺寸非偏向边"的验收极限按方法 2 确定。

二、测量器具的选择

测量工件所产生的"误收"与"误废"是由于测量极限误差（不确定度）的存在。而测量极限误差（不确定度 U）主要由测量器具的不确定度 u_1 和测量方法的不确定度 u_2 两部分构成，符合关系式：$U=(u_1^2+u_2^2)^{1/2}$，且 $u_1 = 2u_2$。显然，$u_1 = 0.9U$，测量器具的测量不确定度 u_1 是产生"误收"与"误废"的主要因素。在尺寸验收极限一定的情况下，计量器具的测量极限误差（不确定度允许值 u_1）越大，则产生"误收"与"误废"的概率也越大；反之，计量器具的测量不确定度允许值 u_1 越小，则产生"误收"与"误废"的概率也越小。因此使用一般通用的计量器具测量工件时，依据器具的不确定度允许值 u_1 来正确地选择计量器具就很重要。

用通用计量器具测量工件，应参照国家标准 GB/T 3177—2009 进行。该标准适用于车间用的计量器具（游标卡尺、千分尺和分度值不小于 0.5μm 的指示表和比较仪等），主要用于检测公差等级为 IT6~IT18 的工件尺寸，表 6-1 中列出了 IT6~IT13 的 u_1，IT6~IT11 的 u_1 值分三档（Ⅰ、Ⅱ、Ⅲ），IT12~IT18 的 u_1 值分两档（Ⅰ、Ⅱ）。标准规定了计量器具的选择原则，计量器具的具体选用方法主要有下面几种情况：

（1）$u_1' \leq u_1$ 原则　按照计量器具所引起的测量不确定度允许值 u_1 来选择计量器具，以保证测量结果的可靠性。常用的千分尺、游标卡尺、比较仪和指示表的不确定度 u_1' 值列在表 6-2、表 6-3 和表 6-4 中。在选择计量器具时，应使所选用的计量器具的不确定度 u_1' 小于或等于计量器具不确定度允许值 u_1，即 $u_1' \leq u_1$。一般情况下，优先选用Ⅰ档的 u_1。

但是如果没有所选的精度高的仪器，或是现场器具的测量不确定度大于 u_1 值。可以采用比较测量法以提高现场器具的使用精度。

（2）$0.4u_1' \leq u_1$ 原则　当使用形状与工件形状相同的标准量器进行比较测量时，千分尺的测量不确定度 u_1' 降为原来的 40%。

（3）$0.6u_1' \leq u_1$ 原则　当使用形状与工件形状不相同的标准量器进行比较测量时，千分尺的测量不确定度 u_1' 降为原来的 60%，见表 6-2 注。

选择计量器具除考虑测量不确定度外，还要考虑其适用性及检测成本。计量器具的使用性能要适应被测工件的尺寸、结构、被测部位、工件重量、材质软硬以及批量大小和检测效率等方面的要求。例如：测量尺寸大的零件，一般要选用上置式的计量器具；仪表中的小尺寸及硬度低、刚性差的工件，宜选用非接触测量方式，即选用光学投影放大、气动、光电等原理的测量仪器；对大批量生产的工件，应选用量规或自动检验机检测，以提高检测效率。另外还要考虑检测成本，在满足测量准确度的前提下，应选用价格较低廉的计量器具。

另一方面，当计量器具不确定度一定时，若采用"扩大安全裕度"的方法，即改变允许零件尺寸变化的界限，即验收极限，将验收极限向零件公差带内移动，则误收率会减小，而误废率会增大。这样做对保证零件的质量是有利的，但是是以浪费合格品为代价的。因此不是无奈的情况，一般不要改变零件尺寸的验收极限。

第六章 光滑工件尺寸检验和光滑极限量规设计

表 6-2 千分尺和游标卡尺的测量不确定度 u_1' （单位：mm）

尺寸范围		测量器具类型			
大于	至	分度值 0.01 外径千分尺	分度值 0.01 内径千分尺	分度值 0.02 游标卡尺	分度值 0.05 游标卡尺
		测量不确定度 u_1'			
0	50	0.004		0.020	0.050
50	100	0.005	0.008	0.020	0.050
100	150	0.006	0.008	0.020	0.050
150	200	0.007	0.013	0.020	0.050
200	250	0.008	0.013	0.020	0.050
250	300	0.009	0.013	0.020	0.050
300	350	0.010	0.020	0.020	0.100
350	400	0.011	0.020	0.020	0.100
400	450	0.012	0.020	0.020	0.100
450	500	0.013	0.025	0.020	0.100
500	600		0.030		0.150
600	700		0.030		0.150
700	800		0.030		0.150

注：采用比较测量法测量时，千分尺和游标卡尺的测量不确定度 u_1' 可减小至表中数值的 60%。

表 6-3 比较仪的测量不确定度 u_1' （单位：mm）

尺寸范围		测量器具类型			
大于	至	分度值为 0.0005（相当于放大倍数 2000 倍）的比较仪	分度值为 0.001（相当于放大倍数 1000 倍）的比较仪	分度值为 0.002（相当于放大倍数 500 倍）的比较仪	分度值为 0.005（相当于放大倍数 200 倍）的比较仪
		测量不确定度 u_1'			
0	25	0.0006	0.0010	0.0017	0.0030
25	40	0.0007	0.0010	0.0017	0.0030
40	65	0.0008	0.0011	0.0018	0.0030
65	90	0.0008	0.0011	0.0018	0.0030
90	115	0.0009	0.0012	0.0019	0.0030
115	165	0.0010	0.0013	0.0019	0.0030
165	215	0.0012	0.0014	0.0020	0.0030
215	265	0.0014	0.0016	0.0021	0.0035
265	315	0.0016	0.0017	0.0022	0.0035

注：测量时，使用的标准量器由不多于四块的 1 级（或 4 等）量块组成。

综上所述，合理地选择计量器具，应考虑以下两点要求：

1）选择计量器具应与被测工件的外形、位置、尺寸的大小及被测参数特性相适应，使所选计量器具的测量范围能满足工件的要求。

2）选择计量器具应考虑工件的尺寸公差，使所选计量器具的不确定度值既要保证测量精度要求，又要符合经济性要求。

表 6-4　指示表的测量不确定度 u_1'　　　　　　　　　　　　　　　（单位：mm）

尺寸范围		所使用的计量器具类型			
		分度值为 0.001mm 的千分表（0 级在全程范围内、1 级在 0.2mm 内）分度值为 0.002mm 的千分表在 1 转范围内	分度值为 0.001mm、0.002mm、0.005mm 的千分表（1 级在全程范围内）分度值为 0.01mm 的百分表（0 级在任意 1mm 内）	分度值为 0.01mm 的百分表（0 级在全程范围内、1 级在任意 1mm 内）	分度值为 0.01mm 的百分表（1 级在全程范围内）
大于	至	测量不确定度 u_1'			
—	25	0.005	0.010	0.018	0.030
25	40	0.005	0.010	0.018	0.030
40	65	0.005	0.010	0.018	0.030
65	90	0.005	0.010	0.018	0.030
90	115	0.0006	0.010	0.018	0.030
115	165	0.0006	0.010	0.018	0.030
165	215	0.0006	0.010	0.018	0.030
215	265	0.0006	0.010	0.018	0.030
265	315	0.0006	0.010	0.018	0.030

注：测量时，使用的标准量器由不多于四块的 1 级（或 4 等）量块组成。

三、光滑工件尺寸检验示例

例 6-1　试确定测量 $\phi75\text{js}8(\pm0.023)$ⓔ轴时的验收极限，选择相应的计量器具，并分析该轴可否使用分度值为 0.01mm 的外径千分尺进行比较法测量验收。

解　（1）确定验收极限　$\phi75\text{js}8(\pm0.023)$ⓔ轴采用包容要求，因此验收极限应按内缩方式确定。从表 6-1 查得安全裕度 $A=0.0046\text{mm}$。其上、下验收极限为

上验收极限 $=\text{MMS}-A=(75.023-0.0046)\text{mm}=75.0184\text{mm}$

下验收极限 $=\text{LMS}+A=(74.977+0.0046)\text{mm}=74.9816\text{mm}$

$\phi75\text{js}8(\pm0.023)$ⓔ轴的尺寸公差带及验收极限如图 6-2 所示。

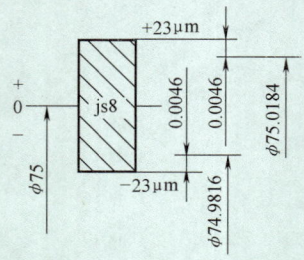

图 6-2　$\phi75\text{js}8$ 轴公差带及验收极限

（2）选择计量器具　由表 6-1 按优先选用 I 档的计量器具测量不确定度允许值的原则，确定 $u_1=0.0041\text{mm}$。

1）由表 6-3 选用分度值为 0.005mm 的比较仪，其测量不确定度 $u_1'=$

0.003mm<u_1,所以用分度值为 0.005mm 的比较仪能满足测量要求。

2)当没有比较仪时,由表 6-2 选用分度值为 0.01mm 的外径千分尺,其测量不确定度 u'_1 = 0.005mm>u_1,显然用分度值为 0.01mm 的外径千分尺采用绝对测量法,不能满足测量要求。

3)用分度值为 0.01mm 的外径千分尺进行比较测量,为了提高千分尺的测量精度,采用比较测量法,可使千分尺的测量不确定度降为原来的 40%(当使用的标准量器形状与工件形状相同时)或 60%(当使用的标准量器形状与工件形状不相同时)。在此,使用 75mm 量块组作为标准量器(标准量器形状与轴的形状不相同)改绝对测量法为比较测量法,可使千分尺的测量不确定度由 0.005mm 减小到 0.005mm×60% = 0.003mm,显然小于测量不确定度的允许值 u_1(即符合 $0.6u'_1 \leq u_1$ 原则)。所以用分度值为 0.01mm 的外径千分尺进行比较测量,是能满足测量要求的。

结论:若有比较仪,该轴可使用分度值为 0.005mm 的比较仪进行比较法测量验收;若没有比较仪,该轴还可使用分度值为 0.01mm 的外径千分尺进行比较法测量验收。

例 6-2 试确定测量 $\phi 35H12(^{+0.250}_{0})$ 孔(非配合要求)的验收极限,并选择相应的计量器具。

解 (1)确定验收极限 $\phi 35H12(^{+0.250}_{0})$ 孔无配合要求,因此验收极限应按不内缩方式确定。取安全裕度 $A = 0$。其上、下验收极限为

上验收极限 = D_{LMS} = D_{max} = 35.250mm

下验收极限 = D_{MMS} = D_{min} = 35mm

$\phi 35H12(^{+0.250}_{0})$ 孔的尺寸公差带及验收极限如图 6-3 所示。

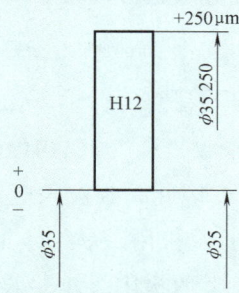

图 6-3 $\phi 35H12$ 孔公差带及验收极限

(2)选择计量器具 由表 6-1 中查得 IT12 公差对应的 I 档计量器具测量不确定度的允许值 u_1 为 0.023mm,由表 6-2 中查得分度值为 0.02mm 的游标卡尺,其测量不确定度 u'_1 为 0.020mm,显然 $u'_1 < u_1$。

所以采用分度值为 0.02mm 的游标卡尺验收无配合要求的 $\phi 35H12(^{+0.250}_{0})$ 孔是合适的。注意所选游标卡尺应是带有可测内尺寸测爪的。

例 6-3 试确定测量 $\phi 45h8({}^{\ 0}_{-0.039})$ 轴（加工后尺寸为偏态分布，偏向其最大实体尺寸一边）的验收极限，并选择相应的计量器具。

解 (1) 确定验收极限 $\phi 45h8({}^{\ 0}_{-0.039})$ 轴为偏态分布，因此验收极限应按单边内缩方式确定。偏向边的验收极限（上验收极限）内缩，由表 6-1 查取安全裕度 $A=0.0039$mm。非偏向边的验收极限（下验收极限）取 $A=0$。所以上、下验收极限为

上验收极限 $= MMS - A = \phi(45 - 0.0039)$mm $= \phi 44.9961$mm

下验收极限 $= LMS = \phi 44.961$mm

$\phi 45h8({}^{\ 0}_{-0.039})$ 轴的尺寸公差带及验收极限如图 6-4 所示。

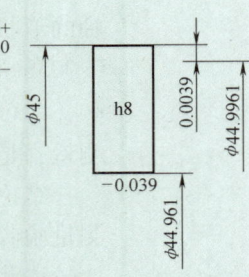

图 6-4 $\phi 45h8$ 轴的公差带及验收极限

(2) 选择计量器具

1) 由表 6-1 中查得 $\phi 45h8$ 对应的 I 档计量器具测量不确定度的允许值 u_1 为 0.0035mm，由表 6-3 选用分度值为 0.005mm 的比较仪，其测量不确定度 $u_1' = 0.003$mm $< u_1$，所以用分度值为 0.005mm 的比较仪能满足测量要求。

2) 当没有比较仪时，由表 6-2 中查得分度值为 0.01mm 的外径千分尺，其测量不确定度 u_1' 为 0.004mm，显然 $u_1' > u_1$。因此不能用分度值为 0.01mm 的外径千分尺绝对法测量验收 $\phi 45h8({}^{\ 0}_{-0.039})$ 轴。

3) 当采用长度量块组合成标准量器后，改绝对测量法为比较测量法，可使千分尺的测量不确定度由 0.004mm 减小到 0.004mm×60% = 0.0024mm，显然小于测量不确定度的允许值 u_1（即符合 $0.6u_1' \leq u_1$ 原则）。所以可以用分度值为 0.01mm 的外径千分尺进行比较法测量验收 $\phi 45h8({}^{\ 0}_{-0.039})$ 轴。

例 6-4 试确定测量 $\phi 120H9({}^{+0.087}_{\ 0})$ Ⓔ 孔（加工工艺能力指数 $C_p = 1.1$）的验收极限，并选择相应的计量器具。

解 (1) 确定验收极限 $\phi 120H9({}^{+0.087}_{\ 0})$ Ⓔ 孔采用包容要求，且加工工艺能力指数 $C_p = 1.1$。因此验收极限应按单边内缩方式确定。最大实体尺寸一边的验收极限（下验收极限）内缩，由表 6-1 查取安全裕度 $A_i = 0.0087$mm。最小实体尺寸一边的验收极限（上验收极限）不内缩。所以上、下验收极限为

上验收极限 $= LMS_D = D_{max} = 120.087$mm

下验收极限 $= MMS_D + A_i = D_{min} + A_i = (120 + 0.0087)$mm $= 120.0087$mm

$\phi 120H9({}^{+0.087}_{\ 0})$ Ⓔ 孔的尺寸公差带及验收极限如图 6-5 所示。

(2) 选择计量器具 由表 6-1 中查得 $\phi 120H9$ 对应的 I 档计量器具测量不确定度的允许值 u_1 为 0.0078mm，由表 6-2 选用分度值为 0.01mm 的内径千分尺，其测量不确定度 $u_1' = 0.008$mm $> u_1$，所以用分度值为 0.01mm 的内径千分尺

须使用标准量器相对法测量才能满足对 $\phi 120H9$ ($^{+0.087}_{0}$) Ⓔ孔的验收要求。

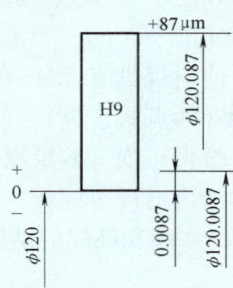

图 6-5 $\phi 120H9$ 孔的公差带及验收极限

第二节 光滑极限量规设计

光滑极限量规（GB/T 1957—2006）用于检验遵守包容要求，且大批量生产的单一实际要素，多用来判定圆形孔、轴的合格性。

一、光滑极限量规的作用和分类

1. 光滑极限量规的作用

光滑极限量规是一种无刻度、成对使用的专用检验工具，适用于大批量生产，遵守包容要求的孔、轴检验。检验过程中用通规模拟最大实体尺寸（MMS）的边界，检验体外作用尺寸（通过为合格）；用止规体现最小实体尺寸（LMS），检验实际尺寸（止住为合格）。

2. 光滑极限量规的分类

按量规用途可分为：

（1）工作量规　加工工件的操作者使用，通规应是新的或磨损较少的。

（2）验收量规　检验员或用户代表使用，通规应是旧的已磨损较多的但未超磨损极限的。

（3）校对量规　专门用来检验轴用工作量规。校对量规分为：

TT——制造轴用通规用的校对量规（通过，新通规合格）。

ZT——制造轴用止规用的校对量规（通过，新止规合格）。

TS——检验轴用旧通规报废用的校对量规（通过，轴用旧通规磨损到极限，应报废处理）。

按被测工件类型，量规又可分为塞规（被测工件为孔）和环规（被测工件为轴）。

二、光滑极限量规的设计原理

光滑极限量规的设计应遵守极限尺寸判断原则（泰勒原则），即工件的体外作用尺寸（D_{fe}、d_{fe}）不超越最大实体尺寸（MMS），工件的实际尺寸（D_a、d_a）不超越最小实体尺寸（LMS）。

对于孔工件应满足　　　$D_{fe} \geq D_{min}$　　（$D_{min} = D_{MMS}$）

对于轴工件应满足
$$D_a \leq D_{max} \quad (D_{max} = D_{LMS})$$
$$d_{fe} \leq d_{max} \quad (d_{max} = d_{MMS})$$
$$d_a \geq d_{min} \quad (d_{min} = d_{LMS})$$

光滑极限量规的设计要求：使通规具有 MMS 的边界形状（全形通规），使止规具有与被测孔、轴成两个点接触的形状（两点式止规）。但在实际设计中，允许光滑极限量规偏离泰勒原则（如采用非全形通规，全形止规，或量规长度不够）。在这种情况下，使用光滑极限量规应注意操作的正确性（非全形通规应旋转）。

图 6-6 和图 6-7 所示为常用的塞规和环规的结构种类。在设计光滑极限量规时，可以根据需要选用合适的结构。

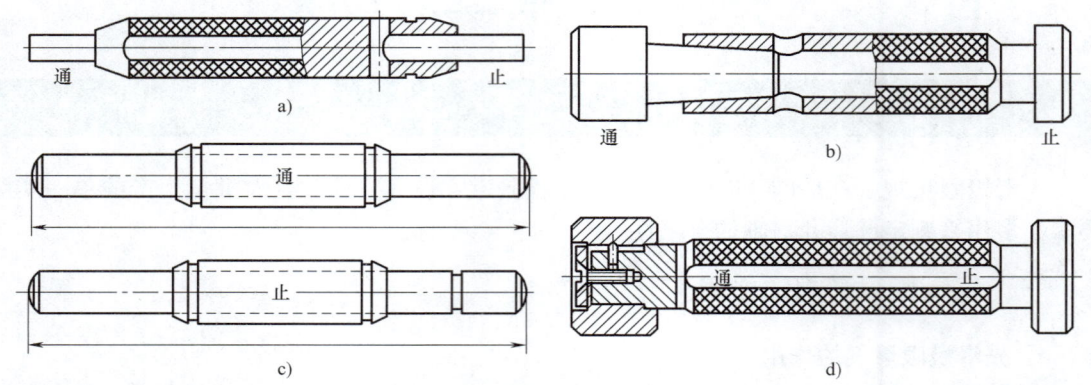

图 6-6 常用塞规的结构

a) 针式双头塞规　b) 锥柄测头塞规　c) 球端杆形塞规　d) 套式塞规

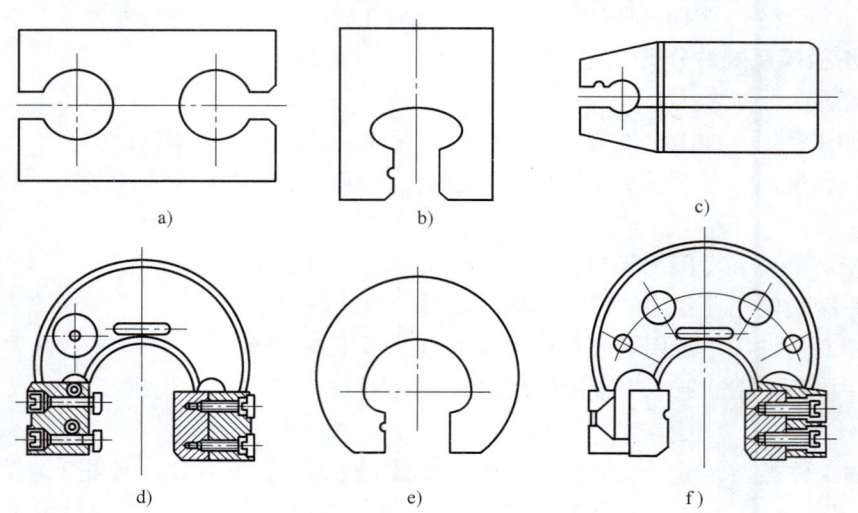

图 6-7 常用环规的结构

a) 片形双头环规　b) 片形单头环规　c) 组合环规
d) 可调整环规　e) 圆形单头环规　f) 铸造镶钳口单头环规

结合公差原则的包容要求，可注意到：泰勒原则和包容要求两者所具有的共同点，即工件合格，其体外作用尺寸和实际尺寸均应落在上、下极限尺寸之内，也就是说，工件的体外作用尺寸和实际尺寸均应落在最大、最小实体尺寸之内。

三、光滑极限量规的公差

1. 工作量规的公差

（1）工作量规制造公差 T_1　按 GB/T 1957—2006 的规定取值，见表 6-5。

（2）通规公差带的位置 Z_1　其指量规制造公差 T_1 的中心线到工件最大实体尺寸 MMS 线的距离（向工件公差带内缩一个 Z_1）。

（3）止规公差带的位置 $T_1/2$　其指量规制造公差 T_1 的中心线到工件最小实体尺寸 LMS 线的距离（向工件公差带内缩一个 $T_1/2$）。

在此需要注意的是：对于量规制造公差向工件公差带内缩，应与孔、轴验收的安全裕度 A 联系起来理解。

（4）工作量规的几何公差　其尺寸公差与形状公差间的关系应遵守包容要求。形状公差取值为 $t=T_1/2$（但当 $T_1 \leq 0.002$mm 时，取 $t=0.001$mm）。

（5）工作量规的表面粗糙度 Ra 值　一般取 $0.025 \sim 0.4 \mu$m，见表 6-6。

表 6-5　光滑极限量规尺寸公差 T_1 和通规尺寸公差带的中心到工件最大实体尺寸之间的距离 Z_1　　　　　（单位：μm）

工件公称尺寸/mm		IT6			IT7			IT8			IT9			IT10			IT11			IT12		
大于	至	公差值	T_1	Z_1	公差值	T_1	Z_1	公差值	T_1	Z_1	公差值	T_1	Z_1	公差值	T_1	Z_1	公差值	T_1	Z_1	公差值	T_1	Z_1
10	18	11	1.6	2	18	2	2.8	27	2.8	4	43	3.4	6	70	4	8	110	6	11	180	7	15
18	30	13	2	2.4	21	2.4	3.4	33	3.4	5	52	4	7	84	5	9	130	7	13	210	8	18
30	50	16	2.4	2.8	25	3	4	39	4	6	62	5	8	100	6	11	160	8	16	250	10	22
50	80	19	2.8	3.4	30	3.6	4.6	46	4.6	7	74	6	9	120	7	13	190	9	19	300	12	26
80	120	22	3.2	3.8	35	4.2	5.4	54	5.4	8	87	7	10	140	8	15	220	10	22	350	14	30

表 6-6　量规测量面的表面粗糙度 Ra 值

光滑极限量规	量规测量面公称尺寸/mm		
	≤120	>120~315	>315~500
	Ra 值/μm		
IT6 级孔用工作量规	≤0.05	≤0.10	≤0.20
IT7~IT9 级孔用工作量规	≤0.10	≤0.20	≤0.40
IT10~IT12 级孔用工作量规	≤0.20	≤0.40	≤0.80
IT13~IT16 级孔用工作量规	≤0.4	≤0.80	≤0.80
IT6~IT9 级轴用工作量规	≤0.10	≤0.20	≤0.40
IT10~IT12 级轴用工作量规	≤0.20	≤0.40	≤0.80
IT13~IT16 级轴用工作量规	≤0.40	≤0.80	≤0.80
IT6~IT9 级轴用工作环规的校对塞规	≤0.05	≤0.10	≤0.20
IT10~IT12 级轴用工作环规的校对塞规	≤0.10	≤0.20	≤0.40
IT13~IT16 级轴用工作环规的校对塞规	≤0.20	≤0.40	≤0.40

2. 校对量规的公差

（1）校对量规公差 T_p　校对量规公差取值为 $T_p = T_1/2$。

（2）T_p 的位置　对于 TT 规、ZT 规，T_p 在 T_1 的中心以下；对于 TS 规，T_p 在轴工件公差的最大实体尺寸 MMS 以下。

（3）校对量规的几何公差　校对量规的几何公差与其尺寸公差间的关系遵守包容要求。

（4）校对量规的表面粗糙度 Ra 值　取值比工作量规要小，约占工作量规表面粗糙度 Ra 值的 1/2。

光滑极限量规中的工作量规、校对量规的公差带图如图 6-8 所示。

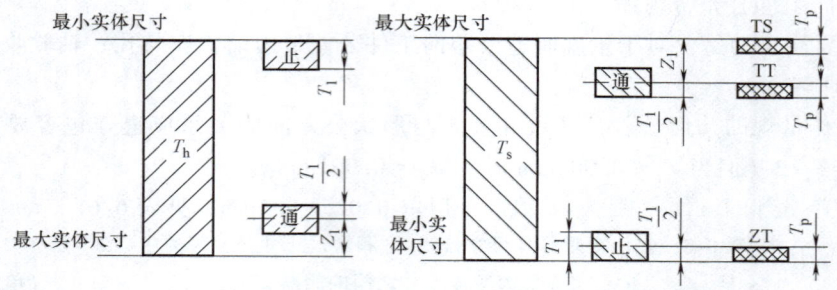

图 6-8　光滑极限量规中的工作量规、校对量规的公差带图

四、光滑极限量规的设计步骤及极限尺寸计算

1. 光滑极限量规的设计步骤

1）由标准公差数值表、孔轴极限偏差表查出被测工件的上、下极限偏差，并画出 T_h（T_s）图。

2）由表 6-5 查出工作量规的 T_1 和 Z_1 值，画出工作量规以及校对量规的公差带图。

3）在画好的公差带图上正确标出所有量规的上、下极限偏差值。

4）按"公差向实体内分布原则"（即孔型的 EI = 0，ES > 0；轴型的 es = 0，ei < 0）写出量规的标注尺寸。

5）绘制光滑极限量规及其校对量规的工作图，并正确标注各项技术要求。

2. 设计举例

例 6-5　设计检验孔 $\phi 40H8\text{Ⓔ}$ 用的工作量规和检验轴 $\phi 40f7\text{Ⓔ}$ 用的工作量规及其校对量规。

解　1）查标准公差数值表、孔轴基本偏差表得到

$$\phi 40H8 \binom{+0.039}{0} \text{mm} \qquad \phi 40f7 \binom{-0.025}{-0.050} \text{mm}$$

2）查表 6-5 得到检验 IT8 孔用的工作量规公差数值 $T_1 = 4\mu m$，$Z_1 = 6\mu m$；检验 IT7 轴用的工作量规公差数值 $T_1 = 3\mu m$，$Z_1 = 4\mu m$；且校对量规公差数值 $T_p = 1.5\mu m$。

3）画出 $\phi 40H8$ 孔、$\phi 40f7$ 轴及其所有工作量规、校对量规的公差带图，并标出所有的极限偏差值，如图 6-9 所示。

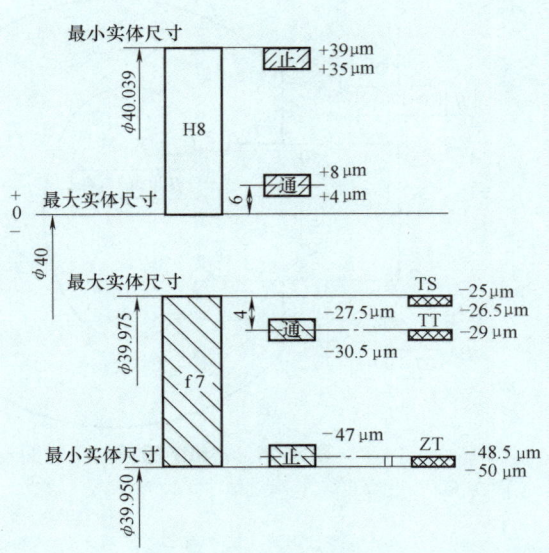

图 6-9 $\phi40H8Ⓔ$孔和$\phi40f7Ⓔ$轴工作量规及校对量规公差带图

4）以工件的公称尺寸线为零线，写出所有工作量规、校对量规的极限尺寸，并转换成标注尺寸。

$\phi40H8$ 的通规：$\phi40^{+0.008}_{+0.004}$mm $= \phi40.008^{\ 0}_{-0.004}$mm

$\phi40H8$ 的止规：$\phi40.039^{\ 0}_{-0.004}$mm

$\phi40f7$ 的通规：$\phi40^{-0.0275}_{-0.0305}$mm $= \phi39.9695^{+0.003}_{0}$mm

$\phi40f7$ 的止规：$\phi39.950^{+0.003}_{0}$mm

$\phi40f7$ 的校对量规：TT 规为 $\phi40^{-0.0290}_{-0.0305}$mm $= \phi39.971^{\ 0}_{-0.0015}$mm

TS 规为 $\phi39.975^{\ 0}_{-0.0015}$mm

ZT 规为 $\phi40^{-0.0485}_{-0.0500}$mm $= \phi39.9515^{\ 0}_{-0.0015}$mm

5）绘制工作量规的工作图，并标注几何精度等方面的技术要求。$\phi40H8$ 的塞规和 $\phi40f7$ 的环规工作图及标注如图 6-10 和图 6-11 所示。

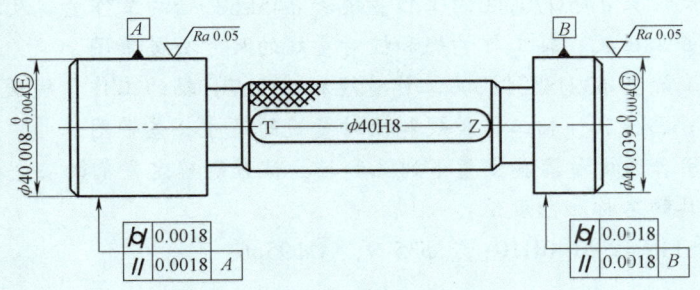

图 6-10 $\phi40H8$ 的塞规工作图及标注

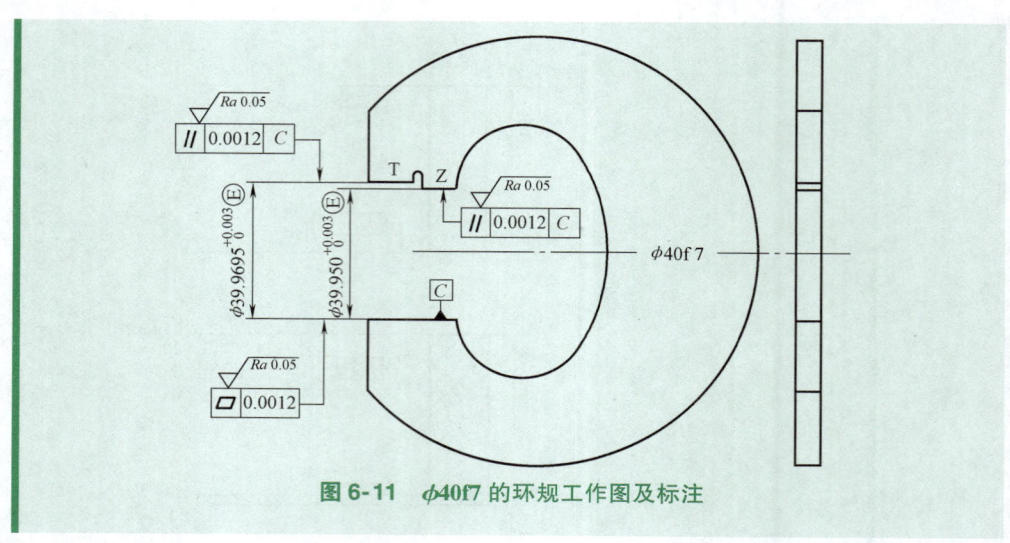

图 6-11　$\phi 40f7$ 的环规工作图及标注

思考题与习题

6-1　为什么规定安全裕度和验收极限？

6-2　对于尺寸呈现正态分布和偏态分布，其验收极限有何不同？

6-3　在用通用计量器具验收零件时，应怎样选用具体的计量器具？

6-4　零件图样上被测要素的尺寸公差和几何公差按哪种公差原则标注时，才能使用光滑极限量规检验，为什么？

6-5　用光滑极限量规检验工件时，通规和止规分别用来检验什么尺寸？被检测的工件的合格条件是什么？

6-6　光滑极限量规的通规和止规的形状各有何特点？为什么应具有这样的形状？

6-7　设计光滑极限量规时，应遵守极限尺寸判断原则（泰勒原则）的规定，试述泰勒原则的内容？试述包容要求和泰勒原则的异同之处？

6-8　光滑极限量规的通规和止规及其校对量规的尺寸公差带是如何配置的？

6-9　在使用偏离泰勒原则的光滑极限量规检验工件时，为了避免造成误判，应如何操作这样的量规？

6-10　试计算 $\phi 45H7$ⓔ孔的工作量规和 $\phi 45k6$ⓔ轴的工作量规及其校对量规工作部分的极限尺寸，并画出孔、轴工作量规和校对量规的尺寸公差带图。

6-11　试计算 $\phi 32JS8$ⓔ孔的工作量规和 $\phi 32h7$ⓔ轴的工作量规及其校对量规工作部分的极限尺寸，并画出孔、轴工作量规和校对量规的尺寸公差带图。

6-12　用普通计量器具测量下列孔和轴，试分别确定它们的安全裕度、验收极限以及使用的计量器具的名称和分度值：

①$\phi 150h11$；②$\phi 140H10$；③$\phi 35e9$；④$\phi 95p6$。

第七章 滚动轴承的公差与配合

第一节 滚动轴承的分类及公差特点

滚动轴承是机械制造业中应用极为广泛的一种标准部件,图 7-1 所示为向心轴承的结构,由外圈 1、内圈 2、滚动体 3 和保持架 4 组成。外圈与外壳孔配合,内圈与传动轴的轴颈配合,属于典型的光滑圆柱配合。但由于它的结构特点和功能要求,其公差配合与一般光滑圆柱配合要求不同。

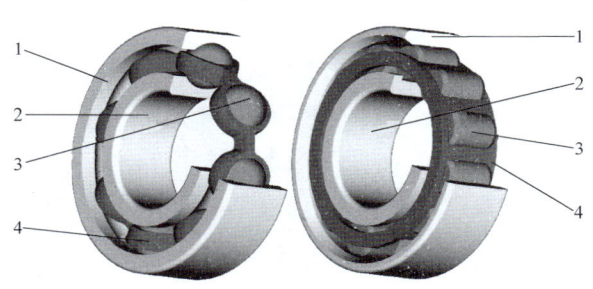

图 7-1 滚动轴承
1—外圈 2—内圈 3—滚动体 4—保持架

按承受载荷的方向,滚动轴承可分为推力轴承(承受纯轴向载荷)、深沟球轴承(承受径向载荷的轴承)和角接触轴承(同时承受径向和轴向载荷的轴承)。滚动轴承的工作性能与使用寿命,既取决于本身的制造精度,也与配合件(即外壳孔、传动轴轴颈)的尺寸精度、几何精度以及表面粗糙度等有关。

一、滚动轴承的公差等级

根据滚动轴承的结构尺寸、公差等级和技术性能等产品特征,GB/T 307.3—2005《滚动轴承 通用技术规则》将滚动轴承公差等级分为 2、4、5、6、0 五级,其中 2 级精度最高,0 级精度最低(只有深沟球轴承有 2 级;圆锥滚子轴承有 6X 级,而无 6 级)。

0 级为普通精度,在机器制造业中的应用最广,主要用于旋转精度要求不高的机构中。例如,卧式车床变速箱和进给箱,汽车、拖拉机变速箱,普通电动机、水泵、压缩机和涡轮机中。

除 0 级外,其余各级统称高精度轴承,主要用于高的线速度或高的旋转精度的场合,各个公差等级的滚动轴承的应用范围见表 7-1。高精度滚动轴承在各种金属切削机床上应用较多,可参看表 7-2 所列。

表 7-1　各个公差等级的滚动轴承的应用范围

轴承公差等级	应用示例
0 级（普通级）	广泛用于旋转精度和运转平稳性要求不高的一般旋转机构中，如普通机床的变速机构、进给机构，汽车、拖拉机的变速机构、普通减速器、水泵及农业机械等通用机械的旋转机构
6 级、6X 级（中级） 5 级（较高级）	多用于旋转精度和运转平稳性要求较高或转速较高的旋转机构中，如普通机床主轴轴系（前支承采用 5 级，后支承采用 6 级）和比较精密的仪器、仪表、机械的旋转机构
4 级（高级）	多用于转速很高或旋转精度要求很高的机床和机器的旋转机构中，如高精度磨床和车床、精密螺纹车床和齿轮磨床等的主轴轴系
2 级（精密级）	多用于精密机械的旋转机构中，如精密坐标镗床、高精度齿轮磨床和数控机床等的主轴轴系

表 7-2　机床主轴轴承精度等级

轴承类型	精度等级	应用情况
深沟球轴承	4	高精度磨床、丝锥磨床、螺纹磨床、磨齿机、插齿刀磨床
角接触球轴承	5	精密镗床、内圆磨床、齿轮加工机床
	6	卧式车床、铣床
单列圆柱滚子轴承	4	精密丝杠车床、高精度车床、高精度外圆磨床
	5	精密车床、精密铣床、转塔车床、普通外圆磨床、多轴车床、镗床
	6	卧式车床、自动车床、铣床、立式车床
向心短圆柱滚子轴承、调心滚子轴承	6	精密车床及铣床的后轴承
圆锥滚子轴承	4	坐标镗床(P2)、磨齿机(P4)
	5	精密车床、精密铣床、镗床、精密转塔车床、滚齿机
	6X	铣床、车床
推力球轴承	6	一般精度车床

滚动轴承安装在机器上，其内圈与轴颈配合，外圈与外壳孔配合，它们的配合性质应保证轴承的工作性能，因此，必须满足必要的旋转精度与合适的径向游隙和轴向游隙两项要求。

二、滚动轴承内径、外径公差带及特点

由于滚动轴承为标准部件，因此轴承内圈孔径与轴颈的配合应为基孔制，轴承外圈轴径与外壳孔的配合应为基轴制。但这里的基孔制和基轴制与光滑圆柱结合又有所不同，是由滚动轴承配合的特殊需要所决定的。

轴承内圈通常与轴一起旋转，为防止内圈和轴颈的配合产生相对滑动而磨损，影响轴承的工作性能，因此要求配合面间具有一定的过盈，但过盈量不能太大。如果作为基准孔的轴承内圈仍采用基本偏差为 H 的公差带，轴颈也选用国家标准中光滑圆柱结合的公差带，则这样在配合时，无论选过渡配合（过盈量偏小）或过盈配合（过盈量偏大）都不能满足轴承工作的需要。若轴颈采用非标准的公差带，则又违反了标准化与互换性的原则。为此，GB/T 307.1—2005《滚动轴承　向心轴承　公差》规定：轴承内圈的基准孔公差带位置位

于以公称内径 d 为零线的下方。因而这种特殊的基准孔公差带与 GB/T 1800.2—2009 中基孔制的各种轴公差带构成的配合的性质，相应地比这些轴公差带的基本偏差代号所表示的配合性质有不同程度的变紧。

轴承外圈因安装在外壳孔中，通常不旋转，考虑到工作时温度升高会使轴热胀，而产生轴向移动，因此两端轴承中有一端应是游动支承，可使外圈与外壳孔的配合稍为松一点，使之能补偿轴的热胀伸长量，不至于使轴变弯而被卡住，影响正常运转（图 7-2）。为此规定轴承外圈的公差带位置位于公称外径 D 为零线的下方，与基本偏差为 h 的公差带相类似，但公差值不同。轴承外圈采取这样的基准轴公差带与 GB/T 1800.2—2009 中基轴制配合的孔公差带所组成的配合，基本上保持了 GB/T 1800.2—2009 的配合性质。滚动轴承内圈孔径与外圈轴径的公差带位置如图 7-3 所示。

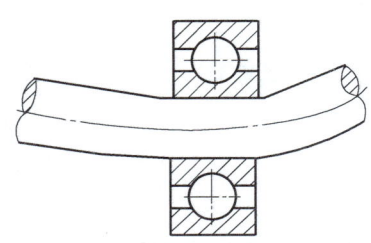

图 7-2 轴的弯曲被卡住

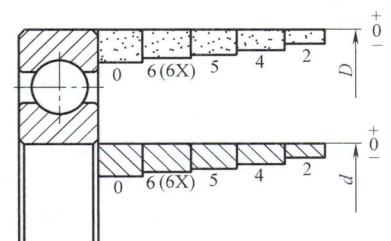

图 7-3 滚动轴承内径与外径的公差带

因滚动轴承的内圈和外圈皆为薄壁零件，在制造与保管过程中极易变形（如变成椭圆形），但当轴承内圈与轴或外圈与外壳孔装配后，如果这种变形不大，便可得到纠正。因此对于滚动轴承套圈的任一横截面内测得的最大与最小直径平均值对公称直径的偏差，只要在内、外径公差带内，就认为合格。对轴承内径（d）与外径（D）规定了两种公差：一是 d（或 D）的最大值与最小值；二是轴承套圈任一横截面内测得的最大直径 $d_{实max}$（或 $D_{实max}$）与最小直径 $d_{实min}$（或 $D_{实min}$）的平均值 d_m（或 D_m）的公差。为了控制轴承的形状误差，滚动轴承标准还规定了其他的技术要求。

两种尺寸公差为：①单一内径（d_s）与单一外径（D_s）的偏差（Δ_{ds}，Δ_{Ds}）；②单一平面平均内径（d_{mp}）与单一平面平均外径（D_{mp}）的偏差（Δ_{dmp}，Δ_{Dmp}）。

两种形状公差为：①单一径向平面内，内径（d_s）与外径（D_s）的变动量（V_{ds}，V_{Ds}）；②平均内径（d_{mp}）与平均外径（D_{mp}）的变动量（V_{dmp}，V_{Dmp}）。

第二节　滚动轴承配合件公差及选用

滚动轴承配合件就是与滚动轴承内圈孔和外圈轴相配合的传动轴轴颈和箱体外壳孔。

一、轴颈和外壳孔公差带的种类

由于轴承内圈孔径和外圈轴径公差带在制造时已确定，故轴承与轴颈、外壳孔的配合，要由轴颈和外壳孔的公差带决定。所以选择轴承的配合也就是确定轴颈和外壳孔的公差带种类。GB/T 275—1993《滚动轴承与轴和外壳的配合》规定的轴承与轴和外壳配合的常用公差带可参看图 7-4 和图 7-5。

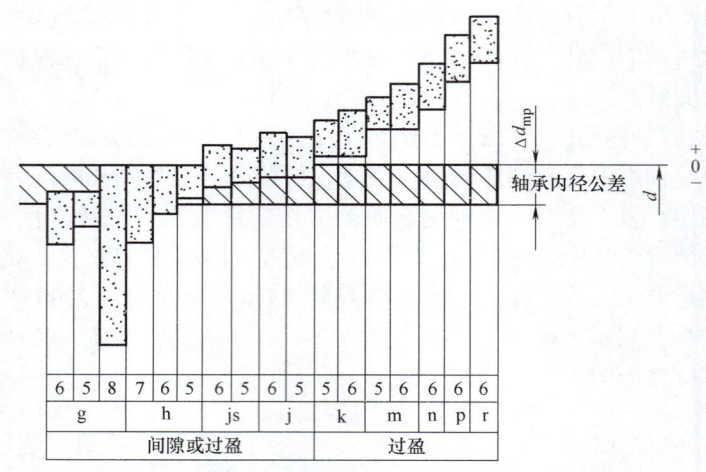

图 7-4 轴承内圈孔与轴颈配合的常用公差带关系

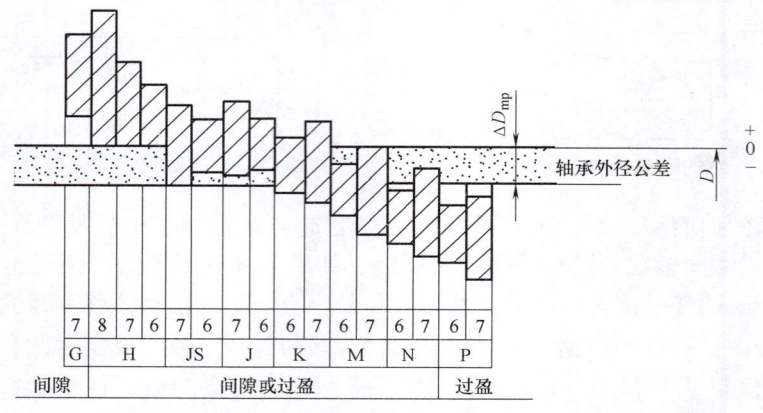

图 7-5 轴承外圈轴与外壳孔配合的常用公差带关系

由图可见，轴承内圈与轴颈的配合比 GB/T 1801—2009 中基孔制同名配合紧一些，g5、g6、h5、h6 轴颈与轴承内圈的配合已变成过渡配合，k5、k6、m5、m6 已变成过盈配合，其余也都有所变紧。轴承外圈与外壳孔的配合与 GB/T 1801—2009 中基轴制的同名配合相比较，虽然尺寸公差有所不同，但配合性质基本相同。

二、滚动轴承配合的选择

正确地选择配合，对于保证滚动轴承的正常运转，延长其使用寿命非常重要。为了使滚动轴承具有较高的定心精度，一般在选择轴承两个套圈的配合时，都偏向紧密。但要防止太紧，因内圈的弹性胀大和外圈的收缩会使轴承内部间隙减小甚至完全消除并产生过盈，不仅影响正常运转，还会使套圈材料产生较大的应力，以致轴承的使用寿命降低。

故选择轴承配合时，要全面地考虑各个主要因素，应以轴承的工作条件、结构类型和尺寸、精度等级为依据，查表确定轴颈和外壳孔的尺寸公差带、几何公差和表面粗糙度。表 7-3~表 7-9 适用于：①轴承精度等级为 0、6 级；②轴为实体或厚壁空心件；③轴颈、外壳孔材料为钢和铸铁；④轴承应具有基本组的径向游隙。

查表确定轴承配合的主要依据有以下几个方面：

(1) 套圈与载荷方向的关系

1) 套圈相对于载荷方向静止。此种情况是指，方向固定不变的定向载荷（如齿轮传动力、传动带拉力、车削时的径向切力）作用于静止的套圈。如图 7-6a 所示不旋转的外圈和图 7-6b 所示不旋转的内圈，受到方向始终不变的 F_r 的作用。减速器转轴两端轴承外圈、汽车与拖拉机前轮（从动轮）轴承内圈受力就是典型的例子。此时套圈相对于载荷方向静止的受力特点是载荷集中作用，套圈滚道局部容易产生磨损。

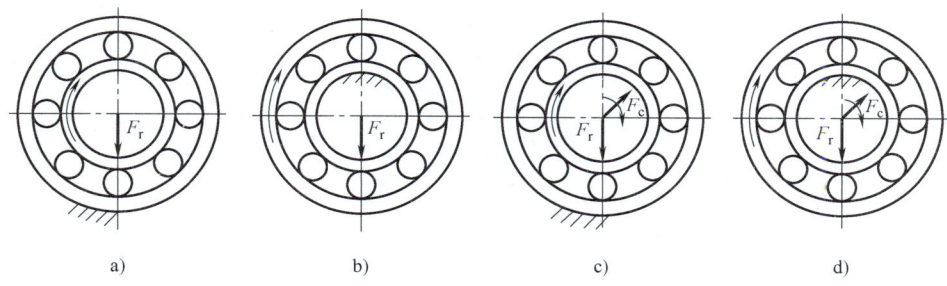

图 7-6　轴承套圈与载荷方向的关系
a) 旋转的内圈载荷和固定的外圈载荷　b) 旋转的外圈载荷和固定的内圈载荷
c) 旋转的内圈载荷和外圈承受摆动的载荷　d) 旋转的外圈载荷和内圈承受摆动的载荷

2) 套圈相对于载荷方向旋转。此种情况是指，旋转载荷（如旋转工件上的惯性离心力、旋转镗杆上作用的径向切削力等）依次作用在套圈的整个滚道上。如图 7-6a 所示旋转的内圈和图 7-6b 所示旋转的外圈，受到方向旋转变化的 F_r 的作用。减速器转轴两端轴承内圈、汽车与拖拉机前轮（从动轮）轴承外圈受力就是旋转载荷的典型例子。此时套圈相对于载荷方向旋转的受力特点是载荷呈周期作用，套圈滚道产生均匀磨损。

3) 套圈相对于载荷方向摆动。当由定向载荷与旋转载荷所组成的合成径向载荷作用在套圈的部分滚道上时，该套圈便相对于载荷方向摆动。如图 7-6c 所示的外圈和图 7-6d 所示的内圈，受到定向载荷 F_r 和旋转载荷 F_c 的同时作用，两者的合成载荷将由小到大，再由大到小地周期性变化。当 $F_r>F_c$ 时（图 7-7），合成载荷就在弧 AB 区域内摆动，不旋转的套圈则相对于载荷方向摆动，而旋转的套圈则相对于载荷方向旋转。当 $F_r<F_c$ 时，合成载荷沿着圆周变动，不旋转的套圈就相对于载荷方向旋转，而旋转的套圈则相对于载荷方向摆动。

由以上分析可知，套圈相对于载荷方向的状态不同（静止、旋转、摆动），载荷作用的性质也不相同。相对静止状态呈局部载荷作用；相对旋转状态呈循环载荷作用；相对摆动状态则呈摆动载荷作用。一般来说，受循环载荷作用的套圈与轴颈（或外壳孔）的配合应选得较紧一些；而承受局部载荷作用的套圈与外壳孔（或轴颈）的配合应选得松一些（既可使轴承避免局部磨损，又可使装配拆卸方便）；而承受摆动载荷作用的套圈与承受循环载荷作用的套圈在配合要求上可选得相同或选得稍松一点。

(2) 载荷的大小　选择滚动轴承与轴颈和外壳孔的配合，还与轴承套圈所受载荷的大小有关。GB/T 275—1993 ⊖ 根据当量径向动载荷 P_r 与轴承产品样本中规定的径向额定动载荷 C_r 的比值大小，将载荷分为轻、正常和重三种类型（表 7-3）。选择配合时，应随载荷的

⊖ GB/T 275—1993 中将载荷称为负荷，但 GB/T 6391—2010 等轴承设计标准中，统称为载荷，本书以最新国家标准名词术语为准使用。

增大逐渐变紧。这是因为在重载荷和冲击载荷作用时，为了防止轴承产生变形和受力不匀，引起配合松动，随着载荷的增大，过盈量应选得越大，承受变化载荷应比承受平稳载荷的配合选得较紧一些。

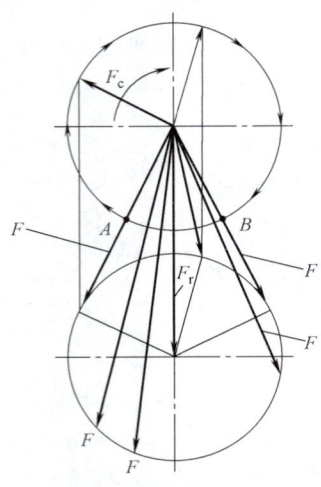

图 7-7　摆动载荷 $F_r > F_c$

表 7-3　当量径向动载荷 P_r 的类型

载荷类型	P_r 值的大小	载荷类型	P_r 值的大小
轻载荷	$P_r \leqslant 0.07C_r$	重载荷	$P_r > 0.15C_r$
正常载荷	$0.07C_r < P_r \leqslant 0.15C_r$		

（3）径向游隙　轴承的径向游隙按 GB/T 4604.1—2012 规定，分为第 2 组、基本组、第 3 组、第 4 组、第 5 组。游隙的大小依次由小到大。

游隙大小必须合适，过大不仅使转轴发生较大的径向跳动和轴向窜动，还会使轴承产生较大的振动和噪声。过小又会使轴承滚动体与套圈产生较大的接触应力，使轴承摩擦发热而降低寿命，故游隙大小应适度。

在常温状态下工作的具有基本组径向游隙的轴承（供应的轴承无游隙标记，即是基本组游隙），按表选取轴颈和外壳孔公差带一般都能保证有适度的游隙。但如因重载荷轴承内径选取过盈量较大的配合（见表 7-4 注③），则为了补偿变形引起的游隙过小，应选用大于基本组游隙的轴承。

（4）其他因素

1）温度的影响。因轴承摩擦发热和其他热源的影响而使轴承套圈的温度高于相配件的温度时，内圈轴颈的配合将会变松，外圈外壳孔的配合将会变紧，当轴承工作温度高于 100℃ 时，应对所选用的配合适当修正（减小外圈与外壳孔的过盈，增加内圈与轴颈的过盈）。

2）转速的影响。对于转速高又承受冲击动载荷作用的滚动轴承，轴承与轴颈的外壳孔的配合应选用过盈配合。

3）公差等级的协调。选择轴承和外壳孔公差等级时应与轴承公差等级协调。如 0 级轴承配合轴颈一般为 IT6，外壳孔则为 IT7；对旋转精度和运动平稳性有较高要求的场合（如电动机），轴颈为 IT5 时，外壳孔选为 IT6。

采取类比法选择轴颈和外壳孔的公差带时，可参考表 7-4～表 7-7，按照表列条件选择。

表 7-4　与向心轴承配合的轴颈的尺寸公差带

内圈工作条件		应用举例	深沟球轴承、调心球轴承和角接触球轴承	圆柱滚子轴承和圆锥滚子轴承	调心滚子轴承	轴颈尺寸公差带
载荷方向	载荷类型		轴承公称内径/mm			
旋转的内圈载荷及摆动载荷	轻载荷		≤18 >18～100 >100～200 —	— ≤40 >40～140 >140～200	— ≤40 >40～100 >100～200	h5 j6① k6① m6①
	正常载荷	一般通用机械、电动机、机床主轴、泵、内燃机、直齿轮传动装置、铁路机车车辆轴箱、破碎机等	≤18 >18～100 >100～140 >140～200 >200～280 —	≤40 >40～100 >100～140 >140～200 >200～400	≤40 >40～65 >65～100 >100～140 >140～280 >280～500	j5、js5 k5② m5② m6 n6 p6 r6
	重载荷			>50～140 >140～200 >200	>50～100 >100～140 >140～200 >200	n6 p6③ r6 r7
固定的内圈载荷	所有载荷	静止轴上的各种轮子、张紧轮、绳轮、振动筛、惯性振动器	所有尺寸			f6 g6① h6 j6
仅有轴向载荷		所有应用场合	所有尺寸			j6、js6

① 凡对精度有较高要求的场合，应选用 j5、k5、m5、f5 分别代替 j6、k6、m6、f6。
② 圆锥滚子轴承、角接触球轴承配合对游隙的影响不大，可选用 k6 和 m6 分别代替 k5 和 m5。
③ 重载荷下轴承游隙应选用大于 0 组的游隙。

表 7-5　与向心轴承配合的外壳孔的尺寸公差带

外圈工作条件		应用举例	其他状况	外壳孔尺寸公差带①	
载荷方向	载荷类型			球轴承	滚子轴承
固定的外圈载荷	轻、正常、重载荷	一般机械、铁路机车车辆轴箱、电动机、泵、曲轴主轴承	轴向容易移动，采用剖分式外壳	轴处于高温下工作	G7
				H7	
	冲击载荷		轴向能移动,采用整体式或剖分式外壳	J7、JS7	
摆动载荷	轻、正常载荷			K7	
	正常、重载荷			M7	
	冲击载荷				
旋转的外圈载荷	轻载荷	张紧滑轮、轮毂轴承	轴向不移动,采用整体式外壳	J7	K7
	正常载荷			K7、M7	M7、N7
	重载荷				N7、P7

① 并列尺寸公差带随尺寸的增大从左至右选择；对旋转精度要求较高时，可相应提高一个标注公差等级。

对于滚针轴承，外壳孔材料为钢或铸铁时，尺寸公差带可选用 N5（或 N6），为轻合金时，选用比 N5（或 N6）略松的公差带。轴颈尺寸公差有内圈时选用 k5（或 j6），无内圈时选用 h5（或 h6）。

表 7-6 安装推力轴承的轴颈的尺寸公差带

轴圈工作条件		推力球和圆柱滚子轴承	推力调心滚子轴承[②]	轴颈尺寸公差带
		轴承公称内径/mm		
纯轴向载荷		所有尺寸		j6、js6
径向和轴向联合载荷	固定的轴圈载荷	—	≤250	j6
		—	>250	js6
	旋转的轴圈载荷或摆动载荷	—	≤200	k6[①]
		—	>200~400	m6
		—	>400	n6

[①] 要求较小过盈时，可分别用 j6、k6、m6 代替 k6、m6、n6。
[②] 也包括推力圆锥滚子轴承、推力角接触球轴承。

表 7-7 安装推力轴承的外壳孔的尺寸公差带

座圈工作条件	轴承类型	外壳孔尺寸公差带	备注
纯轴向载荷	推力球轴承	H8	
	推力圆柱、圆锥滚子轴承	H7	
	推力调心滚子轴承	—	外壳孔与座圈间的间隙为 $0.001D$（D 为轴承公称外径）
径向和轴向联合载荷	固定的座圈载荷	H7	
	旋转的座圈载荷或摆动载荷	推力角接触球轴承、推力调心滚子轴承、推力圆锥滚子轴承	K7	普通使用条件
			M7	有较大径向载荷时

三、轴颈和外壳孔的几何公差与表面粗糙度

轴颈和外壳孔的几何公差和表面粗糙度可参照表 7-8 和表 7-9 选择，必须强调：轴颈或外壳孔为避免套圈安装后产生变形，轴颈、外壳孔应采用包容原则，并规定更严的圆柱度公差。轴肩和外壳孔肩端面应规定轴向圆跳动公差。

表 7-8 轴颈和外壳孔的几何公差值

公称尺寸/mm	圆柱度公差值				轴向圆跳动公差值			
	轴颈		外壳孔		轴肩		外壳孔肩	
	轴承公差等级							
	0	6(6×)	0	6(6×)	0	6(6×)	0	6(6×)
	公差值/μm							
>18~30	4.0	2.5	6	4.0	10	6	15	10
>30~50	4.0	2.5	7	4.0	12	8	20	12
>50~80	5.0	3.0	8	5.0	15	10	25	15
>80~120	6.0	4.0	10	6.0	15	10	25	15
>120~180	8.0	5.0	12	8.0	20	12	30	20
>180~250	10.0	7.0	14	10.0	20	12	30	20

表 7-9 轴颈和外壳孔的表面粗糙度 Ra 值

轴颈或外壳孔直径/mm	轴颈或外壳孔的标准公差等级					
	IT7		IT6		IT5	
	Ra 值/μm					
	磨	车(镗)	磨	车(镗)	磨	车(镗)
≤80	≤1.6	≤3.2	≤0.8	≤1.6	≤0.4	≤0.8
>80~500	≤1.6	≤3.2	≤1.6	≤3.2	≤0.8	≤1.6
端面	≤3.2	≤6.3	≤3.2	≤6.3	≤1.6	≤3.2

四、滚动轴承配合选择实例

例 7-1 图 7-8a 所示为直齿圆柱齿轮减速器输出轴轴颈的部分装配图。已知该减速器的功率为 5kW，从动轴转速为 83r/min，其两端的轴承为 211 深沟球轴承（$d=55$mm，$D=100$mm），齿轮的模数为 3mm，齿数为 79，试确定轴颈和外壳孔的公差带代号（尺寸极限偏差）、几何公差值和表面粗糙度参数值，并将它们分别标注在装配图和零件图上。

解 1) 减速器属于一般机械，轴的转速不高，所以选用 0 级轴承。

2) 受定向载荷的作用，内圈与轴一起旋转，外圈安装在剖分式壳体中，不旋转。因此，内圈相对于载荷方向旋转，它与轴颈的配合应较紧；外圈相对于载荷方向静止，它与外壳孔的配合应较松。

3) 按该轴承的工作条件，由经验计算公式（《机械工程手册（第 29 篇 轴承）》的计算公式），并经单位换算，求得该轴承的当量径向载荷 P_r 为 883N，查得 211 深沟球轴承的额定动载荷 C_r 为 33354N。所以 P_r 等于 $0.03C_r$，小于 $0.07C_r$，故轴承的载荷类型属于轻载荷。

4) 按轴承工作条件从表 7-4 和表 7-5 选取轴颈公差带为 $\phi 55$j6Ⓔ（基孔制配合，符合包容要求），外壳孔公差带为 $\phi 100$H7（基轴制配合）。

5) 按表 7-8 选取几何公差值：轴颈圆柱度公差 0.005mm，轴肩轴向圆跳动公差 0.015mm；外壳孔圆柱度公差 0.01mm，外壳孔肩轴向圆跳动公差 0.025mm。

6) 按表 7-9 选取轴颈和外壳孔的表面粗糙度参数值：轴颈 $Ra=0.8\mu m$，轴肩和外壳孔肩端面 $Ra=3.2\mu m$；外壳孔 $Ra=1.6\mu m$。

7) 将确定好的上述公差标注在图样上，如图 7-8b、c 所示。

由于滚动轴承是外购的标准部件，因此，在装配图上只需注出轴颈和外壳孔的公差带代号（图 7-8 a）。轴和外壳上的标注如图 7-8 b、c 所示。

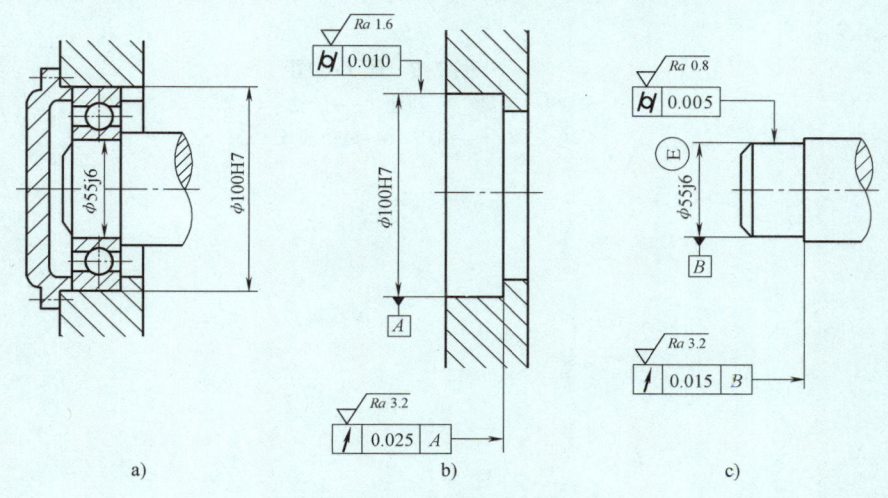

图 7-8 滚动轴承图样标注示例
a) 装配图 b) 外壳孔图样 c) 轴颈图样

思考题与习题

7-1 滚动轴承的互换性有何特点？其公差配合与一般圆柱体的公差配合有何不同？

7-2 滚动轴承的精度有几级？其代号是什么？用得最多的是哪些级？

7-3 滚动轴承公差等级的高低是由哪几方面的因素决定的？

7-4 滚动轴承承受载荷的类型与选择配合有何关系？

7-5 有一成批生产的开式直齿轮减速器，转轴上安装 6209/P0（P0 即 0 级轴承）深沟球轴承，承受的当量径向动载荷为 1500N，工作温度为 $t<60℃$，内圈与轴旋转。试选择与轴、外壳孔配合的公差带（类比法），几何公差及表面粗糙度，并标注在装配图和零件图上。（装配图参照图 7-8 自行设计）

7-6 如图 7-9 所示的传动机构中，直齿圆柱齿轮空套在轴上用于传递动力。滚动轴承的公差等级为 0 级。试确定图中（1）（2）（3）（4）（5）配合处的配合代号。

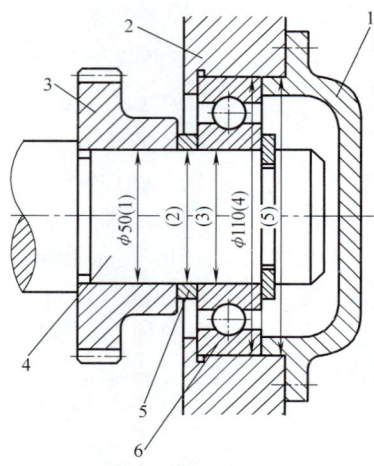

图 7-9 题 7-6 图
1—端盖 2—机座 3—齿轮 4—轴
5—挡环 6—滚动轴承

第八章 圆锥的公差与配合

第一节 概述

圆锥面是组成机械零件的一种常用的典型几何要素。圆锥结合是常用的连接与配合形式。有关圆锥公差配合方面的国家标准有 GB/T 157—2001《产品几何量技术规范（GPS）圆锥的锥度与锥角系列》、GB/T 11334—2005《产品几何量技术规范（GPS） 圆锥公差》、GB/T 12360—2005《产品几何量技术规范（GPS） 圆锥配合》、GB/T 15754—1995《技术制图 圆锥的尺寸和公差注法》等。

圆锥结合具有较高的同轴度，对中性好，如图 8-1 所示。圆锥结合配合性质可以调整，内、外圆锥的表面经过配对研磨后，配合起来具有良好的自锁性和密封性。

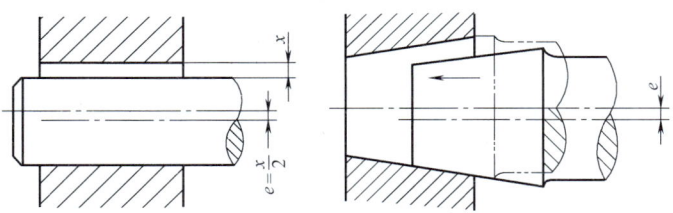

图 8-1 圆柱配合与圆锥配合的比较

但圆锥配合与圆柱配合相比，结构比较复杂，影响互换性的参数比较多，加工和检测也较困难，故其应用不如圆柱配合广泛。

一、圆锥几何参数

如图 8-2 所示，圆锥几何参数主要是指圆锥角、圆锥直径和圆锥长度等。

（1）**圆锥角 α**　指在通过圆锥轴线的截面内，两条素线间的夹角，用符号 α 表示。

（2）**圆锥素线角**　指圆锥素线与圆锥轴线间的夹角，它等于圆锥角的一半，即 $\alpha/2$。

（3）**圆锥直径**　指与圆锥轴线垂直的截面内的直径，有最大直径和最小直径（D 和 d）。内圆锥的最大、最小直径用 D_i、d_i 表示，外圆锥的最大、最小直径用 D_e、d_e 表示。还有任意约定截面圆锥直径 d_x（距锥面有一定距离）。设计时，一般选用内圆锥的最大直径 D_i 或外圆锥的最小直径 d_e 作为公称直径。

（4）**圆锥长度 L**　指圆锥的最大直径与最小直径之间的距离。内、外圆锥长度分别用 L_i、L_e 来表示。

（5）**圆锥配合长度**　指内、外圆锥配合面的轴向距离，用符号 H 表示。

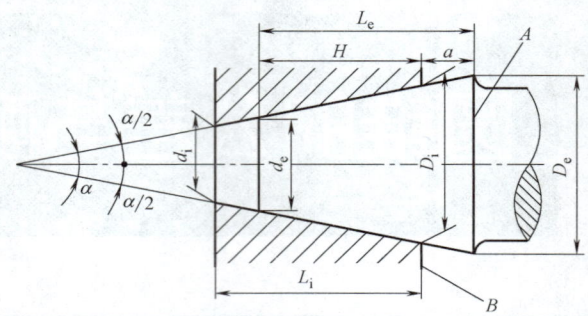

图 8-2　圆锥配合的基本参数
A—外圆锥基准面　B—内圆锥基准面

（6）**锥度 C**　指圆锥的最大直径与最小直径之差与圆锥长度之比，用符号 C 表示。即 $C=\dfrac{D-d}{L}=2\tan(\alpha/2)$。锥度常用比例或分数表示，如 $C=1:20$ 或 $C=1/20$ 等。

（7）**基面距 a**　指相互结合的内、外圆锥基准面间的距离，用符号 a 表示（图 8-2）。

（8）**轴向位移 E_a**　指相互结合的内、外圆锥，从实际初始位置 P_a 到终止位置 P_f 移动的距离，用符号 E_a 表示，如图 8-3 所示。

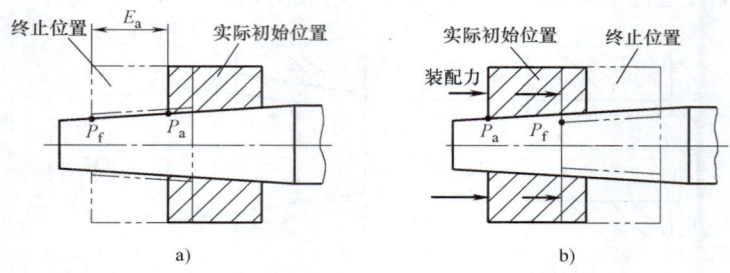

图 8-3　轴向位移 E_a

二、圆锥公差的术语定义

GB/T 11334—2005 给出一系列关于圆锥公差方面的术语定义。

1. 公称圆锥

公称圆锥是由设计给定的理想形状的圆锥。两种形式可以确定公称圆锥：①由圆锥的一个直径（D、d、d_x）、长度 L 和圆锥角 α 或锥度 C；②由圆锥的两个直径（最大直径 D 和最小直径 d）和长度 L。公称圆锥上的所有尺寸应分别称为公称圆锥直径、公称圆锥角（或公称锥度）和公称圆锥长度。

2. 实际圆锥、实际圆锥直径和实际圆锥角

实际圆锥是实际存在并与周围介质分隔的圆锥。实际圆锥应由测量得到，一般有两个参数：实际圆锥直径和实际圆锥角。如图 8-4a 所示，用 d_a 表示实际圆锥直径，即实际圆锥的任一直径。用 α_a 表示实际圆锥角，实际圆锥角 α_a 是指在实际圆锥的任一轴向截面内，包容其素线且距离为最小的两对平行直线之间的夹角（图 8-4b）。

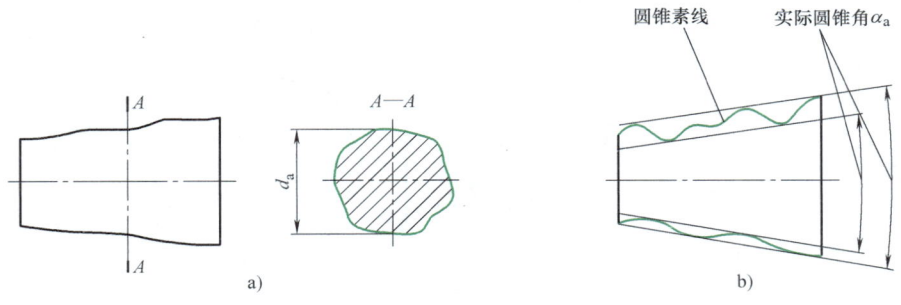

图 8-4　实际圆锥直径和实际圆锥角
a）实际圆锥直径 d_a　b）实际圆锥角 α_a

3. 极限圆锥和极限圆锥直径

极限圆锥是与公称圆锥共轴且圆锥角相等，直径分别为上极限直径和下极限直径的两个圆锥。或者说极限圆锥是指设计给定的允许实际圆锥变动范围的共轴且圆锥角相等的两个圆锥（上、下极限圆锥）。如图 8-5 所示，上极限圆锥的两个直径就是 D_{max} 和 d_{max}，下极限圆锥的两个直径就是 D_{min} 和 d_{min}。在垂直圆锥轴线的任一横截面上，两个极限圆锥的直径差都相等（即 $D_{max}-D_{min}=d_{max}-d_{min}$）。

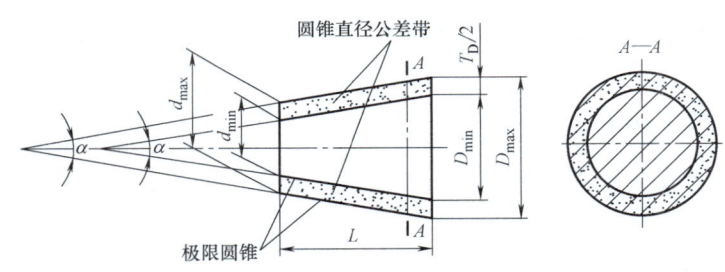

图 8-5　极限圆锥与圆锥直径公差带

4. 圆锥直径公差 T_D 和圆锥直径公差区

如图 8-5 所示，圆锥直径公差 T_D 是指圆锥直径的允许变动量（与孔、轴直径尺寸公差 T_h、T_s 一样，T_D 也是没有符号的绝对值）。圆锥直径公差区是两个极限圆锥所限定的区域。图 8-5 中两个极限圆锥素线间的区域表示的是轴向截面内的圆锥直径公差区。圆锥直径公差区也称为圆锥直径公差带。

5. 圆锥角公差 AT、极限圆锥角和圆锥角公差区

圆锥角的允许变动量称为圆锥角公差 AT。AT 是没有符号的绝对值。圆锥角公差 AT 有两种表示方式：①以角度或弧度单位表示为 AT_α；②以长度单位表示为 AT_D。如图 8-6 所示，极限圆锥角是允许的上极限圆锥角 α_{max} 或下极限圆锥角 α_{min}。圆锥角公差区是两个极限圆锥角 α_{max} 和 α_{min} 所限定的区域，圆锥角公差区也称为圆锥角公差带。

6. 给定截面圆锥直径公差 T_{DS} 和给定截面圆锥直径公差区

如图 8-7 所示，给定截面圆锥直径公差 T_{DS} 是在垂直圆锥轴线的给定横截面内，圆锥直径 d_x 的允许变动量。当然 T_{DS} 也是没有符号的绝对值。给定截面圆锥直径公差区则是在给定的横截面内的两个同心圆所限定的区域，两个同心圆的半径差即 $T_{DS}/2$。

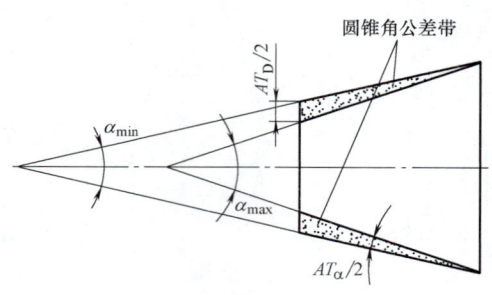

图 8-6 极限圆锥角和圆锥角公差区

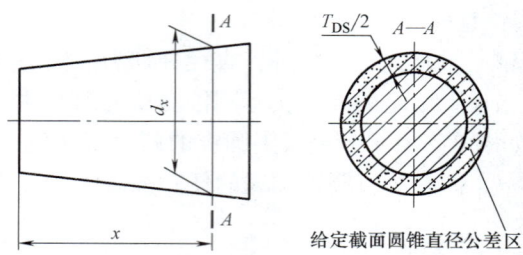

图 8-7 给定截面圆锥直径公差 T_{DS} 和给定截面圆锥直径公差区

三、圆锥配合术语及分类

圆锥配合由公称尺寸相同的内、外圆锥组成。和孔、轴配合类似，圆锥配合也分为三类：间隙配合、过盈配合和过渡配合。

1. 圆锥配合分类

（1）<u>间隙配合</u>　间隙配合具有间隙，间隙大小可以调整，零件易拆开，相互配合的内、外圆锥能相对运动。如机床顶尖、车床主轴的圆锥轴颈与滑动轴承的配合。

（2）<u>过盈配合</u>　过盈配合具有自锁性（利用承载时内、外圆锥间的摩擦力），过盈量大小可调，用以传递扭矩。如铣床主轴锥孔与铣刀锥柄的配合。

（3）<u>过渡配合</u>　过渡配合可能具有间隙，也可能具有过盈。其中要求内、外圆锥紧密接触，间隙为零或稍有过盈的配合称为紧密配合，多用于对中定心或密封。密封的圆锥（阀芯）可以防止漏气、漏水。如内燃机中阀门与阀门座的配合。为了保证配合的圆锥面有良好的密封性，一般对圆锥面形状精度要求很高，内、外圆锥要成对研磨，因此这类圆锥不具有互换性。

2. 圆锥配合形成方式

圆锥配合的间隙和过盈量是通过内、外圆锥的轴向位移（图 8-3 中的 E_a）来调整的。圆锥配合的间隙和过盈在素线法线方向起作用，但是在垂直于轴线方向给定和测量。圆锥配合按结构可分为结构型圆锥配合和位移型圆锥配合两种形成方式。

（1）<u>结构型圆锥配合</u>　结构型圆锥配合的配合性质靠基准平面保证，基准平面为内、外圆锥的大端孔、轴肩端面。①由内、外圆锥的结构确定装配的最终位置而形成配合。这种方式可以得到间隙配合、过渡配合和过盈配合。图 8-8 为由轴肩接触得到间隙配合的示例。②由内、外圆锥基准平面之间的尺寸确定装配的最终位置而形成配合。这种方式可以得到间隙配合、过渡配合和过盈配合。图 8-9 为由结构尺寸 a（a 也称为基面距）得到过盈配合的示例。

（2）位移型圆锥配合　位移型圆锥配合的配合性质是由内、外圆锥做一定的相对轴向位移或施加一定的装配力来保证的。①由内、外圆锥实际初始位置 P_a 开始，做一定的相对轴向位移 E_a 到达终止位置 P_f 而形成配合。这种方式可以得到间隙配合和过盈配合。图 8-3a 为间隙配合的示例。②由内、外圆锥实际初始位置 P_a 开始，施加一定的装配力产生轴向位移 E_a 到达终止位置 P_f 而形成配合。这种方式只能得到过盈配合，如图 8-3 b 所示。

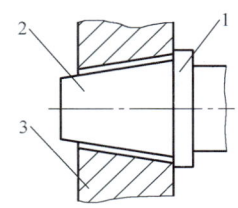

图 8-8　由轴肩接触得到间隙配合

1—轴肩　2—外圆锥　3—内圆锥

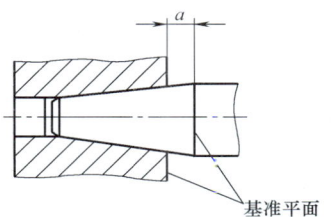

图 8-9　由结构尺寸 a 得到过盈配合

第二节　圆锥几何参数误差对圆锥配合的影响

加工内、外圆锥时，会产生直径、圆锥角和形状误差。它们反映在圆锥配合中，将造成基面距误差和配合表面接触不良。

一、圆锥直径误差对基面距的影响

设以内圆锥最大直径为公称直径，基面距 a 的位置在大端。若内、外圆锥角和形状均不存在误差，只有内、外圆锥直径误差（ΔD_i、ΔD_e），如图 8-10 所示。显然，圆锥直径误差

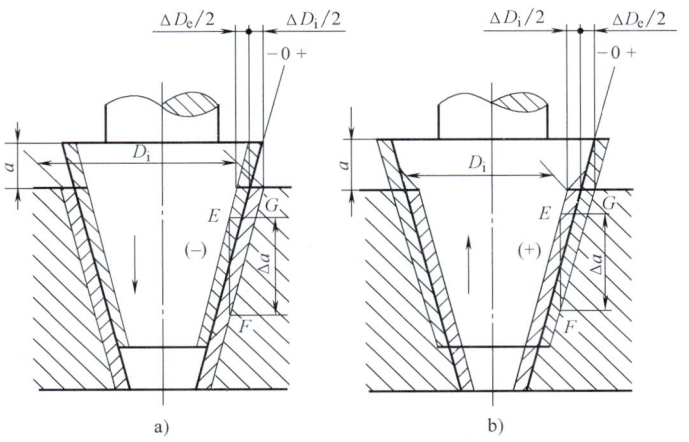

图 8-10　圆锥直径误差对基面距 a 的影响

a) $\Delta D_i > \Delta D_e$ 时使 a 减小（$\Delta a < 0$）　b) $\Delta D_i < \Delta D_e$ 时使 a 增大（$\Delta a > 0$）

对相互配合的圆锥面间接触均匀性没有影响，只对基面距有影响。此时，基面距误差为

$$\Delta a = -(\Delta D_i - \Delta D_e)/2\tan(\alpha/2) = -(\Delta D_i - \Delta D_e)/C \tag{8-1}$$

由图 8-10 a 可知，当 $\Delta D_i > \Delta D_e$ 时，$(\Delta D_i - \Delta D_e)$ 的差值为正，则基面距 a 减小，即 Δa 为负值；同理，由图 8-10b 可知，当 $\Delta D_i < \Delta D_e$ 时，$(\Delta D_i - \Delta D_e)$ 的差值为负，则基面距 a 增大，即 Δa 为正值。Δa 与差值 $(\Delta D_i - \Delta D_e)$ 的符号是相反的，故式（8-1）带有负号。

二、圆锥角误差对基面距的影响

设以内圆锥最大直径为公称直径，基面距 a 位置在大端，内、外圆锥直径和形状都没有误差，只有圆锥角有误差（$-\Delta\alpha_i$、$-\Delta\alpha_e$），且 $\Delta\alpha_i \neq \Delta\alpha_e$，如图 8-11 所示。

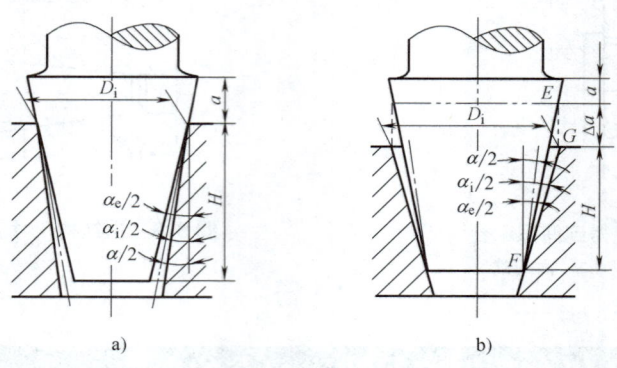

图 8-11 圆锥角误差对基面距 a 的影响
a) $\alpha_i < \alpha_e$ 时 Δa 可忽略　b) $\alpha_i > \alpha_e$ 时使 Δa 增大

现分两种情况进行讨论：

1) 若内圆锥的圆锥角 α_i 小于外圆锥的圆锥角 α_e，即 $\alpha_i < \alpha_e$，此时内圆锥的最小圆锥直径增大，外圆锥的最小直径减小，如图 8-11a 所示。于是内、外圆锥在大端接触，由此引起的基面距 a 变化很小，可以忽略不计。但由于内、外圆锥在大端局部接触，接触面积小，将使磨损加剧，且可能导致内、外圆锥相对倾斜，影响其使用性能。

2) 若内圆锥的圆锥角 α_i 大于外圆锥的圆锥角 α_e，即 $\alpha_i > \alpha_e$，如图 8-11b 所示，内圆锥与外圆锥将在小端接触，若圆锥角误差引起的基面距 a 增大量为 Δa，可有

$$\Delta a \approx \frac{0.0006H(\alpha_i/2 - \alpha_e/2)}{C} \tag{8-2}$$

式中，Δa 和 H 的单位为 mm，α_i 和 α_e 的单位为分（'）。

实际上，直径误差和圆锥角误差同时存在，它们对基面距的综合影响如下：

当 $\alpha_i < \alpha_e$ 时，圆锥角误差对基面距的影响很小，可以忽略，故只存在直径误差的影响，其误差按式（8-1）计算。当 $\alpha_i > \alpha_e$ 时，直径误差和圆锥角误差对基面距的影响同时存在，其最大可能变动量为

$$\Delta a = [(\Delta D_e - \Delta D_i) + 0.0006H(\alpha_i/2 - \alpha_e/2)]/C \tag{8-3}$$

式（8-3）在圆锥结合中，可以表达直径与圆锥角之间的关系。根据基面距允许变动量的要求，在确定圆锥角度和圆锥直径时，通常按工艺条件选定一个参数的公差，再按式（8-3）计算另一个参数的公差。

若基面距位置在小端，也可推导出直径误差、圆锥角误差对基面距综合影响的计算公式。

三、圆锥形状误差对其配合的影响

圆锥形状误差，是指在任一轴向截面内圆锥素线直线度误差和任一横向截面内的圆度误差，它们主要影响其配合表面的接触精度。对间隙配合，使其配合间隙大小不均匀；对过盈配合，由于接触面积减少，使传递扭矩减小，连接不可靠；对紧密配合，影响其密封性能，使密封不严。

综上所述，圆锥直径、圆锥角和圆锥形状误差，都将影响轴向位移或配合性质，为此，在设计时对其应规定适当的公差或极限偏差。

第三节 圆锥的公差与配合选择

GB/T 11334—2005 规定的圆锥公差项目有：圆锥直径公差 T_D、圆锥角公差 AT（角度值 AT_α 或线性值 AT_D）、圆锥的形状公差 T_F（包括素线直线度公差和横截面圆度公差）和给定截面圆锥直径公差 T_{DS}，共四个。

一、圆锥公差的给定方法

1. 给出圆锥的公称圆锥角 α（或锥度 C）和圆锥直径公差 T_D

这时由圆锥直径公差 T_D 确定两个极限圆锥（给出圆锥直径公差带），圆锥角误差和圆锥的形状误差均应在极限圆锥所限定的圆锥直径公差带内，如图 8-12 所示。当对圆锥角公差和圆锥的形状公差要求更高时，可再给出圆锥角公差 AT 和圆锥的形状公差 T_F，这时 AT 和 T_F 仅占 T_D 的一部分。按这种方法给定圆锥公差时，在圆锥直径的极限偏差后加注符号 Ⓣ，如 $\phi 50^{+0.039}_{\ \ \ 0}$ Ⓣ，另见图 8-15a 中 T_D 的标注。

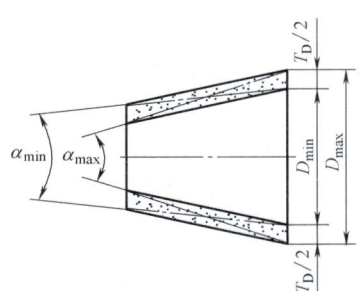

图 8-12 给出圆锥直径公差 T_D 时所限定的极限圆锥角 α_{max} 与 α_{min}

2. 给出给定截面圆锥直径公差 T_{DS} 和圆锥角公差 AT_α

这时圆锥的给定截面圆锥直径误差和圆锥角误差应分别满足两项公差要求，即给定截面的圆锥直径误差不大于其公差 T_{DS}，圆锥角误差 $\Delta\alpha$ 不大于圆锥角公差 AT_α。这是因为给定截面圆锥直径公差 T_{DS} 不能控制圆锥角误差 $\Delta\alpha$，两项须同时给定。图 8-13 表明 T_{DS} 只能控制给定截面的圆锥直径误差（$d_{x\min} \leqslant d_x \leqslant d_{x\max}$），在圆锥的全长上，必须同时给定 AT，才能控制整个圆锥面。

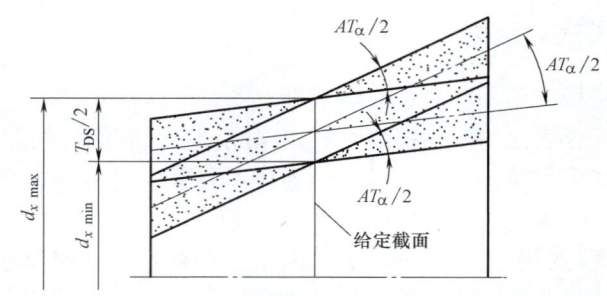

图 8-13　圆锥的给定截面圆锥直径公差 T_{DS} 和圆锥角公差 AT_α 无关

圆锥角公差 AT 按其极限偏差的方式给定（图 8-14）：单向加（$\alpha+AT_\alpha$）、单向减（$\alpha-AT_\alpha$）和双向（$\alpha\pm AT_\alpha/2$）（对称或不对称）取值。

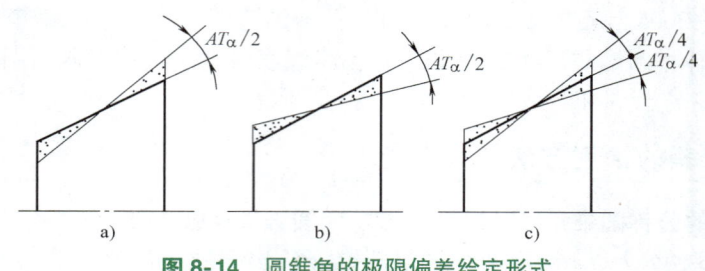

图 8-14　圆锥角的极限偏差给定形式
a) $\alpha+AT_\alpha$　b) $\alpha-AT_\alpha$　c) $\alpha\pm AT_\alpha/2$

二、圆锥公差的数值

1. 圆锥直径公差

圆锥直径公差值 T_D，以公称圆锥直径（一般取最大圆锥直径 D）为公称尺寸，按 GB/T 1800.1—2009 规定的标准公差选取，它适用于圆锥的全长 L。

2. 给定截面圆锥直径公差

给定截面圆锥直径公差 T_{DS}，以给定截面的圆锥直径 d_x 为公称尺寸，按 GB/T 1800.1—2009 规定的标准公差值选取。一般情况不规定给定截面圆锥直径公差，只有对圆锥工件有特殊需求（如阀类零件中，在配合的圆锥给定截面上要求接触良好，以保证密封性）时，才规定此项公差，但必须同时规定圆锥角公差 AT_α。如前所述，图 8-13 只给出给定截面圆锥直径公差 T_{DS}，并不能控制圆锥角的误差，因为 T_{DS} 和 AT_α 两者相互无关，故应分别满足要求。在给定截面上圆锥角误差的影响最小，故它是精度要求最高的一个截面。

3. 圆锥角公差

GB/T 11334—2005 规定，圆锥角公差 AT 共分 12 个公差等级，用符号 AT1，AT2，…，AT12 表示，圆锥角公差有两种给定形式：AT_α 或 AT_D。AT_α 和 AT_D 的关系为：$AT_D = AT_\alpha \times L \times 10^{-3}$。AT5~AT10 的部分圆锥角公差数值见表 8-1。

表 8-1　圆锥角公差数值（摘自 GB/T 11334—2005）

公称圆锥长度 L /mm	圆锥角公差等级					
	AT5		AT6		AT7	
	AT_α /μrad /(')('')	AT_D /μm	AT_α /μrad /(')('')	AT_D /μm	AT_α /μrad /(')('')	AT_D /μm
>25~40	160　33''	>4.0~6.3	250　52''	>6.3~10.0	400　1'22''	>10.0~16.0
>40~63	125　26''	>5.0~8.0	200　41''	>8.0~12.5	315　1'05''	>12.5~20.0
>63~100	100　21''	>6.3~10.0	160　33''	>10.0~16.0	250　52''	>16.0~25.0
>100~160	80　16''	>8.0~12.5	125　26''	>12.5~20.0	200　41''	>20.0~32.0
>160~250	63　13''	>10.0~16.0	100　21''	>16.0~25.0	160　33''	>25.0~40.0

公称圆锥长度 L /mm	圆锥角公差等级					
	AT8		AT9		AT10	
	AT_α /μrad /(')('')	AT_D /μm	AT_α /μrad /(')('')	AT_D /μm	AT_α /μrad /(')('')	AT_D /μm
>25~40	630　2'10''	>16.0~20.5	1000　3'26''	>25~40	1600　5'30''	>40~63
>40~63	500　1'43''	>20.0~32.0	800　2'45''	>32~50	1250　4'18''	>50~80
>63~100	400　1'22''	>25.0~40.0	630　2'10''	>40~63	1000　3'26''	>63~100
>100~160	315　1'05''	>32.0~50.0	500　1'43''	>50~80	800　2'45''	>80~125
>160~250	250　52''	>40.0~63.0	400　1'22''	>63~100	630　2'10''	>100~160

注：1μrad 等于半径为 1m、弧长为 1μm 所对应的圆心角。5μrad ≈ 1''（秒），300μrad ≈ 1'（分）。

一般情况下，可不必单独规定圆锥角公差，而是将实际圆锥角误差控制在圆锥直径公差带内，此时圆锥角 α_{max} 与 α_{min} 是圆锥直径公差内可能产生的极限圆锥角，如图 8-12 所示。表 8-2 列出了圆锥长度 L = 100mm 时圆锥直径公差 T_D 所限制的最大圆锥角误差 $\Delta\alpha_{max}$。

表 8-2　圆锥长度 L=100mm 时圆锥直径公差 T_D 所限制的最大圆锥角误差 $\Delta\alpha_{max}$　（单位：μrad）

标准公差等级	圆锥直径/mm										
	≤3	>3~6	>6~10	>10~18	>18~30	>30~50	>50~80	>80~120	>120~180	>180~250	>250~315	>315~400	>400~500
IT4	30	40	40	50	60	70	80	100	120	140	160	180	200
IT5	40	50	60	80	90	110	130	150	180	200	230	250	270
IT6	60	80	90	110	130	160	190	220	250	290	320	360	400
IT7	100	120	150	180	210	250	300	350	400	460	520	570	630
IT8	140	180	220	270	330	390	460	540	630	720	810	890	970
IT9	250	300	360	430	520	620	740	870	1000	1150	1300	1400	1550
IT10	400	480	580	700	840	1000	1200	1400	1600	1850	2100	2300	2500

注：圆锥长度不等于 100mm 时，需将表中数值乘以 100/L，L 的单位为 mm。

4. 圆锥形状公差

圆锥的形状公差包括圆锥素线直线度公差和圆锥面的圆度公差。对于要求不高的圆锥工件，其形状误差一般也用直径公差 T_D 控制。对于要求较高的圆锥工件，应单独按要求给定圆锥形状公差 T_F，T_F 的数值应按 GB/T 1184—1996 标准中给出的公差数值选取。

三、圆锥公差的标注方法

按照 GB/T 11334—2005 和 GB/T 15754—1995 的规定，给出圆锥的公称圆锥角 α（或锥度 C）和圆锥直径公差 T_D 的标注方法，如图 8-15a 所示；给出圆锥的给定截面直径公差 T_{DS}

(须同时给出圆锥角公差 AT_α)的标注方法,如图 8-15b 所示。

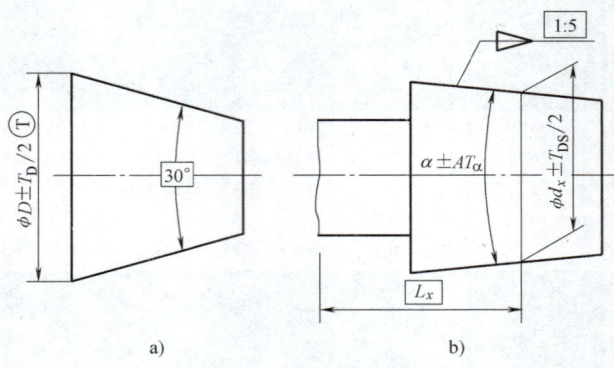

图 8-15 圆锥直径公差 T_D 和公称圆锥角 α 及给定截面直径公差 T_{DS} 和圆锥角公差 AT_α 的标注

a)给出圆锥直径公差 T_D 和公称圆锥角 α 的标注

b)给出给定截面直径公差 T_{DS} 和圆锥角公差 AT_α 的标注

必要时给出圆锥形状公差 T_F 的标注方法,如图 8-16 所示。

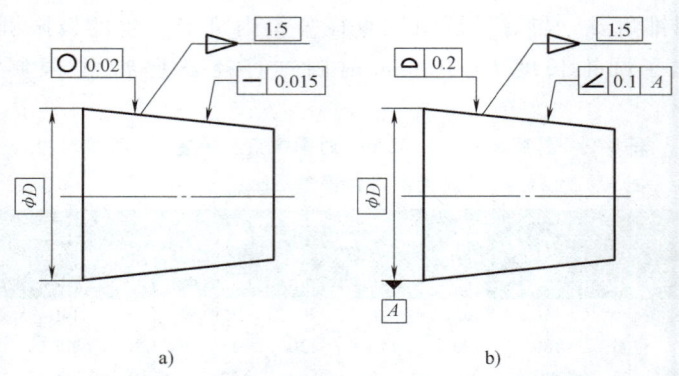

图 8-16 圆锥形状公差 T_F 的标注方法

a)给出圆锥面圆度公差和素线直线度公差的标注

b)给出圆锥面轮廓度公差和素线倾斜度公差的标注

四、圆锥配合的选择

GB/T 12360—2005《产品几何量技术规范(GPS) 圆锥配合》适用于锥度 C 从 1∶3~1∶500,公称圆锥长度 L 从 6~630mm,直径至 500mm 光滑圆锥的配合。

圆锥公差与配合制由基准制、圆锥公差和圆锥配合组成。圆锥配合的基准制分为基孔制和基轴制,标准推荐优先采用基孔制;圆锥公差按 GB/T 11334—2005 确定;圆锥配合分间隙配合、过渡配合和过盈配合,相互配合的两圆锥公称尺寸应相同。

GB/T 12360—2005 中给出了圆锥配合的形成、圆锥配合的一般规定、圆锥角偏差对圆锥配合的影响和内、外圆锥轴向极限偏差的计算及数值和基面距的确定。

1. 圆锥配合的一般规定

1) 结构型圆锥配合推荐优先采用基孔制，内、外圆锥公差带及配合直接从 GB/T 1801—2009 中选取符合要求的公差带和配合种类。

2) 位移型圆锥配合的内圆锥直径公差带的基本偏差推荐选用 H 和 JS，外圆锥直径公差带的基本偏差推荐选用 h 和 js。

2. 圆锥轴向极限偏差

由于圆锥工件往往同时存在圆锥直径偏差和圆锥角偏差，但对直径偏差和圆锥角偏差的检查不方便，特别是对内圆锥的检查更为困难。一般用综合量规检查、控制圆锥工件相对公称圆锥的轴向位移量（轴向偏差）。轴向位移量必须控制在轴向极限偏差范围内。

位移型圆锥配合的外、内圆锥的轴向极限偏差，即轴向上极限偏差（es_z、ES_z）、轴向下极限偏差（ei_z、EI_z）和外、内圆锥的轴向公差（T_{ze}、T_{zi}），可根据图 8-17 和图 8-18 所示来确定。

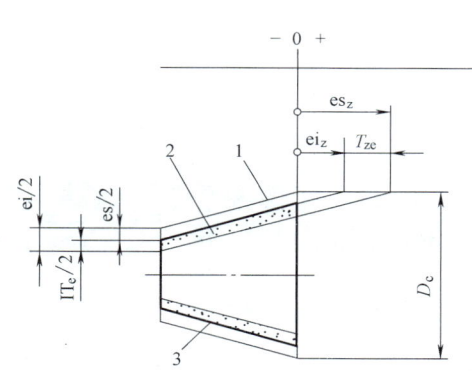

图 8-17 外圆锥轴向极限偏差 es_z、ei_z
1—公称圆锥　2—下极限圆锥　3—上极限圆锥

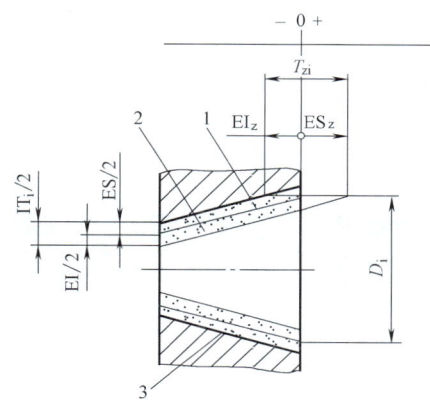

图 8-18 内圆锥轴向极限偏差 ES_z、EI_z
1—公称圆锥　2—下极限圆锥　3—上极限圆锥

外圆锥的轴向极限偏差、轴向基本偏差和轴向公差计算公式为：

外圆锥的轴向上极限偏差　　　　$es_z = -ei/C$

外圆锥的轴向下极限偏差　　　　$ei_z = -es/C$

外圆锥的轴向基本偏差　　　　　$e_z = -es(\text{或 } ei)/C$

外圆锥的轴向公差　　　　　　　$T_{ze} = IT_e/C$

内圆锥的轴向极限偏差、轴向基本偏差和轴向公差计算公式为：

内圆锥的轴向上极限偏差　　　　$ES_z = -EI/C$

内圆锥的轴向下极限偏差　　　　$EI_z = -ES/C$

内圆锥的轴向基本偏差　　　　　$E_z = -ES(\text{或 } EI)/C$

内圆锥的轴向公差　　　　　　　$T_{zi} = IT_i/C$

锥度 $C = 1:10$ 时，按 GB/T 1800.1—2009 规定的基本偏差值计算得到的外圆锥的轴向基本偏差 e_z 和轴向公差 T_z 列在表 8-3 和表 8-4 中。当锥度 $C \neq 1:10$ 时，圆锥的轴向基本偏差 e_z 和轴向公差 T_z，按表 8-3 和表 8-4 中的数值乘以换算系数得到，换算系数列于表 8-5 和表 8-6 中。

表 8-3　锥度 $C=1:10$ 的外圆锥的轴向基本偏差 e_z

（摘自 GB/T 12360—2005）　　　　　　　　　　（单位：mm）

基本偏差	d	e	f	g	h	js	j		k		m	n	p	r
公称尺寸	所有等级						5,6	7	≤3,>7	4~7	所有等级			
>10~18	+0.5	+0.32	+0.16	+0.06	0		+0.03	+0.06	0	-0.01	-0.07	-0.12	-0.18	-0.23
>18~30	+0.65	+0.4	+0.2	+0.07	0		+0.04	+0.08	0	-0.02	-0.08	-0.15	-0.22	-0.28
>30~50	+0.8	+0.5	+0.25	+0.09	0		+0.05	+0.1	0	-0.02	-0.09	-0.17	-0.26	-0.34
>50~65	+1	+0.6	+0.3	+0.1	0		+0.07	+0.12	0	-0.02	-0.11	-0.2	-0.32	-0.41
>65~80														-0.43
>80~100	+1.2	+0.72	+0.36	+0.12	0	$e_z=\pm T_{ze}/2$	+0.09	+0.15	0	-0.03	-0.13	-0.23	-0.37	-0.51
>100~120														-0.54
>120~140	+1.45	+0.85	+0.43	+0.14	0		+0.11	+0.18	0	-0.03	-0.15	-0.27	-0.43	-0.63
>140~160														-0.65
>160~180														-0.68
>180~200	+1.7	+1	+0.5	+0.15	0		+0.13	+0.21	0	-0.04	-0.17	-0.31	-0.5	-0.77
>200~225														-0.8
>225~250														-0.84

表 8-4　锥度 $C=1:10$ 的外圆锥的轴向公差 T_z

（摘自 GB/T 12360—2005）　　　　　　　　　　（单位：mm）

公称尺寸	公差等级										
	IT3	IT4	IT5	IT6	IT7	IT8	IT9	IT10	IT11	IT12	
>10~18	0.03	0.04	0.08	0.11	0.18	0.27	0.43	0.70	1.1	1.8	
>18~30	0.04	0.05	0.09	0.13	0.21	0.33	0.52	0.84	1.3	2.1	
>30~50	0.04	0.07	0.11	0.16	0.25	0.39	0.62	1	1.6	2.5	
>50~80	0.05	0.08	0.13	0.19	0.30	0.46	0.74	1.2	1.9	3	
>80~120	0.06	0.10	0.15	0.22	0.35	0.54	0.87	1.4	2.2	3.5	
>120~180	0.08	0.12	0.18	0.25	0.40	0.63	1	1.6	2.5	4	
>180~250	0.10	0.14	0.20	0.29	0.46	0.72	1.15	1.85	2.9	4.6	

表 8-5　一般用途圆锥的换算系数（摘自 GB/T 12360—2005）

基本值	系列 1	1/3		1/5				1/10		1/20	1/30		1/50	1/100	1/200
	系列 2		1/4		1/6	1/7	1/8		1/12	1/15		1/40			
换算系数		0.3	0.4	0.5	0.6	0.7	0.8	1	1.2	1.5	2	3	4	5	10	20

表 8-6　特殊用途圆锥的换算系数（摘自 GB/T 12360—2005）

基本值	18°30′	11°54′	8°40′	7°40′	7/24	1/9	1/12.262	1/12.972	1/15.748	1/16.666	1/18.779	1/19.002
换算系数	0.3	0.48	0.66	0.75	0.34	0.9	1.2	1.3	1.57	1.67	1.8	1.9

　　GB/T 1804—2000 对于金属切削加工件的角度，包括在图样上标注的角度和通常不需标注的角度（如 90°等），规定了未注公差角度的极限偏差（见第三章的表 3-12）。该极限偏差值应为一般工艺方法可以保证达到的精度。实际应用中可根据不同产品的需要，从标准中规定的四个未注公差角度的公差等级（精密 f、中等 m、粗糙 c、最粗 v）中选择合适的等级。

未注公差角度的极限偏差按角度短边长度确定，若工件为圆锥时，则按圆锥素线长度确定。

未注公差角度的公差等级在图样或技术文件上用标准号和公差等级表示。如选用中等级时，可在图样或技术文件上表示为：GB/T 1804—m。

另外，关于轴向位移计算可参考 GB/T 12360—2005 中的公式；关于基面距的确定及其极限初始位置和极限终止位置的计算等，可参考 GB/T 12360—2005 的附录 C。

思考题与习题

8-1 圆锥结合的公差与配合有哪些特点？

8-2 有一圆锥体，其尺寸参数为 D、d、L、C、α，试说明在零件图上是否需要把这些参数的尺寸和极限偏差都注上？为什么？

8-3 圆锥公差的给定方法有哪几种？它们各适用于什么样的场合？

8-4 为什么钻头、铰刀、铣刀等的尾柄与机床主轴孔连接多用圆锥结合？

8-5 C620-1 车床尾座顶尖套与顶尖结合采用莫氏 4 号锥度，顶尖的公称圆锥长度 $L=118$mm，圆锥角公差为 $AT8$，试查表确定其公称圆锥角 α、锥度 C 和圆锥角公差的数值。

8-6 已知内圆锥的最大直径 $D_i=\phi 23.825$mm，最小直径 $d_i=\phi 20.2$mm，锥度 $C=1:19.922$，公称圆锥长度 $L=120$mm，其直径公差带为 H8，查表确定内圆锥直径公差 T_D 所限制的最大圆锥角误差 $\Delta\alpha_{max}$。

第九章 键和花键的公差与检测

键联接和花键联接是机械产品中普遍应用的结合方式,它用作轴和轴上传动件(如齿轮、带轮、手轮和联轴器等)之间的可拆联接,用以传递扭矩,有时也用作轴上传动件的导向,如变速箱中的齿轮可以沿花键轴移动以达到变换速度的目的。

键又称单键,分为平键、半圆键和楔形键等几种。其中平键又可分为普通平键和导向平键;花键分为矩形花键、渐开线花键和三角花键三种,其中矩形花键应用最广。本章主要介绍 GB/T 1095—2003《平键 键槽的剖面尺寸》和 GB/T 1144—2001《矩形花键尺寸、公差和检验》两个国家标准。

第一节 单键结合的互换性

一、单键联接的结构和主要几何参数

单键联接通过键的侧面与轴键槽和轮毂键槽的侧面相互接触来传递扭矩,键宽 b(包括轴槽宽和毂槽宽)是主要工作尺寸,也是键联接的配合尺寸。键的上表面和毂键槽间留有一定的间隙,其结构如图 9-1 所示。在其剖面尺寸中,t_1 和 t_2 分别为轴槽深和毂槽深,L 和 h 分别为键长和键高,d 为轴和轮毂直径。在设计单键联接时,轴径 d 确定后,单键的规格参数也随之确定了,见表 9-1。

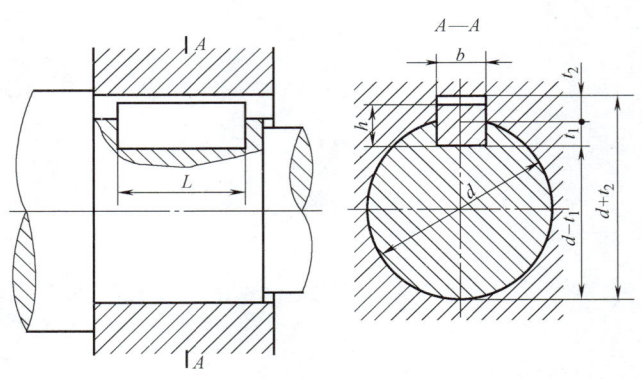

图 9-1 普通平键的联接结构

二、单键联接的极限与配合

在单键联接中,键宽和槽宽 b 是配合尺寸。平键由型钢制成,是标准件。因此键宽是单

键结合中的"轴",轴槽宽和毂槽宽是单键结合中的"孔",故键宽与槽宽的配合制度应采用基轴制。通过规定不同的键槽宽公差带来满足不同键联接的配合性能要求。按照配合的松紧不同,普通平键联接分为正常联接、紧密联接和松联接;半圆键联接也分为正常联接、紧密联接和松联接。按国家标准从 GB/T 1800.1—2009 中选取公差带,对键宽规定一种公差带,对轴槽宽和毂槽宽各规定三种公差带,构成三组配合,以满足各种不同的用途。键宽与槽宽 b 的公差带如图 9-2 所示,三组配合的应用情况见表 9-2。

表 9-1 普通平键尺寸和键槽深度 t_1、t_2 的基本尺寸及极限偏差 (单位:mm)

键尺寸 $b \times h$	键槽 宽度 b						深度				
	基本尺寸	极限偏差					轴键槽			轮毂孔键槽	
		正常联接		紧密联接	松联接		t_1		$d-t_1$	t_2	$d+t_2$
		轴 N9	轮毂孔 JS9	轴和轮毂孔 P9	轴 H9	轮毂孔 D10	基本尺寸	极限偏差	极限偏差	基本尺寸	极限偏差	极限偏差
5×5	5	0	±0.015	-0.012	+0.030	+0.078	3.0	+0.1	0	2.3	+0.1	+0.1
6×6	6	-0.030		-0.042	0	+0.030	3.5	0	-0.1	2.8	0	0
8×7	8	0	±0.018	-0.015	+0.036	+0.098	4.0			3.3		
10×8	10	-0.036		-0.051	0	+0.040	5.0			3.3		
12×8	12						5.0			3.3		
14×9	14	0	±0.0215	-0.018	+0.043	+0.120	5.5			3.8		
16×10	16	-0.043		-0.061	0	+0.050	6.0	+0.2	0	4.3	+0.2	+0.2
18×11	18						7.0	0	-0.2	4.4	0	0
20×12	20						7.5			4.9		
22×14	22	0	±0.026	-0.022	+0.052	+0.149	9.0			5.4		
25×14	25	-0.052		-0.074	0	+0.065	9.0			5.4		
28×16	28						10.0			6.4		

注:d 为相互配合孔、轴的公称尺寸;对于任一 d 的孔、轴,皆可按需要选取键的尺寸,而不局限于某一特定尺寸。

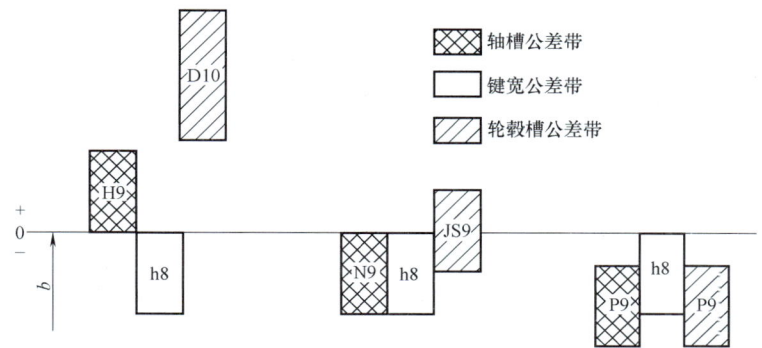

图 9-2 单键联接中键宽与槽宽的公差带

表 9-2 普通平键联接的三类配合及其应用

配合种类	宽度 b 的公差带			应用
	键	轴键槽	轮毂键槽	
松联接	h8	H9	D10	用于导向平键,轮毂在轴上移动
正常联接		N9	JS9	键在轴键槽中和轮毂键槽中均固定,用于载荷不大的场合
紧密联接		P9	P9	键在轴键槽中和轮毂键槽中均牢固地固定,用于载荷较大、有冲击和双向转矩的场合

表 9-3 半圆键的键、键槽剖面尺寸及键槽公差 （单位：mm）

键尺寸 $b×h×D$	键槽										
	宽度 b					深 度				半径 R	
	基本尺寸	极限偏差				轴键槽 t_1		毂键槽 t_2			
		正常联接		紧密联接	松联接						
		轴 N9	毂 JS9	轴和毂 P9	轴 H9	毂 D10	基本尺寸	极限偏差	基本尺寸	极限偏差	max	min
3×5×13	3	−0.004 −0.029	±0.0125	−0.006 −0.031	+0.025 0	+0.060 +0.020	3.8		1.4		0.16	0.08
3×6.5×16	3						5.3		1.4			
4×6.5×16	4						5.0	+0.2 0	1.8	+0.1 0		
4×7.5×19	4						6.0		1.8			
5×6.5×16	5	0 −0.030	±0.015	−0.012 −0.042	+0.030 0	+0.078 +0.030	4.5		2.3		0.25	0.16
5×7.5×19	5						5.5		2.3			
5×9×22	5						7.0		2.3			
6×9×22	6						6.5	+0.3 0	2.8	+0.2 0		
6×10×25	6						7.5		2.8			

单键联接中的非配合尺寸中，平键联接的轴槽深 t_1 和毂槽深 t_2 的公差（极限偏差）见表 9-1，键高 h 的公差采用 h11，半圆键直径 d 的公差采用 h12，键长 L 的公差采用 h14，轴键槽长度的公差采用 H14。半圆键联接的轴槽深 t_1 和毂槽深 t_2 的公差（极限偏差）见表 9-3。

选用单键联接时，还应考虑其配合表面的几何公差和表面粗糙度。

为保证键侧与键槽之间有足够的接触面积和容易装配，应分别对轴槽和毂槽的中心平面规定对称度公差。对称度公差按 GB/T 1184—1996《形状和位置公差 未注公差值》确定，一般取 7~9 级。对称度公差的主参数是键宽 b。

当单键的键长 L 与键宽 b 之比大于或等于 8 时，应对键的两工作侧面在长度方向上规定平行度公差，平行度公差也是按 GB/T 1184—1996《形状和位置公差 未注公差值》选取：当 $b<6\text{mm}$ 时，平行度公差等级取 7 级；当 $b\geqslant 8~36\text{mm}$ 时，平行度公差等级取 6 级；当 $b\geqslant 40\text{mm}$ 时，平行度公差等级取 5 级。

键槽配合面的表面粗糙度值一般取 $1.6~6.3\mu\text{m}$，非配合表面取 $6.3~12.5\mu\text{m}$。

轴键槽和轮毂键槽的剖面尺寸、几何公差及表面粗糙度 Ra 值在图样上的标注如图 9-3 所示。

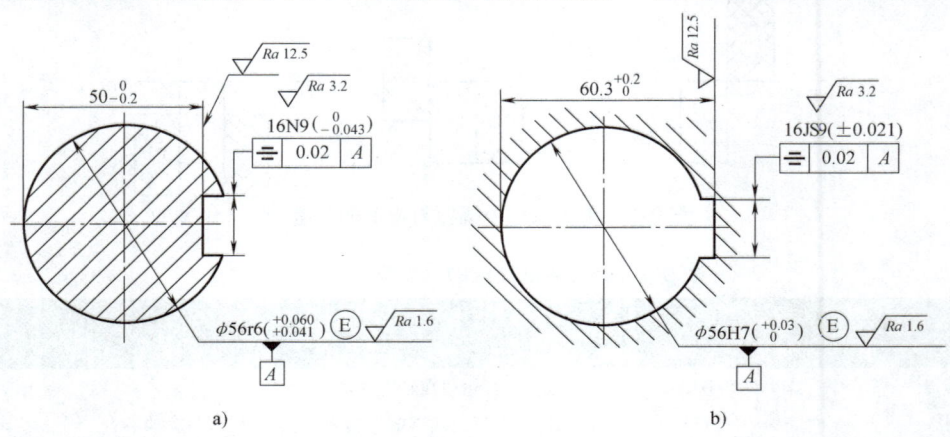

图 9-3 轴键槽与轮毂键槽的标注
a) 轴键槽标注示例 b) 轮毂键槽标注示例

三、单键轴键槽与轮毂键槽的测量

单键轴键槽与轮毂键槽的测量，一般使用通用计量器具，如图 9-4b 所示。当被测键槽对称度符合最大实体要求时，也可使用对称度量规检验，如图 9-4d、f 所示。

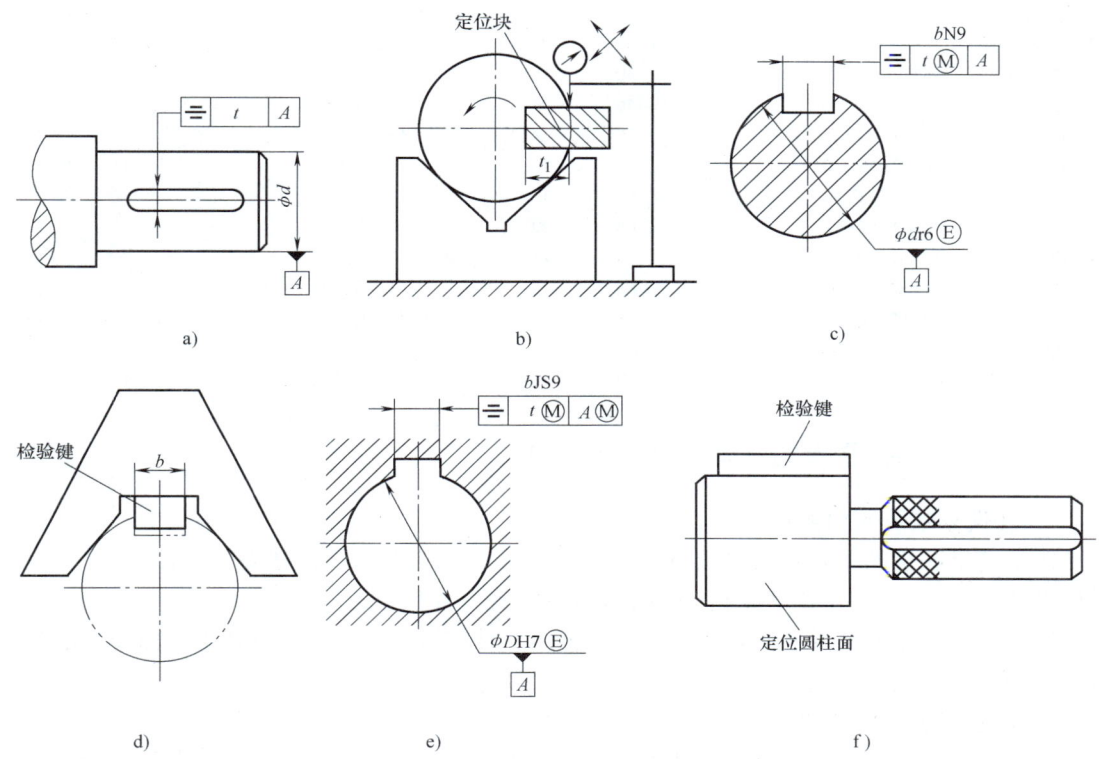

图 9-4 单键轴键槽与轮毂键槽的测量

a）轴键槽标注对称度　b）轴键槽对称度误差测量　c）轴键槽标注对称度（最大实体要求）
d）轴键槽的对称度量规　e）轮毂键槽标注对称度（被测与基准均符合最大实体要求）
f）轮毂键槽的对称度量规

第二节　矩形花键结合的互换性

一、矩形花键联接的尺寸系列

国家标准 GB/T 1144—2001 规定了矩形花键联接的尺寸系列、定心方式、公差与配合标注方法及检验规则。

为便于加工和测量，矩形花键的键数 N 为偶数，即 6、8、10 三种。按承载能力不同，矩形花键可分为中、轻两个系列，中系列的键高尺寸较大，承载能力强，轻系列的键高尺寸较小，承载能力相对低。矩形花键的尺寸系列见表 9-4。

表 9-4　矩形花键的尺寸系列　　　　　　　　　　　　　　（单位：mm）

小径 d	轻系列					中系列				
	规　格 N×d×D×B	键数 N	大径 D	键宽 B		规　格 N×d×D×B	键数 N	大径 D	键宽 B	
23	6×23×26×6	6	26	6		6×23×28×6	6	28	6	
26	6×26×30×6		30	6		6×26×32×6		32	6	
28	6×28×32×7		32	7		6×28×34×7		34	7	
32	6×32×36×6		36	6		8×32×38×6		38	6	
36	8×36×40×7		40	7		8×36×42×7		42	7	
42	8×42×46×8		46	8		8×42×48×8		48	8	
46	8×46×50×9	8	50	9		8×46×54×9	8	54	9	
52	8×52×58×10		58	10		8×52×60×10		60	10	
56	8×56×62×10		62	10		8×56×65×10		65	10	
62	8×62×68×12		68	12		8×62×72×12		72	12	
72	10×72×78×12		78	12		10×72×82×12		82	12	
82	10×82×88×12		88	12		10×82×92×12		92	12	
92	10×92×98×14	10	98	14		10×92×102×14	10	102	14	
102	10×102×108×16		108	16		10×102×112×16		112	16	
112	10×112×120×18		120	18		10×112×125×18		125	18	

二、矩形花键联接的几何参数和定心方式

1. 几何参数及使用要求

矩形花键联接的主要几何参数有大径 D、小径 d 和键数 N、键槽宽 B。如图 9-5 所示，其中图 9-5a 为内花键（花键孔），图 9-5b 为外花键（花键轴）。

矩形花键联接的主要使用要求是，应保证内、外花键的同轴度，以及键侧面与键槽侧面接触均匀性，能保证传递一定的扭矩，为此，必须保证配合性质。

2. 矩形花键联接的定心方式

矩形花键联接有三个结合面，即大径、小径和键侧。确定配合性质的结合面称为定心表面，理论上每个结合面都可作为定心表面，GB/T 1144—2001 中规定矩形花键以小径的结合面为定心表面，即小径定心，如图 9-6 所示。

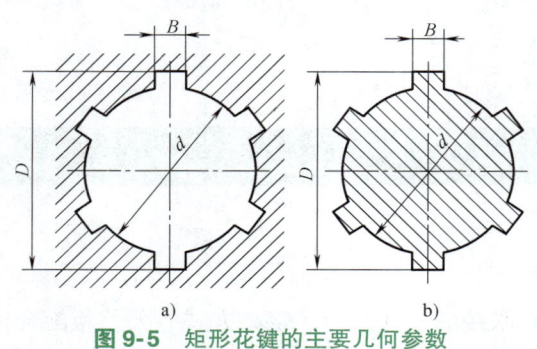

图 9-5　矩形花键的主要几何参数

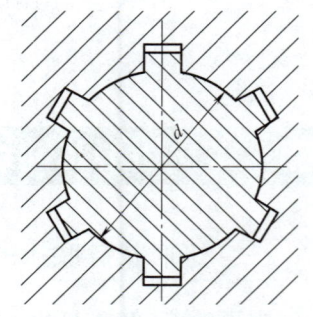

图 9-6　矩形花键的小径定心

3. 小径定心的优点

小径定心有一系列优点，是国家标准规定矩形花键以小径结合面为定心表面的主要原因。

当用大径定心时，内花键定心表面的精度依靠拉刀保证，而当内花键定心表面硬度要求高时，如 40HRC 以上，热处理后的变形难以用拉刀修正；当内花键定心表面的表面粗糙度要求较高时，如 $Ra<0.63\mu m$，用拉削工艺很难保证达到要求；在单件、小批量生产以及大规格的花键中，内花键也难以使用拉削工艺（因为这种加工方法经济性不好）。

采用小径定心时，热处理（淬火）后的变形可用内圆磨修复，而且内圆磨可达到更高的尺寸精度和更高的表面粗糙度要求。同时，外花键小径精度可用成形磨削保证。所以小径定心能保证定心精度高，定心稳定性好，且使用寿命长，更有利于产品质量的提高。

三、矩形花键联接的极限与配合

矩形花键联接的极限与配合分为两种情况：一种为一般用途矩形花键；另一种为精密传动用矩形花键。其内、外花键的尺寸公差带见表 9-5。

表 9-5 矩形花键的尺寸公差带

内花键		B		外花键			装配形式
d	D	拉削后不热处理	拉削后热处理	b	D	B	
一 般 用							
H7	H10	H9	H11	f7Ⓔ	a11	d10	滑动
				g7Ⓔ		f9	紧滑动
				h7Ⓔ		h10	固定
精 密 传 动 用							
H5	H10	H7、H9		f5Ⓔ	a11	d8	滑动
				g5Ⓔ		f7	紧滑动
				h5Ⓔ		h8	固定
H6				f6Ⓔ		d8	滑动
				g6Ⓔ		f7	紧滑动
				h6Ⓔ		d8	固定

注：1. 精密传动用的内花键，当需要控制键侧配合间隙时，槽宽 B 可选用 H7，一般情况可选用 H9。
  2. 小径 d 的公差带为 H6Ⓔ和 H7Ⓔ（符合包容要求）的内花键，允许与提高一级的外花键配合。

矩形花键联接采用基孔制配合，是为了减少加工和检验内花键用花键拉刀和花键量规的规格和数量。

一般传动用内花键拉削后再进行热处理，其键（槽）宽的变形不易修正，故公差要降低要求（由 H9 降为 H11）。对于精密传动用内花键，当联接要求键侧配合间隙较高时，槽宽公差带选用 H7，一般情况选用 H9。

定心直径 d 的公差带，在一般情况下，内、外花键取相同的公差等级。这个规定不同于普通光滑孔、轴的配合。主要是考虑到矩形花键采用小径定心，使加工难度由内花键转为外花键。但在有些情况下，内花键允许与提高一级的外花键配合，公差带为 H7 的内花键，可以与公差带为 f6、g6、h6 的外花键配合，公差带为 H6 的内花键，可以与公差带为 f5、g5、h5 的外花键配合，这主要是考虑矩形花键常用来作为齿轮的基准孔，在贯彻齿轮标准过程中，有可能出现外花键的定心直径公差等级高于内花键的定心直径公差等级的情况。

四、矩形花键联接极限与配合的选用

矩形花键联接的极限与配合选用主要是确定联接精度和装配形式。

联接精度的选用主要是根据定心精度要求和传递扭矩大小。精密传动用花键联接定心精度高,传递扭矩大而且平稳,多用于精密机床主轴变速箱,以及各种减速器中轴与齿轮内花键的联接。

矩形花键按装配形式分为固定联接、紧滑动联接和滑动联接三种。固定联接方式用于内、外花键之间无轴向相对移动的情况,而后两种联接方式用于内、外花键之间工作时要求相对移动的情况。由于几何误差的影响,矩形花键各结合面的配合均比预定的要紧。

装配形式的选用首先根据内、外花键之间是否有轴向移动,确定选固定联接还是滑动联接。对于内、外花键之间要求有相对移动,而且移动距离长、移动频率高的情况,应选用配合间隙较大的滑动联接,以保证运动灵活性及配合面间有足够的润滑油层,如变速箱中的齿轮与轴的联接。对于内、外花键之间定心精度要求高,传递扭矩大或经常有反向转动的情况,则选用配合间隙较小的紧滑动联接。对于内、外花键间无须在轴向移动,只用来传递扭矩的情况,则选用固定联接。

五、矩形花键联接的几何公差和表面粗糙度要求

1. 几何公差要求

内、外花键是具有复杂表面的结合件,且键长与键宽的比值较大,因此还需有几何公差要求。为保证配合性质,内、外花键的小径定心表面的形状公差和尺寸公差的关系应遵守包容要求。几何公差若是规定位置度公差(见表9-6),则应注意键宽的位置度公差与小径定心表面的尺寸公差关系均应符合最大实体要求。内、外矩形花键的位置度公差标注如图9-7所示。若是规定对称度公差(见表9-7),则应注意键宽的对称度公差与小径定心表面的尺寸公差关系应遵守独立原则。内、外矩形花键的对称度公差标注如图9-8所示。另外,对于较长花键,可根据产品性能自行规定键侧对轴线的平行度公差。

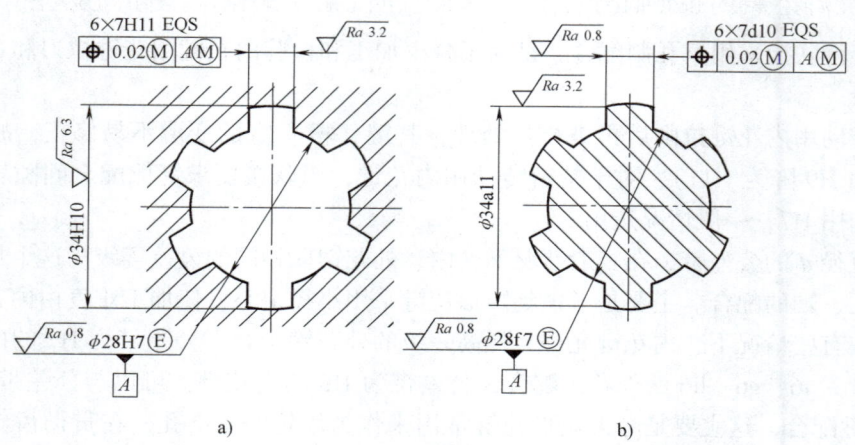

图9-7 矩形花键的位置度公差标注

2. 表面粗糙度轮廓要求

一般是标注 Ra 的上限值要求,矩形花键各结合表面的表面粗糙度见表9-8。

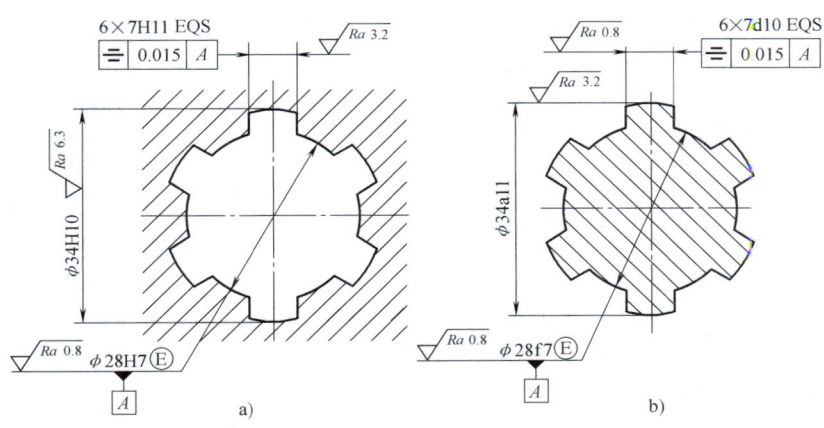

图 9-8 矩形花键的对称度公差标注

表 9-6 矩形花键位置度公差 t_1 （单位：mm）

键槽宽或键宽 B		3	3.5~6	7~10	12~18
		位置度公差 t_1			
键槽宽		0.010	0.015	0.020	0.025
键宽	滑动、固定	0.010	0.015	0.020	0.025
	紧滑动	0.005	0.010	0.013	0.016

表 9-7 矩形花键对称度公差 t_2 （单位：mm）

键槽宽或键宽 B	3	3.5~6	7~10	12~18
	对称度公差 t_2			
一般用	0.010	0.012	0.015	0.018
精密传动用	0.006	0.008	0.009	0.011

表 9-8 矩形花键表面粗糙度推荐值

加工表面	内花键	外花键
	Ra 不大于/μm	
小径	0.8	0.8
大径	6.3	3.2
键侧	3.2	0.8

六、矩形花键联接的标注代号

矩形花键联接在图样上的标注代号，应按顺序包括：键数 N，小径 d，大径 D，键宽 B，及其相应的尺寸公差带代号，各项之间用"×"连接。

如有一个花键联接，键数 $N=6$，小径 $d=23$H7/f7，大径 $D=26$H10/a11，键宽 $B=6$H11/d10，则在图样上的标注代号有：

1) 矩形花键规格 $N×d×D×B$，应记为

$$6×23×26×6$$

2) 矩形花键副的配合代号，标注在装配图上为

$$6×23\text{H7/f7}×26\text{H10/a11}×6\text{H11/d10} \quad \text{GB/T 1144—2001}$$

3) 内花键的公差带代号，标注在零件图上为

$$6×23\text{H7}×26\text{H10}×6\text{H11} \quad \text{GB/T 1144—2001}$$

4）外花键的公差带代号，标注在零件图上为

6×23f7×26a11×6d10　GB/T 1144—2001

七、矩形花键的检测

矩形花键的检测有单项测量和综合检验两类。也可以说有对于定心小径、键宽、大径的三个参数检验，而每一个参数都有尺寸、位置、表面粗糙度的检验。

1. 单项测量

对于单件小批生产，采用单项测量。一般来说是规定了对称度和等分度公差（见图 9-8 的标注示例）且遵守独立原则。测量时，花键的尺寸和位置误差使用千分尺、游标卡尺、指示表等通用计量器具分别测量。

2. 综合检验

对于大批大量生产，图样标注如图 9-7 所示（最大实体要求Ⓜ）。先用花键位置量规（塞规或环规）同时检验花键的小径、大径、键宽及大、小径的同轴度误差，各键（键槽）的位置度误差等综合结果。若位置量规能自由通过，说明花键是合格的。用位置量规检验合格后，再用单项止端塞规（环规）或普通计量器具检测其小径、大径及键槽宽（键宽）的实际尺寸是否超越其最小实体尺寸。矩形花键位置量规如图 9-9 所示。

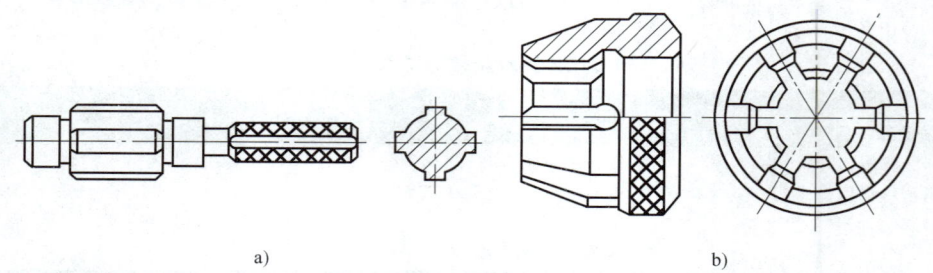

a)　　　　　　　　　　　　　　　　　b)

图 9-9　矩形花键位置量规
a) 花键塞规（两短柱起导向作用）　b) 花键环规（圆孔起导向作用）

思考题与习题

9-1　单键联接的主要几何参数有哪些？

9-2　什么是单键联接的配合尺寸？采用何种配合制度？

9-3　单键联接有几种配合类型？它们各应用在什么场合？

9-4　矩形花键联接的结合面有哪些？通常用哪个结合面作为定心表面？为什么？

9-5　矩形花键联接各结合面的配合采用何种配合制度？有几种装配形式？

9-6　某减速器中输出轴的伸出端与相配件孔的配合为 $\phi 45H7/m6$，并采用了普通平键联接。试确定轴槽和轮毂槽的剖面尺寸及其极限偏差、键槽对称度公差和键槽表面粗糙度参数值，将各项公差值标注在零件图上。

9-7　某车床主轴箱中一变速滑动齿轮与轴的结合，采用矩形花键联接，花键的基本尺寸为 6×23×26×6。齿轮内孔不需要热处理。试查表确定花键的大径、小径和键宽的公差带，并画出公差带图。

第十章 螺纹公差

螺纹结合在机械制造和仪器制造中使用非常广泛，按其用途可以分为三类，其使用要求如下：

(1) **紧固螺纹** 紧固螺纹为普通螺纹，其牙型为三角形，主要用于紧固和联接零件，分粗牙螺纹和细牙螺纹。其使用要求主要为可旋合性和联接的可靠性。可旋合性是指内、外螺纹易于旋入和拧出，以便装配和拆换。联接可靠性是指螺纹具有一定的联接强度，螺牙不得过早损坏和自动松脱。

(2) **传动螺纹** 根据螺纹副的摩擦性质不同，传动螺纹可以分为滑动螺旋传动、滚动螺旋传动（滚珠丝杠副传动）和静压螺旋传动。它主要通过螺杆和螺母的旋合传递运动和动力，如机床中丝杠螺母副、量仪中测微螺旋副等。其使用要求是传递动力可靠，传动比稳定，有一定的保证间隙，以便传动和储存润滑油。滑动螺旋传动的牙型主要为梯形、锯齿形、矩形和三角形等。滚珠丝杠传动的螺杆和螺母的螺纹滚道之间置有滚动体，其相对运动为滚动摩擦。静压螺旋传动的螺杆和螺纹之间充满具有一定压力的液压油。由于滚珠丝杠传动和静压螺旋传动具有独特的性能，目前滚珠丝杠传动和静压螺旋传动也在机械行业中得到了广泛的应用。

(3) **紧密螺纹** 又称密封螺纹，主要用于密封，如联接管道用的螺纹。其使用要求是结合紧密，不漏水、气、油。

螺纹按其牙型也可分为三类：普通螺纹、梯形螺纹和管道螺纹。

本章主要介绍应用最广泛的米制普通螺纹、梯形螺纹及梯形传动丝杠和滚珠丝杠副的公差与配合，及其检测和应用。有关普通螺纹的国家标准有 GB/T 192—2003《普通螺纹 基本牙型》、GB/T 193—2003《普通螺纹 直径与螺距系列》、GB/T 196—2003《普通螺纹 基本尺寸》、GB/T 197—2003《普通螺纹 公差》、GB/T 2516—2003《普通螺纹 极限偏差》和 GB/T 3934—2003《普通螺纹量规 技术条件》。有关梯形螺纹的国家标准有 GB/T 5796.1—2005《梯形螺纹 第1部分：牙型》、GB/T 5796.2—2005《梯形螺纹 第2部分：直径与螺距系列》、GB/T 5796.3—2005《梯形螺纹 第3部分：基本尺寸》和 GB/T 5796.4—2005《梯形螺纹 第4部分：公差》。有关机床梯形丝杠、螺母的机械行业标准有 JB/T 2886—2008《机床梯形丝杠、螺母 技术条件》。有关滚珠丝杠螺母副的国家标准有 GB/T 17587.1~5—1998《滚珠丝杠副》。

第一节 螺纹几何参数偏差对互换性的影响

一、螺纹的基本牙型及其主要几何参数

如图 10-1 所示为普通螺纹的基本牙型，其理想状态是在高为 H 的等边三角形（原始三

角形）上截去其顶部和底部形成的。

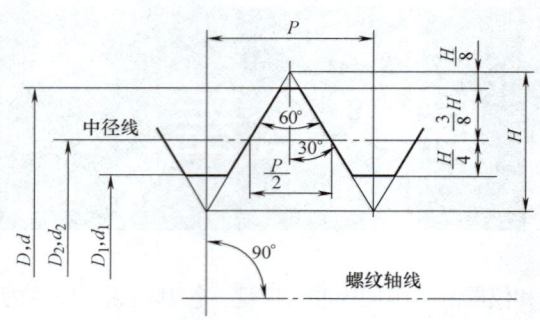

图 10-1　普通螺纹的基本牙型

普通螺纹的主要几何参数有：

（1）**大径**（D 或 d）　大径是指与外螺纹牙顶或内螺纹牙底相切的假想圆柱的直径。用 D 表示内螺纹的大径（内螺纹牙底直径），d 表示外螺纹的大径（外螺纹牙顶直径）。国家标准规定，普通螺纹大径为螺纹的公称直径。相配合的螺纹 $D=d$。

（2）**小径**（D_1 或 d_1）　小径是指与外螺纹牙底或内螺纹牙顶相切的假想圆柱的直径。用 D_1 和 d_1 分别表示内、外螺纹的小径。相配合的螺纹 $D_1=d_1$。

为了方便起见，与外螺纹或内螺纹牙顶相切的假想圆柱直径（即外螺纹的大径 d 或内螺纹的小径 D_1）又称为顶径。与外螺纹或内螺纹牙底相切的假想圆柱直径（即外螺纹的小径 d_1 或内螺纹的大径 D）又称为底径。

（3）**中径**（D_2 或 d_2）　中径是指一个假想圆柱的直径，该圆柱母线通过圆柱螺纹上牙厚与牙槽宽相等的地方。中径的大小决定了螺纹牙侧相对于轴线的径向位置，它的大小直接影响了螺纹的使用。因此，中径是螺纹公差与配合中的主要参数之一。中径的大小不受大径和小径尺寸变化的影响，也不是大径和小径的平均值。相配合的螺纹 $D_2=d_2$。

中径（d_2 或 D_2）与大径（d 或 D）和原始三角形高度 H 有如下关系：

内螺纹：$D_2 = D - 2 \times \dfrac{3}{8} H$

外螺纹：$d_2 = d - 2 \times \dfrac{3}{8} H$

（4）**单一中径**（D_{2s} 或 d_{2s}）　单一中径是指一个假想圆柱的直径，该圆柱的母线通过实际螺纹上牙槽宽度等于半个基本螺距（$P/2$）的地方，如图 10-2 所示。

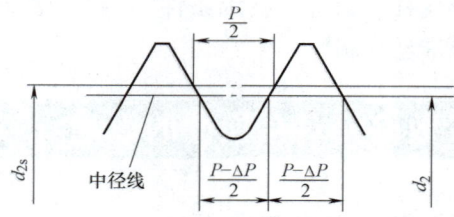

图 10-2　普通螺纹的中径与单一中径

P—基本螺距　ΔP—螺距偏差

单一中径是按三针法测量中径定义的,单一中径有时也称为实际中径(D_{2a}或d_{2a})。当螺距没有偏差时,中径就是单一中径;当螺距有偏差时,中径不等于单一中径(注:GB/T 14791—2013 规定"螺距偏差"为标准名词术语,表示实际值与其基本值之差)。

(5) **螺距(P)与导程(P_h)** 螺距P是指相邻两牙体上的对应牙侧与中径线相交两点间的轴向距离。导程P_h是指在同一条螺旋线上相邻两牙在中径线上对应两点间的轴向距离。对于单线螺纹,$P_h=P$;对于n线螺纹,$P_h=nP$。

螺距P应按国家标准规定的系列选用,见表 10-1。普通螺纹的螺距分为粗牙和细牙两种。

(6) **牙型角(α)与牙侧角($\alpha/2$)** 牙型角α是指在螺纹牙型上,两相邻牙侧间的夹角α。普通螺纹牙型角$\alpha=60°$。牙侧角$\alpha/2$是牙型角α的一半,$\alpha/2=30°$(图 10-1)。

牙侧角是指在螺纹牙型上,一个牙侧与垂直于螺纹轴线平面间的夹角。左、右牙侧角分别用α_1和α_2表示(图 10-3),普通螺纹牙侧角基本值为 30°。

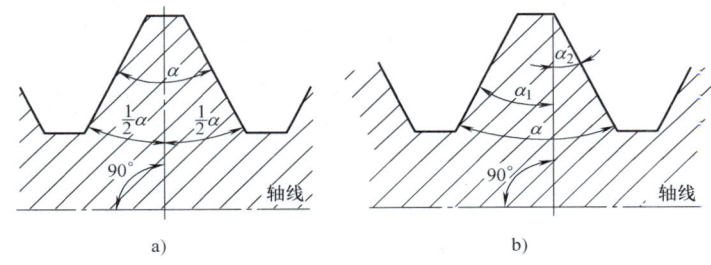

图 10-3 牙型角、牙型半角和牙侧角
a) 牙型角 α 和牙型半角 $\alpha/2$ b) 牙侧角(左 α_1,右 α_2)

牙侧角的大小和方向会影响螺纹的旋合性和接触面积。牙型角正确时,牙侧角仍可能有误差,测量时应测量牙侧角。因此牙侧角也是螺纹公差与配合的主要参数之一。

表 10-1 普通螺纹的公称直径及相应基本值 (单位:mm)

大径 D、d			螺距 P	中径 D_2、d_2	小径 D_1、d_1
第一系列	第二系列	第三系列			
10			1.5	9.026	8.376
			1.25	9.188	8.647
			1	9.350	8.917
			0.75	9.513	9.188
12			1.75	10.863	10.106
			1.5	11.026	10.376
			1.25	11.188	10.647
			1	11.350	10.917
	14		2	12.701	11.835
			1.5	13.026	12.376
			1.25	13.188	12.647
			1	13.350	12.917
16			2	14.701	13.835
			1.5	15.026	14.376
			1	15.350	14.917

(续)

大径 D、d			螺距 P	中径 D_2、d_2	小径 D_1、d_1
第一系列	第二系列	第三系列			
		18	2.5	16.376	15.294
			2	16.701	15.835
			1.5	17.026	16.376
			1	17.350	16.917
20			2.5	18.376	17.294
			2	18.701	17.835
			1.5	19.026	18.376
			1	19.350	18.917
	24		3	22.051	20.752
			2	22.701	21.835
			1.5	23.026	22.376
			1	23.350	22.917
		26	1.5	25.026	24.376
		28	2	26.701	25.835
			1.5	27.026	26.376
			1	27.350	26.917
30			3.5	27.727	26.211
			(3)	28.051	26.752
			2	28.701	27.835
			1.5	29.026	28.376
			1	29.350	28.917

注：1. 直径优先选用第一系列，其次是第二系列，第三系列尽可能不用。
2. 黑体数字表示的为粗牙螺纹。括号内的螺距尽可能不用。

(7) **螺纹升角**（φ） 螺纹升角 φ 是指在中径圆柱上，螺旋线的切线与垂直于螺纹轴线平面间的夹角。螺纹升角的计算公式如下

$$\tan\varphi = P_h / \pi d_2 = nP / \pi d_2$$

式中 n——螺纹线数。

(8) **螺纹旋合长度**（L_E） 螺纹的旋合长度是指两个配合螺纹的有效螺纹相互接触的轴向长度（图10-4）。

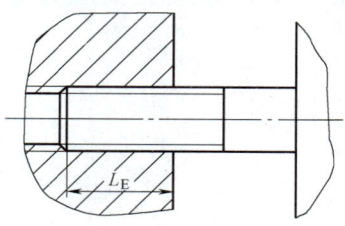

图10-4 螺纹的旋合长度

二、公差原则对螺纹几何参数的应用

影响螺纹互换性的几何参数有：螺纹的大径、中径、小径、螺距和牙侧角。螺纹的大径和小径处一般有间隙，不会影响螺纹的配合性质，而内、外螺纹联接是依靠旋合后的牙侧面

接触的均匀性来实现的。因此影响螺纹互换性的主要有螺距误差、牙侧角偏差和中径偏差。其中螺距和牙侧角偏差属于几何误差（均可转换为中径当量）；中径偏差为单一中径的尺寸偏差。而作用中径（中径作用尺寸 D_{2m}、d_{2m}）为单一中径与其当量的综合结果。

对于精密螺纹（如丝杠、螺纹量规、测微螺纹等），为了满足其功能要求，对螺距、牙侧角和中径分别规定较严的公差，按独立原则进行测量。其中螺距误差常表现为多个螺距的累积螺距偏差。

对于紧固螺纹，主要要求保证可旋合性和一定的联接强度，应采用包容要求来处理。标准中只规定中径公差，螺距误差和牙侧角偏差都由中径公差来综合控制。用中径极限偏差构成牙廓的最大实体边界来限制螺距误差和牙侧角偏差等几何误差，检测时，采用螺纹综合量规来体现最大实体边界。实际螺纹的作用中径按下式计算：

有螺距误差和牙侧角偏差时：

$$外螺纹：d_{2m} = d_{2a} + (f_p + f_\alpha)$$
$$内螺纹：D_{2m} = D_{2a} - (F_p + F_\alpha)$$

无螺距误差和牙侧角偏差时：

$$外螺纹：d_{2m} = d_{2a}$$
$$内螺纹：D_{2m} = D_{2a}$$

1. 螺距误差对螺纹互换性的影响和螺距误差的中径补偿值

螺距误差包括螺距偏差 ΔP 和累积螺距偏差 ΔP_Σ。螺距偏差与旋合长度无关；累积螺距偏差与旋合长度有关，是螺纹使用的主要影响因素。

假设除外螺纹有螺距误差外，内外螺纹都无其他误差，并假设在旋合长度内，外螺纹有累积螺距偏差 ΔP_Σ，如图 10-5 所示，虚线部分为有累积螺距偏差的外螺纹轮廓。在这种情况下，由于外螺纹存在累积螺距偏差，内外螺纹产生干涉（图 10-5 中的阴影部分）而无法旋合。

为了使有螺距误差的外螺纹可以旋入具有理想牙型的内螺纹，从而满足旋合性的要求，把内螺纹的中径增大 f_p 或把外螺纹中径减小 f_p，f_p 为螺距误差的中径补偿值（中径当量），d'_2 为补偿后的中径。

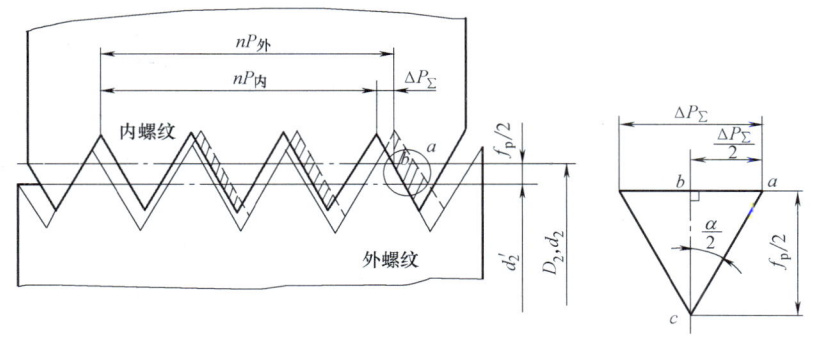

图 10-5　螺距误差对螺纹旋合性的影响

如图 10-5 所示，从三角形 abc 可以得出

$$f_p = \Delta P_\Sigma \cot \frac{\alpha}{2}$$

对于普通螺纹，牙型角 $\alpha = 60°$，所以

$$f_p = 1.732 |\Delta P_\Sigma| \tag{10-1}$$

由于 ΔP_Σ 无论为正或负，都影响旋合性，只是干涉发生在左、右牙侧面的不同，所以 ΔP_Σ 应取绝对值。

总之，累积螺距偏差可以转换到中径上来。因此在国家标准中，普通螺纹没有规定螺距公差。

2. 牙侧角偏差对螺纹互换性的影响和牙侧角的中径补偿值

牙侧角偏差是指实际牙侧角与牙侧角基本值 30°之差。牙侧角偏差产生的原因主要是牙型角不准确和牙型角平分线不垂直于螺纹轴线造成的，也可能是两者的综合。

牙侧角偏差是螺纹牙侧相对于螺纹轴线的方向误差，它对螺纹的旋合性和联接强度均有影响。牙侧角偏差对互换性的影响如图 10-6 所示。假定内螺纹具有基本牙型，外螺纹的中径及螺距与内螺纹相同。外螺纹的左、右牙侧角存在误差 $\Delta \alpha_1$ 和 $\Delta \alpha_2$。当内、外螺纹旋合时，左、右牙型将产生干涉（图 10-6 中的阴影部分），从而影响旋合性。若将外螺纹中径减小 f_α（或内螺纹中径增大 f_α），可以避免干涉。f_α 为牙侧角偏差的中径补偿值（中径当量）。

在图 10-6a 中，外螺纹的 $\Delta \alpha_1 < 0$，$\Delta \alpha_2 < 0$，则其牙顶部分的牙侧有干涉现象。根据三角形 ABC 的正弦定理可以导出

$$f_\alpha = 0.073P(3|\Delta \alpha_1| + 3|\Delta \alpha_2|)$$

在图 10-6b 中，外螺纹的 $\Delta \alpha_1 > 0$，$\Delta \alpha_2 > 0$，则其牙底部分的牙侧有干涉现象。根据三角形 DEF 的正弦定理可以导出

$$f_\alpha = 0.073P(2|\Delta \alpha_1| + 2|\Delta \alpha_2|)$$

在图 10-6c 中，外螺纹的 $\Delta \alpha_1 < 0$，$\Delta \alpha_2 > 0$，当左右牙侧角偏差不相等时，两侧干涉区的干涉量也不相同，中径补偿值 f_α 取平均值。根据三角形 ABC 和三角形 DEF 的正弦定理可以导出

$$f_\alpha = 0.073P(3|\Delta \alpha_1| + 2|\Delta \alpha_2|)$$

将上述的导出公式写成通用形式，以方便计算内、外螺纹的牙侧角偏差对中径补偿值 f_α 的影响，则有

$$f_\alpha = 0.073P(K_1|\Delta \alpha_1| + K_2|\Delta \alpha_2|) \tag{10-2}$$

式中　　f_α——牙侧角偏差的中径补偿值（μm）；

　　　　P——螺距（mm）；

$\Delta \alpha_1$，$\Delta \alpha_2$——左、右牙侧角偏差（′）；

K_1，K_2——修正系数，其值如下：

当 $\Delta \alpha_1$（或 $\Delta \alpha_2$）>0 时，在 $\frac{2}{8}H$ 处发生干涉，K_1（或 K_2）= 2（对内螺纹取 3）；当 $\Delta \alpha_1$（或 $\Delta \alpha_2$）<0 时，在 $\frac{3}{8}H$ 处发生干涉，K_1（或 K_2）= 3（对内螺纹取 2）。

应当注意，当螺纹的牙侧角偏差影响螺纹旋合性时，可以采取增大内螺纹中径或（和）减小外螺纹中径的办法改善旋合性能。但是这样一来会使内、外螺纹的牙侧接触面积减少，

降低了螺纹联接强度。

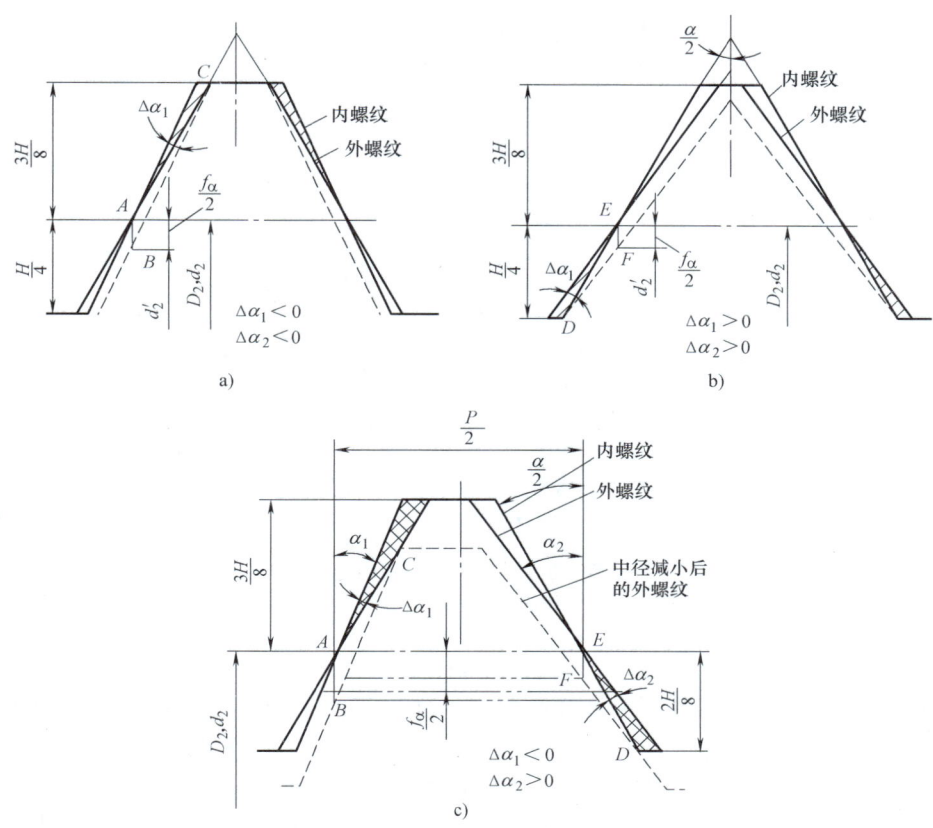

图 10-6 牙侧角偏差对旋合性的影响

a) 左、右牙侧角偏差均<0　b) 左、右牙侧角偏差均>0　c) 左牙侧角偏差<0，右牙侧角偏差>0

3. 中径误差对互换性的影响

螺纹中径在制造过程中不可避免会出现误差，即单一中径对其公称中径之差。当外螺纹中径大于内螺纹中径时，影响旋合性。但是当外螺纹中径过小时，配合过松，影响结合的紧密性和联接强度。因此，为了确定螺纹的旋合性，又要保证一定的联接强度，中径误差必须加以控制。

4. 螺纹的作用中径（D_{2m}、d_{2m}）和中径合格性判断原则

螺纹的作用中径是指在规定的旋合长度内，恰好包容实际螺纹牙侧的一个假想理想螺纹的中径，如图 10-7 所示。该假想螺纹具有基本牙型的螺距、牙侧角以及牙型高度，并在牙顶和牙底处留有间隙，以保证不与实际螺纹的大、小径发生干涉。作用中径是螺纹旋合时实际起作用的中径。

当外螺纹存在螺距误差和牙侧角偏差时，只能与一个中径较大的内螺纹旋合，其效果相当于外螺纹的中径增大。这个增大的假想中径称为外螺纹的作用中径 d_{2m}。它等于外螺纹的实际中径 d_{2a}（即单一中径 d_{2s}）与螺距误差及牙侧角偏差的两项中径补偿值（f_p+f_α）之和，即

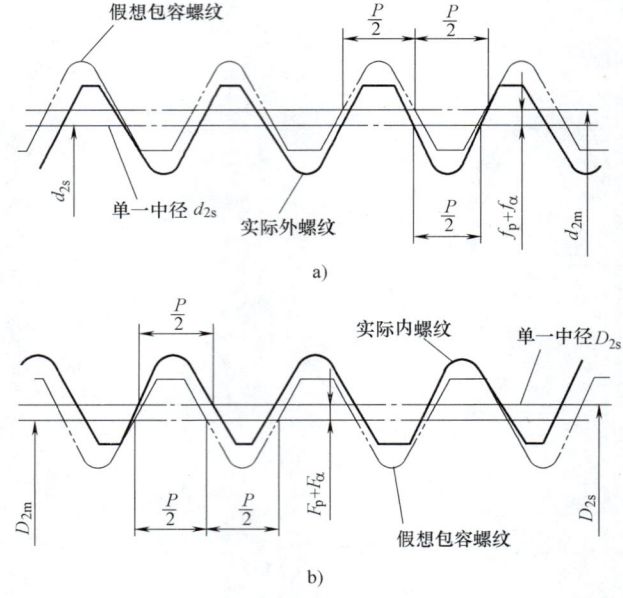

图 10-7 螺纹的作用中径
a) 外螺纹的作用中径 b) 内螺纹的作用中径

$$d_{2m} = d_{2a} + (f_p + f_\alpha) \quad (10\text{-}3)$$

同理，当内螺纹存在螺距误差和牙侧角偏差时，只能与一个中径较小的外螺纹旋合，其效果相当于外螺纹的中径减小。这个减小的假想中径称为内螺纹的作用中径 D_{2m}。它等于内螺纹的实际中径 D_{2a}（即单一中径 D_{2s}）与螺距误差及牙侧角偏差的两项中径补偿值（$F_p + F_\alpha$）之差，即

$$D_{2m} = D_{2a} - (F_p + F_\alpha) \quad (10\text{-}4)$$

国家标准中没有单独规定螺距和牙侧角公差，只规定了内、外螺纹的中径公差（T_{D2}，T_{d2}），通过中径公差同时限制实际中径、螺距及牙侧角三个参数的误差，如图 10-8 所示。

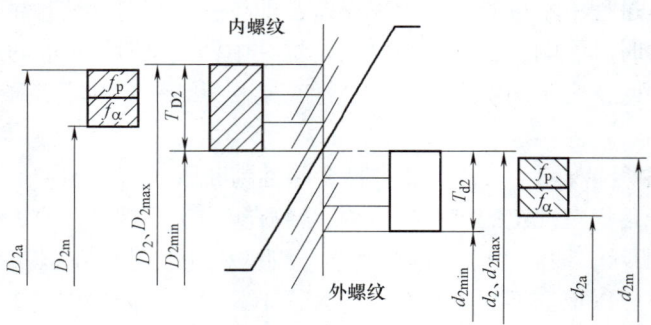

图 10-8 普通螺纹的中径公差带

由于螺距误差和牙侧角偏差的影响可以折算为中径补偿值，因此，只要规定中径公差就可以控制中径本身的尺寸偏差、螺距误差和牙侧角偏差的共同影响。可见，中径公差是一项综合公差。

判断螺纹中径合格性的准则应遵循泰勒原则，即螺纹的作用中径不能超过最大实体牙型的中径；任意位置的实际中径（单一中径）不能超过最小实体牙型的中径。所谓最大和最小实体牙型是指在螺纹中径公差范围内，分别具有材料量最多和最少且与基本牙型形状一致的螺纹牙型。

对外螺纹，作用中径不大于中径的上极限尺寸；任意位置的实际中径不小于中径的下极限尺寸，即：$d_{2m} \leq d_{2max}$，$d_{2a} \geq d_{2min}$（或$d_{2s} \geq d_{2min}$）。

对内螺纹，作用中径不小于中径的下极限尺寸；任意位置的实际中径不大于中径的上极限尺寸，即：$D_{2m} \geq D_{2min}$，$D_{2a} \leq D_{2max}$（或$D_{2s} \leq D_{2max}$）。

第二节　普通螺纹的公差与配合

一、普通螺纹的公差带

普通螺纹的公差带与尺寸公差带一样，其位置由基本偏差决定，大小由公差等级决定。普通螺纹国家标准GB/T 197—2003规定了螺纹的大、小、中径的公差带。

1. 螺纹公差带的大小和公差等级

螺纹的公差等级见表10-2。其中6级是基本级，3级公差值最小，精度最高；9级精度最低。普通螺纹的顶径公差见表10-3，中径公差和中等旋合长度见表10-4。由于内螺纹的加工比较困难，同一公差等级内螺纹中径公差比外螺纹中径公差大32%左右。

表10-2　螺纹的公差等级

螺纹直径	公差等级	螺纹直径	公差等级
外螺纹中径d_2	3、4、5、6、7、8、9	内螺纹中径D_2	4、5、6、7、8
外螺纹大径d	4、6、8	内螺纹小径D	4、5、6、7、8

由于外螺纹的小径d_1与中径d_2、内螺纹的大径D与中径D_2是同时由刀具切出的，其尺寸在加工过程中自然形成，由刀具保证。因此国家标准中对内螺纹的大径和外螺纹的小径均不规定具体的公差值，只规定内、外螺纹牙底实际轮廓的任何点均不能超过基本偏差所确定的最大实体牙型。

2. 螺纹公差带的位置和基本偏差

螺纹的公差带是以基本牙型为零线布置的，其位置如图10-9所示。螺纹的基本牙型是计算螺纹偏差的基准。

国家标准中对内螺纹只规定了两种基本偏差G、H，基本偏差为下极限偏差EI，如图10-9 a、b所示。

国家标准中对外螺纹规定了四种基本偏差e、f、g、h，基本偏差为上极限偏差es，如图10-9 c、d所示。

H和h的基本偏差为零，G的基本偏差值为正，e、f、g的基本偏差值为负，普通螺纹的基本偏差见表10-3。

按螺纹的公差等级和基本偏差可以组成很多公差带，普通螺纹的公差带代号由表示公差等级的数字和基本偏差字母组成，如6h、5G等，与一般的尺寸公差带代号不同，其公差等级符号（数字）在前，基本偏差代号（字母）在后。

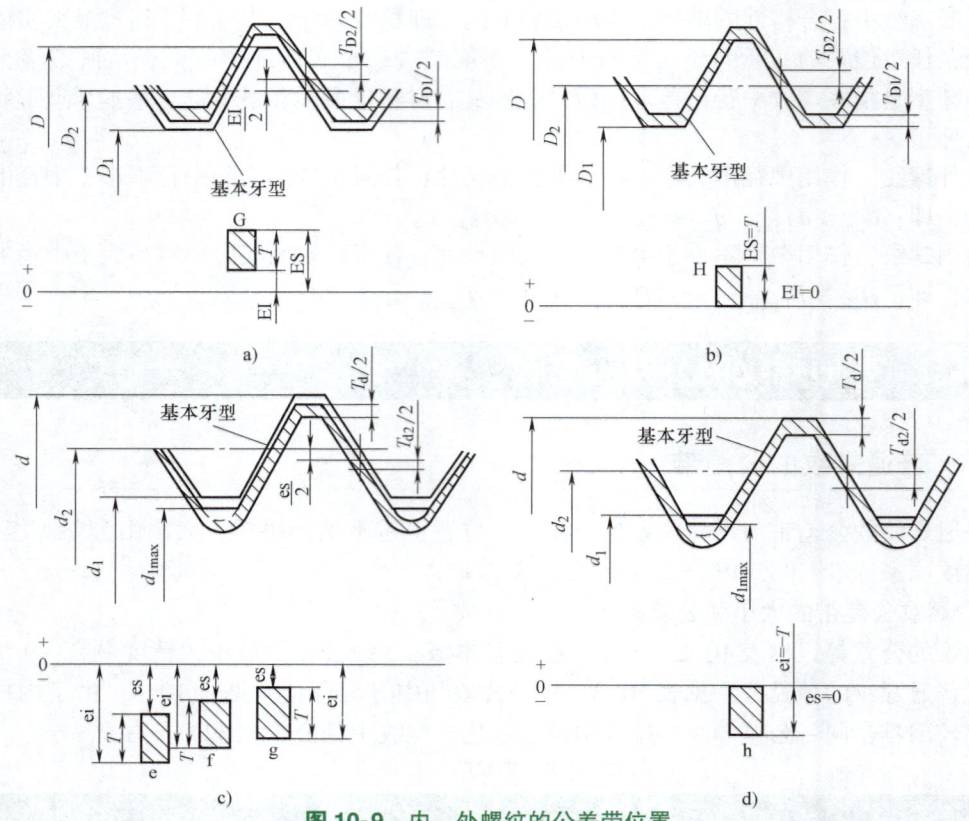

图 10-9　内、外螺纹的公差带位置

a) 内螺纹公差带位置 G　b) 内螺纹公差带位置 H　c) 外螺纹公差带位置 e、f、g　d) 外螺纹公差带位置 h

表 10-3　普通螺纹的基本偏差和顶径公差　　　　　　　　　（单位：μm）

螺距 P /mm	内螺纹的基本偏差 EI		外螺纹的基本偏差 es				内螺纹小径公差 T_{D1} 公差等级					外螺纹大径公差 T_d 公差等级		
	G	H	e	f	g	h	4	5	6	7	8	4	6	8
1	+26	0	-60	-40	-26	0	150	190	236	300	375	112	180	280
1.25	+28		-63	-42	-28		170	212	265	335	425	132	212	335
1.5	+32		-67	-45	-32		190	236	300	375	475	150	236	375
1.75	+34		-71	-48	-34		212	265	335	425	530	170	265	425
2	+38		-71	-52	-38		236	300	375	475	600	180	280	450
2.5	+42		-80	-58	-42		280	355	450	560	710	212	335	530
3	+48		-85	-63	-48		315	400	500	630	800	236	375	600
3.5	+53		-90	-70	-53		355	450	560	710	900	265	425	670
4	+60		-95	-75	-60		375	475	600	750	950	300	475	750

二、螺纹公差带的选用

在生产中为了减少刀具、量具的规格和种类，国家标准中规定了既能满足当前需要，而数量又有限的常用公差带，见表 10-5。表中规定了优先、其次和尽可能不用的选用顺序。除了特殊需要之外，一般不应该选择标准规定以外的公差带。

表 10-4　普通螺纹的中径公差和中等旋合长度　　　　　　　　（单位：μm）

公称直径 D、d/mm	螺距 P/mm	内螺纹中径公差 T_{D2} 公差等级					外螺纹中径公差 T_{d2} 公差等级							N组旋合长度/mm	
		4	5	6	7	8	3	4	5	6	7	8	9	>	≤
>11.2~22.4	1	100	125	160	200	250	60	75	95	118	150	190	236	3.8	11
	1.25	112	140	180	224	280	67	85	106	132	170	212	265	4.5	13
	1.5	118	150	190	236	300	71	90	112	140	180	224	280	5.6	16
	1.75	125	160	200	250	315	75	95	118	150	190	236	300	6	18
	2	132	170	212	265	335	80	100	125	160	200	250	315	8	24
	2.5	140	180	224	280	355	85	106	132	170	212	265	335	10	30
>22.4~45	1	106	132	170	212	—	63	80	100	125	160	200	250	4	12
	1.5	125	160	200	250	315	75	95	118	150	190	236	300	6.3	19
	2	140	180	224	280	355	80	106	132	170	212	265	335	8.5	25
	3	170	212	265	335	425	100	125	160	200	250	315	400	12	36

1. 配合精度的选用

GB/T 197—2003 中规定螺纹的配合精度分精密、中等和粗糙三个等级。精密级主要用于要求配合性能稳定的螺纹；中等级用于一般用途的螺纹；粗糙级用于不重要或难以制造的螺纹，如长不通孔攻螺纹或热轧棒上的螺纹。一般以中等旋合长度下的 6 级公差等级为中等精度的基准。

表 10-5　普通螺纹推荐公差带

螺纹精度	旋合长度			旋合长度		
	S	N	L	S	N	L
	内螺纹公差带			外螺纹公差带		
精密级	4H	5H	6H	(3h4h)	(4g) 4h	(5g4g) (5h4h)
中等级	5H (5G)	6H 6G	7H (7G)	(5g6g) (5h6h)	6e 6f 6g 6h	(7e6e) (7g6g) (7h6h)
粗糙级	—	7H (7G)	8H (8G)	—	(8e) 8g	(9e8e) (9g8g)

注：1. 选用顺序为：粗字体公差带、一般字体公差带、带括号的公差带。
　　2. 带方框的粗字体公差带用于大量生产的紧固件螺纹。
　　3. 推荐公差带仅适用于薄涂镀层的螺纹，如电镀螺纹。所选择的涂镀前公差带应满足涂镀后螺纹实际轮廓上的任何点不超出按公差带位置 H 或 h 确定的最大实体牙型。

2. 旋合长度的确定

由于短件易加工和装配，长件难加工和装配，因此螺纹旋合长度影响螺纹联接件的配合精度和互换性。国家标准中对螺纹联接规定了短、中等和长三种旋合长度，分别用 S、N、L 表示（见表 10-6），一般优先选用中等旋合长度。从表 10-5 中可以看出，在同一精度中，对不同的旋合长度，其中径所采用的公差等级也不相同，这是考虑到不同旋合长度对螺纹的累积螺距偏差有不同的影响。

表 10-6 螺纹的旋合长度（摘录）

公称直径 D、d/mm		螺距 P/mm	旋合长度/mm					
			S		N		L	
>	≤		≤	>	≤	>		
5.6	11.2	0.75	2.4	2.4	7.1	7.1		
		1	3	3	9	9		
		1.25	4	4	12	12		
		1.5	5	5	15	15		
11.2	22.4	1	3.8	3.8	11	11		
		1.25	4.5	4.5	13	13		
		1.5	5.6	5.6	16	16		
		1.75	6	6	18	18		
		2	8	8	24	24		
		2.5	10	10	30	30		

3. 公差等级和基本偏差的确定

根据配合精度和旋合长度，由表 10-5 中选定公差等级和基本偏差，具体数值见表 10-4 和表 10-3。

4. 配合的选用

内外螺纹配合的公差带可以任意组合成多种配合，在实际使用中，主要根据使用要求选用螺纹的配合。为保证螺母、螺栓旋合后同轴度较好和具有足够的联接强度，选用最小间隙为零的配合（H/h）；为了拆装方便和改善螺纹的疲劳强度，可选用小间隙配合（H/g 和 G/h）；需要涂镀保护层的螺纹，间隙大小决定于镀层厚度。例如：5μm 则选用 6H/6g；10μm 则选用 6H/6e；内外均涂则选用 6G/6e。

三、普通螺纹的标记

螺纹的完整标记由螺纹特征代号 M、尺寸代号（公称直径×螺距值）、公差带代号及旋合长度代号和旋向代号组成。尺寸、公差带、旋合长度、旋向各代号间以短线相连。螺纹公差带代号包括中径公差带代号和顶径（外螺纹大径和内螺纹小径）公差带代号。公差带代号是由表示其大小的公差等级数字和表示其位置的基本偏差代号组成。

螺纹的标记可以省略的标注有：①粗牙螺纹的螺距基本值；②中等旋合长度代号 N；③右旋旋向代号 RH；④中等精度级螺纹：公称直径≥1.6mm 的 6H、6g 公差带的代号或公称直径≤1.4mm 的 5H、6h 公差带的代号。

在零件图上的普通螺纹标记示例：

外螺纹：M10×1-5g6g-S-LH、M20-6g-L-LH、M20-6g-S、M10-6g。

内螺纹：M20×2-6G-L-LH、M10×1-6H、M10-6H。

在装配图上，表示内、外螺纹的配合标记时，内外螺纹公差带代号用斜线分开，左内右外。如：M10×1-6H/6g、M20-6H/5g6g-LH。

四、螺纹的表面粗糙度要求

螺纹的表面粗糙度要求主要是指螺纹牙侧面的表面粗糙度轮廓，应当依据中径公差等级确定。表 10-7 列出的是螺纹牙侧面的表面粗糙度轮廓幅度参数 Ra 的上限值。

表 10-7　螺纹牙侧面的表面粗糙度轮廓幅度参数 Ra 值

螺纹的工件种类	螺纹的中径公差等级		
	4、5	6、7	8、9
	Ra 值/μm		
螺栓、螺钉、螺母	≤1.6	≤3.2	3.2~6.3
轴及套筒上的螺纹	0.8~1.6	≤1.6	≤3.2

第三节　螺纹的检测

根据使用要求，螺纹检测分为综合检验和单项测量两类。

一、综合检验

对于大量生产的用于紧固联接的普通螺纹，只要求保证可旋合性和一定的联接强度，其螺距误差及牙侧角偏差按公差原则的包容要求，由中径公差综合控制，不单独规定公差。因此，检测时应按照泰勒原则（极限尺寸判断原则），用螺纹量规（综合极限量规）来检验。用牙型完整的通规，检测螺纹的作用中径；用牙型不完整的止规，采用两点法检测螺纹的实际中径。

综合检验时，被检测螺纹的合格标志是通端量规能顺利地与被测螺纹在被检全长上旋合，而止端量规不能完全旋合或部分旋合。螺纹量规有塞规和环规，分别用以检验内、外螺纹（螺母和螺栓）。

螺纹量规也分为工作量规、验收量规和校对量规。其功能、区别与光滑圆柱极限量规相同。

外螺纹的大径尺寸和内螺纹的小径尺寸是在加工螺纹以前的工序完成的，它们分别用光滑极限环规和塞规检验。因此，螺纹量规主要检验螺纹的中径，同时还要限制内螺纹的大径和外螺纹的小径，否则螺纹不能旋合使用。

图 10-10 所示为用环规检验外螺纹的情况。通端螺纹环规控制外螺纹的作用中径和小径的最大尺寸，而止端螺纹环规用来控制外螺纹的实际中径。外螺纹的大径用环规另行检验。

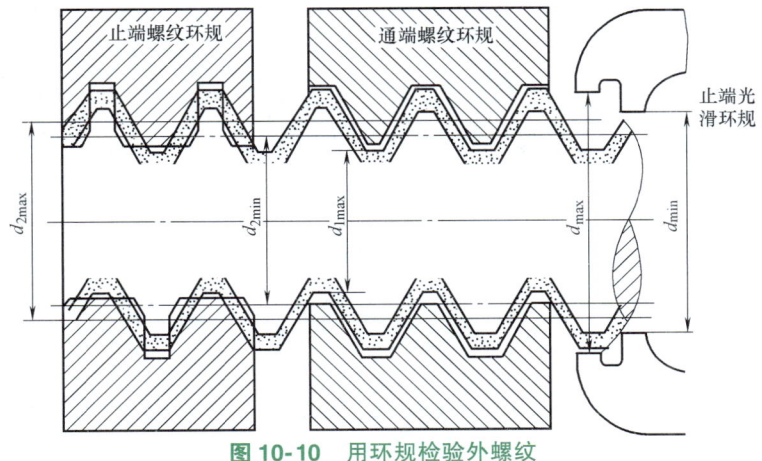

图 10-10　用环规检验外螺纹

图 10-11 所示为用塞规检验内螺纹的情况。通端螺纹塞规控制内螺纹的作用中径和大径的最小尺寸，而止端螺纹塞规用来控制内螺纹的实际中径。内螺纹的小径用环规另行检验。

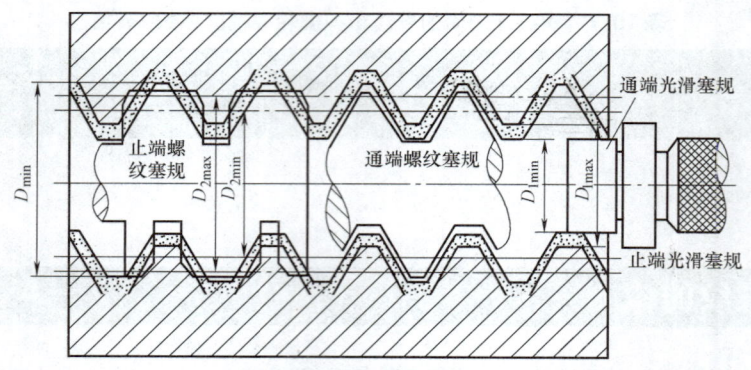

图 10-11 用塞规检验内螺纹

通端螺纹量规主要用来控制被检螺纹的作用中径，要采用完整的牙型，且量规的长度应与被检螺纹的旋合长度相同，这样可按包容要求来控制被检螺纹中径的最大实体尺寸；止端螺纹量规要求控制被检螺纹的中径的最小实体尺寸，判断其合格的标志是不能完全旋合或不能旋入被检螺纹。为了避免螺距误差和牙侧角偏差对检验结果的影响，止端螺纹量规应做成截短牙型，其螺纹的圈数也很少。

二、单项测量

对精密螺纹，除了可旋合性和联接可靠之外，还有其他精度要求和功能要求，应按公差原则的独立原则对其中径、螺距和牙侧角等参数分别进行分项测量。

分项测量螺纹的方法很多，最典型的是用万能工具显微镜测量螺纹的中径、螺距和牙侧角。万能工具显微镜是一种应用很广泛的光学计量仪器，测量螺纹是其主要用途之一。用工具显微镜将被测螺纹的牙型轮廓放大成像，按被测螺纹的影像测量其螺距、牙侧角和中径，因此该法又称为影像法。各种精密螺纹，如螺纹量规、丝杠等，均可以在工具显微镜上测量，可以参考实验指导书中的螺纹测量部分。

在实际生产中测量外螺纹中径多采用"三针法"。该方法简单，测量精度高，应用广泛。图 10-12 所示为用"三针法"的测量原理。测量时，将三根直径相同的精密量针分别放在被测螺纹的牙槽中，然后用精密量仪（如光学计、测长仪等）测出针距 M 值，然后根

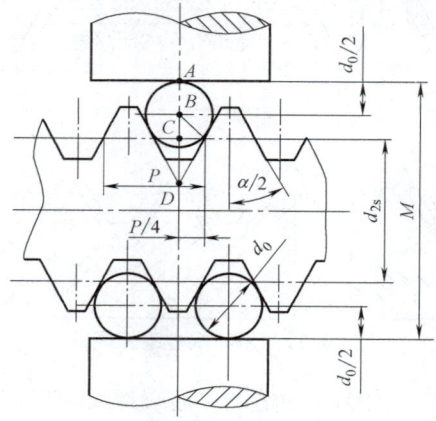

图 10-12 用三针法测量外螺纹的单一中径

据公式计算出被测单一中径值 d_{2s}。

从图 10-12 中可以看出：

$$d_{2s} = M - 2AC = M - 2(AD - CD)$$

$$AD = AB + BD = d_0/2 + d_0 / \left(2\sin\frac{\alpha}{2}\right) = \frac{d_0}{2}\left(1 + 1/\sin\frac{\alpha}{2}\right)$$

$$CD = (P/4)\cot\frac{\alpha}{2}$$

代入得

$$d_{2s} = M - d_0\left(1 + 1/\sin\frac{\alpha}{2}\right) + \frac{P}{2}\cot\frac{\alpha}{2}$$

对于普通螺纹（牙型角 $\alpha = 60°$，牙侧角基本值 $30°$）：$d_{2s} = M - 3d_0 + 0.866P$

对于梯形螺纹（牙型角 $\alpha = 30°$，牙侧角基本值 $15°$）：$d_{2s} = M - 4.863d_0 + 1.866P$

式中　　d_0——量针的直径（d_0 值保证量针在被测螺纹的单一中径处接触）；

d_{2s}、P、$\frac{\alpha}{2}$——被测螺纹的单一中径、螺距和牙侧角基本值。

对于低精度外螺纹中径，还常用螺纹千分尺测量。

内螺纹的分项测量比较困难，具体方法可以参阅有关资料。

第四节　梯形丝杠及螺母的公差

梯形丝杠螺母副是滑动螺旋副的一种，摩擦阻力大，传动效率低，易于自锁，运转平稳，主要用于传力螺旋，如金属切削机床的进给传动丝杠、分度机构、摩擦压力机、千斤顶等的传动螺旋。GB/T 5796.1~4—2005 为现行国家标准。JB/T 2886—2008 为现行机械行业标准。

一、梯形螺纹的基本牙型及尺寸

GB/T 5796.1—2005《梯形螺纹　第 1 部分：牙型》规定梯形丝杠及螺母采用牙型角 $\alpha = 30°$ 的梯形螺纹，基本牙型如图 10-13a 所示。国家标准规定的梯形螺纹是由原始三角形

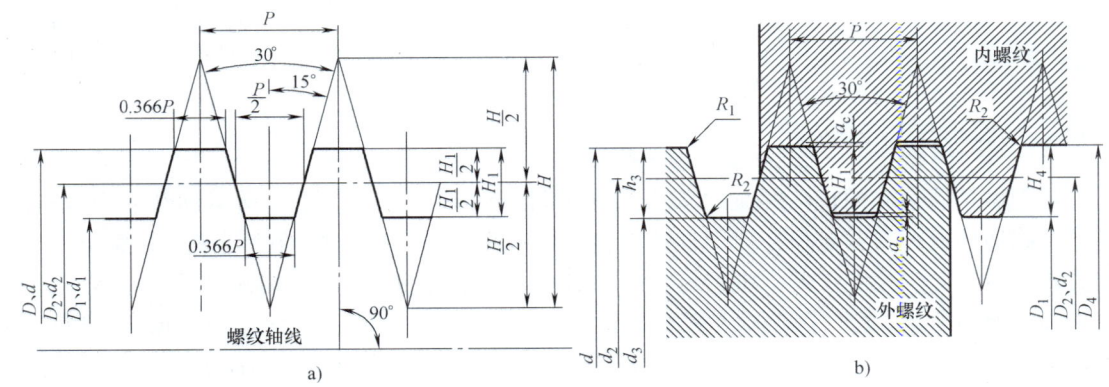

图 10-13　梯形螺纹的基本牙型和设计牙型
a）基本牙型　b）设计牙型

截去顶部和底部所形成的，其原始三角形为顶角等于30°的等腰三角形。丝杠螺母副的特点是丝杠与螺母的大小径公称直径不相同，两者结合后，在大径、中径和小径上均有间隙，以保证旋合的灵活性。梯形螺纹的基本牙型尺寸见表10-8。

表10-8　梯形螺纹的基本牙型尺寸　　　　　　　　　　　　　　（单位：mm）

螺距 P	H(1.866P)	H/2(0.933P)	H_1(0.5P)	牙顶和牙底宽(0.366P)
1.5	2.799	1.400	0.75	0.549
2	3.732	1.866	1	0.732
3	5.598	2.799	1.5	1.098
4	7.464	3.732	2	1.464
5	9.330	4.665	2.5	1.830

GB/T 5796.2—2005规定了梯形螺纹的直径与螺距系列。GB/T 5796.3—2005规定了梯形螺纹的基本尺寸。部分设计牙型（图10-13b）的基本尺寸见表10-9。

表10-9　部分梯形螺纹的设计牙型的基本尺寸　　　　　　　　　（单位：mm）

公称直径 d			螺距 P	中径 $d_2=D_2$	大径 D_4	小径	
第一系列	第二系列	第三系列				d_3	D_1
20			2	19.000	20.500	17.500	18.000
			4	18.000	20.500	15.500	16.000
	22		3	20.500	22.500	18.500	19.000
			5	19.500	22.500	16.500	17.000
			8	18.000	23.000	13.000	14.000
40			3	38.500	40.500	36.500	37.000
			7	36.500	41.000	32.000	33.000
			10	35.000	41.000	29.000	30.000
	42		3	40.500	42.500	38.500	39.000
			7	38.500	43.000	34.000	35.000
			10	37.000	43.000	31.000	32.000
60			3	58.500	60.500	56.500	57.000
			9	55.500	61.000	50.000	51.000
			14	53.000	62.000	44.000	46.000
		105	4	103.000	105.500	100.500	101.000
			12	99.000	106.000	92.000	93.000
			20	95.000	107.000	83.000	85.000

二、梯形螺纹的公差

对于做精确运动的传动螺旋（如金属切削机床的丝杠）不仅要传递运动和动力，有的还要精确地传递位移或定位，对丝杠螺母精度要求高，特别是丝杠的螺旋线（螺距 P）。丝杠的螺旋线误差、螺距误差、中径尺寸变动量、牙型角的偏差等都会影响其传动精度，需要分项提出严格要求。GB/T 5796.4—2005规定了梯形螺纹的公差和标注标记。梯形螺纹的公差带位置 H（EI=0）适用于内螺纹（螺母）的大径 D_4、中径 D_2 和小径 D_1（图10-14a）。公差带位置 h（es=0）适用于外螺纹（丝杠）的大径 d、小径 d_3，公差带位置 e 和 c（es<0）适用于外螺纹（丝杠）的中径 d_2（图10-14b）。梯形螺纹的公差等级见表10-10。

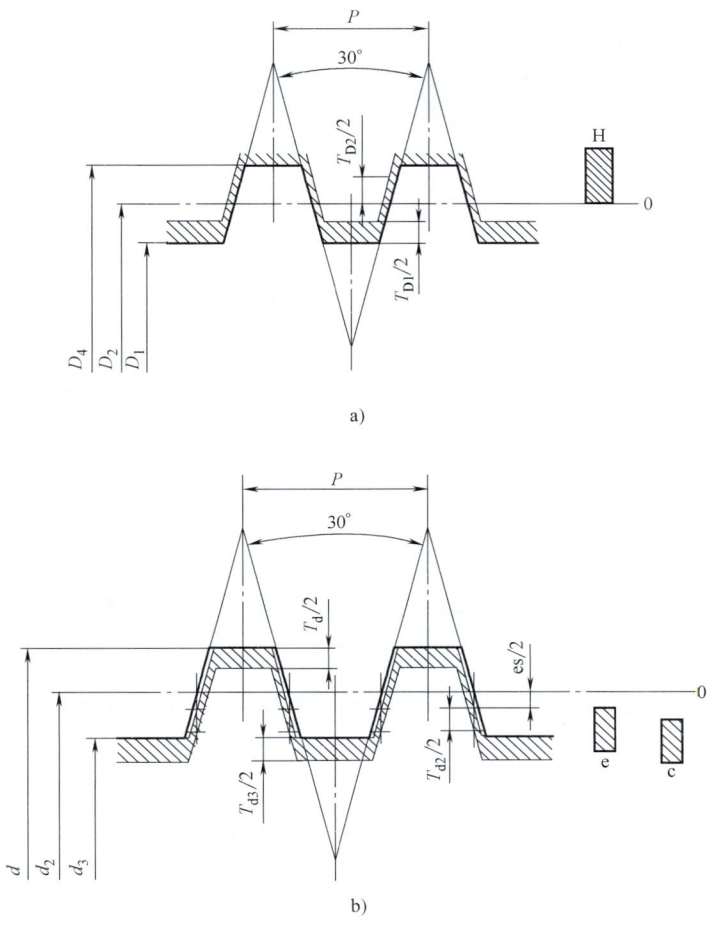

图 10-14　梯形螺纹的公差带位置
a)内螺纹(螺母)的公差带位置　b)外螺纹(丝杠)的公差带位置

表 10-10　梯形螺纹的公差等级

内螺纹		外螺纹		
内螺纹中径 D_2	内螺纹小径 D_1	外螺纹大径 d	外螺纹中径 d_2	外螺纹小径 d_3
7、8、9	4	4	7、8、9	7、8、9

梯形螺纹中径的基本偏差和中径公差值见表 10-11。梯形螺纹大、小径的基本偏差和公差值见表 10-12。

三、梯形螺纹的标记

梯形螺纹的标记包括螺纹特征代号、尺寸代号、旋向代号(左 LH,右不标)、中径公差带代号和旋合长度代号(长 L、短 S、中等 N 省略)。尺寸代号包括公称直径和螺距(标导程时需加括号注出 P 螺距值);旋向代号、中径公差带和旋合长度各项间用短线隔开。

表 10-11 梯形螺纹中径的基本偏差和中径公差值

基本大径 d/mm	螺距 P/mm	内螺纹中径基本偏差 EI/μm H	内螺纹中径公差等级			外螺纹中径基本偏差 es/μm		外螺纹中径公差等级		
			7	8	9	c	e	7	8	9
			内螺纹中径公差值 T_{D2}/μm					外螺纹中径公差值 T_{d2}/μm		
>11.2~22.4	2	0	265	335	425	−150	−71	200	250	315
	3		300	375	475	−170	−85	224	280	355
	4		355	450	560	−190	−95	265	335	425
	5		375	475	600	−212	−106	280	355	450
	8		475	600	750	−265	−132	355	450	560
>22.4~45	3		335	425	530	−170	−85	250	315	400
	5		400	500	630	−212	−106	300	375	475
	6		450	560	710	−236	−118	335	425	530
	7		475	600	750	−250	−125	355	450	560
	8		500	630	800	−265	−132	375	475	600
	10		530	670	850	−300	−150	400	500	630
	12		560	710	900	−335	−160	425	530	670

表 10-12 梯形螺纹的外螺纹大径和内、外螺纹小径公差值

基本大径 d/mm	螺距 P/mm	内螺纹小径 公差等级 4 T_{D1}/μm	外螺纹大径 公差等级 4 T_d/μm	外螺纹中径公差带位置 c 公差等级			外螺纹中径公差带位置 e 公差等级		
				7	8	9	7	8	9
				外螺纹小径公差值 T_{d3}/μm					
>11.2~22.4	2	236	180	400	462	544	321	383	465
	3	315	236	450	520	614	365	435	529
	4	375	300	521	609	690	426	514	595
	5	450	335	562	656	775	456	550	669
	8	630	450	709	828	965	576	695	832
>22.4~45	3	315	236	482	564	670	397	479	585
	5	450	335	587	681	806	481	575	700
	6	500	375	655	767	899	537	649	781
	7	560	425	694	813	950	569	688	825
	8	630	450	734	859	1015	601	726	882
	10	710	530	800	925	1087	650	775	937
	12	800	600	866	998	1223	691	823	1048

梯形螺纹在零件图上的标记示例如下：

中等旋合长度的右旋外螺纹：Tr 40×7-7e

中等旋合长度的右旋内螺纹：Tr 40×7-7H，该内螺纹的标记中各项解释为

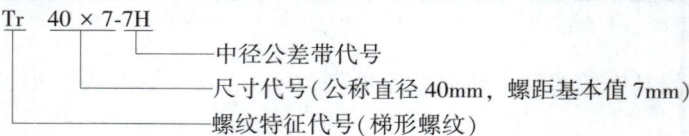

中等旋合长度的左旋的双线外螺纹：Tr 48×14(P7)LH-7e，该外螺纹的标记中各项解释为

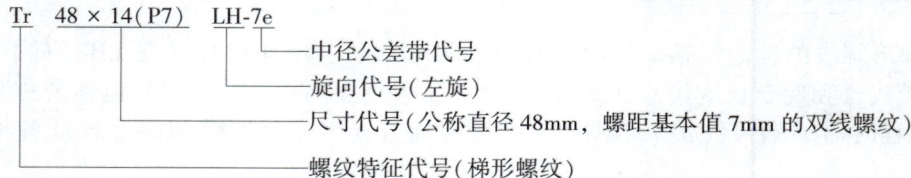

梯形螺纹在装配图上的标记示例如下：
中等旋合长度的右旋梯形螺纹配合：Tr 48×7-7H/7e
长旋合长度的右旋梯形螺纹配合：Tr 48×7-7H/7e-L
长旋合长度的双线左旋梯形螺纹配合：Tr 48×14（P7）LH-7H/7e-L，该螺纹配合的标记中各项解释为

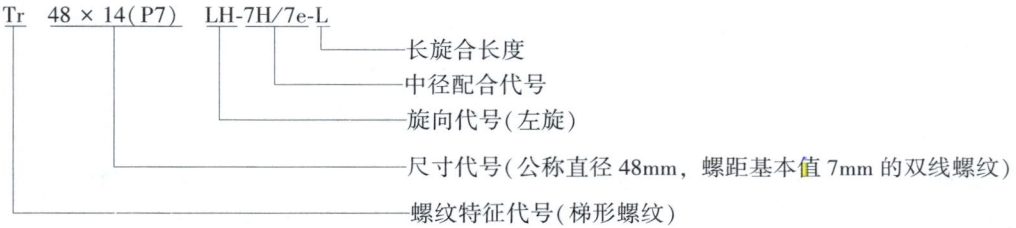

四、机床梯形丝杠和螺母的精度检测指标与公差

机床梯形丝杠和螺母的精度检测指标与公差，是在机械行业标准 JB/T 2886—2008《机床梯形丝杠、螺母 技术条件》中规定的，针对机床传动和定位用的牙型角为 30°的单线梯形螺纹丝杠和螺母的技术要求。

1. 机床梯形丝杠和螺母的精度等级

机床梯形丝杠和螺母的精度等级有七个，即 3、4、5、6、7、8、9 级，3 级精度最高，9 级精度最低。各级精度的应用范围见表 10-13。8、9 级精度的丝杠允许与低一级的螺母相配。

表 10-13 各级精度的机床丝杠和螺母的应用范围

丝杠精度	应 用 范 围
3、4	超高精度的坐标镗床和坐标磨床传动、定位丝杠和螺母
5、6	高精度的齿轮磨床、螺纹磨床和丝杠车床的主传动丝杠和螺母
7	精密螺纹车床、齿轮机床、镗床、外圆磨床和平面等传动丝杠和螺母
8	卧式车床和普通铣床的进给丝杠和螺母
9	带分度盘的进给机构的丝杠和螺母

2. 丝杠公差

丝杠公差项目有螺旋线轴向公差、螺距公差和螺距累积公差、中径尺寸一致性公差、大径表面对螺纹轴线的径向圆跳动公差、牙侧角极限偏差与大径、中径和小径极限偏差等六项内容。下面主要介绍螺旋线轴向公差、螺距公差和螺距累积公差。

（1）**螺旋线轴向公差** 螺旋线轴向公差用于控制 3～6 级的丝杠螺旋线轴向误差，以保证丝杠的位移精度。螺旋线轴向误差曲线如图 10-15 所示，是指实际螺旋线相对于理论螺旋线在轴向偏离的最大代数差值（绝对值）。在丝杠螺纹的任意一周内，任意 25mm、100mm、300mm 螺纹长度内及螺纹有效长度内考核，并且在中径线上测量。分别用代号 $\Delta L_{2\pi}$、ΔL_{25}、ΔL_{100}、ΔL_{300} 及 ΔL_{Lu} 表示。

螺旋线轴向公差 δ_L 即螺旋线轴向实际测量值相对于理论值允许的变动量。它包括任意一周内（2π rad），任意 25mm、100mm、300mm 螺纹长度内的螺旋线轴向公差和螺纹有效

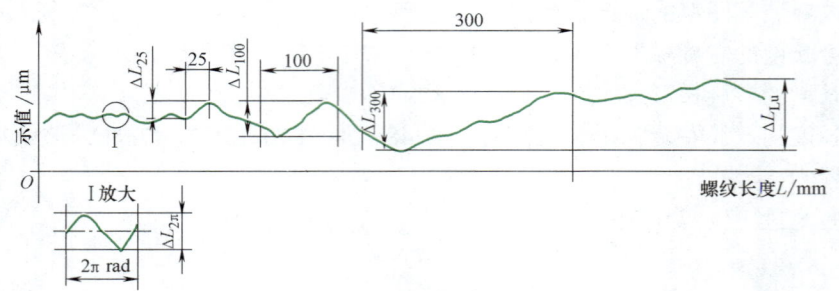

图 10-15 螺旋线轴向误差曲线

长度内的螺旋线轴向公差，分别用代号 $\delta_{L2\pi}$，δ_{L25}、δ_{L100}、δ_{L300} 和 δ_{Lu} 表示。螺纹有效长度 L_u 是指有精度要求的丝杠螺纹的长度。螺旋线轴向公差允许值见表 10-14。

表 10-14 丝杠螺纹的螺旋线轴向公差允许值

精度等级	$\delta_{L2\pi}$ /μm	δ_{L25} /μm	δ_{L100} /μm	δ_{L300} /μm	在下列螺纹有效长度（单位 mm）内的 δ_{Lu}/μm				
					≤1000	>1000~2000	>2000~3000	>3000~4000	>4000~5000
3	0.9	1.2	1.8	2.5	4	—	—	—	—
4	1.5	2	3	4	6	8	12	—	—
5	2.5	3.5	4.5	6.5	10	14	19	—	—
6	4	7	8	11	16	21	27	33	39

（2）**螺距公差和螺距累积公差** 螺距公差 δ_P 用于控制 7~9 级的丝杠螺距误差 ΔP，螺距误差 ΔP 即螺距的实际尺寸相对于公称尺寸的最大代数差值。

螺距累积公差 δ_{PL}（δ_{P60}、δ_{P300}、δ_{PLu}）用于控制螺距累积误差 ΔP_L（ΔP_L 指 ΔP_{60}、ΔP_{300} 及 ΔP_{Lu}）。螺距累积误差是在规定的长度内，螺纹牙型任意两个同侧表面间的轴向实际尺寸相对于公称尺寸的最大代数差值。在丝杠螺纹的任意 60mm、300mm 螺纹长度内及螺纹有效长度 L_u 内考核，分别用 ΔP_L（ΔP_L 指 ΔP_{60}、ΔP_{300}）及 ΔP_{Lu} 表示，在螺纹中径线上测量。

螺距累积公差即在规定的长度内，螺纹牙型任意两个同侧表面间的轴向实际尺寸相对于公称尺寸允许的变动量。它包括任意 60mm、300mm 螺纹长度内的螺距累积公差及螺纹有效长度内的螺距累积公差，分别用 δ_{P60}、δ_{P300}、δ_{PLu} 表示。丝杠螺纹的螺距公差和螺距累积公差允许值见表 10-15。

表 10-15 丝杠螺纹的螺距公差和螺距累积公差允许值

精度等级	δ_P /μm	δ_{P60} /μm	δ_{P300} /μm	在下列螺纹有效长度（单位 mm）内的 δ_{PLu}/μm					
				≤1000	>1000~2000	>2000~3000	>3000~4000	>4000~5000	>5000，长度每增加 1000，δ_{Lu} 增加
7	6	10	18	28	36	44	52	60	8
8	12	20	35	55	65	75	85	95	10
9	25	40	70	110	130	150	170	190	20

（3）**中径尺寸一致性公差** 在丝杠螺纹全长上，中径尺寸变动会影响丝杠与螺母配合间隙的均匀性，降低丝杠位移精度。JB/T 2886—2008 规定了丝杠螺纹的有效长度内中径尺寸的一致性公差，见表 10-16。

表 10-16 丝杠螺纹的有效长度内中径尺寸的一致性公差

精度等级	螺纹有效长度(单位 mm)内的螺纹中径的尺寸一致性公差/μm					
	≤1000	>1000~2000	>2000~3000	>3000~4000	>4000~5000	>5000,长度每增加1000,一致性公差应增加
3	5	—	—	—	—	—
4	6	11	17	—	—	—
5	8	15	22	30	38	—
6	10	20	30	40	50	5
7	12	26	40	53	65	10
8	16	36	53	70	90	20
9	21	48	70	90	116	30

(4) 大径表面对螺纹轴线的径向圆跳动公差　丝杠螺纹的大径表面对螺纹轴线的径向圆跳动公差见表 10-17。

表 10-17　大径对螺纹轴线的径向圆跳动公差　　　　　　　（单位：μm）

长径比(丝杠全长/公称直径)	精度等级						
	3	4	5	6	7	8	9
≤10	2	3	5	8	16	32	63
>10~15	2.5	4	6	10	20	40	80
>15~20	3	5	8	12	25	50	100
>20~25	4	6	10	16	40	63	125
>25~30	5	8	12	20	50	80	160
>30~35	6	10	16	25	60	100	200
>35~40	—	12	20	32	80	125	250
>40~45	—	16	25	40	100	160	315
>45~50	—	—	20	32	50	120	200	400
>50~60	—	—	—	63	150	250	500
>60~70	—	—	—	80	180	315	630
>70~80	—	—	—	100	220	400	800
>80~90	—	—	—	—	280	500	—

(5) 牙侧角极限偏差　丝杠螺纹的牙侧角（JB/T 2886—2008 中称为牙型半角，按 GB/T 5796—2005 应为牙侧角）极限偏差见表 10-18。牙侧角偏差会使丝杠与螺母的螺纹螺牙侧面接触面变小，可导致丝杠螺纹的螺牙侧面磨损不均匀，从而影响位移精度。

表 10-18　丝杠螺纹的牙侧角极限偏差　　　　　　　［单位：(′)］

螺距 P/mm	精度等级						
	3	4	5	6	7	8	9
2~5	±8	±10	±12	±15	±20	±30	±30
6~10	±6	±8	±10	±12	±18	±25	±28
12~20	±5	±6	±8	±10	±15	±20	±25

(6) 大径、中径和小径的极限偏差　为了使丝杠易于存储润滑油和便于旋转，大径、小径和中径处都有间隙。JB/T 2886—2008 规定了丝杠螺纹的大径、中径和小径的极限偏差（表 10-19）。但对于 6 级以上精度配制螺母的丝杠中径公差，应按表 10-19 中的规定公差带宽（T_{d2}），相对于其公称尺寸的零线两侧对称分布（即尺寸公差带位置的基本偏差为 js），实际设计应用时注意进行换算。

表 10-19　丝杠螺纹的大径、中径和小径极限偏差　　　　　（单位：μm）

螺距 P /mm	公称直径 d /mm	大径 下极限偏差	大径 上极限偏差	中径 下极限偏差	中径 上极限偏差	小径 下极限偏差	小径 上极限偏差
2	10～16 16～28 30～42	-100	0	-294 -314 -350	-34	-362 -388 -399	0
3	10～14 22～28 30～44 46～60	-150	0	-336 -360 -392 -392	-37	-410 -447 -465 -478	0
4	16～20 44～60 65～80	-200	0	-400 -438 -462	-45	-485 -534 -565	0
5	22～28 30～42 85～100	-250	0	-462 -482 -530	-52	-565 -578 -650	0
6	30～42 44～60 65～80 120～150	-300	0	-522 -550 -572 -585	-56	-635 -646 -665 -720	0
8	22～28 44～60 65～80 160～190	-400	0	-590 -620 -656 -682	-67	-720 -758 -765 -830	0
10	30～42 44～60 65～80 200～220	-550	0	-680 -696 -710 -738	-75	-820 -854 -865 -900	0
12	30～42 44～60 65～80 85～110	-600	0	-754 -772 -789 -800	-82	-892 -948 -955 -978	0
16	44～60 65～80 120～170	-800	0	-877 -920 -970	-93	-1108 -1135 -1190	0
20	85～110 180～220	-1000	0	-1068 -1120	-105	-1305 -1370	0

3. 螺母公差

高精度的丝杠螺母（6 级以上）在生产中主要按丝杠配作。为了提高合格率，标准中规定中径公差带对称于公称尺寸零线分布（JS）。非配作螺母，中径下极限偏差为零，上极限偏差为正值（H）。

螺母公差有三个表格，螺母螺纹的大径和小径极限偏差（表 10-20）和非配作螺母螺纹的中径极限偏差（表 10-21）。配作螺母螺纹的中径极限偏差需根据螺母与丝杠配作的径向间隙进行控制，螺母与丝杠配作的径向间隙见表 10-22。

表 10-20 螺母螺纹的大径和小径极限偏差　　　　　　　　　　　　　　　　　　（单位：μm）

螺距 P /mm	公称直径 d /mm	螺母大径 上极限偏差	螺母大径 下极限偏差	螺母小径 上极限偏差	螺母小径 下极限偏差
2	10~16	+328	0	+100	0
2	18~28	+355	0	+100	0
2	30~42	+370	0	+100	0
3	10~14	+372	0	+150	0
3	22~28	+408	0	+150	0
3	30~44	+428	0	+150	0
3	46~60	+440	0	+150	0
4	16~20	+440	0	+200	0
4	44~60	+490	0	+200	0
4	65~80	+520	0	+200	0
5	22~28	+515	0	+250	0
5	30~42	+528	0	+250	0
5	85~110	+595	0	+250	0
6	30~42	+578	0	+300	0
6	44~60	+590	0	+300	0
6	65~80	+610	0	+300	0
6	120~150	+660	0	+300	0
8	22~28	+650	0	+400	0
8	44~60	+690	0	+400	0
8	65~80	+700	0	+400	0
8	160~190	+765	0	+400	0
10	30~42	+745	0	+500	0
10	44~60	+778	0	+500	0
10	65~80	+790	0	+500	0
10	200~220	+825	0	+500	0
12	30~42	+813	0	+600	0
12	44~60	+865	0	+600	0
12	65~80	+872	0	+600	0
12	85~110	+895	0	+600	0
16	44~60	+1017	0	+800	0
16	65~80	+1040	0	+800	0
16	120~170	+1100	0	+800	0
20	85~110	+1200	0	+1000	0
20	180~220	+1265	0	+1000	0

表 10-21 非配作螺母螺纹的中径极限偏差　　　　　　　　　　　　　　　　（单位：μm）

螺距 P /mm	精度等级 6	精度等级 7	精度等级 8	精度等级 9
2~5	+55 / 0	+65 / 0	+85 / 0	+100 / 0
6~10	+65 / 0	+75 / 0	+100 / 0	+120 / 0
12~20	+75 / 0	+85 / 0	+120 / 0	+150 / 0

表 10-22　螺母与丝杠配作的径向间隙

精度等级	螺纹有效长度/mm					
	≤1000	>1000~2000	>2000~3000	>3000~4000	>4000~5000	>5000,长度每增加1000,径向间隙应增加
	螺母与丝杠配作的径向间隙/μm					
3	15~30	—	—	—	—	—
4	20~40	20~50	30~60	—	—	—
5	30~60	30~70	30~80	40~100	—	—
6	60~100	60~100	70~120	70~140	80~150	—
7	100~150	100~160	100~180	120~200	120~220	10
8	120~180	120~200	120~210	140~230	160~250	20
9	160~240	160~240	160~260	180~280	200~300	30

注：不适用于有消除间隙结构或整体螺母的丝杠、螺母副。

4. 机床丝杠和螺母标记

机床丝杠和螺母的产品标记由产品代号、公称直径、螺距、螺纹旋向及螺纹精度等级组成，右旋代号省略不标。下面是标记示例及各项解释：

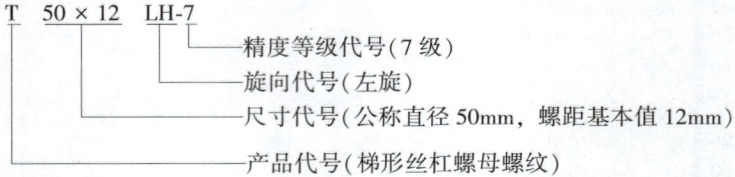

公称直径为 40mm、螺距基本值为 7mm、6 级精度的右旋梯形丝杠螺纹的标记为：T40×7-6。

5. 丝杠和螺母的螺纹表面粗糙度

丝杠和螺母的螺纹表面粗糙度 Ra 见表 10-23。丝杠和螺母的螺纹牙侧表面不应有明显的波纹。

表 10-23　丝杠和螺母的螺纹表面粗糙度 Ra　　　　（单位：μm）

精度等级	螺纹大径		牙型侧面		螺纹小径	
	丝杠	螺母	丝杠	螺母	丝杠	螺母
3	0.2	3.2	0.2	0.4	0.8	0.8
4	0.4	3.2	0.4	0.8	0.8	0.8
5	0.4	3.2	0.4	0.8	0.8	0.8
6	0.4	3.2	0.4	0.8	1.6	0.8
7	0.8	6.3	0.8	1.6	3.2	1.6
8	0.8	6.3	1.6	1.6	6.3	1.6
9	1.6	6.3	1.6	1.6	6.3	1.6

6. 机床丝杠和螺母的检测

3~6 级的丝杠检测螺旋线轴向误差，7~9 级的丝杠检测螺距误差和螺距累积误差。丝杠的螺旋线轴向误差检测应采用动态测量方法，螺距误差的测量方法不限。

第五节　滚珠丝杠副的公差

由于梯形丝杠的摩擦阻力大，传动效率低，在高精度的机床中，特别是在数控机床中，常常使用滚动螺旋传动（滚珠丝杠副）代替梯形螺旋传动。

滚珠丝杠副按用途分为定位滚珠丝杠副（P型）和传动滚珠丝杠副（T型）两种。与梯形丝杠及螺母组成的滑动螺旋传动相比，滚珠丝杠副具有传动灵活、传动效率高、工作寿命长、运动平稳、同步而无爬行、无反向间隙等特点。因此，在数控机床和机电一体化产品中，被广泛用作传动元件和定位元件。

GB/T 17587.1~5—1998《滚珠丝杠副》规定了与滚珠丝杠副相关的术语、定义及验收技术条件等。

一、滚珠丝杠副的工作原理及结构形式

滚珠丝杠副的工作原理如图 10-16 所示。在丝杠和螺母体上都有滚珠运动的滚道（即螺旋槽），滚珠丝杠副通过滚道内的滚珠在螺母和丝杠间传递载荷。在轴向力的作用下，滚珠与滚珠丝杠及滚珠螺母体上的滚道同时接触。螺杆和螺母的螺纹滚道间有滚动体（滚珠），当螺杆和螺母做相对运动时，滚珠在螺纹滚道内滚动。因为是滚动摩擦，所以滚珠丝杠副的传动效率和传动精度较高。

多数滚珠丝杠副的螺母（或螺杆）上有滚动体的循环通道，与螺纹滚道形成循环回路，使滚珠在螺纹滚道内循环。循环通道在螺母上称为外循环，循环通道在螺杆上称为内循环。

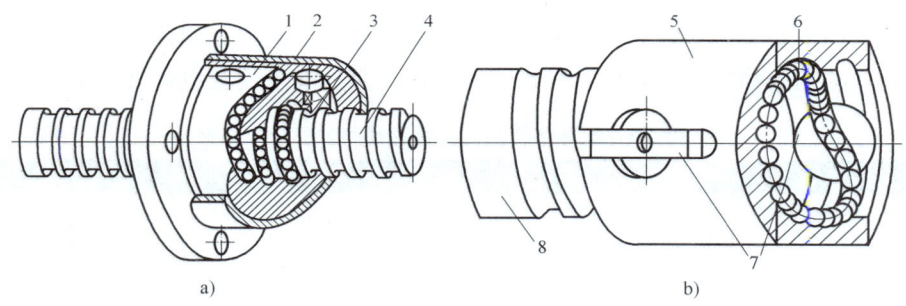

图 10-16 滚珠丝杠副的工作原理
a）外循环滚珠丝杠副　b）内循环滚珠丝杠副
1、5—螺母　2、6—钢球　3—挡球器　4、8—滚珠丝杠　7—反向器

根据螺纹滚道法向截形、钢球循环方式、消除轴向间隙和调整预紧力的不同，滚珠丝杠副的结构有多种形式。

二、滚珠丝杠副的主要几何参数

由于滚珠丝杠副的螺纹与普通螺纹、梯形螺纹在结构上有所不同，因此其几何参数及定义有所不同。与滚珠丝杠副有关的几何参数及其符号如图 10-17 所示。

(1) 公称直径 d_0　公称直径 d_0 用于标识滚珠丝杠副的尺寸值（无公差）。

(2) 节圆直径 D_{pw}　节圆直径 D_{pw} 是指滚珠与滚珠丝杠及滚珠螺母体位于理论接触点时，滚珠球心所包络的圆柱的直径。通常节圆直径与公称直径相等即 $D_{pw}=d_0$。

(3) 行程 l　行程 l 是指转动滚珠丝杠或滚珠螺母时，滚珠丝杠或滚珠螺母的轴向位移量。

(4) 导程 P_h、公称导程 P_{h0} 和目标导程 P_{hs}　导程 P_h 是指滚珠螺母相对于滚珠丝杠旋转 $2\pi\mathrm{rad}$ 时的行程。公称导程 P_{h0} 是指用作尺寸标识的导程值（无公差）。目标导程 P_{hs} 是指根

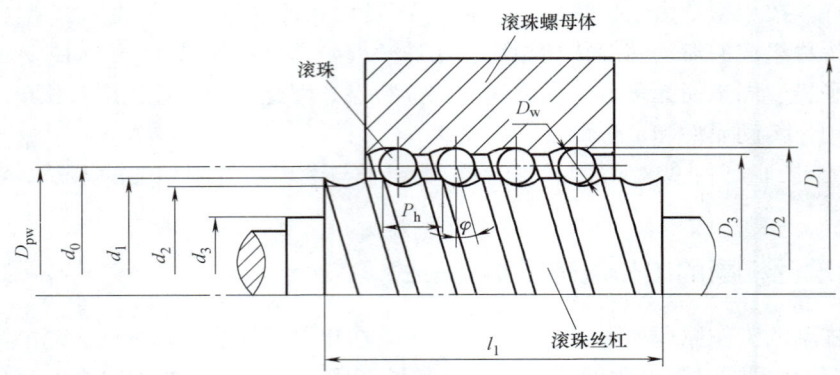

图 10-17　滚珠丝杠副的几何参数及其符号

d_0—公称直径　D_{pw}—节圆直径　d_1—滚珠丝杠螺纹外径　d_2—滚珠丝杠螺纹底径　d_3—丝杠轴颈直径
D_1—滚珠螺母体外径　D_2—滚珠螺母体螺纹底径　D_3—滚珠螺母体螺纹内径　D_w—滚珠直径
l_1—丝杠螺纹全长　P_h—导程　φ—导程角

据实际使用需要提出的具有方向目标要求的导程。这个导程值通常比公称导程值稍小一点，用以补偿丝杠在工作时由于温度上升和载荷引起的伸长量。

由于存在加工误差，实际导程与公称导程或目标导程不会恰好相等。

滚珠丝杠副的公称直径和公称导程也已系列化，其标准系列及组合见表10-24。

表 10-24　滚珠丝杠副的公称直径和公称导程组合　　　（单位：mm）

公称直径	公称导程														
6	1	2	2.5												
8	1	2	2.5	3											
10	1	2	2.5	3	4	5	6								
12		2	2.5	3	4	5	6	8	10	12					
16		2	2.5	3	4	5	6	8	10	12	16				
20				3	4	5	6	8	10	12	16	20			
25					4	5	6	8	10	12	16	20	25		
32					4	5	6	8	10	12	16	20	25	32	
40						5	6	8	10	12	16	20	25	32	40
50						5	6	8	10	12	16	20	25	32	40
63						5	6	8	10	12	16	20	25	32	40
80							6	8	10	12	16	20	25	32	40
100									10	12	16	20	25	32	40
125									10	12	16	20	25	32	40
160										12	16	20	25	32	40
200										12	16	20	25	32	40

注：应优先采用有横线的组合，当优先组合不够用时，可选用没有横线的一般组合。

（5）公称行程 l_0、目标行程 l_s、实际行程 l_a、实际平均行程 l_m 和有效行程 l_u　公称行程 l_0 是指公称导程与转数的乘积（$l_0 = nP_{h0}$）。目标行程 l_s 是指目标导程 P_{hs} 与转数的乘积（$l_s = nP_{hs}$）。实际行程 l_a 是指在给定转数的情况下，滚珠螺母相对于滚珠丝杠（或者滚珠丝杠相对于滚珠螺母）的实际轴向位移量。实际平均行程 l_m 是指对实际行程曲线拟合得到的拟合直线所表示的行程。有效行程 l_u 是指有指定精度要求的行程部分。

（6）行程补偿值 c　行程补偿值 c 是指在有效行程 l_u 内，目标行程 l_s 与公称行程 l_0 之差。一般来说，传动滚珠丝杠副的 $c=0$；定位滚珠丝杠副的 c 值根据实际需要由用户提出，多为负值。$c=l_s-l_0=nP_{hs}-nP_{h0}=n(P_{hs}-P_{h0})$，$n$ 为转数。

行程 l、行程补偿值 c 及与行程有关的偏差 e 如图 10-18 所示。

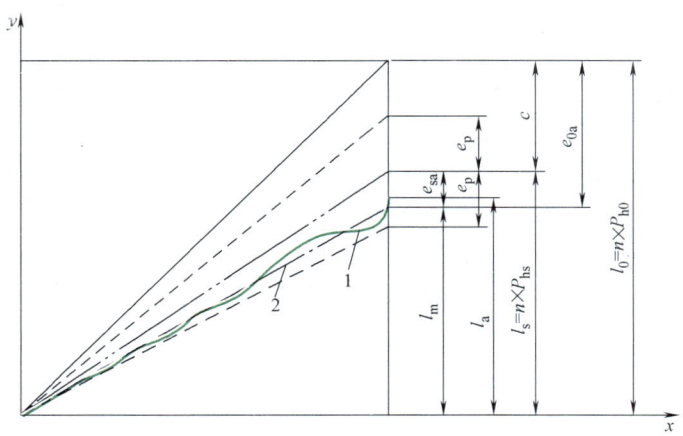

图 10-18　行程 l、行程补偿值 c 及与行程有关的偏差 e
x—转角（$2\pi n$rad）　n—转数　y—行程　1—实际行程曲线　2—实际行程曲线的拟合直线

三、滚珠丝杠副的标记代号

滚珠丝杠副的型号根据其结构、规格、精度和螺纹旋向等特征，按下列格式编写。

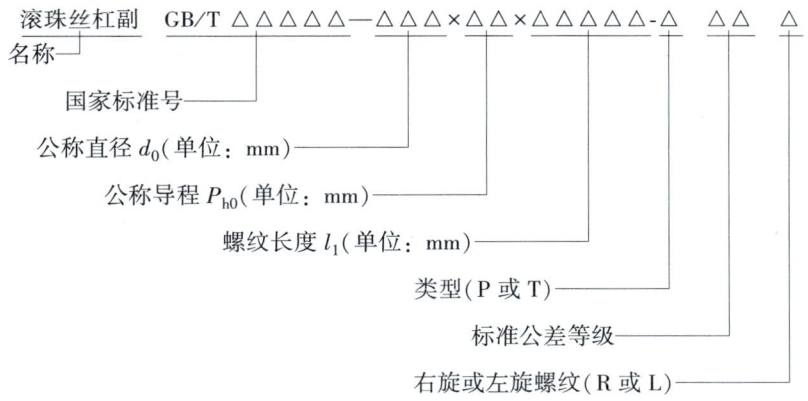

例如，滚珠丝杠副 GB/T 17587-50×10×1680-T7R 表示：公称直径为 50mm，公称导程为 10mm，螺纹长度为 1680mm，标准公差等级为 7 级的右旋传动滚珠丝杠副。

滚珠丝杠副型号的标注、滚珠丝杠副外螺纹的标注和滚珠丝杠副内螺纹的标注代号等可参照相关标准。

四、滚珠丝杠副的标准公差等级与验收

1. 滚珠丝杠副的标准公差等级

GB/T 17587.3—1998 规定的滚珠丝杠副的精度和性能要求等级，分为 7 个标准公差等

级,即1、2、3、4、5、7和10级,其中1级精度最高,10级最低。传动用滚珠丝杠副的精度可选标准公差7级和10级。定位用滚珠丝杠副的精度可选标准公差1、2、3、4、5级。

2. 滚珠丝杠副的验收

由于存在加工误差,滚珠丝杠与滚珠螺母沿轴线的实际相对位移量不会与所要求的特定行程量(公称行程或目标行程)相同,前者相对于后者有一定的偏差。这会影响滚珠丝杠副的行程精度和定位精度。

验收滚珠丝杠副,是要测量其实际平均行程偏差和不同位置上的行程变动量,并按给定的标准公差等级确定它们是否合格。

(1) **实际平均行程偏差** 如图10-19所示,粗实线1为实际行程偏差曲线,它反映实际行程对特定行程(公称行程或目标行程)偏离的程度;点画线2为实际行程偏差曲线的拟合直线,它反映实际平均行程对公称行程或目标行程的偏离程度。在有效行程范围内的实际平均行程偏差有两种(同时参看图10-18):实际平均行程 l_m 与公称行程 l_0 之差,用符号 e_{0a} 表示;实际平均行程 l_m 与目标行程 l_s 之差,用符号 e_{sa} 表示。e_{0a} 和 e_{sa} 可正可负,用行程极限偏差 $\pm e_p$ 来控制其合格性。

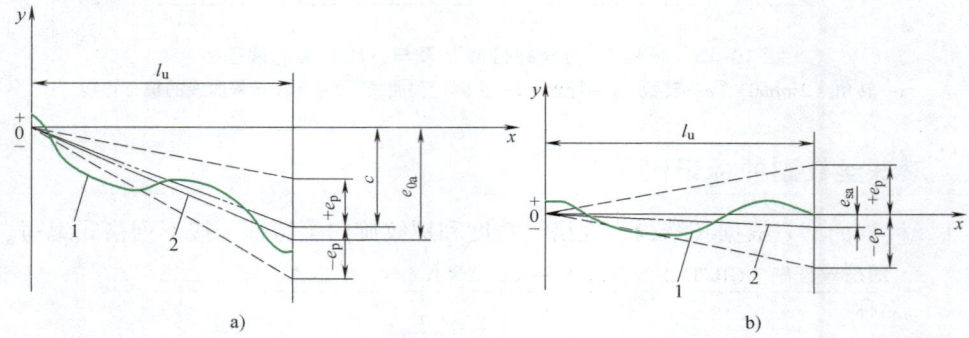

图 10-19 实际平均行程偏差 e_{0a}(或 e_{sa})和行程极限偏差 $\pm e_p$
a) $c \neq 0$ b) $c = 0$
x—特定行程量 y—行程偏差 l_u—有效行程

(2) **行程变动量** 如图10-20所示,行程变动量是指平行于实际平均行程曲线的拟合直线2且包容实际行程偏差曲线1的两平行直线之间的宽度,按坐标距离计量。行程变动量应在滚珠丝杠副的任意 2πrad 行程、任意300mm行程和有效行程 l_u 测量,按坐标距离计量,它们分别用符号 $V_{2\pi a}$、V_{300a}、V_{ua} 表示。

为了控制滚珠丝杠副在不同位置上的实际行程对特定行程的变动量 $V_{2\pi a}$、V_{300a}、V_{ua},应分别规定其任意 2πrad 行程、任意300mm行程和有效行程 l_u 范围内的实际行程变动量的公差 $V_{2\pi p}$、V_{300p}、V_{up}。

滚珠丝杠副的行程误差是影响定位精度的决定性因素。所以在其几何精度中规定了行程极限偏差 $\pm e_p$、行程变动量公差 V_{up}、300mm行程内允许变动量 V_{300p} 和 2πrad 内允许行程变动量 $V_{2\pi p}$ 等四项指标,并进行逐项检查。各项检查内容如图10-20所示,图中粗实线1为实际行程误差曲线,它是根据综合行程测量得到的。点画线2为实际行程偏差曲线的拟合直线。

表10-25为定位滚珠丝杠副行程极限偏差 $\pm e_p$ 和行程变动量公差 V_{up},表10-26为定位

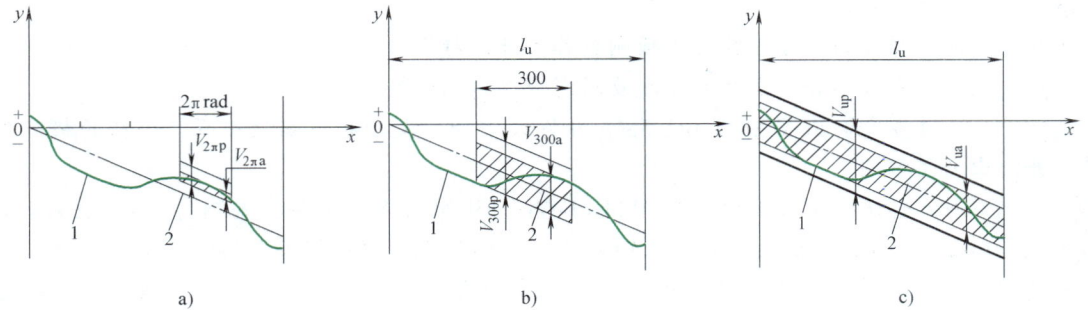

图 10-20 滚珠丝杠副的行程变动量 $V_{2\pi a}$、V_{300a}、V_{ua}

a) $V_{2\pi a}$　b) V_{300a}　c) V_{ua}

x—特定行程量　y—行程偏差　l_u—有效行程

或传动滚珠丝杠副行程变动量公差 V_{300p} 和定位滚珠丝杠副行程变动量公差 $V_{2\pi p}$。

表 10-25 定位滚珠丝杠副行程极限偏差 $\pm e_p$ 和行程变动量公差 V_{up} （单位：μm）

有效行程 l_u/mm	标准公差等级									
	1		2		3		4		5	
	$\pm e_p$	V_{up}	$\pm e_p$	V_{up}	$\pm e_p$	V_{up}	$\pm e_p$	V_{up}	$\pm e_p$	V_{up}
≤315	±6	6	±8	8	±12	12	±16	16	±23	23
>315~400	±7	6	±9	9	±13	12	±18	18	±25	25
>400~500	±8	7	±10	9	±15	13	±20	19	±27	26
>500~630	±9	7	±11	10	±16	14	±22	20	±32	29
>630~800	±10	8	±13	11	±18	16	±25	22	±36	31
>800~1000	±11	9	±15	12	±21	17	±29	24	±40	34
>1000~1250	±13	10	±18	14	±24	19	±34	27	±47	39
>1250~1600	±15	11	±21	16	±29	22	±40	31	±55	44
>1600~2000	±18	13	±25	18	±35	25	±48	36	±65	51
>2000~2500	±22	15	±30	21	±41	29	±57	41	±78	59

注：对于传动滚珠丝杠副的行程极限偏差由 V_{300} 计算得到，且 $e_p = 2(l_u/300)V_{300p}$。l_u 为有效行程，V_{300p} 的数值见表 10-26。

表 10-26 定位或传动滚珠丝杠副行程变动量公差 V_{300p} 和定位滚珠丝杠副行程变动量公差 $V_{2\pi p}$ （单位：μm）

精度等级	1	2	3	4	5	7	10
V_{300p}	6	8	12	16	23	52	210
$V_{2\pi p}$	4	5	6	7	8	—	—

思考题与习题

10-1　影响螺纹互换性的主要因素有哪些？

10-2　以外螺纹为例，试说明螺纹中径、单一中径和作用中径的联系与区别，三者在什么情况下是相等的？

10-3 圆柱螺纹的综合检验与单项测量各有什么特点？

10-4 丝杠螺纹和普通螺纹的精度要求有什么不同之处？

10-5 通过查表写出 M20×2-6H/5g6g 外螺纹中径、大径和内螺纹中径、小径的极限偏差，并绘出公差带图。

10-6 用三针法测量标注代号为 M24×3-6h 的外螺纹单一中径，若测得 $\Delta\alpha_1 = \Delta\alpha_2 = 0$，$\Delta P = 0$，$M = 24.514$mm，试确定测量三针直径 d_0。问此螺纹中径是否合格？

10-7 试选择螺纹联接 M20×2 的公差与基本偏差。其工作条件要求旋合性好，有一定的联接强度，螺纹的生产条件是大批大量生产。

10-8 说明梯形螺纹联接 Tr 40×16（P8） LH-8H/8e-L 标记中各项的含义。

10-9 说明梯形丝杠标注 T 50×6 LH-7 标记中各项的含义。

10-10 说明滚珠丝杠副 GB/T 17587-40×10×500-T5L 标记中各项的含义。

第十一章 圆柱齿轮公差与检测

第一节 齿轮的使用要求及加工误差分类

齿轮传动是机器和仪器中应用极为广泛的一种传动方式,它广泛地用于传递回转运动、传递动力和精密分度等。机器或仪器中齿轮传动的质量和效率主要取决于齿轮的制造精度和齿轮副的安装精度。其工作性能、承载能力、使用寿命及工作精度等都与齿轮的制造精度有密切的联系。

随着科学技术和现代生产的发展,对齿轮的传动性能要求越来越高,如要求机械产品自身重量轻,传递功率大,转速和工作精度高,从而对齿轮传动的精度提出了更高的要求。因此,研究齿轮误差对使用性能的影响、齿轮互换性原理、精度标准以及检测技术等,对提高齿轮的加工质量具有重要意义。

一、齿轮传动的使用要求

齿轮按照用途主要分为三种类型:传动齿轮、动力齿轮、分度齿轮。根据不同的齿轮传动,对齿轮的要求也不同,但主要有以下四项:

(1) 传递运动的准确性　要求齿轮在一转范围内的传动比(转角)变化尽量小,保证从动件与主动件协调一致。当主动轮转过一个角度 ϕ_1 时,从动轮应按转速比 i 准确地转动相应的角度 $\phi_2 = i\phi_1$。但是由于齿轮副存在加工误差和安装误差,致使从动轮的实际转角 ϕ_2' 偏离了理论转角而出现实际转角误差 $\Delta\phi_2 = \phi_2' - \phi_2$。因此在齿轮传动中,只有要求从动齿轮在一转内的最大转角误差不超过一个极限,才能保证回转运动的准确性。

(2) 传动平稳性　齿轮传动时瞬时传动比的变化,会引起齿轮传动中的冲击、振动和噪声。因此要求齿轮传动时,在一齿范围内瞬时传动比(瞬时转角)变化尽量小,以保证传动平稳,降低冲击、振动和减小噪声。

(3) 轮齿载荷分布均匀性　齿轮传动中要求轮齿在啮合时工作齿面接触良好,载荷分布均匀,以保证足够的承载能力和寿命。对载荷分布均匀性的要求,体现在齿轮副运转时轮齿的工作齿面沿齿高和齿宽方向上应有足够大的接触痕迹。

(4) 侧隙　齿轮传动要求轮齿在啮合时,非工作齿面应具有一定的间隙,以储存润滑油、补偿热变形和受力变形以及加工与安装误差。否则,齿轮传动时可能出现卡死或烧伤的现象。然而,对于过大的侧隙也会引起反转时的冲击和回程误差。因此应当保证齿轮的侧隙在一定的范围内。

为了保证齿轮传动的良好工作性能,对上述的四个方面均有一定的要求。但是各类不同用途和不同工作条件的齿轮传动对上述使用要求也有所侧重。

(1) **分度齿轮** 如机床分度盘机构中的齿轮、齿轮加工机床中分度链的齿轮，其特点是传递功率小，转速低，传递运动准确，主要要求传递运动的准确性。

(2) **高速动力齿轮** 如汽轮机的减速器的齿轮，汽车、机床变速箱中的齿轮，其特点是圆周速度高，传递功率大，主要要求传动平稳性。

(3) **低速重载齿轮** 如轧钢机、矿山机械、起重机等重型机械上的齿轮，其特点是功率大，转速低，主要要求轮齿载荷分布的均匀性。

对各类齿轮均要求具有一定的侧隙。

二、齿轮加工误差的来源和齿轮加工误差的分类

齿轮副传动的质量与组成齿轮传动装置的零、部件的制造和安装精度密切相关，齿轮本身的制造精度是最基本的影响因素。

齿轮的加工方法很多，不同的加工方法所产生的误差以及主要工艺影响因素也不同。齿轮的加工方法按齿轮齿廓的形成原理主要有仿形法和展成法。仿形法是利用成形刀具加工齿轮的，如利用铣刀在铣床上铣齿；展成法是根据渐开线齿廓的形成原理，利用专用的齿轮加工机床加工齿轮，如滚齿、插齿、磨齿。由于齿轮加工工艺系统中的机床、刀具、齿坯的制造和安装等多种误差因素，致使实际加工后的齿轮存在各种形式的加工误差。以在滚齿机上滚切齿轮为例（图11-1），产生齿轮加工误差的主要因素有：

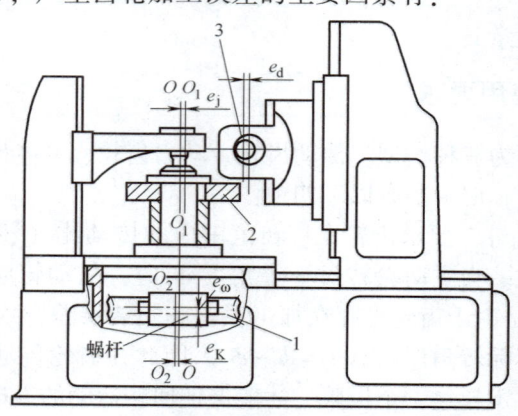

图 11-1 滚齿机上滚切齿轮

1—分度蜗轮　2—齿轮毛坯　3—滚刀

1. 几何偏心（$e_{几}$）

由齿轮齿圈的基准轴线与齿轮工作时的旋转轴线不重合引起。例如，在滚齿加工后，因毛坯配合孔与安装的心轴之间有间隙，且因为两轴线调整不重合造成的（图11-2）误差。几何偏心是齿轮径向误差的主要来源。几何偏心影响齿轮传递运动的准确性。

2. 运动偏心（e_K）

由机床分度蜗轮加工误差及安装偏心引起（图11-3）。运动偏心是齿轮切向误差的主要来源。运动偏心同时影响齿轮传递运动的准确性和传动平稳性。

3. 机床传动链周期误差

对于直齿轮的加工，主要受传动链中分度机构各元件误差的影响，尤其是传递分度蜗轮运动的分度蜗杆的径向跳动和轴向跳动的影响。对于斜齿轮的加工，除了分度机构各元件误

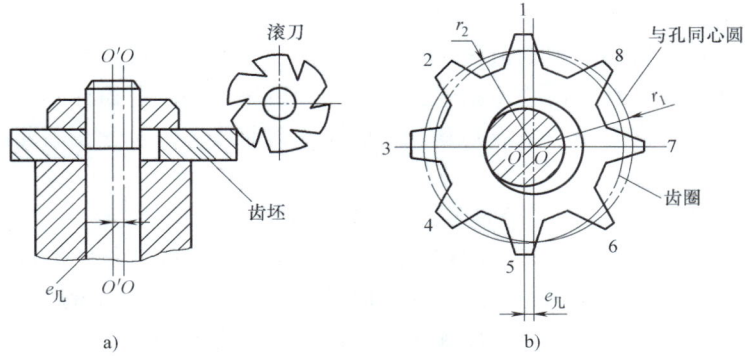

图 11-2　齿轮毛坯在滚齿机上安装偏心引起径向误差

a) 齿坯安装偏心　b) 引起齿轮径向误差 (径向跳动和径向综合偏差等)

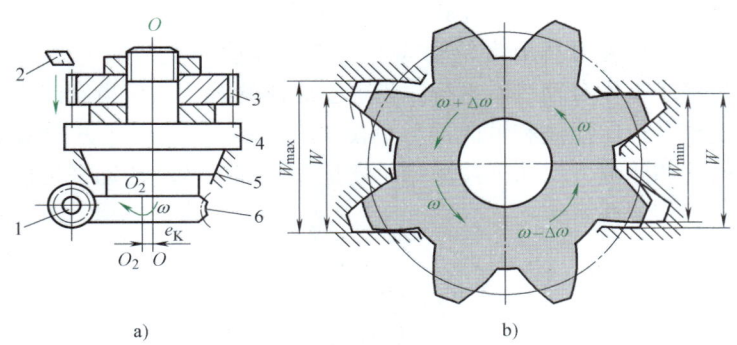

图 11-3　运动偏心引起齿轮切向误差

a) 分度蜗轮安装偏心 e_K　b) 引起齿轮切向误差 (公法线长度偏差、齿距偏差和切向综合偏差等)

1—蜗杆　2—滚刀　3—齿坯　4—工作台　5—圆导轨　6—分度蜗轮

差外，还受到差动机构传动链误差的影响。机床传动链周期误差可以间接产生几何偏心和运动偏心，从而影响齿轮传递运动的准确性和传动平稳性。

4. 滚刀的制造误差与安装误差

滚刀的制造误差与安装误差 (如安装偏心 $e_刀$) 有滚刀的径向跳动、轴向窜动及齿形角误差等。滚刀的制造误差和安装误差直接影响齿轮的传动平稳性，同时也影响齿轮的传递运动准确性和轮齿的载荷分布均匀性。

由于切齿工艺误差因素很多，所以加工后所产生的齿轮误差的形式也很多。为了区别和分析齿轮的各种误差的性质、规律及其对齿轮传动质量的影响，从不同的角度将齿轮加工误差分类如下：

1) 按误差出现的周期 (或频率) 分，有长周期 (低频) 误差和短周期 (高频) 误差。长周期误差影响齿轮传递运动的准确性，短周期误差影响齿轮传动平稳性。

按展成法加工齿轮，齿廓的形成是刀具对齿坯周期性地连续滚切的结果，加工误差是齿轮转角的函数，具有周期性。

齿轮回转一周出现一次的周期误差称为长周期 (低频) 误差。长周期误差主要是由几何偏心和运动偏心产生的，齿轮误差是以齿轮一转为周期。这类周期误差反映到齿轮传动中，将影响齿轮一转内传递运动的准确性。当转速较高时，也将影响齿轮传动的平稳性。

齿轮转动一个齿距中出现一次或多次的周期性误差称为短周期（高频）误差。短周期误差主要是由机床传动链和滚刀制造误差与安装误差产生的，该误差在齿轮一转中多次重复出现。这类周期性误差反映到齿轮传动中，主要影响齿轮传动的平稳性。

实际上，齿轮运动误差是一条极其复杂的周期函数曲线，既包含长周期误差，也包含短周期误差。

2) 按误差产生的方向分，有径向误差、切向误差和轴向误差。

在切齿过程中，由于切齿工具与被切齿坯之间的径向距离的变化所形成的加工误差称为齿廓径向误差。如齿轮的几何偏心和滚刀的径向跳动的存在，将使切齿过程中齿坯相对于滚刀的径向距离产生变动，致使切出的齿廓相对于齿轮配合孔的轴线产生径向位置的变动。

在切齿过程中，由于滚切运动的回转速度不均匀，使齿廓沿齿轮回转的切线方向产生的误差称为齿廓切向误差。如分度蜗轮的几何偏心和安装偏心、分度蜗杆的径向跳动和轴向跳动，以及滚刀的轴向跳动等，均使齿坯相对于滚刀回转不均匀。

在切齿过程中，由切齿刀具沿齿轮轴线方向走刀运动产生的加工误差称为齿廓轴向误差。如刀架导轨与机床工作台轴线不平行、齿坯安装倾斜等，均使齿廓产生轴向误差。

齿轮的径向误差、切向误差和轴向误差如图 11-4 所示。按误差方向来说，径向误差影响传递运动的准确性和侧隙，切向误差影响传递运动的准确性和传动平稳性，轴向误差主要影响轮齿的载荷分布均匀性。

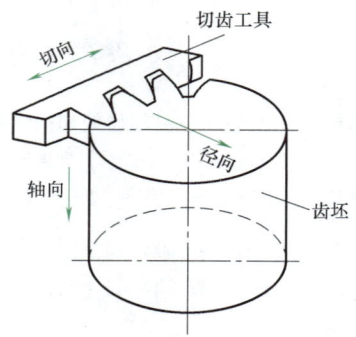

图 11-4 齿轮误差方向

了解和区分齿轮误差的周期性和方向特征，对分析齿轮各种不同性质的误差对齿轮传动性能的影响，以及采用相应的测量原理和方法来分析和控制这些误差，都具有十分重要的意义。

第二节　齿轮的强制性检测精度指标、侧隙指标及其检测

国家标准将齿轮误差项目的评定指标分为强制性检测精度指标和非强制性检测精度指标。强制性检测精度指标有齿距偏差（单个齿距偏差、齿距累积偏差、齿距累积总偏差）、齿廓总偏差和螺旋线总偏差。根据齿轮误差项目对齿轮传动性能的主要影响，强制性检测精度指标对应齿轮的前三项使用要求：齿距累积偏差、齿距累积总偏差是反映齿轮传递运动准确性的检测项目；单个齿距偏差、齿廓总偏差是反映传动平稳性的检测项目；螺旋线总偏差是反映轮齿载荷分布均匀性的检测项目。齿轮的侧隙指标（齿厚减薄量）可用齿厚偏差或公法线长度偏差来评定。

一、齿轮传递运动准确性的强制性检测精度指标

齿轮传递运动准确性的强制性检测精度指标是齿距累积总偏差 ΔF_p,必要时增加齿距累积偏差 ΔF_{pk}。

1. 齿距累积总偏差 ΔF_p

齿距累积总偏差 ΔF_p 是指在齿轮端平面上,在接近齿高中部的一个与齿轮基准轴线同心的圆上(可以理解为分度圆),任意两个同侧齿面间的实际弧长与理论弧长的代数差中的最大绝对值,如图11-5所示。齿距累积总偏差 ΔF_p 的测量基准应为齿轮的基准轴线,齿距累积总偏差 ΔF_p 的合格条件为:ΔF_p 不大于齿距累积总偏差允许值 F_p,即 $\Delta F_p \leqslant F_p$。

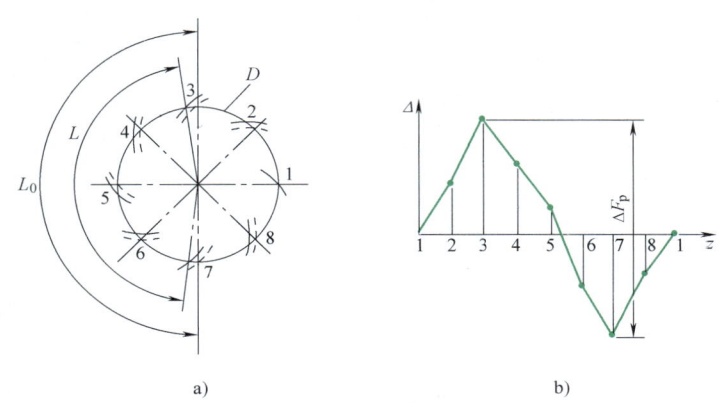

图 11-5 齿轮齿距累积总偏差
a)齿距分布不均匀 b)齿距偏差曲线
L—实际弧长 L_0—理论弧长 D—接近齿高中部的圆 z—齿序
Δ—轮齿实际位置(粗实线齿廓)对其理想位置(虚线齿廓)的偏差 1、2、…、8—轮齿序号

2. 齿距累积偏差 ΔF_{pk}

齿距累积偏差 ΔF_{pk} 是指在齿轮端平面上,在接近齿高中部的一个与齿轮基准轴线同心的圆上,任意 k 个齿距的实际弧长与理论弧长的代数差,如图11-6所示。k 个齿距累积偏差就是连续 k 个齿距的齿距偏差的代数和。齿距累积偏差 ΔF_{pk} 多用于高精度且多齿数的齿轮、非圆形状完整齿轮或高速运转齿轮。一般在不大于1/8圆周上评定,取 $k=z/8$。一般齿轮传

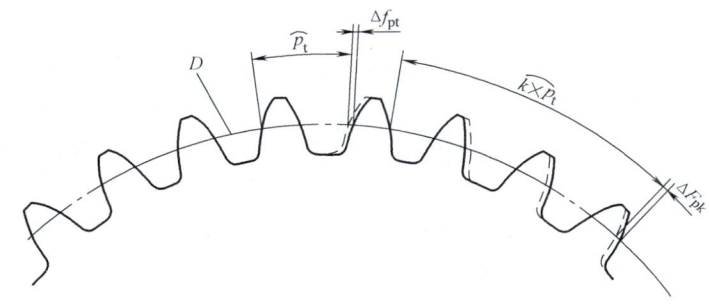

图 11-6 齿轮的单个齿距偏差 Δf_{pt} 与齿距累积偏差 ΔF_{pk}
$\widehat{p_t}$—单个理论齿距 D—接近齿高中部的圆 实线齿廓表示轮齿的实际位置 虚线齿廓表示轮齿的理想位置

动不需要评定 ΔF_{pk}。齿距累积偏差 ΔF_{pk} 的合格条件为：$\Delta F_{pk} \leqslant F_{pk}$。

齿距累积总偏差 ΔF_p 和齿距累积偏差（ΔF_{pk}）常用齿距比较仪、万能测齿仪、光学分度头等仪器进行测量。测量方法可分为绝对测量（光学分度头）和相对测量（齿距比较仪、万能测齿仪），其中以相对测量应用最广，中等模数的齿轮多采用这种方法。

相对测量是以齿轮上任意一齿距为基准，把齿距比较仪的指示表调整为零，然后依次测出其余各齿距相对基准的偏差（$\Delta f_{pt相对}$），最后通过数据处理求出齿距累积总偏差（ΔF_p）、齿距累积偏差（ΔF_{pk}）和单个齿距偏差（Δf_{pt}）。按其定位基准的不同，相对测量又可分为以齿顶圆、以齿根圆和以孔中心线为定位基准三种。

图 11-7 为使用齿距比较仪以齿顶圆为定位基准测量齿距的工作原理。测量时，先将固定量爪 5 经过调整大致上固定于仪器刻线上的一个齿距值上，然后通过调整定位支脚 1 和 3，使固定量爪 5

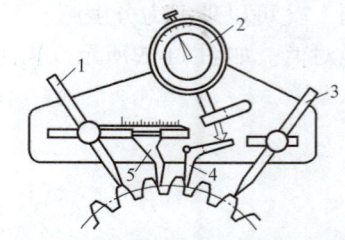

图 11-7 用齿距比较仪测量齿距偏差
1、3—定位支脚　2—指示表
4—活动量爪　5—固定量爪

和活动量爪 4 同时与相邻两同侧的齿面接触于接近齿高中部的圆上。齿距的数值变化情况，通过活动量爪 4 和指示表 2，由指示表上的指针表示出来。显然使用齿距比较仪测量齿距的精度，会受被测齿轮齿顶圆的径向跳动影响。

二、齿轮传动平稳性的强制性检测精度指标

齿轮传动平稳性的强制性检测精度指标是单个齿距偏差 Δf_{pt} 和齿廓总偏差 ΔF_α。

1. 单个齿距偏差 Δf_{pt}

单个齿距偏差 Δf_{pt} 是指齿轮端平面上，在接近齿高中部的一个与齿轮基准轴线同心的圆上，实际齿距与理论齿距的代数差，如图 11-6 所示。取其中绝对值最大的数值 $\Delta f_{pt\,max}$ 作为评定值。

单个齿距偏差 Δf_{pt} 和齿距累积总偏差 ΔF_p、齿距累积偏差 ΔF_{pk} 是用同一仪器同时测出的。如图 11-7 用齿距比较仪测量齿距偏差，取所测得的实际齿距的平均值作为理论齿距。单个齿距偏差 Δf_{pt} 的合格条件是：所有的 Δf_{pt} 都在齿距偏差允许值 $\pm f_{pt}$ 范围内（$-f_{pt} \leqslant \Delta f_{pt} \leqslant +f_{pt}$），即 $|\Delta f_{pt\,max}| \leqslant f_{pt}$。

例 11-1　按图 11-7 所示的相对测量法，测量齿数 $z=12$ 的齿轮右侧齿面的齿距偏差。测量开始以第 1 齿距 p_1 的实际值作为齿距基准，调整指示表为零位，然后依次测出 2~12 齿的齿距偏差，得到一个齿距偏差实测值序列：0，+4，-5，+10，-19，-10，-20，-19，-11，-10，+16，+4。依据实测值求出齿轮的齿距累积总偏差 ΔF_p 和五个齿距累积偏差 ΔF_{p5} 及单个齿距偏差 Δf_{pt} 的评定值。

解　数据处理过程及结果见表 11-1。

2. 齿廓总偏差 ΔF_α

在齿轮端平面内且垂直于渐开线齿廓方向上，实际齿廓对设计齿廓的偏离量称为齿廓偏

表 11-1　相对法测量齿距偏差实测值序列及数据处理结果

齿轮轮齿序号 1~12	1	2	3	4	5	6	7	8	9	10	11	12
齿距序号 p_1~p_{12}	p_1	p_2	p_3	p_4	p_5	p_6	p_7	p_8	p_9	p_{10}	p_{11}	p_{12}
指示表读数（相对齿距偏差）/μm	0	+4	−5	+10	−19	−10	−20	−19	−11	−10	+16	+4
指示表读数平均值 p_m/μm（修正值 = $-p_m$）					$p_m = (p_1+p_2+\cdots+p_{12})/12 = -5\mu m$，$p_m$为负值，说明测量齿距的圆周偏向齿根一侧。依据圆周角自封闭原则，取修正值 = +5μm							
修正后各个齿距偏差/μm	+5	+9	0	+15	−14	−5	−15	−14	−6	−5	+21	+9
齿距偏差累积值 p_Σ/μm	+5	+14	+14	+29	+15	+10	−5	−19	−25	−30	−9	0
齿距累积总偏差 ΔF_p/μm					取齿距偏差累积值中正、负极值之差的绝对值作为评定值，即 $\Delta F_p = (+29)\mu m - (-30)\mu m = 59\mu m$							
每连续 5 个齿距的序号	1~5	2~6	3~7	4~8	5~9	6~10	7~11	8~12	9~1	10~2	11~3	12~4
计算连续 5 个齿距累积值	+15	+5	−19	−33	−54	−45	−19	+5	+24	+39	+44	+38
5 个齿距累积偏差 ΔF_{p5}/μm					取连续 5 个齿距累积值中绝对值最大者作为评定值，即 $\Delta F_{p5\max} = p_5+p_6+p_7+p_8+p_9 = -54\mu m$							
单个齿距偏差 Δf_{pt}/μm					取修正后各个齿距偏差中绝对值最大者作为评定值：$\Delta f_{pt\max} = +21\mu m$							

差。设计齿廓一般指齿轮端面符合设计要求的齿廓，通常为渐开线齿廓或以渐开线为基础的修形齿廓。

齿廓总偏差 ΔF_α 是指在计值范围内，包容实际齿廓迹线的两条设计齿廓迹线间的距离（图 11-8）。测量齿廓偏差得到的记录图中的齿廓偏差曲线称为齿廓迹线，图 11-9 所示为未经修形的渐开线和修形的渐开线（凸齿廓）两种齿廓偏差记录图。

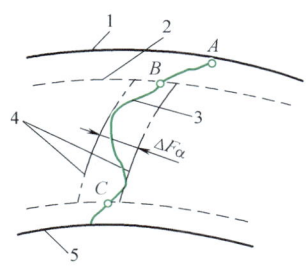

图 11-8　齿廓总偏差

1—齿顶圆　2—齿顶修缘起始圆　3—实际齿廓
4—设计齿廓　5—齿根圆　AC—齿廓有效长度
AB—倒棱部分　BC—工作部分（齿廓计值范围）

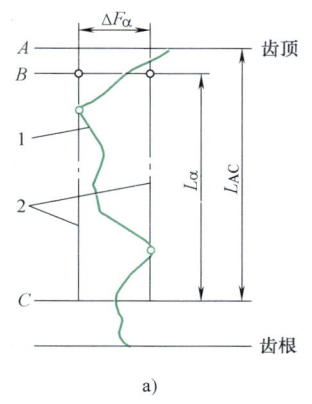
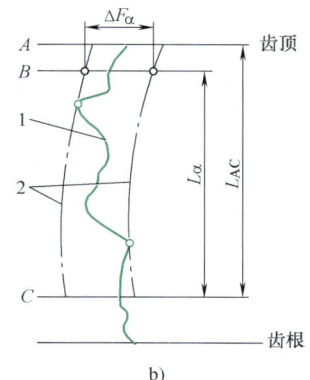

图 11-9　齿廓偏差测量记录图

a) 未经修形的渐开线　b) 修形的渐开线（凸齿廓）

L_α—齿廓计值范围　L_{AC}—齿廓有效长度　1—实际齿廓迹线　2—设计齿廓迹线

齿廓偏差通常用渐开线检查仪进行测量。图 11-10a 所示为单盘式渐开线检查仪的工作原理图。将齿轮和基圆盘装在同一心轴上，当紧靠在基圆盘的直尺向右移动且无滑动地带动基圆盘和齿轮旋转时，固定在直尺上的指示表 9 也跟直尺一起向右移动。与此同时，指示表的测头也沿着齿面从齿根向齿顶方向滑动。根据渐开线的形成原理，若被测齿轮齿廓没有偏差，则指示表的测头不动，即表针的读数不变。但是当实际齿廓有偏差，偏离理论齿廓时，则指示表的测杆就要发生伸缩运动。在齿廓的工作范围内，指示表 9 读数的最大值和最小值之差就是齿廓偏差值。

图 11-10b 所示为单盘式渐开线检查仪的结构图。被测齿轮 1 与一直径等于该齿轮基圆直径的基圆盘 2 同轴安装，当用手轮 8 移动纵滑板时，直尺 3 与由弹簧力紧压其上的基圆盘 2 互做纯滚动，位于直尺 3 边缘上的测头与被测齿廓接触点相对于基圆盘的运动轨迹是理想渐开线。若被测齿廓不是理想渐开线，测头摆动经杠杆 4 在指示表上读出 ΔF_α，或经圆筒 7 上所连记录笔 6 在记录纸 5 上画出齿廓总偏差 ΔF_α 的误差曲线。一般应在被测齿轮圆周上测量均匀分布的三个轮齿或更多轮齿左右齿面齿廓总偏差，取其中最大值 $\Delta F_{\alpha max}$ 作为齿廓总偏差的评定值。齿廓总偏差 ΔF_α 的合格条件为：$\Delta F_{\alpha max} \leq F_\alpha$。

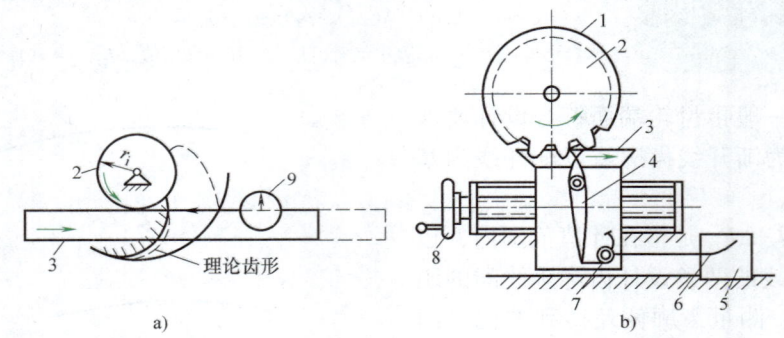

图 11-10　渐开线检查仪测量齿轮齿廓偏差
a）单盘式渐开线检查仪的工作原理　b）单盘式渐开线检查仪的结构图
1—被测齿轮　2—基圆盘　3—直尺　4—杠杆　5—记录纸　6—记录笔　7—圆筒　8—手轮　9—指示表

在实际测量中，齿廓偏差还可以在万能式渐开线检查仪上测量，它的基圆可以调节，比单盘式渐开线检查仪测量更方便。

三、轮齿载荷分布均匀性的强制性检测精度指标

评定轮齿载荷分布均匀性的强制性检测精度指标有，在齿宽方向是螺旋线总偏差 ΔF_β，在齿高方向是单个齿距偏差 Δf_{pt} 和齿廓总偏差 ΔF_α，这就是齿轮传动平稳性的强制性检测精度指标。

直齿轮的轮齿螺旋角为 0°，因此直齿轮的设计螺旋线是直线且平行于齿轮基准轴线，在基圆柱的切平面内，工作齿宽范围内包容实际螺旋线迹线的两条设计螺旋线迹线间的距离称为螺旋线总偏差 ΔF_β。直齿轮的螺旋线总偏差 ΔF_β 如图 11-11 所示。

根据啮合原理，一对齿轮的啮合过程，若不考虑弹性变形的影响，其啮合是由齿顶到齿根（或由齿根到齿顶）每瞬间都沿着全齿宽成一直线接触。对于直齿轮，齿面是切于基圆柱的平面上与轴线平行的直线 K—K 的运动轨迹——渐开面，所以轮齿每瞬间的接触线是一

根平行于轴线的直线 $K—K$（图 11-12）。对于斜齿轮，由于齿面是切于基圆柱的平面上与轴线夹角为 β_b 的接触线的运动轨迹——渐开螺旋面，所以斜轮齿每瞬时的接触线是一根在基圆柱的切平面上与基圆柱母线夹角为 β_b 的直线（图 11-13 中的接触线）。

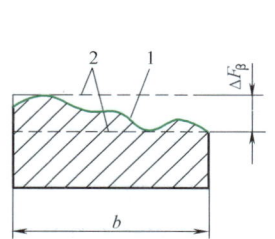 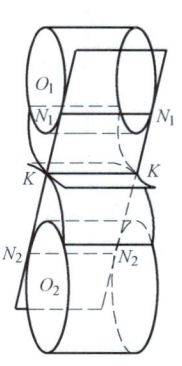 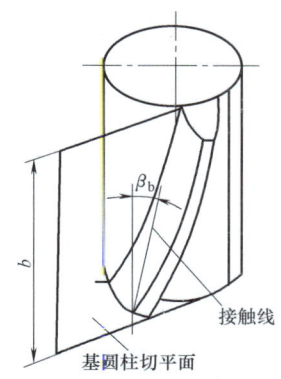

图 11-11　直齿轮的螺旋线总偏差 ΔF_β　　图 11-12　直齿轮的接触线　　图 11-13　斜齿轮的接触线
1—实际螺旋线　2—设计螺旋线　b—齿宽

在齿轮端面基圆切线方向上，测得的实际螺旋线对设计螺旋线的偏离量称为螺旋线偏差。测量全部齿宽的螺旋线偏差得到的记录图中的螺旋线偏差曲线（图 11-14）称为螺旋线迹线。直齿轮和未经修形的设计螺旋线迹线是直线。修形的设计螺旋线迹线是鼓形线（外凸曲线）。图 11-14 所示为未经修形的和修形的两种螺旋线偏差的测量记录图。修形的设计螺旋线使齿轮的轮齿在齿宽方向成为鼓形，这对提高轮齿的承载能力有好处。

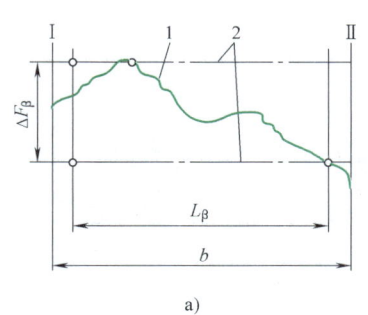 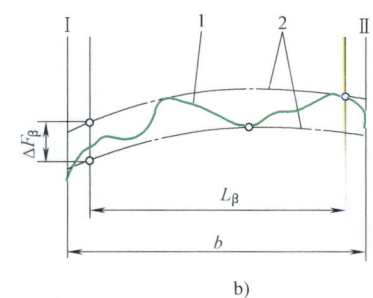

图 11-14　螺旋线偏差测量记录图
a）未经修形的螺旋线　b）修形的螺旋线（鼓形）
Ⅰ、Ⅱ—轮齿的两端　b—齿宽　L_β——螺旋线计值范围　1—实际螺旋线迹线　2—设计螺旋线迹线

直齿轮的螺旋线偏差测量较简单。被测齿轮装在心轴上，心轴装在两顶尖座或等高的 V 形块上，在齿槽内放入小圆柱，以检验平板作基面，用指示表分别测量小圆柱的水平方向和垂直方向两端的高度差。此高度差乘上 b/l（b—齿宽；l—圆柱长）即近似为齿轮的 ΔF_β。为了避免安装误差的影响，应在前后两面（距 180°的两个齿）测量，取其平均值作为测量结果（图 11-15）。

斜齿轮的螺旋线偏差可在导程仪、螺旋线偏差测量仪，或万能测齿仪上借助螺旋角测量装置进行测量。导程仪也可以测量直齿轮的螺旋线偏差。

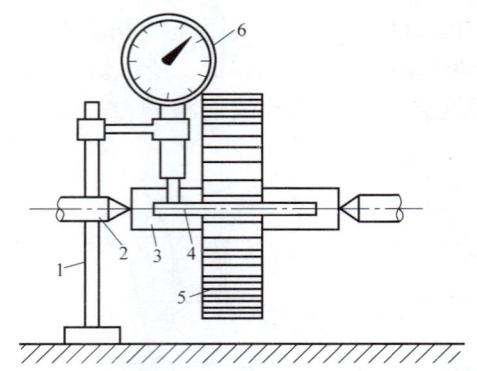

图 11-15 用小圆柱测量直齿轮的螺旋线总偏差
1—指示表支架 2—顶尖 3—心轴 4—小圆柱
5—齿轮 6—指示表

图 11-16 所示为齿轮螺旋线偏差测量仪的原理图，图中被测齿轮 1 安装在测座和尾座两顶尖之间，纵向滑台 4 的上部装有传感器 6，测头 7 与被测齿轮 1 的齿面接近齿高中部相接触，传感器 6 的另一端和记录器 8 相连。当纵向滑台 4 平行于齿轮基准轴线移动时，测头 7 和记录器 8 的记录纸随之轴向移动，同时带导向槽的分度盘 5 下面的滑柱在横向滑台 3 上的分度盘 5 的导槽内移动，使得横向滑台 3 在垂直于齿轮基准轴线方向移动，横向滑台 3 移动使其上主轴滚轮 2（主轴滚轮 2 由钢带缠绕并固定在横向滑台 3 上）带动被测齿轮 1 回转，这就实现了被测齿轮齿面相对于测头做螺旋线运动。分度盘 5 的导槽方位可以调整为所需螺旋角，齿面上实际螺旋线与设计螺旋线的偏差使测头 7 有微小位移，经传感器 6 由记录器 8 记录在纸上得到螺旋线偏差的记录曲线（图 11-14）。

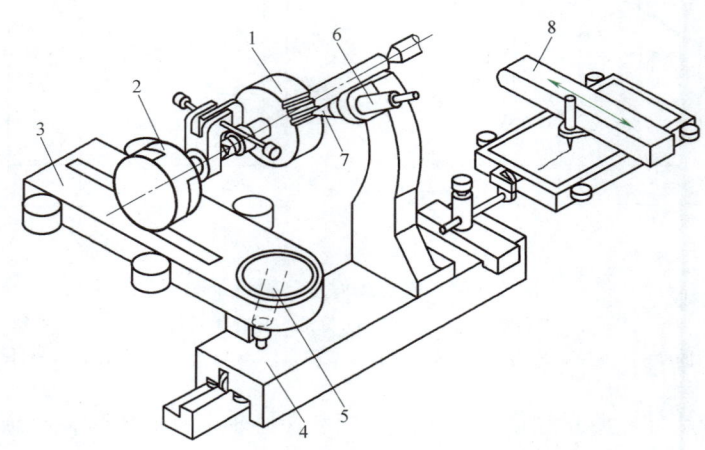

图 11-16 齿轮螺旋线偏差测量仪原理图
1—被测齿轮 2—主轴滚轮 3—横向滑台 4—纵向滑台 5—带导向槽的分度盘
6—传感器 7—测头 8—记录器

螺旋线偏差还可在导程仪上进行测量。图 11-17 所示为导程仪的工作原理。轴向滑板 1 沿轴线移动时，其上的正弦规 2 带动径向滑板 5 做径向移动，径向滑板 5 又带动与被测齿轮同轴的圆盘6转动，装在轴向滑板1上的测头7相对于被测斜齿轮4移动，其运动轨迹为理论螺旋线。它与实际齿轮齿面的实际螺旋线进行比较而得出螺旋线偏差。由指示表3指示或由记录仪记录。

由于齿轮的制造和安装误差，齿轮啮合时在齿宽方向上不是全齿宽接触，而在啮合过程中也不是全齿高接触。对于直齿轮，影响接触长度的是齿宽方向接触线偏差即螺旋线总偏差 ΔF_β，影响接触高度的是齿廓总偏差 ΔF_α。对于斜齿轮，影响接触长度的是螺旋线倾斜偏差 $\Delta F_{H\beta}$ 和螺旋线形状偏差 $\Delta F_{f\beta}$，影响接触高度的是齿廓形状偏差 $\Delta f_{f\alpha}$ 和齿廓倾斜偏差 $\Delta f_{H\alpha}$。从评定齿轮承载能力方面看，一般对齿宽方向的接触精度要求要高于对齿高方向的接触精度要求。而齿高方向的接触精度主要影响齿轮的传动平稳性。

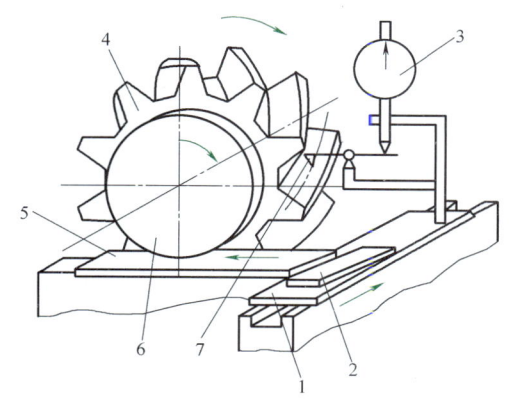

图 11-17　导程仪的工作原理

1—轴向滑板　2—正弦规　3—指示表　4—被测斜齿轮
5—径向滑板　6—圆盘　7—测头

评定齿轮轮齿载荷分布均匀性的精度，应在齿轮圆周上测量三个或更多（均匀分布）轮齿的左、右齿面的螺旋线总偏差 ΔF_β，取其中最大值 $\Delta F_{\beta\max}$ 作为评定值。螺旋线总偏差 ΔF_β 的合格条件为：$\Delta F_{\beta\max} \leq F_\beta$。

四、评定齿轮齿厚减薄量用的侧隙指标

具有公称齿厚的齿轮副在公称中心距下啮合时是无侧隙的。毫无疑问，齿厚是影响侧隙变动的重要因素，通常采用减薄齿厚的办法来获取必要的侧隙。减薄齿厚即是在切齿时增加切齿刀的径向进给量即切深一些。除此之外，几何偏心与运动偏心也会引起齿厚不均匀，从而使齿轮工作时侧隙也不均匀。

齿轮副侧隙的大小与齿轮齿厚减薄量密切相关。评定齿轮齿厚减薄量用的侧隙指标是齿厚偏差和公法线长度偏差。

1. 齿厚偏差 ΔE_{sn}

齿厚偏差 ΔE_{sn} 是指在分度圆柱面上齿厚的实际值与公称值之差。对于斜齿轮则是指法向齿厚的实际值与公称值之差（图11-18a）。一般用齿厚游标卡尺测量实际齿厚（图11-19），实际中是以分度圆上的弦齿高作为基准来测量弦齿厚的，因弧长不便测量。不变位的直齿轮公称弦齿厚 $s_{nc} = mz\sin\delta$，$\delta = \pi/2z$；公称弦齿高 $h_c = r_a - (mz/2)\cos\delta$，测量实际弦齿厚以后，再经计算得出齿厚偏差。由于侧隙的要求，使得齿厚偏差多为负值。如图11-18b所示为齿厚极限偏差和齿厚公差。规定齿厚上偏差（齿厚的最小减薄量），是为了保证齿轮传动所需的最小侧隙，但还要保证侧隙不致过大，因此又必须规定齿厚公差（即齿厚下偏差——齿厚的最大减薄量）。齿厚偏差可以使用游标测齿卡尺以弦齿高为依据测出实际弦齿厚，然后与公称弦齿厚比较得出。

齿厚偏差 ΔE_{sn} 的合格条件为：$E_{sni} \leq \Delta E_{sn} \leq E_{sns}$。

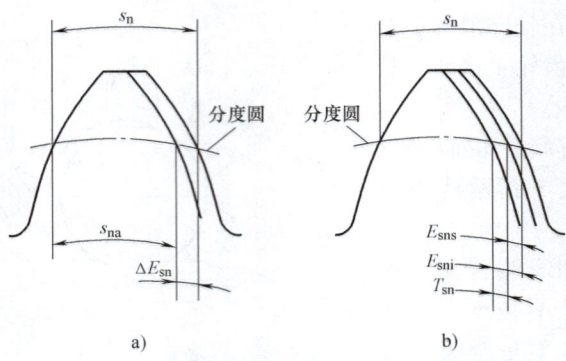

图 11-18 齿厚偏差和齿厚极限偏差

a) 齿厚偏差 b) 齿厚极限偏差

s_n—公称齿厚 s_{na}—实际齿厚 ΔE_{sn}—齿厚偏差 E_{sns}—齿厚上偏差 E_{sni}—齿厚下偏差 T_{sn}—齿厚公差

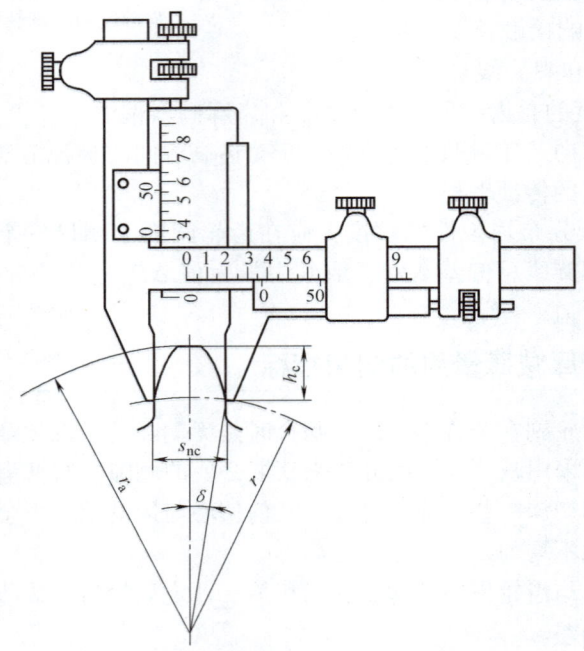

图 11-19 分度圆弦齿厚的测量

r—分度圆半径 r_a—齿顶圆半径 δ—半个齿厚所对中心角 s_{nc}—分度圆弦齿厚 h_c—分度圆弦齿高

由于测量齿厚时以齿顶圆作为测量基准，齿顶圆直径的偏差和齿顶圆柱面对齿轮基准轴线的径向跳动都会给测量结果带来较大的影响，因此齿厚偏差参数仅用于精度较低和尺寸较大的齿轮。齿轮齿厚的变化引起公法线长度相应地变化，因此可以用测量公法线长度来代替测量齿厚。实质上就是用控制公法线长度偏差来间接地控制齿厚偏差。

2. 公法线长度偏差 ΔE_w

公法线长度偏差 ΔE_w 是指在齿轮一周范围内，公法线实际长度 W_k 与其公称值 W 之差，即 $\Delta E_w = W_k - W$。

滚齿机床分度蜗轮的安装偏心（图 11-3 中的 e_K），引起滚刀与齿坯之间展成运动的速度不协调。在滚切速度不变的情况下，机床工作台旋转角速度不均匀，呈周期性变化，从而导致轮齿的齿廓发生变异，这种变异产生在基圆切线方向上，并影响齿距累积总偏差和切向综合总偏差。所以齿轮的切向误差是由运动偏心 e_K 引起的，e_K 来源于机床分度蜗轮偏心。如图 11-3 所示，当分度蜗轮具有 e_K 时，即使刀具做匀速旋转，但分度蜗轮及由其带动的齿坯的转速是不均匀的，呈周期性变化，以蜗轮一转为周期，从最大角速度（$\omega+\Delta\omega$）变化到最小角速度（$\omega-\Delta\omega$）。图中，W_{max}（公法线最大）出现区间的齿比较"厚"；而 W_{min}（公法线最小）出现区间的齿比较"薄"，从而形成了"胖瘦齿"，使齿轮圆周上的公法线长度不均匀，其大小变化以齿轮一转为变化周期。

齿轮齿廓的公法线即为基圆切线。公法线长度 W 是两平行测量爪与齿轮上所跨首末两齿异侧齿面相切时，两切点之间的距离。直齿圆柱齿轮公法线长度的公称值 W 按下式计算

$$W = m\cos\alpha[\pi(n-0.5)+z\text{inv}\alpha]+2xm\sin\alpha \tag{11-1}$$

式中　m、z、α、x——齿轮的模数、齿数、标准压力角、变位系数；

$\qquad\text{inv}\alpha$——渐开线函数，$\text{inv}20°=0.014904$；

$\qquad n$——测量公法线长度时的跨齿数。按公式 $n=z\alpha/180°+0.5$ 计算并取整数。对于标准齿轮（$\alpha=20°$），$n=z/9+0.5$；对于变位齿轮，则上式中 α 为 $\alpha_m=\arccos[d_b/(d+2xm)]$。

关于斜齿圆柱齿轮公法线长度的公称值 W_n 的计算公式，由式（11-1）将模数、标准压力角、变位系数 m、α、x 变为法向参数 m_n、α_n、x_n，将渐开线函数 $\text{inv}\alpha$ 变为 $\text{inv}\alpha_t$，α_t 为端面压力角，$\alpha_t=\arctan(\tan\alpha_n/\cos\beta)$。即为

$$W_n = m_n\cos\alpha_n[\pi(n-0.5)+z\text{inv}\alpha_t]+2x_n m_n\sin\alpha_n \tag{11-2}$$

但要注意，只有斜齿轮的齿宽大于 $1.015W_n\sin\beta_b$（β_b 为基圆螺旋角）时，即 $b>1.015W_n\sin\beta_b$，才能用公法线长度偏差作为侧隙指标。

公法线长度偏差 ΔE_w 可以使用公法线千分尺和公法线指示卡规测量（图 11-20）。因测量公法线长度不用齿顶圆作测量基准，故测量精度较高，公法线长度偏差常作为齿轮齿厚减薄量（侧隙）的评定指标。公法线长度偏差 ΔE_w 的合格条件为：ΔE_w 应在其极限偏差范围内，即 $E_{wi} \leq \Delta E_w \leq E_{ws}$。

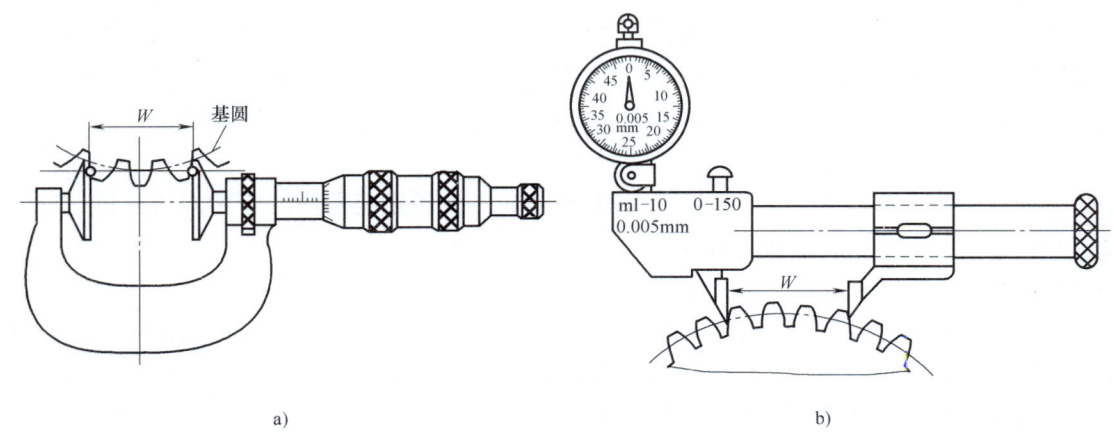

a)

b)

图 11-20　公法线长度测量

a) 公法线千分尺测量公法线（跨齿数 3）　b) 公法线指示卡规测量公法线（跨齿数 4）

国家标准未给出公法线长度的上、下偏差，因此在设计使用时需要用齿厚上、下偏差（E_{sns}、E_{sni}）换算成公法线长度上、下偏差（E_{ws}、E_{wi}）。公法线长度上、下偏差及公差（E_{ws}，E_{wi}，T_{w}）与齿厚上、下偏差及公差（E_{sns}，E_{sni}，T_{sn}）的换算关系为

外齿轮

$$E_{ws} = E_{sns}\cos\alpha_n - 0.72F_r\sin\alpha_n \tag{11-3}$$

$$E_{wi} = E_{sni}\cos\alpha_n + 0.72F_r\sin\alpha_n \tag{11-4}$$

式（11-3）中，等号右边第二项是考虑齿轮径向跳动使侧隙在某些位置变小的影响，而公法线偏差不反映几何偏心的影响，故 E_{ws} 换算时需要减去第二项，使公法线长度进一步偏离公称值，以保证齿轮副的最小侧隙不会小于最小极限侧隙。反之，公式（11-4）中第二项是防止最大侧隙大于最大极限侧隙。系数 0.72 是几何偏心影响程度的统计值。

内齿轮

$$E_{ws} = -E_{sns}\cos\alpha_n - 0.72F_r\sin\alpha_n \tag{11-5}$$

$$E_{wi} = -E_{sni}\cos\alpha_n + 0.72F_r\sin\alpha_n \tag{11-6}$$

第三节　齿轮的非强制性检测精度指标及其检测

为了掌握齿轮加工后的精度情况，一般应按强制性检测精度指标对齿轮进行检测。按强制性检测精度指标检测合格后，在生产工艺不变的条件下，继续生产同样要求的齿轮时，或者对于齿轮精度做分析研究时，可以用非强制性检测精度指标对齿轮的传递运动准确性和传动平稳性进行评定。

一、切向综合总偏差（$\Delta F_i'$）和一齿切向综合偏差（$\Delta f_i'$）

切向综合总偏差 $\Delta F_i'$ 反映齿距累积总偏差 ΔF_p 和齿廓总偏差 ΔF_α 等单个齿面高度方向误差的综合结果，用于评定齿轮的传递运动准确性；一齿切向综合偏差 $\Delta f_i'$ 反映单个齿距偏差 Δf_{pt} 和齿廓总偏差 ΔF_α 等单齿误差的综合结果，用于评定齿轮的传动平稳性。

1. 切向综合总偏差 $\Delta F_i'$

切向综合总偏差 $\Delta F_i'$ 是指被测齿轮与理想精确的测量齿轮单面啮合检验时（公称中心距），在被测齿轮一转内，齿轮分度圆上实际圆周位移与理论圆周位移的最大差值（图 11-21）。切向综合总偏差 $\Delta F_i'$ 的合格条件为：$\Delta F_i'$ 不大于切向综合总偏差允许值 F_i'，即 $\Delta F_i' \leq F_i'$。

2. 一齿切向综合偏差 $\Delta f_i'$

一齿切向综合偏差 $\Delta f_i'$ 是指被测齿轮一转中对应一个齿距范围内的实际圆周位移与理论圆周位移的最大差值 $\Delta f_{i\,max}'$（图 11-21）。一齿切向综合偏差 $\Delta f_i'$ 的合格条件为：$\Delta f_{i\,max}'$ 不大于一齿切向综合总偏差允许值 f_i'，即 $\Delta f_{i\,max}' \leq f_i'$。

切向综合偏差是在单啮仪（齿轮单面啮合综合测量仪）上测量得到的。图 11-22 为光栅式齿轮单啮仪测量原理图，在仪器上利用测量元件与被测齿轮构成单面啮合的实际转动所产生的实际转角，同标准齿轮构成标准传动的装置所产生的理论转角进行比较，然后用记录装置将转角误差以切向综合总偏差曲线的形式表示出来。单啮仪的种类有机械式、光栅式、电磁分度式等。在齿数各为 z_1 和 z_2 的测量齿轮与被测齿轮的主轴上，分别装有刻线数相同

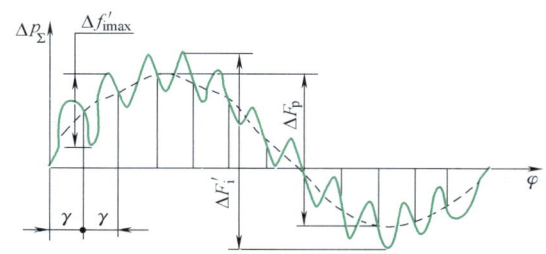

图 11-21 切向综合偏差曲线

φ—被测齿轮转角 Δp_Σ—被测齿轮实际圆周位移对理论圆周位移的偏差 $\gamma = 360°/z$（z 为齿数）

的圆光栅，用以产生理想精确的传动比。当啮合的两齿轮齿数不等时，由两者的光电元件所输出的信号频率将不相等，为使两路信号具有相同的频率，以便进行相位比较，可将其中一路信号进行倍频（如将测量齿轮的信号频率 f_1 乘以 z_1）和分频（再将信号 $f_1 z_1$ 除以 z_2）处理。若被测齿轮无误差，则两路信号无相位差变化，记录器输出为一条直线；否则，所记录的图形为被测齿轮的切向综合总偏差曲线。若仪器上安装的是一对齿轮副，则记录的图形是一条齿轮副切向综合总偏差曲线。我国生产的单啮仪多采用测量蜗杆的光栅式单啮仪，目前已经发展为采用微机时钟脉冲计数的数字比相原理的仪器，并能够利用计算机对测量结果进行处理。如成都量具刃具厂生产的 CZ450 型单啮仪。

$\Delta f_i'$ 是在单啮仪上测量切向综合总偏差 $\Delta F_i'$ 的同时得到的，可以较好地反映单个齿距偏差和齿廓总偏差的综合结果，也能反映出刀具制造误差和安装误差及机床传动链短周期误差。

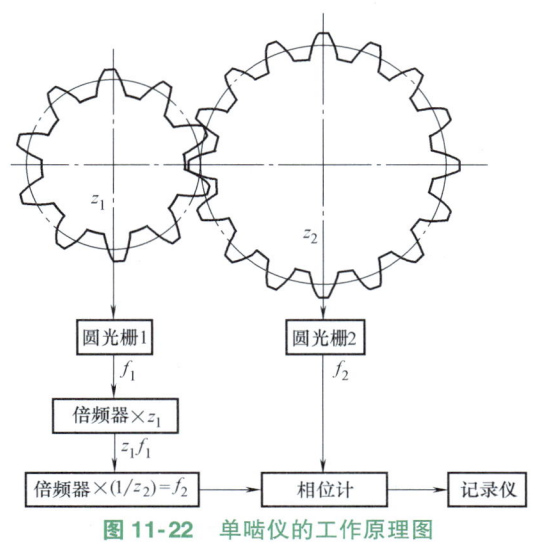

图 11-22 单啮仪的工作原理图

被测齿轮装在齿轮单面啮合综合检查仪的心轴上，在保持设计中心距的情况下，与高精度的测量齿轮做单面啮合转动，测出其转角误差。齿轮的切向综合总偏差反映了齿轮一转的转角误差，说明齿轮运动的不均匀性，在一转过程中，其转速忽快忽慢，做周期性地变化。由于测量切向综合总偏差时被测齿轮与测量齿轮单面啮合（无载荷），接近于齿轮传动的工作状态，综合反映了几何偏心、运动偏心、长周期误差和短周期误差对齿轮转角误差综合影响的结果，所以切向综合总偏差是评定齿轮传递运动准确性的较好参数。由于切向综合总偏差是在单啮仪上进行测量的,所以仅限于评定较高精度的齿轮。

二、齿轮径向跳动 ΔF_r

齿轮径向跳动 ΔF_r 是指在齿轮一转范围内,测头在齿槽内与齿高中部双面接触,测头到齿轮基准轴线的最大距离与最小距离之差(图 11-23)。齿轮径向跳动 ΔF_r 可以用齿轮径向跳动测量仪测量。以齿轮孔轴线为基准,测头依次放入各齿槽内,在指示表上读出测头径向位置的最大变化量即为 ΔF_r。

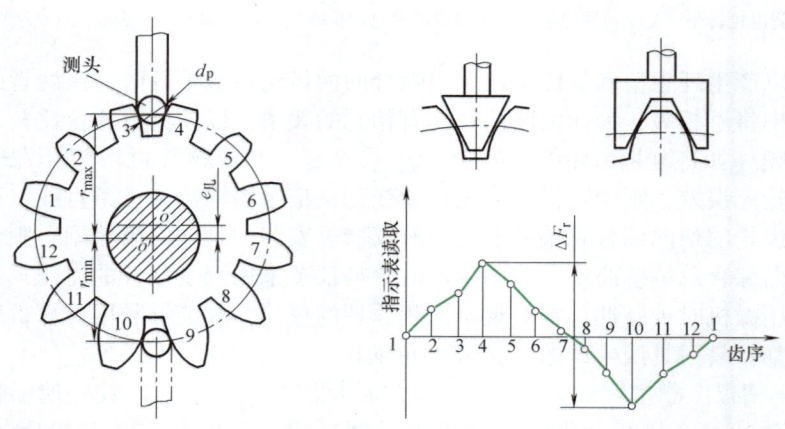

图 11-23 齿轮径向跳动

ΔF_r 主要是由几何偏心($e_几$)引起的。切齿时,由于齿坯孔与心轴间有间隙(图 11-2),孔轴线 OO 与其旋转轴线 $O'O'$ 不重合,产生一偏心量 $e_几$。它以齿轮一转为周期,故称长周期误差,属于径向误差。若忽略其他误差影响,则 $\Delta F_r = r_{max} - r_{min} = 2e_几$。齿轮径向跳动 ΔF_r 的合格条件为:ΔF_r 不大于齿轮径向跳动允许值 F_r,即 $\Delta F_r \leq F_r$。

同时,当齿轮具有几何偏心时,与孔同轴线的圆上的齿距或齿厚是不均匀的,远离轴线 $O'O'$ 一边的齿距变长,靠近 $O'O'$ 一边的则相反(图 11-2b),从而还会引起齿距累积总偏差,并使齿轮在传动过程中的侧隙发生变化。此外齿坯端面跳动也会引起附加的偏心。

三、径向综合总偏差($\Delta F_i''$)和一齿径向综合偏差($\Delta f_i''$)

1. 径向综合总偏差 $\Delta F_i''$

径向综合总偏差 $\Delta F_i''$ 是在径向(双面)综合检验时,被测齿轮的左右齿面同时与测量齿轮相接触,并转过一整圈时出现的中心距最大值与最小值之差,如图 11-24b。$\Delta F_i''$ 是在齿轮双面啮合综合检测仪上测量的,若齿轮存在径向误差(如几何偏心)及短周期误差(如齿廓偏差、单个齿距偏差等),则齿轮与测量齿轮双面啮合的中心距会产生变化。

$\Delta F_i''$ 主要反映径向误差,其性质与齿轮径向跳动基本相同,测量时相当于用精确齿轮的轮齿代替测量 ΔF_r 的测头,且均为双面接触。由于检查 $\Delta F_i''$ 比检查 ΔF_r 的效率高,并且能够得到一条连续的偏差曲线,所以成批生产时常用 $\Delta F_i''$ 作为检测项目。

径向综合总偏差 $\Delta F_i''$ 采用齿轮双面啮合综合检查仪测量,其工作原理如图 11-24a 所示。测量时,将被测齿轮与测量齿轮分别安装在双面啮合综合检测仪的两平行心轴上,并借助弹簧力作用,使两轮保持双面紧密啮合,被测齿轮一转中指示表的最大读数差值(即双啮中心距的变动量）即为 $\Delta F_i''$（图 11-24b）。也可以用自动记录装置记录双啮中心距的变动曲线，如图 11-24b 所示，即为齿轮的径向综合偏差曲线。径向综合总偏差 $\Delta F_i''$ 的合格条件为：$\Delta F_i''$ 不大于齿轮径向综合总偏差允许值 F_i''，即 $\Delta F_i'' \leqslant F_i''$。

2. 一齿径向综合偏差 $\Delta f_i''$

一齿径向综合偏差 $\Delta f_i''$ 是在测量 $\Delta F_i''$ 同时得到的。$\Delta f_i''$ 是指在被测齿轮一转中，对应一个齿距角（$360°/z$，z 为齿数）范围内，双啮中心距的最大变动量 $\Delta f_{i\max}''$。即在径向综合偏差记录曲线（图 11-24b）上，小波纹的最大幅度值。其波长常常为一个齿距角。$\Delta f_i''$ 可以反映单个齿距偏差和齿廓偏差的综合结果。一齿径向综合偏差 $\Delta f_i''$ 的合格条件为：$\Delta f_{i\max}''$ 不大于一齿径向综合偏差允许值 f_i''，即 $\Delta f_{i\max}'' \leqslant f_i''$。

由于双面啮合测量时受轮齿左右齿面误差的影响，与齿轮的实际工作状态不符，不如用 $\Delta f_i'$ 评定传动平稳性精确。但由于仪器结构简单，操作方便，$\Delta f_i''$ 在成批生产中仍被广泛采用。

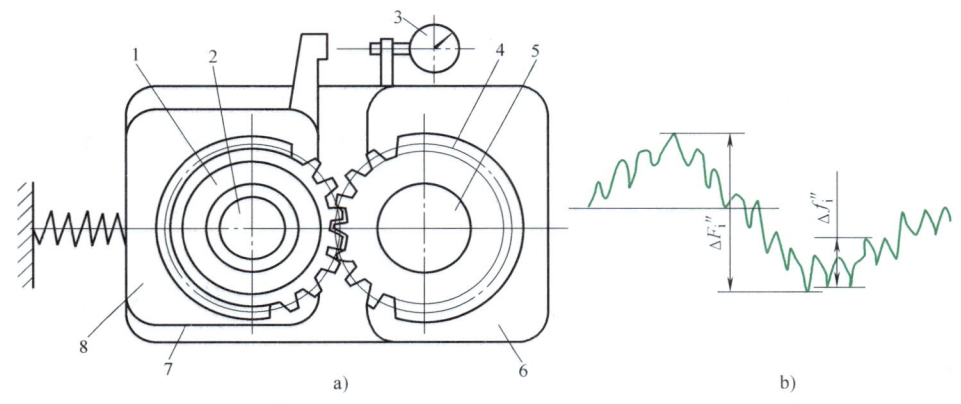

图 11-24　齿轮双面啮合综合测量
1—测量齿轮　2、5—心轴　3—指示表　4—被测齿轮
6—固定滑板　7—底座　8—移动滑板

综上所述可以得到以下结论：

ΔF_r、$\Delta F_i''$ 主要是由几何偏心引起的；ΔE_w 主要是由运动偏心引起的；ΔF_p 主要是由几何偏心和运动偏心的综合作用引起的；$\Delta F_i'$ 是几何偏心和运动偏心以及短周期误差综合影响的效果。

第四节　齿轮副中心距极限偏差和轴线平行度公差

齿轮副的精度评定指标包括齿轮副的安装误差和齿轮副的传动性能检测指标两部分。与前面所讨论的单个齿轮误差项目一样，齿轮副的安装误差同样也影响齿轮传动的使用性能，齿轮副安装完毕后，还应检测齿轮副的传动性能指标。齿轮副的安装误差包括齿轮副的中心距偏差和齿轮副轴线平行度偏差。齿轮副的中心距偏差 Δf_a 直接影响齿轮传动侧隙的大小，齿轮副轴线平行度偏差间接影响轮齿的载荷分布均匀性。齿轮副的传动性能检测指标主要是指齿轮副的接触斑点。

一、齿轮副的安装误差

1. 齿轮副的中心距偏差 Δf_a

齿轮副的中心距偏差 Δf_a 是指在箱体两侧轴承跨距 L 的范围内,实际中心距(齿轮副两条轴线之间的实际距离)与公称中心距 a 之差(图 11-25)。该评定指标由 GB/Z 18620.3—2008 推荐。中心距公称值 a 及其极限偏差 $\pm f_a$ 在图样上的标注形式为:$a \pm f_a$。齿轮副的中心距极限偏差 $\pm f_a$ 值可依据齿轮精度等级和公称中心距在表 11-2 中选取。中心距偏差 Δf_a 的合格条件是:Δf_a 应在中心距极限偏差范围内,即 $-f_a \leq \Delta f_a \leq +f_a$。

2. 齿轮副轴线平行度偏差

GB/Z 18620.3—2008 规定了齿轮副轴线在轴线平面 [H] 和垂直平面 [V] 内的平行度偏差,并推荐有最大允许值。

测量齿轮副两条轴线之间的平行度偏差时,应依据两对轴承的跨距 L,选取跨距较大的轴线作为基准轴线,如果两对轴承的跨距相同,则可取任一轴线作为基准轴线(图 11-26),被测轴线 2 对基准轴线 1 的平行度偏差应在相互垂直的轴线平面 [H] 和垂直平面 [V] 上进行测量。轴线平面 [H] 是指包含基准轴线 1 并通过被测轴线 2 与一个轴承中间平面的交点所确定的平面。垂直平面 [V] 是指通过上述交点确定的垂直于轴线平面 [H] 且平行于基准轴线 1 的平面。

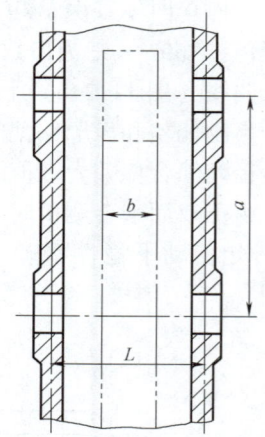

图 11-25 齿轮副中心距
b—齿宽　L—轴承跨距　a—公称中心距

表 11-2　齿轮副的中心距极限偏差 $\pm f_a$ 值　　　　　(单位:μm)

齿轮精度等级		1~2	3~4	5~6	7~8	9~10	11~12
中心距极限偏差公式		(1/2)IT4	(1/2)IT6	(1/2)IT7	(1/2)IT8	(1/2)IT9	(1/2)IT11
齿轮副的中心距/mm	>80~120	5	11	17.5	27	43.5	110
	>120~180	6	12.5	20	31.5	50	125
	>180~250	7	14.5	23	36	57.5	145
	>250~315	8	16	26	40.5	65	160
	>315~400	9	18	28.5	44.5	70	180

轴线平面 [H] 上的平行度偏差 $\Delta f_{\Sigma\delta}$ 是指实际被测轴线 2 在 [H] 平面上的投影对基准轴线 1 的平行度偏差。垂直平面 [V] 上的平行度偏差 $\Delta f_{\Sigma\beta}$ 是指实际被测轴线 2 在 [V] 平面上的投影对基准轴线 1 的平行度偏差。

$\Delta f_{\Sigma\delta}$ 的公差 $f_{\Sigma\delta}$ 和 $\Delta f_{\Sigma\beta}$ 的公差 $f_{\Sigma\beta}$,其数值按轮齿载荷分布均匀性的精度等级分别用以下两个公式计算确定,即

$$f_{\Sigma\delta} = (L/b) F_\beta \tag{11-7}$$

$$f_{\Sigma\beta} = 0.5(L/b) F_\beta = 0.5 f_{\Sigma\delta} \tag{11-8}$$

可见轴线平面 [H] 上的平行度公差值是垂直平面 [V] 上的两倍,即 $f_{\Sigma\delta} = 2 f_{\Sigma\beta}$。它们的合格条件分别为:$\Delta f_{\Sigma\delta} \leq f_{\Sigma\delta}$ 和 $\Delta f_{\Sigma\beta} \leq f_{\Sigma\beta}$。

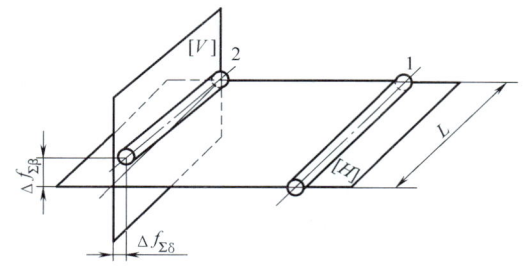

图 11-26 齿轮副轴线平行度偏差
1—基准轴线 2—被测轴线
[H]—轴线平面 [V]—垂直平面

二、齿轮副的接触斑点

齿轮副的接触斑点是齿面接触精度的综合评定指标。它是指装配好的齿轮副,在轻微制动下运转后,齿面上分布的接触擦亮痕迹(图 11-27)。接触痕迹的大小在齿面展开图上用百分数计算。该评定指标由 GB/Z 18620.4—2008 推荐。

沿齿长(齿宽)方向:接触痕迹的长度 b''(扣除超过模数值的断开部分 c)与工作长度 b' 之比的百分数,即 $\frac{b''-c}{b'} \times 100\%$。沿齿高方向:接触痕迹的平均高度 h'' 与工作高度 h' 之比的百分数,即 $\frac{h''}{h'} \times 100\%$。

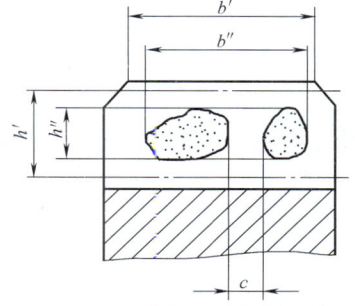

图 11-27 齿轮副的接触斑点

接触斑点在齿宽方向影响齿轮副的承载能力,在齿高方向影响传动平稳性。齿轮副的接触斑点是一个非几何量的特殊检验项目,综合反映齿轮副的加工误差和安装误差。GB/Z 18620.4—2008 给出的直齿轮装配后接触斑点的推荐值见表 11-3。

表 11-3 直齿轮装配后接触斑点的推荐值

齿轮精度等级	b_{c1} 占齿宽的百分比	h_{c1} 占有效齿面高度的百分比	b_{c2} 占齿宽的百分比	h_{c2} 占有效齿面高度的百分比
≤4	50%	70%	40%	50%
5、6	45%	50%	35%	30%
7、8	35%	50%	35%	30%
9~12	25%	50%	25%	30%

注:b_{c1} 为接触斑点的较大长度,b_{c2} 为较小长度;h_{c1} 为接触带的较大高度,h_{c2} 为较小高度。

第五节 齿轮精度指标的公差及精度等级

GB/T 10095.1、2—2008 规定了齿轮一系列的偏差项目及其精度等级,以便设计齿轮的精度时使用。

一、齿轮公差（偏差允许值）的精度等级和计算公式

1. 齿轮精度等级

齿轮的精度等级是指齿轮使用要求前三项的检测项目的精度要求，即对齿轮传递运动准确性、传动平稳性和轮齿载荷分布均匀性的精度要求。

GB/T 10095.1、2—2008 规定，单个齿轮的轮齿同侧齿面检测项目的公差精度等级为 13 个等级，从高到低用数字 0、1、2、…、12 表示；径向综合总偏差和一齿径向综合偏差（双侧齿面项目）的精度等级为 9 个等级，从高到低用数字 4、5、6、…、12 表示。其中 5 级精度是基础级，是计算其他等级公差值的基础。0~2 级为展望级，3~5 级为高精度级，6~8 级为中等精度级，9 级为较低精度级，10~12 级为低精度级。

2. 齿轮精度指标的 5 级公差值计算公式

表 11-4 是齿轮强制性检测指标的 5 级精度的公差计算公式，表 11-5 是齿轮非强制性检测指标的 5 级精度的公差计算公式，其中 m_n、d、b（单位均为 mm）和 k 分别表示法向模数、分度圆直径、齿宽和测 ΔF_{pk} 的齿距数；K 为 f_i' 的系数（即表 11-10 的 K）。

表 11-4 齿轮强制性检测指标的 5 级精度的公差计算公式

齿轮公差项目的名称和符号	公差(偏差允许值)计算公式/μm
齿距累积总偏差的允许值 F_p	$F_p = 0.3 m_n + 1.25 d^{1/2} + 7$
齿距累积偏差的允许值 F_{pk}	$F_{pk} = f_{pt} + 1.6[(k-1)m_n]^{1/2}$
单个齿距偏差的允许值 f_{pt}	$f_{pt} = 0.3(m_n + 0.4 d^{1/2}) + 4$
齿廓总偏差的允许值 F_α	$F_\alpha = 3.2(m_n)^{1/2} + 0.22 d^{1/2} + 0.7$
螺旋线总偏差的允许值 F_β	$F_\beta = 0.1 d^{1/2} + 0.63 b^{1/2} + 4.2$

表 11-5 齿轮非强制性检测指标的 5 级精度的公差计算公式

齿轮公差项目的名称和符号	公差(偏差允许值)计算公式/μm
一齿切向综合偏差的允许值 f_i'	$f_i' = K(4.3 + f_{pt} + F_\alpha) = K[9 + 0.3 m_n + 3.2(m_n)^{1/2} + 0.34 d^{1/2}]$ 当总重合度 $\varepsilon_\gamma < 4$ 时，$K = 0.2(\varepsilon_\gamma + 4)/\varepsilon_\gamma$ 当 $\varepsilon_\gamma \geq 4$ 时，$K = 0.4$
切向综合总偏差的允许值 F_i'	$F_i' = F_p + f_i'$
齿轮径向跳动的允许值 F_r	$F_r = 0.8 F_p = 0.24 m_n + 1.0 d^{1/2} + 5.6$
径向综合总偏差的允许值 F_i''	$F_i'' = 3.2 m_n + 1.01 d^{1/2} + 6.4$
一齿径向综合偏差的允许值 f_i''	$f_i'' = 2.96 m_n + 0.01 d^{1/2} + 0.8$

齿轮精度指标的任一等级公差可以 5 级公差值为基础，按下面公式计算并圆整（若计算值 $>10\mu m$，圆整到最接近的整数；若计算值 $<10\mu m$，圆整到最接近的尾数为 $0.5\mu m$ 的小数或整数；若计算值 $<5\mu m$，圆整到最接近的尾数为 $0.1\mu m$ 的小数或整数）得到，即

$$T_Q = T_5 \times 2^{0.5(Q-5)} \tag{11-9}$$

式中　T_Q——Q 级精度的公差计算值；
　　　T_5——5 级精度的公差计算值；
　　　Q——表示 Q 级精度的数字。

为了使用方便，表 11-6~表 11-9 分别列出了法向模数 2~6mm、分度圆直径 $\phi50$~$\phi280$mm（齿宽 20~80mm）的齿轮强制性检测精度指标 F_p、$\pm f_{pt}$、F_α、F_β 各个等级精度的公差值。表 11-10 列出了检测精度指标一齿切向综合偏差 f_i' 与 K 的比值（f_i'/K），表 11-11 列出了非强制性检测精度指标齿轮径向跳动 F_r 的允许值，表 11-12 列出了法向模数 1.5~6mm、分度圆直径 $\phi50$~$\phi280$mm 的非强制性检测精度双啮精度指标 F_i'' 与 f_i'' 的公差值，供设计使用时参考。

表 11-6　强制性检测精度指标齿距累积总偏差 F_p

（摘自 GB/T 10095.1—2008）　　　　　　　　　　（单位：μm）

分度圆直径 d /mm	法向模数 m_n /mm	精度等级											
		0	1	2	3	4	5	6	7	8	9	10	11	12
>50~125	>2~3.5	3.3	4.7	6.5	9.5	13.0	19.0	27.0	38.0	53.0	76.0	107.0	151.0	214.0
	>3.5~6	3.4	4.9	7.0	9.5	14.0	19.0	28.0	39.0	55.0	78.0	110.0	156.0	220.0
>125~280	>2~3.5	4.4	6.0	9.0	12.0	18.0	25.0	35.0	50.0	70.0	100.0	141.0	199.0	282.0
	>3.5~6	4.5	6.5	9.0	13.0	18.0	25.0	36.0	51.0	72.0	102.0	144.0	204.0	288.0

表 11-7　强制性检测精度指标单个齿距极限偏差 $\pm f_{pt}$

（摘自 GB/T 10095.1—2008）　　　　　　　　　　（单位：μm）

分度圆直径 d /mm	法向模数 m_n /mm	精度等级											
		0	1	2	3	4	5	6	7	8	9	10	11	12
>50~125	>2~3.5	1.0	1.5	2.1	2.9	4.1	6.0	8.5	12.0	17.0	23.0	33.0	47.0	66.0
	>3.5~6	1.1	1.6	2.3	3.2	4.6	6.5	9.0	13.0	18.0	26.0	36.0	52.0	73.0
>125~280	>2~3.5	1.1	1.6	2.3	3.3	4.6	6.5	9.0	13.0	18.0	26.0	36.0	51.0	73.0
	>3.5~6	1.2	1.8	2.5	3.5	5.0	7.0	10.0	14.0	20.0	28.0	40.0	56.0	79.0

表 11-8　强制性检测精度指标齿廓总偏差 F_α

（摘自 GB/T 10095.1—2008）　　　　　　　　　　（单位：μm）

分度圆直径 d /mm	法向模数 m_n /mm	精度等级											
		0	1	2	3	4	5	6	7	8	9	10	11	12
>50~125	>2~3.5	1.4	2.0	2.8	3.9	5.5	8.0	11.0	16.0	22.0	31.0	44.0	63.0	89.0
	>3.5~6	1.7	2.4	3.4	4.8	6.5	9.5	13.0	19.0	27.0	38.0	54.0	76.0	108.0
>125~280	>2~3.5	1.6	2.2	3.2	4.5	6.5	9.0	13.0	18.0	25.0	36.0	50.0	71.0	101.0
	>3.5~6	1.9	2.6	3.7	5.3	7.5	11.0	15.0	21.0	30.0	42.0	60.0	84.0	119.0

二、齿轮精度等级的选择

同一齿轮使用要求中前三项的检测项目的精度要求，可以采用相同等级的精度要求，也可以采用不同等级的精度要求。应当根据齿轮传动在工作中的使用条件和应用范围，对齿轮给出合适的精度等级要求。

表 11-9　强制性检测精度指标螺旋线总偏差 F_β

（摘自 GB/T 10095.1—2008）　　　　　　　　　　（单位：μm）

分度圆直径 d /mm	齿宽 b /mm	精度等级											
		0	1	2	3	4	5	6	7	8	9	10	11	12
>50~125	>20~40	1.5	2.1	3.0	4.2	6.0	8.5	12.0	17.0	24.0	34.0	48.0	68.0	95.0
	>40~80	1.7	2.5	3.5	4.9	7.0	10.0	14.0	20.0	28.0	39.0	56.0	79.0	111.0
>125~280	>20~40	1.6	2.2	3.2	4.5	6.5	9.0	13.0	18.0	25.0	36.0	50.0	71.0	101.0
	>40~80	1.8	2.6	3.6	5.0	7.0	10.0	15.0	21.0	29.0	41.0	58.0	82.0	117.0

表 11-10　圆柱齿轮一齿切向综合偏差 f_i' 与 K 的比值 (f_i'/K)

（摘自 GB/T 10095.1—2008）　　　　　　　　　　（单位：μm）

分度圆直径 d /mm	法向模数 m_n /mm	精度等级												
		0	1	2	3	4	5	6	7	8	9	10	11	12
>50~125	>2~3.5	3.2	4.5	6.5	9.0	13.0	18.0	25.0	36.0	51.0	72.0	102.0	144.0	204.0
	>3.5~6	3.6	5.0	7.0	10.0	14.0	20.0	29.0	40.0	57.0	81.0	115.0	162.0	229.0
>125~280	>2~3.5	3.5	4.9	7.0	10.0	14.0	20.0	28.0	39.0	56.0	79.0	111.0	157.0	222.0
	>3.5~6	3.9	5.5	7.5	11.0	15.0	22.0	31.0	44.0	62.0	88.0	124.0	175.0	247.0

表 11-11　圆柱齿轮径向跳动 F_r 的允许值

（摘自 GB/T 10095.2—2008）　　　　　　　　　　（单位：μm）

分度圆直径 d /mm	法向模数 m_n /mm	精度等级												
		0	1	2	3	4	5	6	7	8	9	10	11	12
>50~125	>2~3.5	2.5	4.0	5.5	7.5	11	15	21	30	43	61	86	121	171
	>3.5~6	3.0	4.0	5.5	8.0	11	16	22	31	44	62	88	125	176
>125~280	>2~3.5	3.5	5.0	7.0	10	14	20	28	40	56	80	113	159	225
	>3.5~6	3.5	5.0	7.0	10	14	20	29	41	58	82	115	163	231

表 11-12　圆柱齿轮双啮精度指标 F_i''、f_i'' 的公差值

（摘自 GB/T 10095.2—2008）　　　　　　　　　　（单位：μm）

分度圆直径 d /mm	法向模数 m_n /mm	精度等级								
		4	5	6	7	8	9	10	11	12
齿轮传递运动准确性		齿轮径向综合总偏差允许值 F_i''/μm								
>50~125	>1.5~2.5	15	22	31	43	61	86	122	173	244
	>2.5~4.0	18	25	36	51	72	102	144	204	288
	>4.0~6.0	22	31	44	62	88	124	176	248	351
>125~280	>1.5~2.5	19	26	37	53	75	106	149	211	299
	>2.5~4.0	21	30	43	61	86	121	172	243	343
	>4.0~6.0	25	36	51	72	102	144	203	287	406

(续)

分度圆直径 d /mm	法向模数 m_n /mm	精 度 等 级							
		4	5	6	7	8	9	10	11	12
齿轮传动平稳性		齿轮一齿径向综合偏差允许值 f_i''/μm							
>50~125	>1.5~2.5	4.5	6.5	9.5	13	19	26	37	53	75
	>2.5~4.0	7.0	10	14	20	29	41	58	82	116
	>4.0~6.0	11	15	22	31	44	62	87	123	174
>125~280	>1.5~2.5	4.5	6.5	9.5	13	19	27	38	53	75
	>2.5~4.0	7.5	10	15	21	29	41	58	82	116
	>4.0~6.0	11	15	22	31	44	62	87	124	175

选择齿轮精度等级时，必须按齿轮传动的用途、使用条件及其他技术要求，如圆周速度、传动功率、润滑条件、传递运动准确性、平稳性和承载能力、连续工作时间和使用寿命等各方面因素，同时考虑工艺可能性和经济性。精度等级的选择方法有类比法和计算法。

根据齿轮的使用要求，选用合适的精度等级。例如：对于精密分度机构和仪器读数机构中的齿轮，主要使用要求是传递运动的准确性，可按传动链运动精度要求，应由误差传递规律进行计算，先定出传递运动的准确性检测项目的精度等级，然后再按工作条件确定另两项的精度等级；对于高速运转的动力齿轮，传动平稳性是其主要的使用要求，可以按工作时最高转速计算出的圆周速度，或按允许的噪声大小，先定出传动平稳性的精度等级，然后再按工作条件确定另两项的精度等级；对于重载齿轮，可在强度计算或寿命计算的基础上先确定出轮齿载荷分布均匀性的精度等级。

计算法确定齿轮的精度等级，主要用于精密齿轮传动系统。类比法确定齿轮的精度等级，则按齿轮的用途和使用条件等进行对比选择。表 11-13 和表 11-14 列出某些机器中的齿轮所采用的精度等级和齿轮某些精度等级（4~9）的应用范围，供选用时参考。

表 11-13 某些机器中的齿轮所采用的精度等级

应用范围	精度等级	应用范围	精度等级
单啮仪、双啮仪（测量齿轮）	2~5	载重汽车	6~9
涡轮机减速器	3~5	通用减速器	6~8
金属切削机床	3~8	轧钢机	5~10
航空发动机	4~7	矿用绞车	6~10
内燃机车、电气机车	5~8	起重机	6~9
轿车	5~8	拖拉机	6~10

表 11-14 齿轮某些精度等级的应用范围

精度等级	4	5	6	7	8	9
应用范围	极精密分度机构的齿轮，非常高速并要求平稳、无噪声的齿轮，高速涡轮机齿轮	精密分度机构的齿轮，高速并要求平稳、无噪声的齿轮，高速涡轮机齿轮	高速、平稳、无噪声、高效率齿轮，航空、汽车、机床中的重要齿轮，分度机构齿轮	高速、动力小而需逆转的齿轮，机床中的进给齿轮，航空、读数机构齿轮，具有一定速度的减速器齿轮	一般机器中的普通齿轮，汽车、拖拉机、减速器中的一般齿轮，航空器中不重要的齿轮，农机中的重要齿轮	精度要求低的齿轮

(续)

精度等级	4	5	6	7	8	9
直齿轮圆周速度/(m/s)	<35	<20	<15	<10	<6	<2
斜齿轮圆周速度/(m/s)	<70	<40	<30	<15	<10	<4

三、齿轮精度评定指标中检验项目的选择

从齿轮加工和检验的经济性考虑，对于精度等级较高的齿轮，选用同侧（单侧）齿面的检验项目，如齿距偏差、齿廓偏差、螺旋线偏差、切向综合偏差等，因同侧齿面项目的检验过程接近齿轮的实际工作状态。对于精度等级较低的齿轮，选用双侧齿面的检验项目，如径向综合偏差或齿轮径向跳动等，因双侧齿面项目的检验过程受非工作齿面的影响，偏离了齿轮的实际工作状态（齿轮工作时必须有侧隙，即单面接触）。这里要指出，齿轮的侧隙和其前三项使用要求的精度是不相关的，应根据对齿轮副侧隙的计算来确定齿厚极限偏差的允许值。

依据我国目前齿轮生产的技术和质量控制水平，建议按照下面所列的检验组合选择一组作为齿轮加工质量的精度评定，当然须经供需双方同意认可，方能用于验收。

1) F_p、F_r、$\pm f_{pt}$、F_α、F_β。（F_p控制切向误差，F_r控制径向误差，$\pm f_{pt}$控制短周期误差，F_α控制齿高方向齿廓偏差，F_β控制齿宽方向螺旋线偏差）。
2) F_p、F_{pk}、F_r、$\pm f_{pt}$、F_α、F_β。（F_{pk}在k个齿距内控制切向误差，比F_p更严）。
3) F_i''、f_i''（大批量生产，中等精度等级）。
4) F_r、$\pm f_{pt}$（10~12级）。
5) F_i'、f_i'（协议有要求时）。

四、齿轮精度等级的图样标注

当齿轮前三项使用要求的精度等级相同时，在图样中标注精度等级数字和标准号，如

$$7 \text{ GB/T } 10095.1\text{—}2008$$

当齿轮前三项使用要求的精度等级不同时，在图样中标注精度等级数字（按传递运动准确性、传动平稳性和载荷分布均匀性的顺序）及带括号的对应公差、极限偏差符号和标准号，如

$$8(F_p, f_{pt}, F_\alpha)、7(F_\beta) \text{ GB/T } 10095.1\text{—}2008$$

或标注为

$$8\text{-}8\text{-}7 \text{ GB/T } 10095.1\text{—}2008$$

五、齿坯公差和齿面等表面粗糙度轮廓要求

齿轮毛坯在切齿前的基准表面精度对齿轮的加工精度影响很大。控制齿坯精度可以有效地提高齿轮的加工精度。在齿轮零件图上，除了标注齿轮精度等级等要求外，还须标注齿坯公差。图11-28和图11-29为齿坯公差的标注项目。

1. 盘形齿轮的齿坯公差

盘形齿轮的基准表面是:齿轮安装在轴上的基准孔、切齿时的定位端面、齿顶圆柱面。标注的公差项目应有:基准孔的直径尺寸公差(符合包容要求),齿顶圆柱面的直径尺寸公差,定位端面对基准孔轴线的轴向圆跳动公差。有时还要标注齿顶圆柱面对基准孔轴线的径向圆跳动公差。

2. 齿轮轴的齿坯公差

齿轮轴的基准表面是:安装滚动轴承的轴颈、齿顶圆柱面。标注的公差项目应有:轴颈的直径尺寸公差(符合包容要求)和形状公差,齿顶圆柱面的直径尺寸公差,两个轴颈表面的形状公差,两个轴颈表面对公共基准轴线的径向圆跳动公差,齿顶圆柱面对公共基准轴线的径向圆跳动公差。

齿坯的尺寸公差等级按齿轮精度等级从表 11-15 中选取,径向圆跳动公差和轴向圆跳动公差按表 11-15 中公式计算取值。

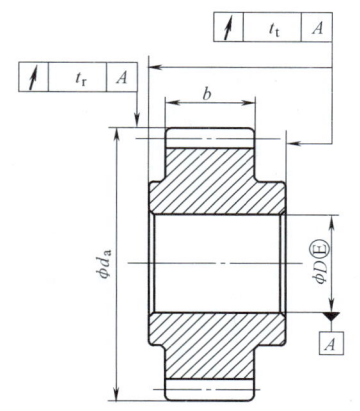

图 11-28 盘形齿轮的齿坯公差标注

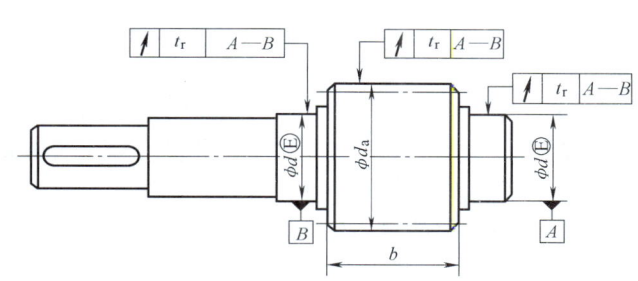

图 11-29 齿轮轴的齿坯公差标注

表 11-15 齿坯公差

齿轮精度等级	1	2	3	4	5	6	7	8	9	10	11	12
盘形齿轮基准孔的直径尺寸公差			IT4		IT5	IT6		IT7		IT8	IT9	
齿轮轴轴颈直径尺寸公差和形状公差	通常按滚动轴承的公差等级确定											
齿顶圆柱直径尺寸公差	IT6			IT7			IT8			IT9		IT11
基准端面对齿轮基准轴线的轴向圆跳动公差 t_t	$t_t = 0.2(D_d/b)F_\beta$											
基准圆柱面对齿轮基准轴线的径向圆跳动公差 t_r	$t_r = 0.3 F_p$											

注:1. 齿轮的三项精度等级不同时,齿轮基准孔的直径尺寸公差按最高精度等级确定。
  2. 齿顶圆柱面不作为测量齿厚的基准面时,齿顶圆直径尺寸公差按 IT11 给定,但不得大于 $0.1m_n$。
  3. 齿顶圆柱面不作为基准面时,图样上不必给出径向圆跳动公差 t_r。
  4. t_t 和 t_r 的计算公式引自 GB/Z 18620.3—2008,式中 D_d—基准端面直径;b—齿宽;F_β—螺旋线总偏差允许值;F_p—齿距累积总偏差允许值。

3. 齿轮齿面和基准面的表面粗糙度轮廓要求

齿轮齿面、盘形齿轮基准孔、齿轮轴的轴颈、基准端面、径向找正用的圆柱面和作为测量基准的齿顶圆柱面的表面粗糙度轮廓幅度参数 Ra 的上限值可从表 11-16 查取。

表 11-16　齿轮齿面和基准面的表面粗糙度轮廓幅度参数 Ra 值

齿轮精度等级	3	4	5	6	7	8	9	10
齿面	≤0.63	≤0.63	≤0.63	≤0.63	≤1.25	≤5	≤10	≤10
盘形齿轮的基准孔	≤0.2	≤0.2	0.2~0.4	≤0.8	0.8~1.6	≤1.6	≤3.2	≤3.2
齿轮轴的轴颈	≤0.1	0.1~0.2	≤0.2	≤0.4	≤0.8	≤1.6	≤1.6	≤1.6
端面、齿顶圆柱面	0.1~0.2	0.2~0.4	0.4~0.8	0.4~0.8	0.8~1.6	1.6~3.2	≤3.2	≤3.2

第六节　齿轮侧隙指标的确定

齿轮侧隙指标的确定包括齿轮副最小法向侧隙计算、齿厚上偏差计算、齿厚公差确定和齿厚下偏差计算等内容，是齿轮精度设计的重要内容之一。

相互啮合齿轮的相邻非工作齿面间的侧隙是齿轮副装配后自然形成的。适当的侧隙可以用改变齿轮副中心距的大小（需注意：当中心距变大时会使侧隙变大，但同时工作啮合齿高会变小）或（和）把齿轮轮齿的齿厚切薄来获得。当齿轮副中心距不能调整时，就必须在加工齿轮时按规定的齿厚极限偏差将齿轮的齿厚切薄。

齿厚上偏差可以根据齿轮副所需要的最小侧隙通过计算或用类比法确定。齿厚下偏差则按齿轮精度等级和加工齿轮时的径向进刀公差和几何偏心确定。齿轮精度等级和齿厚极限偏差确定后，齿轮副的最大侧隙就自然形成，一般不必验算。

1. 齿轮副所需的最小侧隙 j_{bnmin}

侧隙通常在相互啮合齿轮齿面的法向平面上或沿啮合线测量，如图 11-30 所示，称其为法向侧隙 j_{bn}，可用塞尺测量。为了保证齿轮转动的灵活性，根据润滑和补偿热变形的需要，齿轮副必须具有一定的最小侧隙。在标准温度（20℃）下，齿轮副无载荷时所需最小限度的法向侧隙称为最小法向侧隙 j_{bnmin}，它与齿轮精度等级无关。

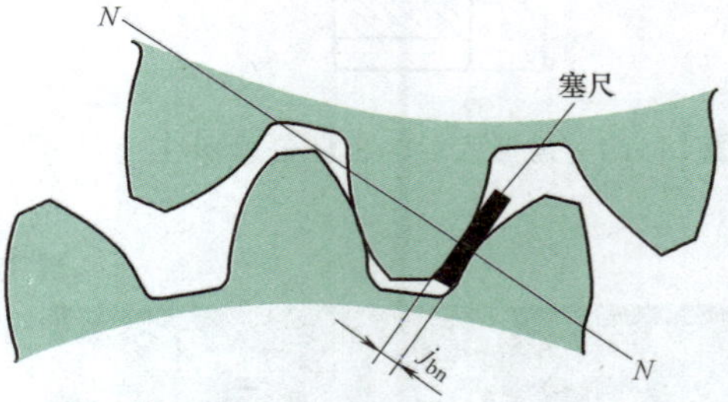

图 11-30　用塞尺测量法向侧隙
NN—啮合线　j_{bn}—法向侧隙

最小法向侧隙 j_{bnmin} 可以根据齿轮和箱体的温度、润滑方式及齿轮的圆周速度等工作条件确定，由下列两部分组成。

（1）补偿温升产生热变形所需的法向侧隙 j_{bn1}　补偿传动时温度升高使齿轮和箱体产生的热变形所需的法向侧隙 j_{bn1} 的计算公式为

$$j_{bn1} = a(\alpha_1 \Delta t_1 - \alpha_2 \Delta t_2) \times 2\sin\alpha_n \tag{11-10}$$

式中　a——齿轮副的公称中心距；
　　　α_1、α_2——齿轮和箱体材料的线膨胀系数（1/℃）；
　　　Δt_1、Δt_2——齿轮温度 t_1 和箱体温度 t_2 分别对 20℃ 的偏差；
　　　α_n——齿轮的标准法向压力角。

（2）保证润滑所需的法向侧隙 j_{bn2} 保证正常润滑条件所需的法向侧隙 j_{bn2} 取决于润滑方法和齿轮的圆周速度，可参考表 11-17 选取。

表 11-17 保证正常润滑条件所需的法向侧隙 j_{bn2}

润滑方式	齿轮的圆周速度 $v/(m/s)$			
	≤10	>10~25	>25~60	>60
喷油润滑	$0.01m_n$	$0.02m_n$	$0.03m_n$	$(0.03~0.05)m_n$
油池润滑	$(0.005~0.01)m_n$			

注：m_n—齿轮法向模数（mm）。

齿轮副的最小法向侧隙为

$$j_{bnmin} = j_{bn1} + j_{bn2}$$

最小法向侧隙也可由公式 $j_{bnmin} = \dfrac{2}{3}(0.06 + 0.0005|a| + 0.03m_n)$ 来确定。

2. 齿厚上偏差 E_{sns} 的确定

确定齿厚上偏差 E_{sns} 即齿厚最小减薄量（图 11-18），除了要保证齿轮副所需的最小法向侧隙 j_{bnmin} 以外，还要补偿齿轮和箱体的制造误差和安装误差所引起的侧隙减小量 J_{bn}。其中，制造误差主要考虑相互啮合的两个齿轮的基圆齿距偏差 Δf_{pb}（$\Delta f_{pb} = \Delta f_{pt}\cos\alpha_n$，是由 $p_b = p_t\cos\alpha_n$ 函数式，做基圆齿距对齿距和齿廓角的微分且忽略齿廓角的微分量后得到。认为齿廓角误差 $\Delta\alpha_n$ 已包含在齿廓总偏差 ΔF_α 内）和螺旋线总偏差 ΔF_β，安装误差考虑箱体上两对轴承孔的公共轴线在轴线平面 [H] 上的平行度偏差 $\Delta f_{\Sigma\delta}$ 和在垂直平面 [V] 上的平行度偏差 $\Delta f_{\Sigma\beta}$（图 11-26）。

计算 J_{bn} 时，考虑到基圆齿距偏差和螺旋线总偏差的计值方向与法向侧隙方向一致，而上述两个平面上的平行度偏差的计值方向皆与法向侧隙方向不一致，应分别乘以 $\sin\alpha_n$ 和 $\cos\alpha_n$ 后换算到法向侧隙方向，并且大、小齿轮的基圆齿距偏差分别用其允许值 f_{pb1} 和 f_{pb2} 代替，大、小齿轮的螺旋线总偏差分别用其允许值 $F_{\beta1}$ 和 $F_{\beta2}$ 代替，轴线平行度偏差分别用它们的公差 $f_{\Sigma\delta}$ 和 $f_{\Sigma\beta}$ 代替，再按独立随机变量合成，则 J_{bn} 为计算公式为

$$J_{bn} = [(f_{pb1})^2 + (f_{pb2})^2 + (F_{\beta1})^2 + (F_{\beta2})^2 + (f_{\Sigma\delta}\sin\alpha_n)^2 + (f_{\Sigma\beta}\cos\alpha_n)^2]^{1/2} \quad (11-11)$$

再将 f_{pb1} 和 f_{pb2} 转换为 $f_{pt1}\cos\alpha_n$ 和 $f_{pt2}\cos\alpha_n$，考虑到同一齿轮副的大、小齿轮的单个齿距偏差允许值的差值和螺旋线总偏差允许值的差值皆很小（差值对允许值的百分比很小），为了计算简便，可将大、小齿轮的单个齿距偏差允许值和螺旋线总偏差允许值分别取成相等，且以数值相对较大的大齿轮单个齿距偏差允许值和螺旋线总偏差允许值代入式（11-11），此外，将轴线平行度按式（11-7）和式（11-8）代入（转换为螺旋线总偏差允许值，L 为箱体轴承跨距，b 为齿宽）式（11-11），并取 $\alpha_n = 20°$，则得 J_{bn} 的简化式为

$$J_{bn} = \{1.76(f_{pt})^2 + [2 + 0.34(L/b)^2](F_\beta)^2\}^{1/2} \quad (11-12)$$

考虑到实际中心距为下极限尺寸，即中心距实际偏差为下极限偏差 $-f_a$ 时，法向侧隙会减少 $2f_a\sin\alpha_n$，同时将齿厚偏差换算到法向侧隙方向（乘以 $\cos\alpha_n$），可得齿厚上偏差 E_{sns} 与最小法向侧隙 $j_{bn\ min}$、制造安装误差减少侧隙 J_{bn} 和中心距下极限偏差 $-f_a$ 的关系

式为

$$(E_{sns1}+E_{sns2})\cos\alpha_n = -(j_{bn\,min}+J_{bn}+2f_a\sin\alpha_n) \quad (11\text{-}13)$$

为计算方便，令 $E_{sns1}=E_{sns2}=E_{sns}$，代入式（11-13）中整理得 E_{sns} 的计算式为

$$E_{sns} = -[(j_{bnmin}+J_{bn})/(2\cos\alpha_n)+f_a\tan\alpha_n] \quad (11\text{-}14)$$

3. 齿厚下偏差 E_{sni} 的确定

齿厚下偏差 E_{sni} 由齿厚上偏差 E_{sns} 和齿厚公差 T_{sn} 求得，即

$$E_{sni} = E_{sns}-T_{sn} \quad (11\text{-}15)$$

齿厚公差 T_{sn} 的大小取决于切齿时的径向进刀公差 b_r 和齿轮径向跳动公差 F_r，b_r 和 F_r 按独立随机误差合成，并将径向的值换算为齿厚偏差方向（切向，乘以 $2\tan\alpha_n$），得

$$T_{sn} = 2\tan\alpha_n[b_r^2+F_r^2]^{1/2} \quad (11\text{-}16)$$

式中，b_r 的数值按表 11-18 选取，F_r 的数值从表 11-11 中查得。

表 11-18 切齿时的径向进刀公差 b_r

齿轮传递运动准确性的精度等级	4	5	6	7	8	9
径向进刀公差 b_r	1.26IT7	IT8	1.26IT8	IT9	1.26IT9	IT10

当侧隙指标采用公法线长度偏差时，还需把齿厚上、下偏差按式（11-3）和式（11-4）换算成公法线长度的上、下偏差。内齿轮按公式（11-5）和式（11-6）换算。

第七节 圆柱齿轮精度设计及应用

圆柱齿轮精度设计一般包括以下内容：①确定齿轮的精度等级；②确定齿轮检验项目及其允许值；③确定齿轮副中心距极限偏差和轴线平行度公差；④确定齿轮的侧隙指标及其极限偏差；⑤确定齿坯公差和齿轮各表面粗糙度。下面举例说明。

例 11-2 某一机床的主轴箱传动轴上一对直齿圆柱齿轮，齿轮模数 $m=3$mm，标准压力角 $\alpha=20°$，箱体两对轴承孔跨距相同，均为 $L=90$mm，油池润滑。单件小批生产。小齿轮齿数 $z_1=26$、齿宽 $b_1=28$mm，大齿轮齿数 $z_2=56$、齿宽 $b_2=24$mm，小齿轮基准孔直径为 $\phi30$mm，小齿轮转速 $n_1=1650$r/min，齿轮材料为钢，线膨胀系数 $\alpha_1=11.5\times10^{-6}$/℃，箱体材料为铸铁，线膨胀系数 $\alpha_2=10.5\times10^{-6}$/℃，齿轮工作温度 $t_1=45$℃，箱体工作温度 $t_2=30$℃。试对小齿轮进行精度设计，并确定齿轮副中心距极限偏差和两轴线的平行度公差，在小齿轮工作图上标出所有的精度要求。

解 （1）确定齿轮的精度等级 该齿轮为机床的主轴箱传动齿轮，查表 11-13 可知精度等级为 3~8 级，进行齿轮圆周速度计算

$$v = \pi d_1 n_1/(1000\times60)$$
$$= 3.14\times(3\times26)\times1650/(1000\times60)\text{m/s}$$
$$= 6.7\text{m/s}$$

查表 11-14 确定齿轮传动平稳性的精度等级为 7 级，由于对齿轮传递运动准确性没有特殊要求，传递动力不是很大，故参照平稳性的精度等级，准确性和载荷均匀性都可取 7 级，则齿轮精度等级的标注为

$$7 \text{ GB/T } 10095.1、2—2008$$

（2）确定小齿轮的检验项目及允许值　根据齿轮生产批量和精度要求，可以确定齿轮的检验项目组合为：F_p、F_r、$\pm f_{pt}$、F_α、F_β，查表 11-6~表 11-9 得到 F_p、$\pm f_{pt}$、F_α、F_β 的允许值和极限偏差为

齿距累积总偏差 $F_p = 0.038$mm

单个齿距极限偏差 $\pm f_{pt} = \pm 0.012$mm

齿廓总偏差 $F_\alpha = 0.016$mm

螺旋线总偏差 $F_\beta = 0.017$mm

查表 11-11 得到 F_r 的允许值为

齿轮径向跳动 $F_r = 0.030$mm

（3）确定最小法向侧隙

计算中心距　$a = m(z_1+z_2)/2 = 3\times(26+56)/2\text{mm} = 123$ mm

计算热变形所需侧隙　$j_{bn1} = a(\alpha_1\Delta t_1 - \alpha_2\Delta t_2)\times 2\sin\alpha_n$

$$= 123\text{mm}\times(25\times 11.5 - 10\times 10.5)\times 10^{-6}\times 2\sin 20°$$
$$= 0.015 \text{ mm}$$

油池润滑所需侧隙（表 11-17 取最大值）

$$j_{bn2} = 0.01 m_n = 0.03\text{mm}$$

最小法向侧隙　$j_{bnmin} = j_{bn1} + j_{bn2} = 0.015\text{mm} + 0.03\text{mm} = 0.045$ mm

（4）确定齿厚极限偏差

1）计算齿厚上偏差 E_{sns1}。将 $L = 90$mm、$b_1 = 28$mm、$f_{pt} = 0.012$mm、$F_\beta = 0.017$mm 代入式（11-12）计算加工安装误差使侧隙减少量

$$J_{bn} = \{1.76(f_{pt1})^2 + [2+0.34(L/b_1)^2](F_\beta)^2\}^{1/2}$$
$$= \{1.76\times 0.012^2 + [2+0.34(90/28)^2]\times 0.017^2\}^{1/2}\text{mm}$$
$$= 0.00184^{1/2}\text{mm}$$
$$= 0.043\text{mm}$$

将 $j_{bnmin} = 0.045$mm、$J_{bn} = 0.043$mm 和查表 11-2 得到的 $f_a = 0.0315$mm 代入式（11-14）计算齿厚上偏差

$$E_{sns1} = -[(j_{bnmin} + J_{bn})/(2\cos\alpha_n) + f_a\tan\alpha_n]$$
$$= -[(0.045+0.043)/(2\cos 20°) + 0.0315\tan 20°]\text{mm}$$
$$= -0.058\text{mm}$$

2）计算齿厚公差 T_{sn1}。查表 11-18 得 $b_r = \text{IT9}$，按小齿轮分度圆 $d_1 = 3\times 26$mm $= 78$mm 查表 3-2，IT9 $= 0.074$mm，即 $b_r = 0.074$mm 及 $F_r = 0.030$mm 代入式（11-16）计算齿厚公差

$$T_{sn1} = 2\tan\alpha_n (b_r^2 + F_r^2)^{1/2}$$
$$= 2\tan 20° \times (0.074^2 + 0.03^2)^{1/2} \text{mm}$$
$$= 0.058 \text{mm}$$

3）计算齿厚下偏差 E_{sni1}。将 $E_{sns1} = -0.058$mm、$T_{sn1} = 0.058$mm 代入式 (11-15) 计算齿厚下偏差

$$E_{sni1} = E_{sns1} - T_{sn1} = -0.058\text{mm} - 0.058\text{mm} = -0.116\text{mm}$$

4）计算分度圆弦齿厚。为方便测量齿轮的齿厚，应分别计算出分度圆的弦齿厚和弦齿高

$$s_{nc} = mz_1 \sin(\pi/2z_1) = 3 \times 26 \times \sin[180°/(2\times 26)] \text{mm}$$
$$= 4.709 \text{mm}$$
$$h_{nc} = m(z_1+2)/2 - (mz_1/2)\cos(\pi/2z_1)$$
$$= 3\text{mm} \times (26+2)/2 - (3\times 26/2)\text{mm} \times \cos[180°/(2\times 26)]$$
$$= 3.070 \text{mm}$$

则齿厚及其极限偏差的标注为

$$s_{nc}{}_{E_{sni}}^{E_{sns}} = 4.709_{-0.116}^{-0.058} \text{mm}$$

（5）确定齿坯公差和齿面、基准面等的表面粗糙度

1）基准孔的尺寸公差和形状公差。查表 11-15，基准孔尺寸公差为 IT7，并采用包容要求，即

$$\phi 30H7 \, Ⓔ = \phi 30_0^{+0.021} \, Ⓔ$$

查表 4-11，基准孔的圆柱度公差取 $t = 0.006$mm。

2）齿顶圆的尺寸公差和几何公差。查表 11-15，齿顶圆尺寸公差等级为 IT8，即

$$\phi 84h8 = \phi 84_{-0.054}^{0} \text{mm}$$

查表 11-15，齿顶圆对基准孔轴线的径向圆跳动公差为

$$t_r = 0.3F_p = 0.3 \times 0.038 \text{mm} = 0.011 \text{mm}$$

3）定位端面的几何公差。查表 11-15，定位端面对基准孔轴线的轴向圆跳动公差为

$$t_t = 0.2(D_d/b)F_\beta = 0.2 \times (65/28) \times 0.017 \text{mm} = 0.008 \text{mm}$$

4）表面粗糙度值。查表 11-16，齿面表面粗糙度值　取 $Ra = 1.25\mu\text{m}$
基准孔表面粗糙度值　取 $Ra = 1.6\mu\text{m}$
齿顶圆表面粗糙度值　取 $Ra = 1.6\mu\text{m}$
定位端面表面粗糙度值　取 $Ra = 1.6\mu\text{m}$

（6）确定齿轮副精度

1）齿轮副中心距极限偏差。查表 11-2，中心距极限偏差为 $\pm f_a = \pm 31.5\mu\text{m}$，即 $a \pm f_a = 123\text{mm} \pm 0.0315\text{mm}$。

2) 轴线平行度公差

$$f_{\Sigma\delta} = (L/b)F_\beta = (90/28) \times 0.017\text{mm} = 0.055 \text{ mm}$$
$$f_{\Sigma\beta} = 0.5(L/b)F_\beta = 0.5 \times (90/28) \times 0.017\text{mm} = 0.028\text{mm}$$

3) 接触斑点 查表 11-3 得

接触斑点在齿宽方向：$b_{c1}/b \geq 35\%$ 和 $b_{c2}/b \geq 35\%$

接触斑点在齿高方向：$h_{c1}/h \geq 50\%$ 和 $h_{c2}/h \geq 30\%$

中心距极限偏差和轴线平行度公差要在箱体零件图中标出。

图 11-31 是本例小齿轮的工作图及其精度标注。

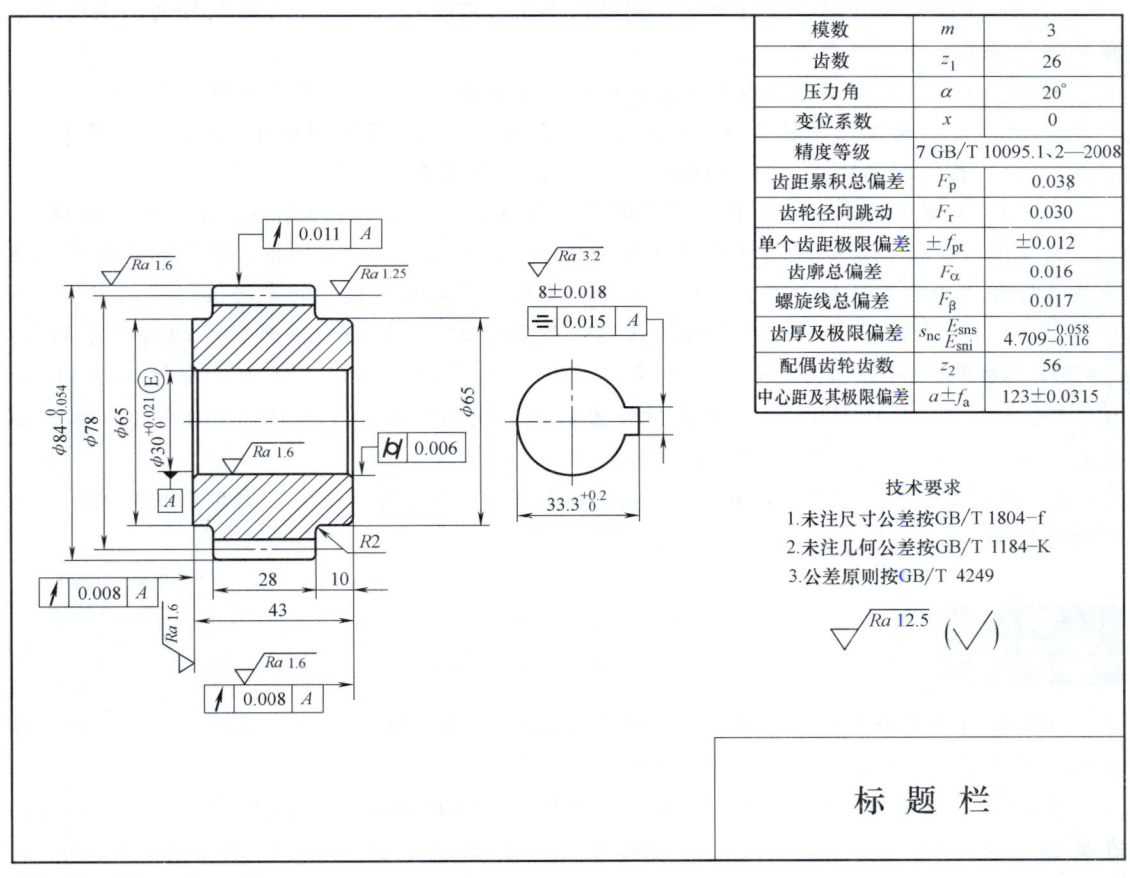

图 11-31　例 11-2 的小齿轮工作图及其精度标注

思考题与习题

11-1　齿轮传动有哪些使用要求？

11-2　影响齿轮使用要求的误差有哪些？分别来自哪几方面？

11-3　反映齿轮传递运动准确性的强制性检测指标有哪些？试叙述各项指标的检测项目

名称和字母符号及其合格条件。

11-4　反映齿轮传动平稳性的强制性检测指标有哪些？试叙述各项指标的检测项目名称和字母符号及其合格条件。

11-5　反映轮齿载荷分布均匀性的强制性检测指标有哪些？试叙述各项指标的检测项目名称和字母符号及其合格条件。

11-6　反映齿轮齿厚减薄量的检测指标有哪些？试叙述各项指标的检测项目名称和字母符号及其合格条件。

11-7　反映齿轮传递运动准确性的非强制性检测指标有哪些？试叙述各项指标的检测项目名称和字母符号及其合格条件。

11-8　反映齿轮传动平稳性的非强制性检测指标有哪些？试叙述各项指标的检测项目名称和字母符号及其合格条件。

11-9　反映齿轮副载荷分布均匀性的检测指标是什么？试叙述其检测项目名称。

11-10　反映齿侧间隙的齿轮副检测指标是什么？试叙述其检测项目名称和字母符号。

11-11　齿轮副安装误差有哪些项目？试叙述其检测项目名称和字母符号。

11-12　某减速器中的一个标准渐开线直齿圆柱齿轮，模数 $m=4\text{mm}$，$\alpha=20°$，齿数 $z=40$，齿宽 $b=60\text{mm}$，齿轮的精度等级代号为 8 GB/T 10095.1、2—2008，中小批量生产，试为其选择合适的检验项目，并查表确定齿轮的各项公差与极限偏差的允许值。

11-13　某减速器中，一对直齿圆柱齿轮的圆周速度 $v=8\text{m/s}$，两齿轮的齿数分别为：$z_1=20$，$z_2=34$，模数 $m=2\text{mm}$，齿形角 $\alpha=20°$。齿轮材料为钢，线膨胀系数 $\alpha_1=11.5\times10^{-6}/℃$，工作温度 $t_1=80℃$，箱体的材料为铸铁，线膨胀系数 $\alpha_2=10.5\times10^{-6}/℃$，工作温度 $t_2=60℃$。试求齿轮副所需的最小法向侧隙。

11-14　用相对法测量模数 $m=4.5\text{mm}$，齿数 $z=12$ 的直齿圆柱齿轮的齿距相对偏差，测得的数据如下：

（单位：μm）

齿序号	1	2	3	4	5	6	7	8	9	10	11	12
齿距相对偏差	0	+6	+9	-3	-9	+15	+9	+12	0	+9	+9	-3

该齿轮的精度等级标注为"7-6-6 GB/T 10095.1、2—2008"。问该齿轮的齿距累积总偏差和单个齿距偏差两项评定指标是否合格？

11-15　某直齿圆柱齿轮的公法线长度公称值和极限偏差为：$15.04_{-0.03}^{-0.01}\text{mm}$。加工后，在齿轮一周内均匀地测量 4 条公法线长度，其数值分别为：15.020mm，15.010mm，15.030mm，15.035mm，试计算公法线长度偏差 ΔE_w，并判别该齿轮的侧隙指标是否合格？

实验指导书

实验一 长度测量

长度尺寸的测量器具很多,大致分为两类:一类是有刻线和标尺的测量工具,如游标量具、分厘量具、指示表类及各种测微仪,使用这些器具能够测得工件的实际尺寸大小或其偏差。另一类是量规,如光滑极限量规,用量规不能测得工件实际尺寸的大小,只能确定被测工件是否在极限尺寸范围内。随着现代科学技术的发展,光栅、激光仪、数显尺、计算机等新技术已广泛用于长度测量中。

实验 1-1 用立式光学比较仪测量轴的直径

1. 实验目的

1) 了解轴类零件的尺寸测量方法。
2) 了解立式光学比较仪的原理、调整和测量方法。

2. 实验内容

用立式光学比较仪测量活塞销的轴径。

3. 仪器概述

立式光学比较仪用于长度测量,其测量方法属于接触测量,一般用相对测量法测量轴的尺寸。它是一种精度较高、结构简单的常用光学仪器,除主要用于轴类零件的精密测量外,还用来检定 5 等(约 3、4 级)量块。

仪器的基本度量指标如下:

分度值:0.001mm

示值范围:±0.1mm

测量范围:最大直径 φ150mm

最大长度 180mm

立式光学比较仪的外观及主要部分名称如实验图 1 所示。

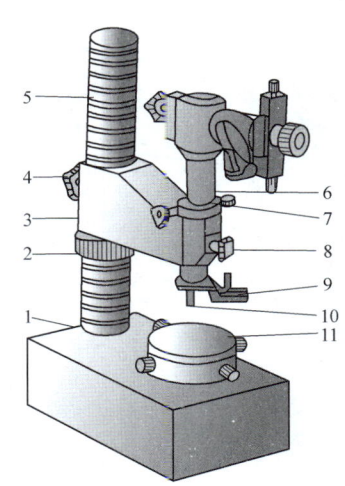

实验图 1 立式光学比较仪的外观及主要部分名称

1—底座 2—支臂上下移动的调节手轮(调节时一定要先松开支臂紧固螺钉 4,调节完后拧紧) 3—支臂 4—支臂紧固螺钉 5—立柱 6—光管 7—光管上下微动手轮 8—光管紧固螺钉 9—测头提升杠杆 10—测头 11—工作台

4. 测量原理

光学比较仪是利用光线反射现象产生放大作用(或称光学杠杆的放大原理)进行测量的仪器,其测量原理如实验图 2 所示。

照明光线经反射镜 1 照亮位于分划板左半部的标尺 8 (共 200 格,分度值为 1μm),再经直角棱镜 2 及物镜 3 后，变成平行光束（分划板位于物镜 3 的焦平面上），此光束被反射镜 4 反射回来，再经物镜 3、直角棱镜 2 在分划板的右半部形成标尺像（与标尺 7 对称），分划板左半部上有位置固定的标尺 7，当反射镜 4 处于水平位置时，分划板左半部的标尺 7 与右半部的标尺像，上下位置是对称的，指示线正好指向标尺像的零刻线。当被测尺寸变动使测杆 5 推动反射镜 4 绕其支承转过某一角度时，如实验图 2a 所示，则分划板上的标尺像将向上（或向下）移动一相应的距离 t，如实验图 2c 所示，此移动量可按指示线所指格数及符号读出。

光学杠杆放大原理如实验图 2a 所示，s 为被测尺寸变动量，t 为标尺像相应的移动距离，物镜至分划板刻线面间的距离 f 为物镜焦距，设测杆至反射镜支承之间的距离为 b，则放大比 K 为

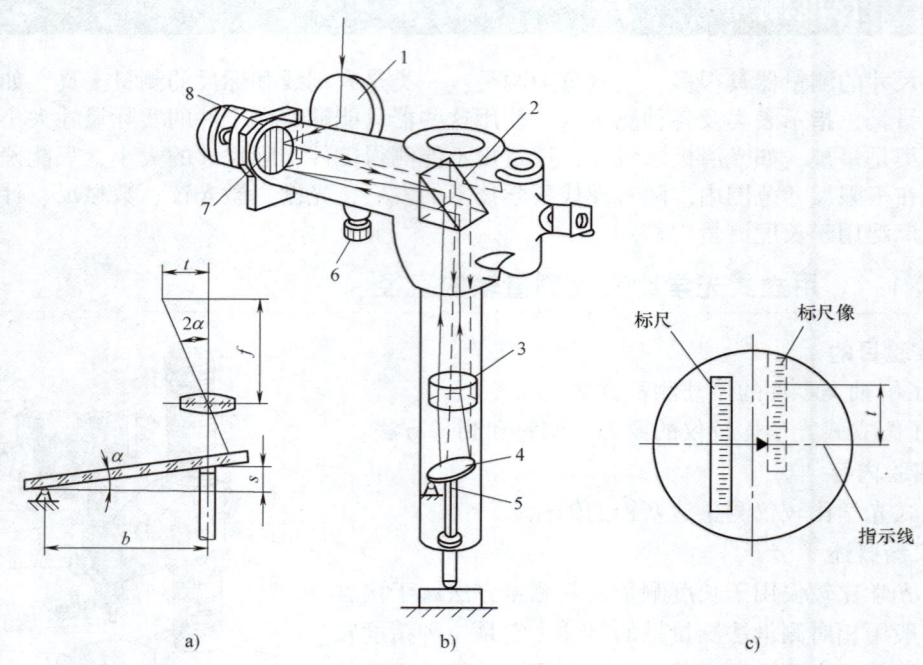

实验图 2 立式光学比较仪的测量原理

a) 光学杠杆放大原理 b) 光路系统 c) 目镜读数视场
1、4—反射镜 2—直角棱镜 3—物镜 5—测杆 6—调整螺钉 7、8—标尺

$$K = \frac{t}{s} = \frac{f\tan 2\alpha}{b\tan \alpha}$$

由于 α 角一般很小，可取 $\tan 2\alpha = 2\alpha$，$\tan\alpha = \alpha$，所以，$K = \dfrac{2f}{b}$。

一般光学比较仪物镜焦距 $f = 200\text{mm}$，$b = 5\text{mm}$，则放大比 $K = 80$。在用 12 倍的目镜观察时，标尺像又放大 12 倍，因此总的放大比 K' 为

$$K' = 12K = 12 \times 80 = 960$$

仪器的分度值 $i = 0.001\text{mm}$，所以由目镜观察到的标尺像的标尺间隔 $C = 960 \times 0.001\text{mm} = 0.96\text{mm}$。

5. 测量方法

1）核对仪器精度与被测零件精度是否适应。

2）选择测头：测平面或圆面用球形测头；测直径小于 10 mm 的圆用刀口形测头；测球面用平面测头。

3）调整反射镜 1（实验图 2b），并缓慢地拨动测头提升杠杆 9（实验图 1），使从目镜中能看到标尺影像，若此影像不清楚可调整目镜视度环。

4）按被测零件的公称尺寸组合量块组，并将其放在工作台上。松开支臂紧固螺钉 4（实验图 1），转动支臂上下移动的调节手轮 2，使支臂 3 连同光管 6 缓缓地下降至测头与量块中心位置极为接近处（约 0.1mm 的间隙），将支臂紧固螺钉 4 拧紧。

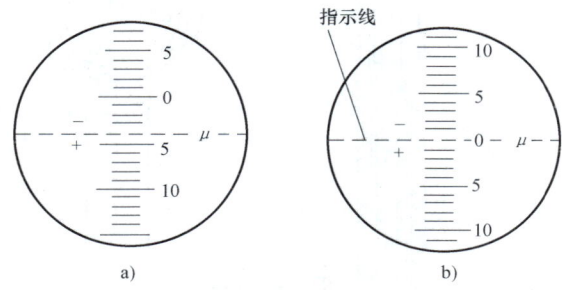

实验图 3　仪器调零时目镜中标尺

5）再松开光管紧固螺钉 8，调整光管上下微动手轮 7，使光管 6 缓慢下降至测头与量块中心位置接触，并从目镜中看到标尺处于零位附近为止（实验图 3a），拧紧光管紧固螺钉 8。

6）调整实验图 2b 中的调整螺钉 6，使标尺像准确对好零位（实验图 3b）。

7）按下测头提升杆 2~3 次，检查示值稳定性。要求零位变化不超过 1/10 格。

8）按下测头提升杆 9，取下量块组，将被测零件放在工作台上，并在测头下面来回移动（注意一定要使被测轴的母线与工作台接触，不得有任何跳动或倾斜），记下标尺读数的最大值（即读数转折点）即为读数结果。

9）在轴的三个横截面上，相隔 90°的径向位置上共测 6 点，并按轴的验收极限判断合格性。

实验 1-2　用内径指示表测量孔的直径

1. 实验目的

1）了解孔零件的尺寸测量方法。

2）了解内径指示表的原理、调整和测量方法。

2. 实验内容

用内径指示表测量连杆小头孔的直径尺寸。

3. 仪器概述

内径指示表是生产中测量孔径的常用量仪。它由指示表和装有杠杆系统的测量装置组成。实验图 4 所示为内径指示表的结构原理及各部分名称。被测孔径大小不同，可以选用不同长度的固定量柱,每一仪器都有一套固定量柱以备选用。仪器测量范围取决于固定量柱的范围。

活动量柱的移动可经杠杆系统传给指示表。内径指示表的两测头放入被测孔内后,应位于被测孔的直径方向上,这是由对称定位板 8 来保证的。如实验图 4 中 A 向,对称定位板 8 借定位板弹簧 9 的力始终和被测孔接触,其接触点的连线和直径是垂直的,这样可使量柱位于被测孔的直径上。

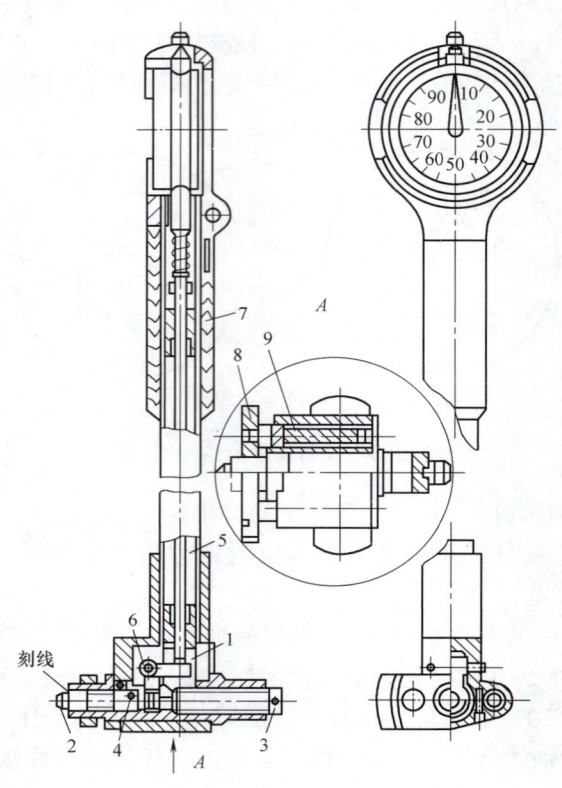

实验图 4 内径指示表的结构原理及各部分名称

1—杠杆 2—活动量柱(测头) 3—固定量柱(可换的测头) 4—钢球
5—接长杆 6—等臂杠杆转轴 7—隔热手柄 8—对称定位板(测头肩) 9—定位板弹簧

量柱在孔的纵向断面上也可能倾斜,如实验图 5 所示。所以在测量时应将量杆摆动,以指示表的最小值为实际读数(即指针转折点的位置)。

用内径指示表测量孔时属于相对测量法,也是接触测量法,因此,在测量零件之前应该用标准环或量块组成一标准尺寸置于量块夹中(或外径千分尺中),调整仪器的零点如实验图 6 所示。

4. 测量方法

1) 按被测孔的公称尺寸选择量块,擦净后组合于量块夹中,用实验图 6 所示方法调整指示表的零点。

2) 根据被测孔的公称尺寸,选择相应的固定量柱旋入量杆的头部。

3) 按实验图 5 所示方法测量孔的直径，按指示表的最小值读数。
4) 在孔的三个截面两个方向上，共测六个点，按孔的极限尺寸判断合格性。

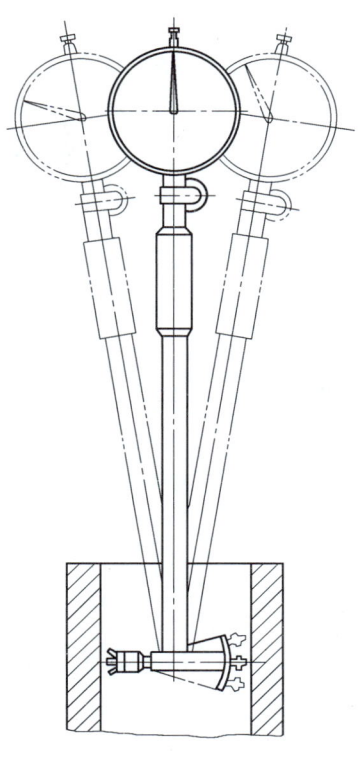

实验图 5 用内径指示表测孔

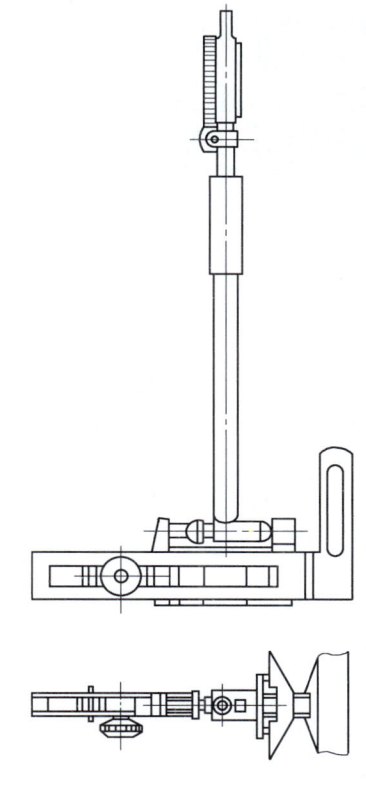

实验图 6 用量块夹为内径指示表对零

实验二　表面粗糙度测量

表面粗糙度的测量方法常用的有光切法、干涉法及触针法等。工厂还常用表面粗糙度样板直接和被测工件对照，称为比较法。

实验 2-1　用双管显微镜测量表面粗糙度

1. 实验目的

1) 熟悉表面粗糙度的主要评定参数。
2) 学习用双管显微镜测量表面粗糙度的方法。

2. 实验内容

用双管显微镜测量表面粗糙度参数 Rz。

3. 仪器概述

双管显微镜也称光切显微镜，是根据"光切法原理"制成的光学仪器，一般用它测量表面轮廓的最大高度 Rz。其测量范围取决于选用的物镜放大倍数。通常适合于测量 $Rz=$

0.8~80μm 的表面粗糙度（有时也可用来测量零件刻度的槽深等）。

双管显微镜的主要性能见实验表 1。

实验表 1　双管显微镜的主要性能

物镜放大倍数 T	7×	14×	30×	60×
视场直径/mm	2.5	1.3	0.6	0.3
测量范围 Rz/μm	80~10	20~3.2	6.3~1.6	3.2~0.8
目镜套筒分度值/μm	1.25	0.63	0.294	0.145

双管显微镜外形及各部分名称如实验图 7 所示。

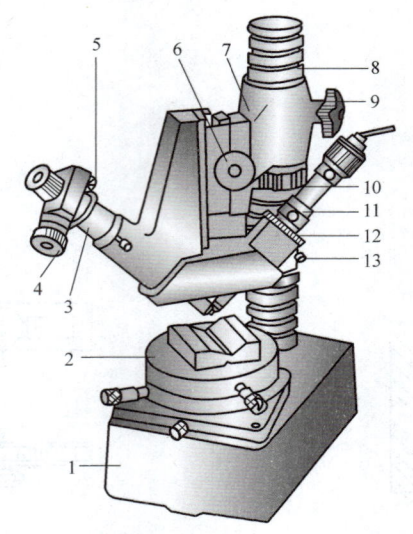

实验图 7　双管显微镜外形及各部分名称
1—底座　2—工作台　3—目镜测微套筒　4—目镜测微器刻度套筒
5、11—紧固螺钉　6—调节手轮　7—支臂　8—立柱　9—支臂锁紧螺钉
10—支臂调节螺母　12—调焦环　13—调节螺钉

4. 测量原理

利用光切法测量表面粗糙度的原理如实验图 8 所示。

光线经夹缝形成一条扁平的带状光束，以 45° 的角度投射到表面上。犹如一平面以 45° 方向与被测表面相截一样（实验图 8a）。由于被测表面并非理想平面，因此光束与被测表面的交线就出现凹凸不平的轮廓线。在另一 45° 方向观察，就可以见到该轮廓线的影像（实验图 8b），此凹凸不平即反映被测表面的表面粗糙度，其高度由实验图 8 中的 h 所示。

$$h' = \frac{h}{\cos 45°} \times N \quad \text{或} \quad h = \frac{h' \cos 45°}{N}$$

式中　h'——45° 方向上的影像高度。

影像高度 h' 是用目镜测微器来测量的，由于测微器中的十字刻线与测微器读数方向成 45° 角，所以，当用十字线中的任一直线与影像峰、谷相切来测量波高时，波高 $h'_1 = h''_1 \cos 45°$。h''_1 为刻线移过的实际距离，即测微器两次读数差，如实验图 9 所示。

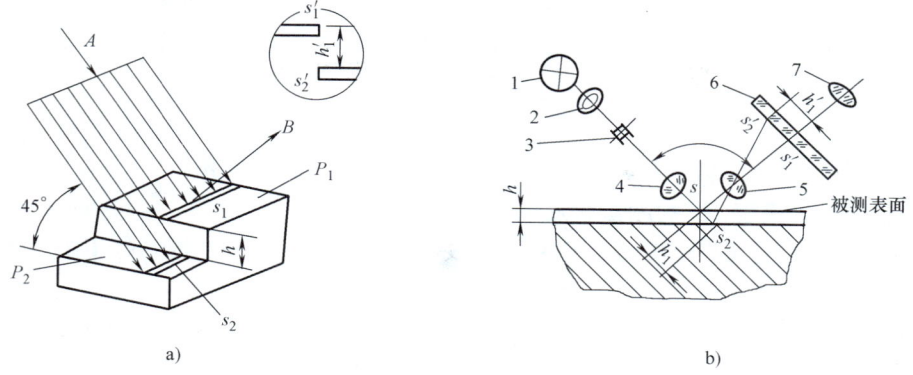

实验图8 光切法测表面粗糙度原理

1—光源 2—聚光镜 3—狭缝 4、5—物镜 6—分划板 7—目镜

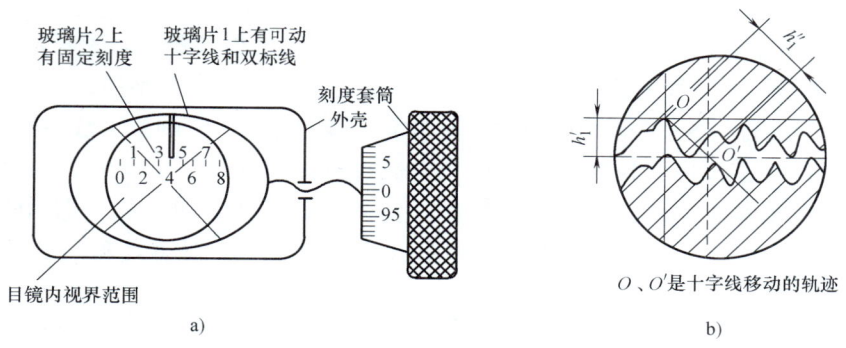

实验图9 目镜测微器的读数

所以被测表面凹凸不平的高度为

$$h_1'' = \frac{h_1'}{\cos 45°} = \frac{Nh}{\cos^2 45°}$$

$$h = \frac{h_1'' \cos^2 45°}{N} = \frac{h_1''}{2N}$$

测微器刻度套筒每转一格，十字线在目镜视场内沿移动方向移动的距离为 0.1mm 或 10μm，相应于被测表面上的 h 值，即仪器的分度值 E 为

当 $T=7\times$ 时，$N=4$，$E = \frac{1}{2N} \times 10 = \frac{1}{2 \times 4} \times 10 \text{mm} = 1.25 \mu\text{m}$

当 $T=14\times$ 时，$N \approx 8$，$E = 0.63 \mu\text{m}$

当 $T=30\times$ 时，$N \approx 17$，$E = 0.294 \mu\text{m}$

当 $T=60\times$ 时，$N \approx 34$，$E = 0.145 \mu\text{m}$

式中　T——仪器标称放大倍数；

N——仪器实际放大倍数。

由此可见，分度值随物镜的放大倍数不同而不同，测量时，根据所选用的物镜放大倍数由实验表1查得，应该指出，由于物镜放大倍数及测微千分尺在制造与调整中有误差，所以

新置仪器或较长时间未用过的仪器,其分度值应该进行检定(检定方法略)。

由上述可知,零件表面不平度的高度 h 等于测微器两次读数差(套筒实际转过的格数)K 乘以分度值 E,即

$$h = KE$$

式中　K——十字刻线分别与影像峰、谷相切时,测微套筒转过的格数。

5. 轮廓的最大高度 Rz 的测量方法

1) 根据估计的表面粗糙度按实验表 1 选取合适的物镜,安装在镜管的下端。

2) 将零件擦净后放在仪器工作台上,接通电源。

3) 松开支臂锁紧螺钉 9(实验图 7),转动支臂 7,使物镜大致对准工作台上的被测表面,转动支臂调节螺母 10 将支臂 7 沿立柱 8 向下缓慢移动,使物镜接近被测表面(注意:镜头不得与零件表面接触,以免被损坏)。

4) 转动调节手轮 6,使物镜上升(离开零件表面方向),同时注意观察目镜视场,直到出现绿色光带,拧紧支臂锁紧螺钉 9。

5) 调整调节手轮 6,使目镜视场中的绿色光带在视场中央且最窄最清晰为止。

6) 进行测量:松开紧固螺钉 5,转动目镜测微器,使目镜中十字线的水平线与光带大致平行,拧紧紧固螺钉 5,转动目镜测微器刻度套筒 4,使十字线的水平线在光带最清晰的一边的取样长度 lr 范围内,找到最高峰点和最低谷点并与之相切,读出两个读数 a_1, a_2。读数时要注意视场内刻度的变化,视场内每变化一格,套筒即转过一周(即 100 格),以套筒格数为读数单位。所以,每次读数应为视场内读数与套筒上的读数之和,于是有

$$Rz = (a_1 - a_2) \times \frac{1}{2} \times E$$

式中　E——仪器的分度值。

7) 在评定长度范围内,测出 n 个取样长度的 Rz_1, Rz_2, …, Rz_n 值,取其平均值作为测量结果,即

$$Rz = (Rz_1 + Rz_2 + \cdots + Rz_n)/n$$

6. 轮廓单元的平均宽度 Rsm 的测量方法

用目镜显微镜中的垂直线对准光影的第一个峰与中线交点,从工作台的纵向千分尺上,读出第一个读数 s,纵向移动工作台,依次读出 s_1, s_2, …,在取样长度范围内,用垂直线数出 n 个轮廓单元宽度后并对准,从纵向千分尺上读出第 n 格单峰读数 s_n。$Xs_1 = s_1 - s$, $Xs_2 = s_2 - s_1$, …, $Xs_n = s_n - s_{n-1}$,则轮廓单元的平均宽度 Rsm 为

$$Rsm = (Xs_1 + Xs_2 + \cdots + Xs_n)/n$$

实验 2-2　用干涉显微镜测量表面粗糙度

1. 实验目的

1) 熟悉表面粗糙度的主要评定参数。
2) 学习用干涉显微镜测量表面粗糙度的方法。

2. 实验内容

用干涉显微镜测量表面粗糙度参数 Rz。

3. 仪器概述

干涉显微镜是用光波干涉原理测量表面粗糙度的仪器。由于这类仪器有高放大倍数和高鉴别率。因此，能测量 $Rz = 0.03 \sim 1 \mu m$ 的精密表面粗糙度。目前，它是一种高精度的表面粗糙度测量仪器。

6JA 型干涉显微镜的外观及其主要部分如实验图 10 所示。

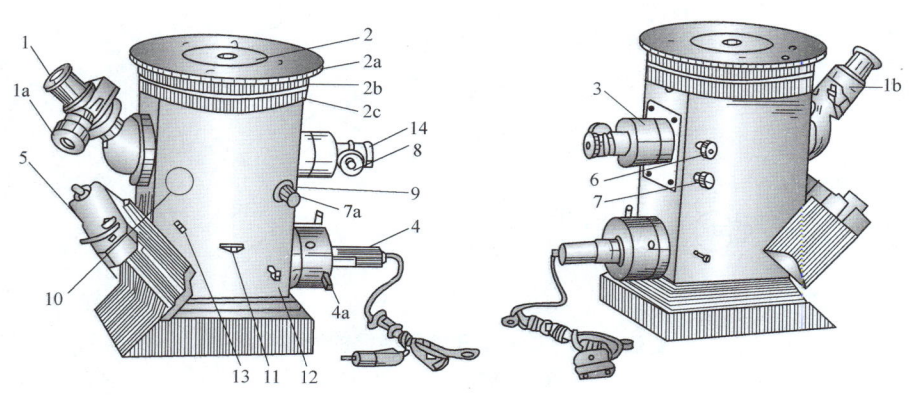

实验图 10 6JA 型干涉显微镜的外观及其主要部分

1—测微目镜　1a—测微鼓轮　1b—螺母　2—工作台　2a—工作台移动滚花轮
2b—工作台升降滚花轮　2c—滚花轮　3—物镜筒　4—照明灯　4a—灯丝调节钮
5—照相机　6—遮光板手轮　7—手轮　7a—干涉调节手轮　8—干涉带位置调节手轮
9—干涉带方向调节手轮　10—目视与摄影的转换手轮　11—光阑调节手轮
12—滤光片手轮　13—照相机紧固螺钉　14—微调手轮

4. 测量原理

6JA 型干涉显微镜的光学系统如实验图 11 所示。由光源 1 发出的光线，经反光镜 5 后射向分光板 9，经分光板后光线分为两束，一束透过分光板 9、补偿板 10 至被测表面 18 再反射回来，另一束由分光板 9 反射后通过物镜 12 到参考镜 13 上再反射回来，此两相干光束在目镜焦平面上相遇产生干涉。适当调整仪器，即可以从目镜中看到干涉条纹的图像（实验图 12）。

若被测表面绝对平整，则它与标准光路成光楔干涉，于是在目镜视场可以看到间距为 b（相当于半波长的程差 $\lambda/2$）的等距平行直线干涉条纹；若被测表面不平整，则将呈现如实验图 12 所示的弯曲干涉条纹，干涉条纹的弯曲是由表面凹凸不平引起的，在测出干涉条纹的弯曲度 a 与间隔宽度 b 之后（实验图 13），可得到被测表面的实际平面度为

$$\Delta = \frac{a}{b} \times \frac{\lambda}{2}$$

式中　λ——光波波长。

在精密测量中常用单色光，因为单色光波长稳定，当被测表面的表面粗糙度值较低，而加工痕迹又无明显的方向性时，采用白光较好，因白光干涉中零次黑色条纹可清楚地显示干涉条纹的弯曲情况，以便于测量。各种光波波长见实验表 2。

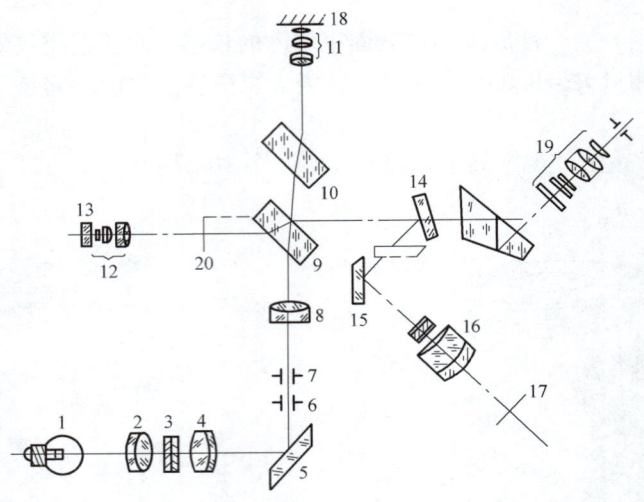

实验图 11　6JA 型干涉显微镜的光学系统

1—光源　2、4、8—聚光镜　3—滤色片　5、15—反光镜
6、7—孔径、视场光阑　9—分光板　10—补偿板　11、12—物镜
13—参考镜　14—可调反光镜　16、17—照相物镜、底片
18—被测面　19—目镜　20—遮光板

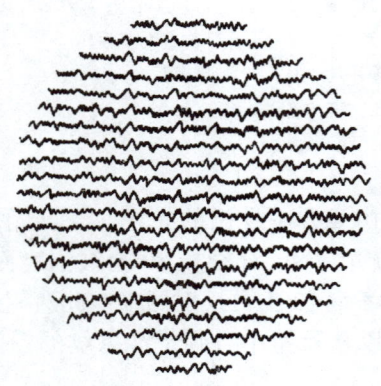

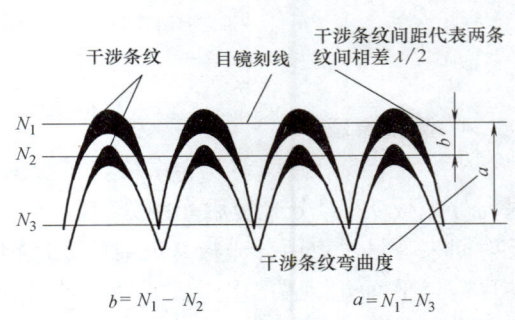

$b = N_1 - N_2 \qquad a = N_1 - N_3$

实验图 12　视场中的干涉条纹　　　**实验图 13　干涉条纹的弯曲度 a 与间隔宽度 b**

实验表 2　各种光波波长

光　色	白	绿	红
波长 $\lambda/\mu m$	0.66	0.509	0.644

5. 测量方法

1) 将被测零件放在仪器工作台上，被测表面向下对着物镜镜头，接通电源。

2) 转动手轮（实验图 10 中未画出），切断通向标准镜面的光线。

3) 转动滚花轮 2c，使目镜内能观察到被测表面清晰加工痕迹影像，然后将手轮转回，再微调滚花轮 2c，视场内即可出现干涉条纹，如实验图 12 所示。

4) 转动干涉带调节手轮 7a，调节干涉条纹宽度，使之在目镜视场内为 2~3mm，再转动干涉带方向调节手轮 9，调节干涉条纹方向，使之垂直于加工痕迹。

5) 转动测微目镜 1 使其中十字线水平线与干涉条纹轮廓中线平行。

6) 在同一干涉条纹上（白色用零次干涉条纹）选出最高峰点和最低谷点，从目镜测微器上记下两次读数，干涉条纹的弯曲度 a 为

$$a = a_{峰} - a_{谷}$$

干涉条纹的间隔宽度 b 应取三个不同位置的平均值，即

$$b_{均} = \frac{b_1 + b_2 + b_3}{3}$$

轮廓的最大高度 Rz 为

$$Rz = \frac{a}{b_{均}} \times \frac{\lambda}{2}$$

7) 在被测表面不同部位上测出几个 Rz_1，Rz_2，…，Rz_n，取其平均值 $Rz_{均}$ 作为测量结果。

实验三 几何误差测量

几何误差的项目较多，其测量方法也是多样的，为了正确地测量几何误差，GB/T 1958—2004《产品几何量技术规范（GPS） 形状和位置公差 检测规定》规定了五个检测原则，即与理想要素比较原则，测量坐标值原则，测量特征参数原则，测量跳动原则以及控制实效边界原则。检测几何误差时，可以按照这些原则，根据被测对象的特点和有关条件，选择合理的检测方法和测量装置。

实验 3-1 用圆度仪测量圆度误差

1. 实验目的

1) 熟悉用圆度仪测量圆度误差的方法。
2) 加深对圆度误差定义的理解。

2. 实验内容

用圆度仪测量轴承外圈的圆度误差。

3. 仪器简介

圆度仪主要用于测量工件内、外圆的圆度，以及在同一个截面或诸平行截面内、外圆的同轴度等，本仪器适用于检验短小型轴套类零件，它具有精度高、操作简便、使用可靠等特点，转台式圆度仪的外观结构如实验图 14a、b 所示，YD200A 型圆度仪的外观结构如实验图 14c 所示。

4. 测量原理及测量步骤

圆度仪主要是以高精度的转台旋转轴线为基准来测量工件的径向变化，转台台面可调倾斜，以使其与旋转轴线垂直，被测工件放置在该转台上，并使工件与旋转中心精确地对正，传感器的测端与被测轮廓接触，在转台转动过程中，传感器测端的径向变化与被测轮廓相当，此信号通过放大、检波、波度滤波后驱动记录器表头，用电敏方式将轮廓的径向变化记

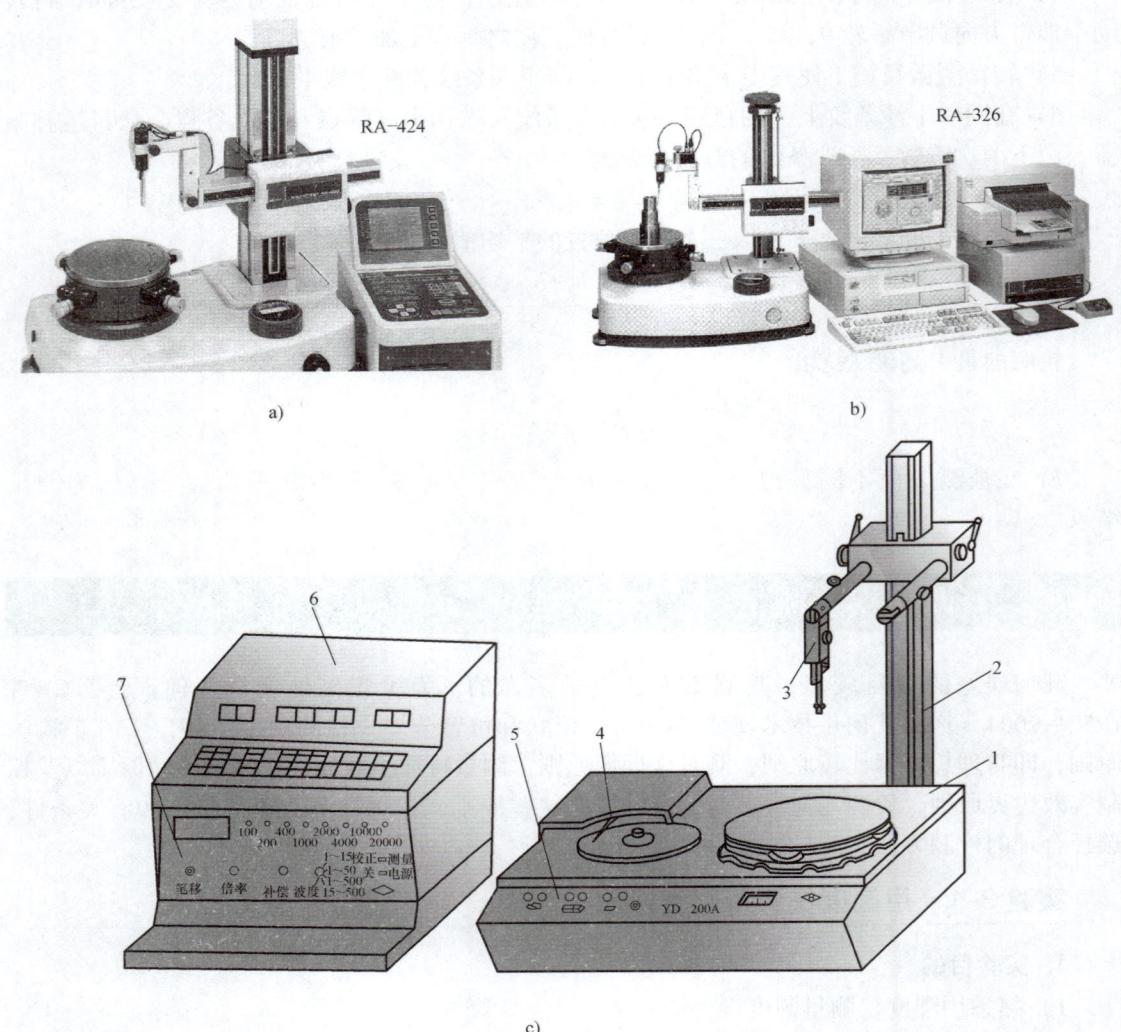

实验图 14　转台式圆度仪和 YD200A 型圆度仪
a) RA-424 型转台式圆度仪　b) RA-326 型转台式圆度仪　c) YD200A 型圆度仪
1—基座　2—立柱　3—传感器测头　4—记录笔　5—圆度仪操作板　6—电控箱　7—倍率调整板

录在与转台同步转动的记录纸上，该记录图形为被测轮廓的径向变化量的放大图，而与工件的直径大小无关。

采用 YD200A 型圆度仪进行圆度测量的操作步骤如下：

1) 工件对中地放在转台上，目镜找正中心，移动传感器，使测端与被测工件表面留有适当间隙，转动转台，目测该间隙变化，并用校心杆敲拨工件，使其对正。

2) 将放大器各控制钮置于正确选定的位置。

电源开关：接通

工作开关：测量

波度开关：1~500 周波/圈

倍率开关：100 倍率档

补偿电位器：Ⅰ

笔移电位器：Ⅰ

3）利用对心表精确找正中心。

4）将放大器各控制钮置于事先选定的位置（放大倍率、波度滤波、补偿电位器）。

5）放入记录纸，记录轮廓图形。

6）借助透明的同心圆样板，使之复合在记录纸上，按评定方法，求读圆度值。

5. 圆度误差的评定

利用同心圆样板，按下述确定轮廓中心的方法评定圆度误差，此板可附在记录纸上相对图线滑移，寻找包容图线的最小同心圆环带，圆度误差是周边到轮廓中心间最大半径 R_1 与最小半径 R_2 之差，即 R_1-R_2，根据实验表 3 确定误差值。误差值为格数乘以格值。

目前评定圆度误差及确定轮廓中心的方法有四种（实验图 15）：

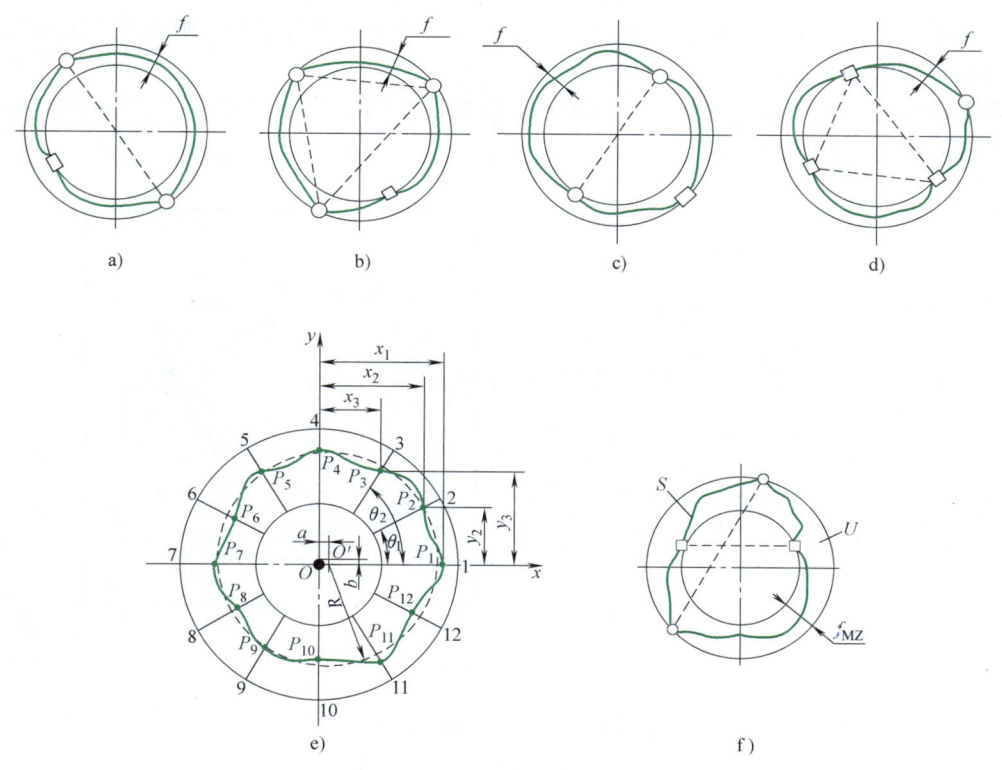

实验图 15　评定圆度的四种方法

1）最小外接圆法，即环规法，如实验图 15a、b 所示。在轮廓图中每个点都可作一个轮廓的外接圆，但其中必有一个为最小，则该圆心就定为被测轮廓的中心。此评定法适用于轴类零件。

2）最大内切圆法，即塞规法，如实验图 15c、d 所示。在轮廓图中每个点都可作一个轮廓的内切圆，但其中必有一个为最大，则该圆心就定为被测轮廓的中心，此评定法适用于孔类零件。

实验表 3　YD200A 型圆度仪放大倍率及格值表

测杆	倍率与格值	倍率档							
		1	2	3	4	5	6	7	8
60mm	放大率	100	200	400	1000	2000	4000	10000	20000
	格值/μm	20	10	5	2	1	0.5	0.2	0.1
120mm	放大率	50	100	200	500	1000	2000	5000	
	格值/μm	40	20	10	4	2	1	0.4	

3）<u>最小二乘圆法</u>，如实验图 15e 所示。将被测轮廓周边等角度地细分为诸多点，若从轮廓上诸多点到某参考圆的径向距离平方和为最小，则该参考圆的圆心就定为被测轮廓的中心。参考圆一般需采用分析器或计算机求得。

4）最小区域圆法，如实验图 15f 所示。被测圆轮廓内每点都可作两个同心圆，其中一个为外接圆，另一个为内切圆，但有一点可使该两圆的半径差为最小，则该圆心定为最小区域圆法评定圆度的轮廓中心。

除圆度仪外，也可以使用光学分度头进行圆度误差的简单测量与评定。实验图 16 是采用同心圆模板评定圆度的方法。

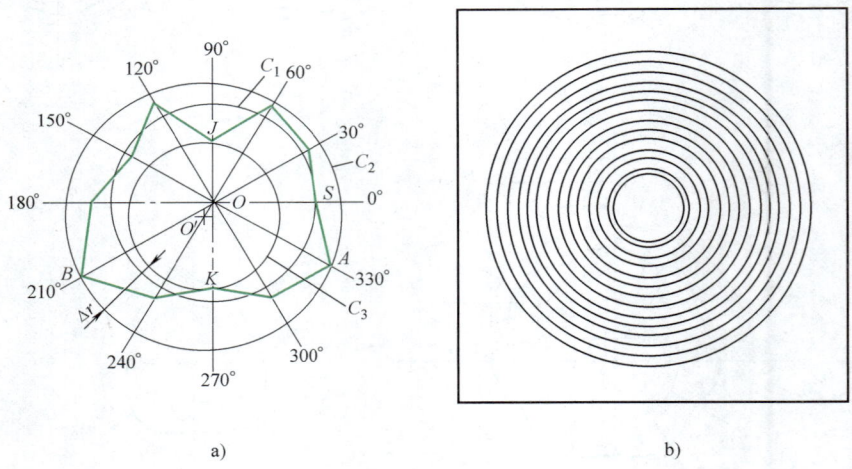

实验图 16　同心圆模板法评定圆度
a）半径变化量折线　b）同心圆模板

实验 3-2　用投影仪测量线轮廓度

1. 实验目的

1）了解投影仪的测量原理及方法。

2）加深对线轮廓度的理解。

2. 实验内容

用 φ500mm 投影仪测量样板的线轮廓度。

3. 仪器概述

投影仪是一种将被测件通过光学系统成像在投影屏上，对影像可直接进行观察和测量的非接触式长度计量仪器。

由于投影仪具有测量范围大，操作方便，视场大，能减少人眼的疲劳，采用平行光照明，测量误差小，因而被广泛地应用在机械、船舶、仪器仪表、工具制造等厂的计量室。

投影仪的工作原理是，由光源发出的光线，通过聚光镜成为平行光束照明被测件上，物镜将被测件成像在投影屏上，利用在投影屏上所成的影像即可进行各种测量。

实验室中投影仪的主要参数及规格为：

投影屏直径：φ500mm

投影屏转动分度值：1′

物镜放大率：10×、20×、50×、100×

工作台投影读数分度值：0.001mm

303 系列投影仪的外观结构如实验图 17 所示。

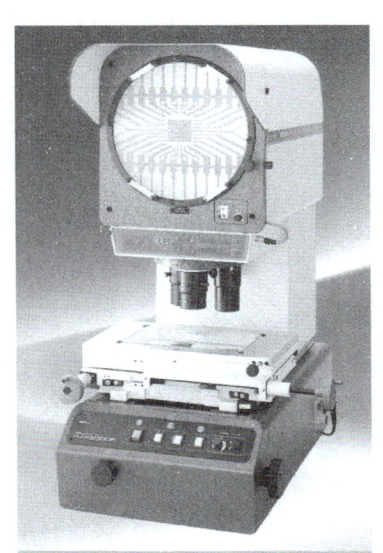

实验图 17 303 系列投影仪的外观结构

4. 测量方法

1) 根据被测件的大小及形状复杂情况，选择适当放大率的物镜和聚光镜。

2) 把被测件置于工作台上，使被测件的测量方向平行于导轨移动方向，升降工作台使被测件在投影屏上的成像清晰。

3) 将实际轮廓与公差带图形相比较判断被测工件的合格性。

实验 3-3　用光学分度头测量花键角度等分误差

1. 实验目的

熟悉投影式光学分度头的测量原理和测量方法。

2. 实验内容

用投影式光学分度头测量花键轴花键的角度等分误差。

3. 仪器简介

光学分度头是一种用于精密角度测量的仪器，配上一定的测量附件后可对花键轴、分度板、凸轮轴等工件进行精密的角度测量。仪器结构如实验图 18 所示。

光学分度头由主体、尾座、基座及附件组成，主体的主要作用是产生标准角度，主要附件是阿贝测头，主要用于凸轮、凸轮轴类零件的测量。

4. 仪器工作原理及测量方法

被测件安装在主体和尾座的顶尖之间，随主轴一起转动，主轴上固定有刻度盘，借助手轮通过蜗杆副使主轴和刻度盘一起转动，其转过的角度从目镜中读出，所得读数值与被测角度的标称值比较，即得被测角之误差。

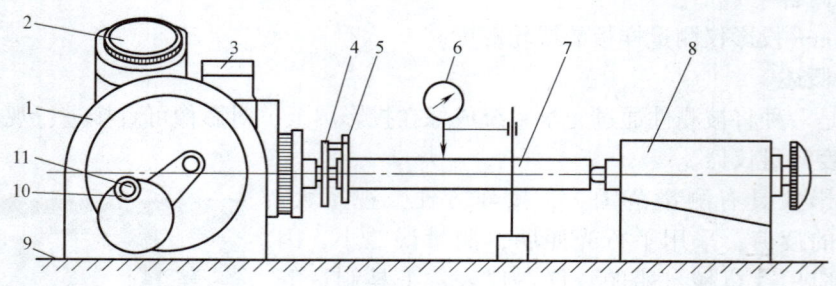

实验图 18　用光学分度头测量花键分度

1—分度头　2—读数装置（投影屏）　3—光源　4—拨杆
5—夹头　6—指示表　7—被测零件　8—尾座
9—底座　10—主轴回转手柄　11—主轴微转手柄

测量前调整包括：分度头的固定和调整，尾座和照明灯源的调整，零件的安装等。测量时转动手轮，用杠杆表对被测件定位，由读数系统读出被测角度，视场形式如实验图 19b 所示。

为了读取此时的正确读数，应旋转读数手轮，使视场中的"度"刻线的影像处于邻近一对分划线夹缝（瞄准双线）正中，如实验图 19b 所示，影响读数准确性的关键是使刻线的影像非常准确地处于双缝的正中。

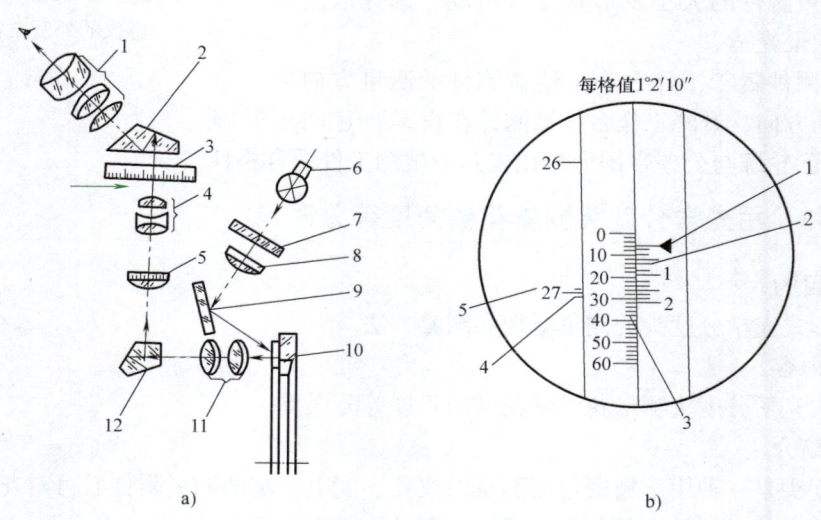

实验图 19　光学分度头的光学系统与读数视场

a）光学系统
1—目镜系统　2—棱镜　3—分划板　4—后组物镜　5、8—聚光镜　6—光源
7—滤光片　9—反射镜　10—度盘　11—前组物镜　12—五棱镜

b）读数视场
1—读数标记　2—分刻线　3—秒刻线　4—瞄准双线　5—度刻线

实验 3-4　直线度误差的测量

1. 实验目的
1）掌握直线度误差的测量及数据处理方法。
2）学会电子水平仪和自准直仪的使用。

2. 实验内容
用电子水平仪和自准直仪测量直线度误差。

3. 用数字电子水平仪测量工形尺在给定平面内的直线度误差

（1）**仪器概述**　数字电子水平仪是测量水平参数和平面参数的主要测量工具之一，它具有测量精度高、读数直观等特点，其最适合高精度平面检验、精密机械安装等方面使用。

数字电子水平仪是一种把角度值换成相邻两点高度差并在显示屏上显示其差值的精密仪器。电子水平仪有两个转换开关 A 和 D，如实验图 20 所示。A 有四档位置，O 位是断开电源位置，B 位是检验电池组电压位置，Ⅰ位是Ⅰ档测量位置，其个位数最小读数是 $50\mu m/m$，Ⅱ位是Ⅱ档测量位置，其个位数最小读数是 $5\mu m/m$；D 开关是调零电位器，专供正负方向调零使用。

（2）**测量方法**　将数字电子水平仪放在工形尺的起始位置上，即实验图 21 中 0-1 位置，旋转开关 A 到Ⅰ位上，如显示数大于 199 则调整被测平面使显示值小于 199 再旋至Ⅱ位，如显示数较大，为画图和计算方便，可用调零电位器 D 将显示数调小，记下第一个读数 a_1，然后将水平仪依次移至实验图 21 中 1-2，2-3，…位置，移动时注意首尾衔接并记下各点读数 a_2，a_3，…，再按 4-5，3-4，…，0-1 进行回测，再记下各位置的读数，取同一位置两次读数值的平均值作为测量结果。由于水平仪的读数是表示相邻的两点高度差，所以顺序测得各点读数值需要统一坐标，即将读数值累加，据此画出误差曲线，再按两端点连线法或最小包容区域法求出直线度误差值。

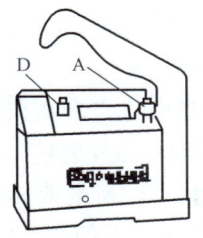

实验图 20　电子水平仪

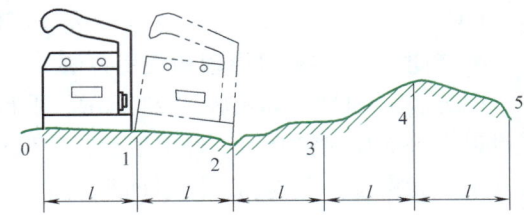

实验图 21　顺序测得各点读数

（3）**数据处理**　直线度误差是表示实际直线对理想直线的变动量，该理想直线应符合最小条件，常用数据处理方法有图解法和计算法。

图解法的作图步骤为：

1）用横坐标 x 代表测点序号，纵坐标 y 代表各测量点相对测量基准的累积值，按相对累积值取点，两点连一直线，作出误差折线。

2）根据两端点连线法或最小包容区域判别法（高—低—高或低—高—低），作两条平行直线包容误差折线，沿纵向坐标 y 方向的两条包容直线间距离 f' 与实际分度值 i 的乘积为直线度误差，见实验表 4。

实验表 4 图解法求直线度误差

测定点	0	1	2	3	4	5	6	7
读数	0	+1	+2	+1	0	−1	−1	+1
累积值	0	+1	+3	+4	+4	+3	+2	+3
误差折线图	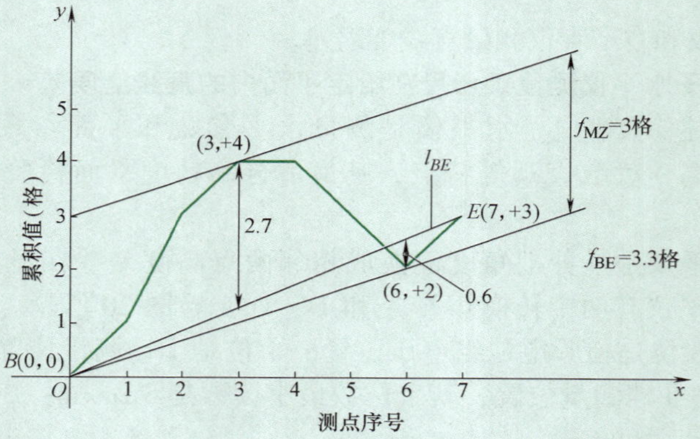 colspan							
直线度误差	$f_{BE} = 0.01 \times (2.7 + 0.6) \times 200 \mu m = 6.6 \mu m$（两端点连线法） $f_{MZ} = 0.01 \times 3 \times 200 \mu m = 6 \mu m$（最小包容区域法）							

3）确定分度值。电子水平仪在 Ⅱ 档位置 1 个数字表示 5μm/m，若用水平仪底座进行测量，则底座跨距为 150mm，那么实际分度值 i 为

$$i = \frac{5}{1000} \times 150 \mu m = 0.75 \mu m$$

也就是一个格数代表 0.75μm。

（4）**计算直线度误差** 参考实验表 4 用作图法求出直线度误差：$f_- = f'_- \times i$。

4. 自准直仪的测量原理和使用方法

（1）**测量原理** 如实验图 22 所示，平行光管发出的平行光束将自准直仪中的分划板刻线投射在平面反射镜 9 上，经反射后，成像在目镜分划板上，若平面反射镜与平行光束相垂直，平行光束按原路返回，反射回来的十字分划板的像（亮十字）与刻线相重合；若平面产生倾斜角 α，则反射光束与入射角轴成 2α 角度，使亮十字像相对于刻线产生相应的偏移，其偏移量 Δ（实验图 23b）可通过测微器读出。

（2）**测量步骤**

1）将自准直仪置于测量方向的固定位置，接通电源，使平行光束照射在平面反射镜上。

2）将平面反射镜分别置于导轨两端位置，调整自准直仪，使十字分划板的像在两端位置时均能进入视场。

3）将平面反射镜移到靠近自准直仪一端，调整测量分划板刻线位置，使其位于亮十字像中间，从测微器上记下起始读数。

4）沿导轨面依次分段移动平面反射镜，观察并记录目镜中十字分划板像的偏移量。

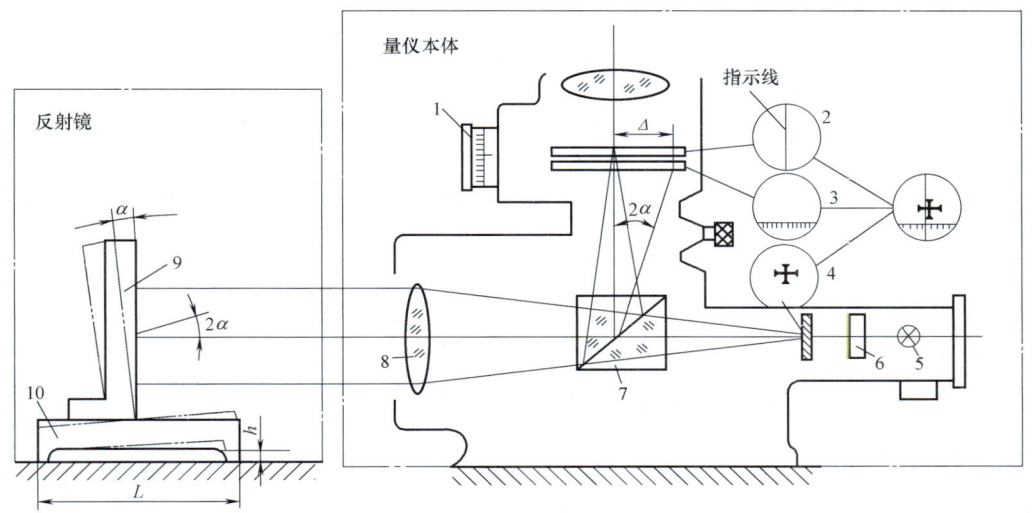

实验图22 自准直仪的光学系统图
1—测微读数鼓轮　2、3、4—分划板　5—光源　6—滤光片　7—立方棱镜
8—物镜　9—平面反射镜　10—桥板

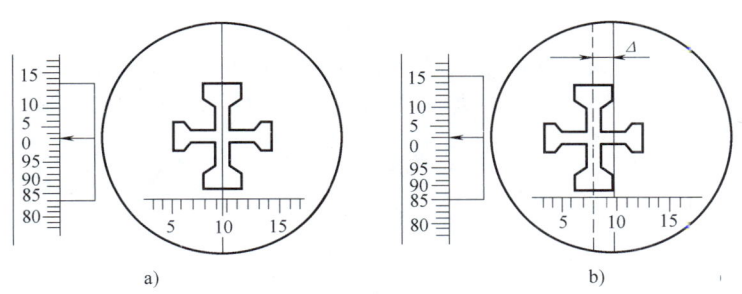

实验图23 自准直仪测量时示值的读取
a) 起始示值（998格）　b) 第二次示值（800格）

5) 按最小条件用作图法处理测量结果，得出直线度误差。

（3）**数据处理**　直线度误差是表示实际直线对理想直线的变动量，该理想直线应符合最小条件，常用的数据处理方法有图解法和计算法。

图解法的作图步骤为：

1) 确定刻度值。1″自准直仪换算为线值每格是 $5\mu m/m$，若所用桥板长度为200mm，则实际刻度值 $i = \dfrac{5}{1000} \times 200 \mu m = 1\mu m$。

2) 在坐标纸上用横坐标 x 代表测点序号（桥板位置），纵坐标 y 代表各测量点相对测量基准的累积值，按相对累积值取点，作出误差折线。

3) 根据最小包容区域判别法，最高点和最低点应彼此相间（两谷夹一峰或两峰夹一谷），选取极峰（高点）、极谷（低点），过这些点作两平行直线 L_1、L_2 将误差折线包容在内，则两平行直线的坐标距离与实际刻度值的乘积即为直线度误差 f_-。可参考实验表 4 中的图。

实验 3-5　平面度误差的测量

1. 实验目的

1) 掌握用合像水平仪测量平板的平面度误差和平台测量工具测小平板的平面度误差的基本原理和方法。

2) 学会按最小条件法求出平面度误差。

2. 实验内容

1) 用合像水平仪测量平板的平面度误差。

2) 用平台测量工具测小平板的平面度误差（图 4-39b）。

3. 测量原理及计量器具说明

平面度误差的测量与直线度误差的测量方法基本相同。任一平面都可以看成是由若干条直线组成的，因此，对表面的平面度误差可以看作是由许多条直线的直线度误差构成的，只要找出一些有代表性的直线度误差，并找出它们之间的关联和规律，就可以得到该平面的平面度误差。

平面度误差的评定方法有三种：三点法、对角线法、最小条件法（最小包容区域法）。

本实验采用最小包容区域法来评定平板的平面度误差，即两平行平面包容与实际被测要素的接触状态符合平面度误差判别法中某一准则时，此两平行平面之间的距离即为平面度误差值。平面度最小包容区域的判别方法是：由两平行平面包容实际被测要素时，实现至少四点或三点接触，且具有下列形式之一者（实验图 24），即为最小包容区域。

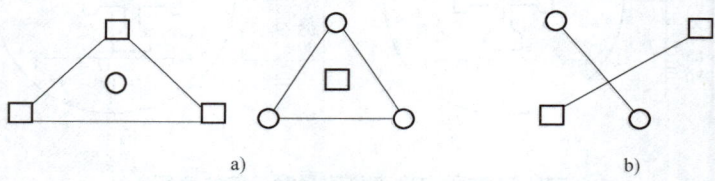

实验图 24　平面度误差最小包容区域判别准则
a）三角形准则　b）交叉准则
○—高极点　□—低极点

要想得到最小包容区域的形式，则需将测得的值进行坐标变换，使被测各点对测量基准的坐标值转换为与评定基准相应的坐标值，这样才能获得平面度误差值。

> **例 1**　在某一平板上测得实验图 25a 所示的值。
>
> **解**　（1）**建立上包容面**　将实验图 25a 中各测量点的值减去其中的最大正值（80），使最高点的偏差为 0，其余各点均为负值，所得数据如实验图 25b 所示，由图中数据可知它不符合判别准则。
>
> （2）**选择旋转轴**　进行坐标变换时，选择的旋转轴应尽量通过 0 点，在不出现正值的前提下，最大限度地减少偏差，从实验图 25b 中可知最小值点为 -120，为了使 -120 往大的方向增加，使之与接近旋转轴的最低点 -110 旋转后相等，选过（-70，0，70）的转轴较为有利，旋转前后轴上的数据不变。

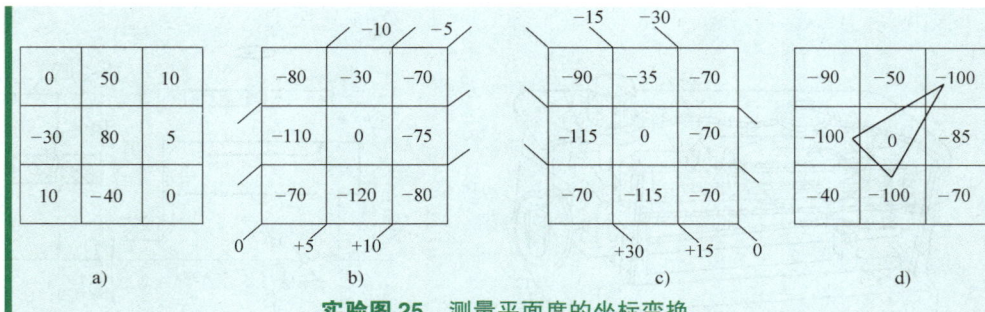

实验图 25　测量平面度的坐标变换

(3) 确定旋转量　为使转轴左中的 -110 与中下方的 -120 旋转后相等，旋转量应为

$$-110-Q = -120+Q$$
$$2Q = 120-110$$
$$Q = 5$$

并将其余各点斜线上相应的旋转量标注在实验图 25b 上。

(4) 计算变换后的数值　变换后的各点数值标注在实验图 25c 上，由图可知此时仍不符合判别准则。

(5) 再旋转轴　由实验图 25c 可看出有两个等值最低点 -115，且中点最高为 0，则可应用三角形准则判断，故可能右上的点 -70 也为最低点，那么选择过 (-90, 0, -70) 的轴比较有利。

(6) 确定旋转量　使旋转后 -115 点与 -70 点相等，则

$$-115+Q = -70-2Q$$
$$Q = 15$$

各斜线上相应旋转量如实验图 25c 所示。

(7) 计算变换后的数值　变换后的各点数值标注在实验图 25d 上，图中三个等值 (-100) 最低点包含一个最高点 (0)，符合三角形准则，因此平面度误差为最高点值减最低点值，即

$$\Delta = 0-(-100) = 100$$

如果此次旋转仍不能满足要求，则要继续旋转被测面，直到出现符合判别准则规定中的一种情况为止。

　　平面度误差测量常用的仪器是自准直仪和合像水平仪。自准直仪的结构原理见实验 3-4 中的说明。合像水平仪的外形及其结构原理如实验图 26 所示。图中两块对称的多边棱镜旋转在气泡的中心线上，经过多次反射，分别将气泡两端部的半个像投射上来，可以从放大镜 6 中看见它的像。当玻璃管处于水平位置时，气泡在棱镜两边是对长的，因此像相合（实验图 26b）；当水平仪倾斜时，玻璃管也随之倾斜，气泡就不在玻璃管原来的位置上，这时在放大镜 6 中看到的像就不再相合（实验图 26c），此时可转动微分筒 9，使玻璃管抬高（或降低）一倾斜角，直至两端部像相合为止。微分筒 9 转过的格值就是平面倾斜角的角度。合像水平仪的标值表示平面倾斜角的角度。例如，合像水平仪的标值是 0.01mm/m，也就是鼓轮转动一格表示 1m 抬高 0.01mm，相当于转角 2″（秒），因此水平仪的每格示值是 2″。

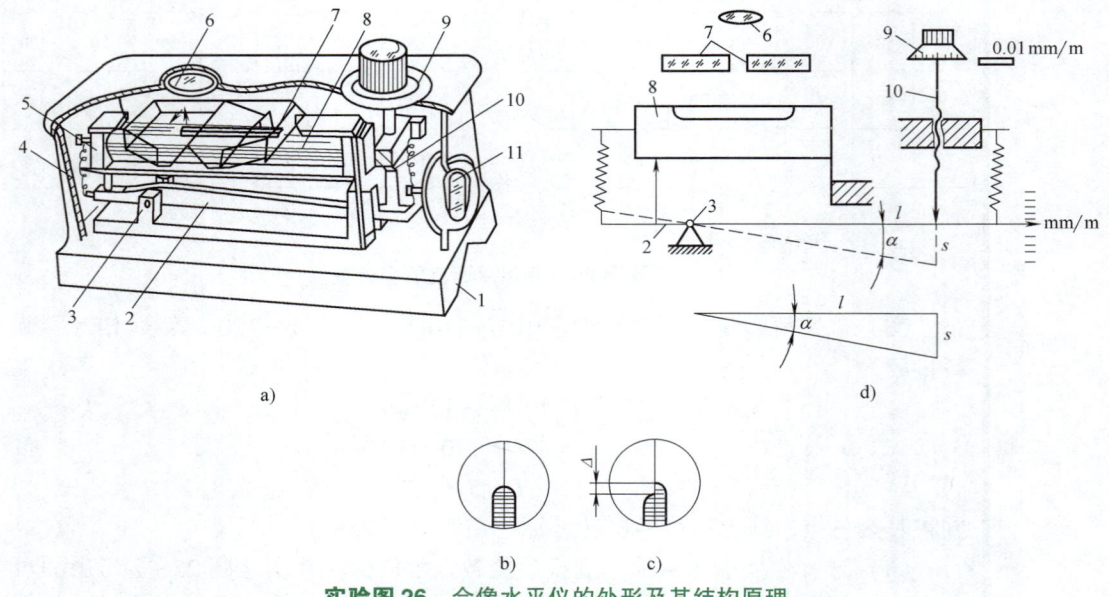

实验图 26 合像水平仪的外形及其结构原理
1—底板 2—杠杆 3—支轴 4—壳体 5—支架（水准器）
6、11—放大镜 7—棱镜 8—水准器 9—微分筒 10—螺杆

4. 测量步骤

1）找到水平仪的零点，将水平仪放在擦洗干净的平板上，调整微分筒 9 使气泡在放大镜 6 中合像，记下微分筒上的读数，把水平仪转 180°再放回原处，同样的方法再读一个数据，两次读数的平均值便是水平仪的零点。零点的含义是：气泡在零点处合像时，就说明底面是水平的。

2）调整平板的水平位置。将水平仪放在平板中间相互垂直的两个位置上，调整支承平板的三个千斤顶，使平板水平。

3）按被测平板的大小，确定布线方式和测量点数。一般根据水平仪的底面长度为步距确定测点数目。一般为 9 点、16 点、25 点，如实验图 27 所示。注意：距平板边缘 5mm 内的平面度误差不必计算在内。

4）按选择的测线用水平仪进行测量，并取正反两次测量的平均值作为各段的读数。在测量过程中，不能触碰平板。

5）数据处理：因为水平仪测出的数据是后一点相对前一点的高度差，所以首先应将测得的各点读数换算为对同一坐标的坐标值，取原点的坐标值为 0，其余各点按测量方向将测得的读数顺序累积。

例 2 有一平板测量（如实验图 27a 所示）的布线方式为 a_1-c_1，a_1-a_3，b_1-b_3，c_1-c_3，其各线的测值 a_1-c_1 为（0，-7，-3）a_1-a_3 为（0，-6，-10），b_1-b_3 为（0，+10，-4），c_1-c_3 为（0，+12，-8），如实验图 28a 所示，这样测完 a_1，b_1，c_1 将会有两个测值，所以应统一在同一基准内，其结果如实验图 28b 所示，在此基础上再将各点读数累积（实验图 28c），以实验图 28c 数据为准进行坐标变换，得到平面度的误差。

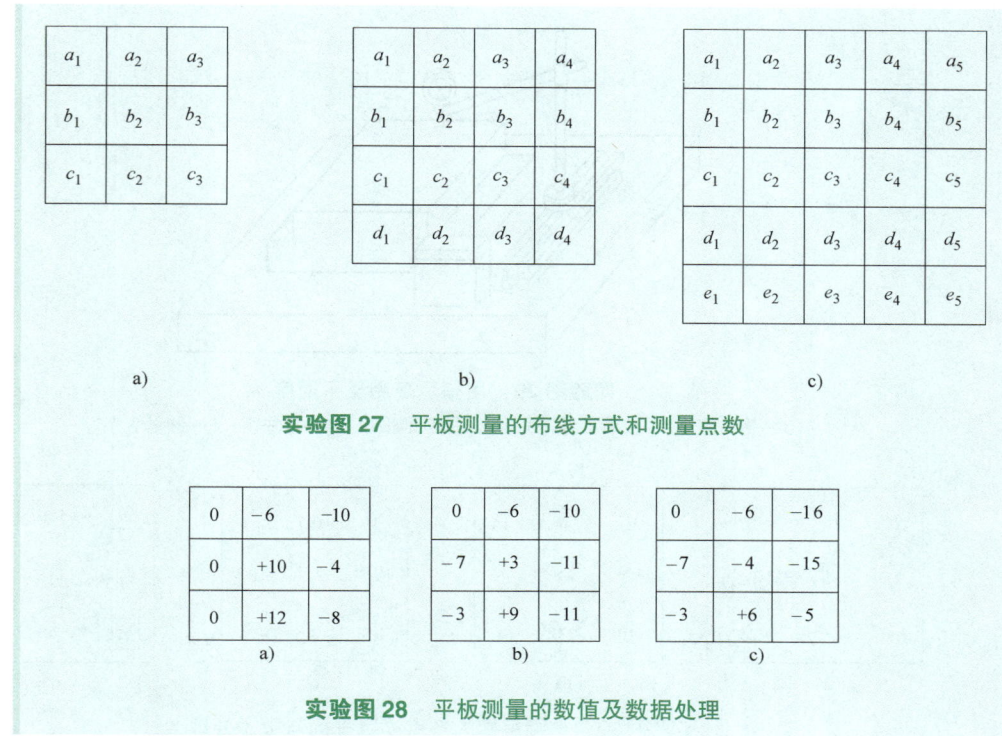

实验图 27 平板测量的布线方式和测量点数

实验图 28 平板测量的数值及数据处理

5. 用平台测量工具测小平板的平面度误差

（1）**测量方法** 将被测平板沿纵向画好网格，四周离边缘 5mm，然后将被测平板放在基准平板上，按画线交点位置移动表架并记取各点读数列于实验表 5 中。

实验表 5 被测平板的各点读数

a_1	0	b_1	−7	c_1	−10
a_2	−6	b_2	+3	c_2	+12
a_3	−16	b_3	−7	c_3	+4

用指示表测量平面度如实验图 29 所示，与测量位置有关，成线性关系的各点旋转量如实验图 30a 所示。

（2）**用对角线法求平面度误差值** 测得数据如实验图 30b 所示。

按对角线法确定评定基准的评定方程如下：

$$a_1 + 0 = c_3 + 2P + 2Q$$
$$c_1 + 2Q = a_3 + 2P$$

将数据代入方程组得

$$0 + 0 = +4 + 2P + 2Q$$
$$-10 + 2Q = -16 + 2P$$

解得
$$P = +0.5$$
$$Q = -2.5$$

将 P、Q 值代入实验图 30a，求得各点旋转量如实验图 30c 所示，将实验图 30b、c 对应点相加即得坐标变换后各点坐标值，如实验图 30d 所示，可见两对角线等高，则平面度误差为

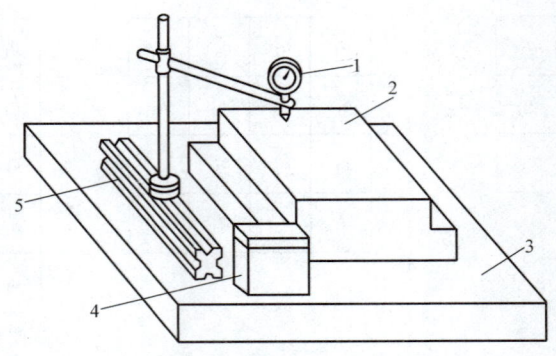

实验图 29 用指示表测量平面度

1—指示表 2—被测零件 3—测量用基准平板 4—量块组 5—测量表架

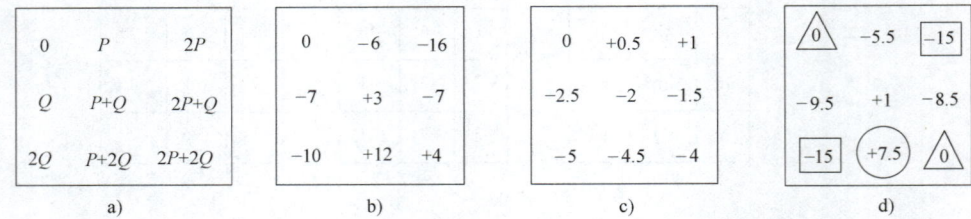

实验图 30 被测平板的各点读数排列与数据处理

$$f_{□} = 最大值 - 最小值 = +7.5\mu m - (-15)\mu m = 22.5\mu m$$

实验 3-6 位置误差的测量

1. 实验目的
1) 了解位置误差的检测原则和基准体现方法。
2) 学会使用平台测量工具的操作方法。

2. 实验内容
1) 用检验夹具及测量器具测量活塞的位置误差。
2) 用偏摆仪或跳动仪测量小轴和齿轮的跳动误差。

3. 位置误差的测量

测量工具：心轴、检验夹具、表架、指示表等。

（1）测量活塞裙部轴线对销孔公共中心线的垂直度（实验图 31） 测量方法说明：将活塞销孔穿入心轴定好位，用指示表测量 1 点，然后活塞翻转 180°再测量 2 点，两测量数值分别为 a、b，则垂直度误差为

$$f = \frac{1}{2} \times \frac{L}{L_1} |a - b|$$

式中 L——要求测量长度。

（2）测量活塞裙部轴线对销孔公共中心线的位置度（实验图 32） 测量方法说明：将活塞翻转 90°，用直角尺将活塞找垂直定好位，用指示表在 3 点左右慢慢移动以找最大值，然后再转动 180°，再在 4 点上做同样测量，记下测量数 a_1、b_1，则位置度误差为 $f = |a_1 - b_1|$。

（3）测量活塞销孔公共中心线对底面的平行度（实验图 33） 测量方法说明：将被测心轴放入孔中，基准面放在平板上，用指示表测量，在测量距离为 L_1 两位置上，测量数 a_2、b_2，则平行度误差为

$$f = \frac{L}{L_1} |a_2 - b_2|$$

式中　L——要求测量距离。

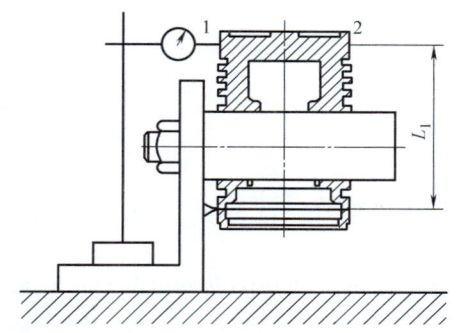

实验图 31　活塞裙部轴线对销孔公共中心线的垂直度

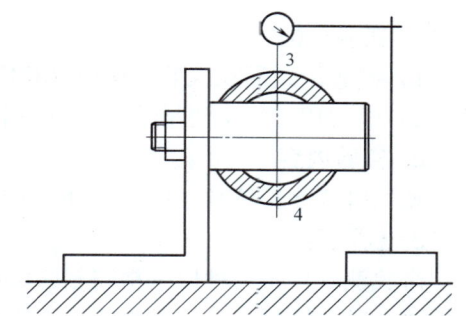

实验图 32　活塞裙部轴线对销孔公共中心线的位置度

4. 跳动误差的测量

测量仪器可选用偏摆仪或跳动仪，如实验图 34 所示。

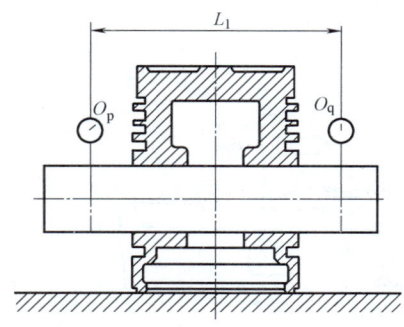

实验图 33　活塞销孔公共中心线对底面的平行度

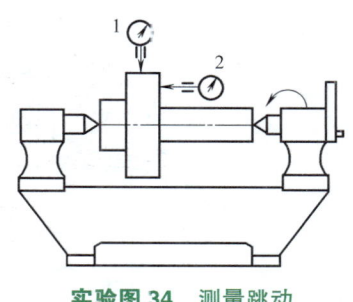

实验图 34　测量跳动

测量方法：

1）将被测零件（轴、齿轮）安装在仪器的两顶尖之间，把表头放在被测表面上，如实验图 34 所示。

2）被测零件回转一周，指示表 1 上最大读数差为该测量面上的径向圆跳动，取多个测量面进行测量，取其中最大值作为该零件被测要素的径向圆跳动误差。

3）被测零件回转一周，指示表 2 上最大读数差为该测量面上的轴向圆跳动。取多个测量面进行测量，取其中最大值作为该零件被测要素的轴向圆跳动误差。

4）径向全跳动测量与径向圆跳动类似，但在测量过程中，被测零件连续回转，且指示表 1 沿被测零件的轴线方向移动（连续或间断），指示表 1 上最大读数差为径向全跳动误差。

5)轴向全跳动测量与轴向圆跳动类似,但在测量过程中,被测零件连续回转,且指示表 2 沿被测零件的半径方向移动(连续或间断),指示表 2 上最大读数差为轴向全跳动误差。

实验四　螺纹测量

实验 4-1　三针法测量外螺纹的单一中径

1. 实验目的

1)熟悉卧式测长仪的结构原理和使用方法。
2)学习用三针法测量外螺纹单一中径的方法。

2. 实验内容

使用卧式测长仪和三根测量针对外螺纹的单一中径进行测量。

3. 仪器概述

卧式测长仪是一种以一精密刻线尺为基准并使用显微镜细分读数的高精度的长度测量仪器。由于卧式测长仪的结构与测量方法符合阿贝原则,所以又称阿贝测长仪。使用卧式测长仪可以测量内、外尺寸。仪器还带有多种专用附件,可测小孔直径、内螺纹中径、外螺纹中径等许多种类工件,故又常常称之为万能测长仪。使用这种仪器进行测量时,可根据实际需要采用绝对测量法或者相对测量法(比较测量法)。

卧式测长仪的结构外观及各部分功用如实验图 35 所示。

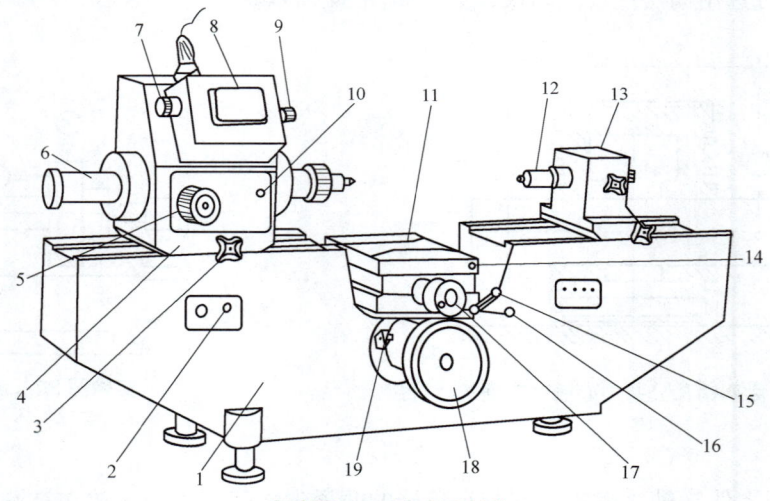

实验图 35　卧式测长仪

1—底座　2—电源开关　3—测座固定螺钉　4—测座　5—测座主轴微动旋钮　6—测量主轴　7—微米分划板调节旋钮　8—影屏(测微器)　9—测微旋钮　10—测量主轴的固定螺钉　11—工作台　12—尾管　13—尾座　14—工作台绕垂直轴转动手柄　15—固定手柄　16—工作台绕水平轴摆动手柄　17—工作台横向移动测微手柄　18—工作台升降手轮　19—固定螺钉

卧式测长仪的基本测量指标为:①分度值 0.001mm;②直接测量范围 0~100mm。

4. 测量原理和方法

三针测量法是测量螺纹中径比较精密的间接测量方法,测量时先将三根直径相同的圆柱形的量针(已经过高精度检定的)分别放入螺纹的沟槽中,用卧式测长仪(或杠杆千分尺)测出量针之间的距离 M 值(实验图 36),再用式(1)求得被测螺纹的实际中径。由实验图 36 可得

$$M = d_{2s} + 2(AB+BC)$$

式中的 $AB = d_0/2$,$BC = (d_0/2)\sin(\alpha/2)$。将其代入上式经整理得到

$$\begin{aligned}d_{2s} &= M - 2[(d_0/2) + (d_0/2)\sin(\alpha/2)] \\ &= M - d_0[1 + \sin(\alpha/2)]\end{aligned} \tag{1}$$

式中　M——测得值;

　　　d_0——量针直径;

　　　$\alpha/2$——牙侧角。

对于米制螺纹,$\alpha/2 = 30°$,式(1)变为:$d_{2s} = M - 3d_0/2$(d_0 应当为最佳值)。

关于量针的最佳直径选择,是为了消除螺纹牙侧角误差的影响,以使量针与螺纹牙形线的接触点刚好在中径上(实验图 37)。选择量针时可按式(2)计算

$$d_0 = P/2\cos(\alpha/2) \tag{2}$$

式中　P——螺距。

对于米制螺纹,$\alpha/2 = 30°$,最佳量针直径为:$d_0 = 0.577P$。

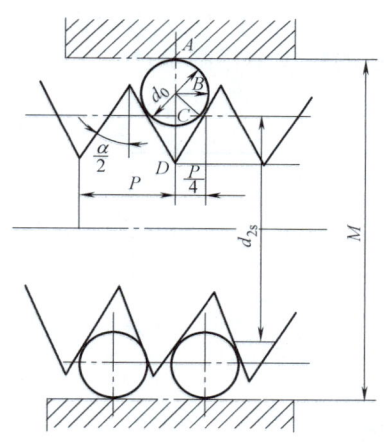

实验图 36　三针法测量外螺纹中径原理　　　　**实验图 37**　最佳量针直径

若将量针的直径用螺距表示,即将式(2)代入式(1),可以求得中径的另一种表达公式

$$\begin{aligned}d_{2s} &= M - d_0[1 + \sin(\alpha/2)] \\ &= M - [P/2\cos(\alpha/2)] \times [1 + \sin(\alpha/2)]\end{aligned} \tag{3}$$

对于米制螺纹,$\alpha/2 = 30°$,则式(3)为:$d_{2s} = M - 0.866P$。

用三针法测量螺纹中径时,对于中径的计算也可以由另一种公式(见第十章第三节)进行,即

$$M = d_{2s} + 2(AD - CD)$$

而 $AD = AB + BD$,$AB = d_0/2$,$BD = d_0/2\sin(\alpha/2)$,$CD = (P/4)\cot(\alpha/2)$,则 $AD = AB + BD = (d_0/2)[1 + 1/\sin(\alpha/2)]$,将 AD 和 CD 代入上式经整理得

$$d_{2s} = M - d_0[1 + 1/\sin(\alpha/2)] + (P/2)\cot(\alpha/2) \tag{4}$$

对于米制螺纹,$\alpha/2 = 30°$,则式(4)为:$d_{2s} = M - 3d_0 + 0.866P$。读者可以自行证明:

式（1）、式（3）和式（4）实质是一样的结果。

5. 测量步骤

1) 根据式（2），计算出三根量针的最佳直径 d_0 值，选择量针。

2) 接通电源，打开开关。

3) 调整尾座 13 的位置（实验图 35）。挂重锤，松开测量主轴的固定螺钉 10，使测量轴缓慢移动与尾座测头接触，从影屏 8 中可观察到毫米刻度，转动微米分划板调节旋钮 7，使读数显微镜中移动的微米分划板线对准零位，即微米分划板上的"0"线对准小窗框中的△角标记（实验图 38a）。然后转动测座主轴微动旋钮 5（实验图 35）和尾管 12 上的旋钮，使长的毫米刻度线对称地位于任何一双线之中，并记下此时读数值 A_1，如实验图 38a 所示读数为 57.8mm。

4) 拉开测量主轴的固定螺钉 10，装上工件和量针，用工作台升降手轮 18 调整工作台高度，使测头能与工件直径部位接触，松开螺钉 10，使测头缓慢移动与量针接触，摆动手柄 14，找到最小读数（回转点），记下读数值 A_2，如实验图 38b 所示读数为 79.4685。

5) 计算出 M 值（两次读数的差值），$M = A_2 - A_1$，将此值代入式（1）或式（3），计算出螺纹的实际中径 d_{2s}。

6) 根据被测螺纹中径的极限尺寸，按 $d_{2min} \leq d_{2s} \leq d_{2max}$ 判断实际中径是否合格。

如果没有卧式测长仪，还可使用杠杆千分尺完成上述的螺纹中径测量过程，如实验图 39 所示。

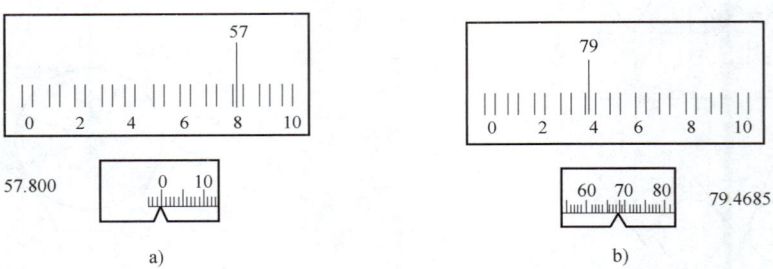

实验图 38 卧式测长仪的读数

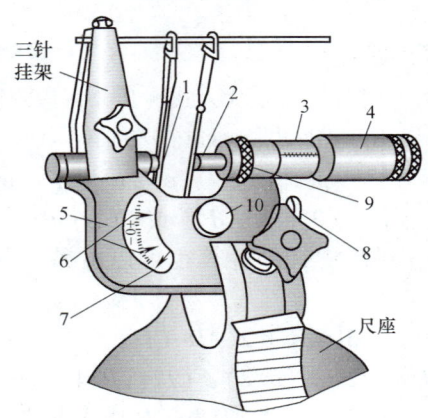

实验图 39 使用杠杆千分尺三针法测量螺纹中径

1—量针 2—活动测头 3、4、9—读数鼓轮系统 5—仪器本体 6、7—刻度指示 8、10—旋钮

实验 4-2　影像法测量螺纹的主要参数

1. 实验目的
1) 了解万能工具显微镜和大型工具显微镜的测量原理及结构特点。
2) 学会使用大型工具显微镜测量螺纹参数的基本方法。

2. 实验内容
1) 使用大型工具显微镜（影像法）测量螺纹的单一中径。
2) 使用大型工具显微镜（影像法）测量螺纹的螺距累积偏差。
3) 使用大型工具显微镜（影像法）测量螺纹的牙侧角偏差。

3. 仪器概述

数字式万能工具显微镜是一种常用的精密光学计量仪器，它用影像法、轴切法、接触法和干涉法按平面直角坐标、极坐标及圆坐标精确地测量长度和角度，并可检验复杂的几何形状。

数字式万能工具显微镜主要由底座、纵横导轨工作台、中央显微镜、数字显示系统及顶尖组成，主要附件有光学灵敏杠杆、光学分度头和分度台、测量刀等。176 系列数字式工具显微镜的外形如实验图 40 所示。某种万能工具显微镜的测量范围见实验表 6 所示。

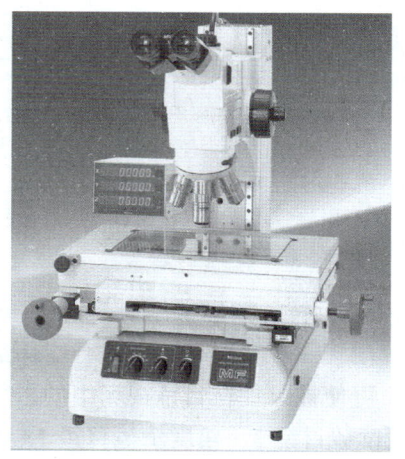

实验图 40　176 系列数字式工具显微镜的外形

实验表 6　万能工具显微镜的测量范围

仪器测量的项目指标	测量范围
纵向行程	0~200mm
横向行程	0~100mm
测角目镜分划范围	0~360°
圆工作台角度分划范围	0~360°
纵、横向测微分度值	0.0005mm
测角目镜角度分度值	1′
原工作台角度分度值	30″
物镜放大倍数	1×,3×,5×

数字式万能工具显微镜的工作原理：将被测件置于照明系统中，通过带有正像棱镜的中央显微镜，经物镜放大，将影像显示于目镜分划板上，使用目镜分划板上的各标记进行瞄准定位，最后借助于纵、横向读数系统，确定两次定位坐标位置，从而达到测量的目的。

大型工具显微镜是一种以影像为测量基础的光学计量仪器，使用大型工具显微镜可进行一般的长度和角度测量，对外形复杂的工件和样板等尤为适用。大型工具显微镜的外观如实验图 41 所示。

由实验图 41 可见，在底座 8 上有放置被测件的圆形工作台 6，在工作台的丁字槽里，可装上顶尖架，用以安装带顶尖孔的圆柱（心轴）和螺纹件，转动横向千分尺手轮 7 和纵向千分尺手轮 11 可使工作台在纵、横两个方向（互成 90°）上做 25mm 的移动，加量块（图中 11 左侧的位置为纵向量块）后可达 150mm 和 50mm。两千分尺手轮的微分筒读数均

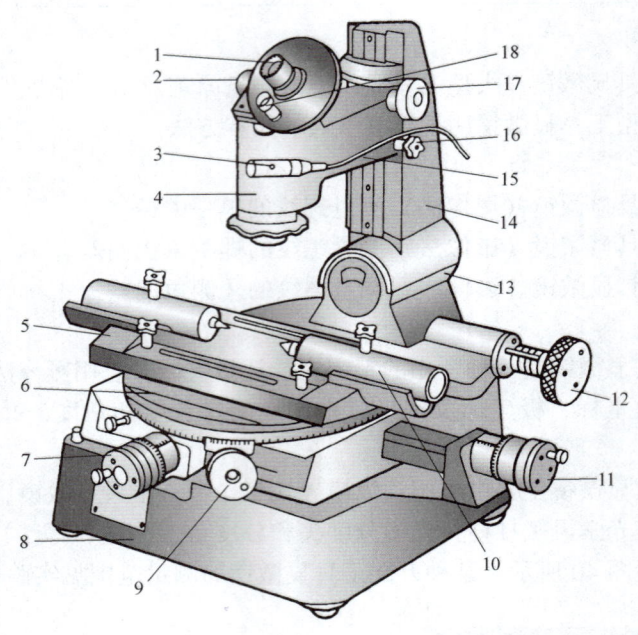

实验图 41 大型工具显微镜的外观
1—目镜 2—米字线旋转手轮 3—角度读数目镜的照明光源 4—显微镜筒 5—顶尖座 6—圆形工作台
7—横向千分尺手轮 8—底座 9—圆形工作台手轮 10—顶尖 11—纵向千分尺手轮
12—立柱倾斜手轮 13—连接座 14—立柱 15—支承横臂 16—锁紧螺钉
17—升降手轮 18—角度示值目镜

为 0.01mm,松开工作台的紧固螺钉(图中手轮 7 的左侧),转动圆形工作台手轮 9,可使工作台转动,其转角可从其上的圆周刻度及固定游标上读出。一般情况下,工作台应仔细对准零位而不需转动。当工作台在纵、横两个方向移动时,可使被测件在目镜视场中的影像也同样移动,便可以用米字线进行测量,通过目镜 1、角度读数目镜 3、角度示值目镜 18 和米字线旋转手轮 2 进行读数。

大型工具显微镜的光路系统图如实验图 42 所示。由光源 1 发出的光,经可变光阑 2、滤光片 3、反射镜 4 及聚光镜 5 变为平行光,再透过仪器的玻璃工作台 6,照明被测工件的轮廓,工件轮廓的投影进入显微镜筒内的物镜组 7,经转向反射棱镜 8 后,成像于目镜的前焦面上的米字线分划板 9 上。这样从中央目镜 10 中就可以看到被测工件的轮廓形状的影像及分划板上的米字线像(实验图 43b)。另外,在角度示值目镜 11(即实验图 41 中的 18)中可以看到能转动的"度"值刻线及固定的"分"值刻线(实验图 43d)。

角度示值目镜的外观结构如实验图 43a 所示。实验图 43a 中的反射镜将光线反射进入角度示值目镜用以照明(实验图 43c),实验图 43d 为目镜中的角度视场(可以读出 30°,同时在下面的分刻线中读出"分"值,如 29′)。转动目镜的手轮(实验图 43a)可使分划板转动(实验图 43c,分划板边缘圆周上有 360 条"度"值的刻线,中央为米字线),当角度示

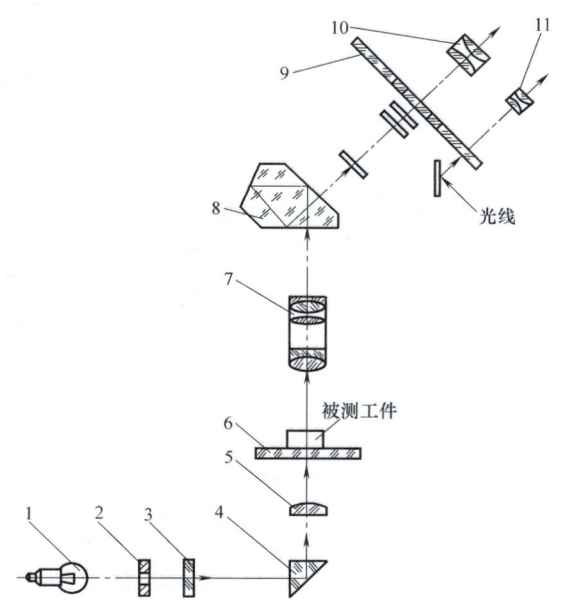

实验图42　大型工具显微镜的光路系统图

1—光源　2—可变光阑　3—滤光片　4—反射镜　5—聚光镜　6—玻璃工作台
7—物镜组　8—转向反射棱镜　9—米字线分划板　10—目镜　11—角度示值目镜

值目镜中刻度对准零位时，米字线的中间虚线 A—A（实验图43b）刚好垂直于仪器工作台的纵向移动方向。

实验图41中用于支承显微镜的支承横臂15由"齿轮-齿条"与立柱14相连。松开锁紧螺钉16，转动升降手轮17，可使显微镜上下移动，以便测量工件时做粗调，调整后一定拧紧锁紧螺钉16，注意在锁紧螺钉16拧紧之前，必须始终用手扶稳升降手轮17，以免横臂连同显微镜一起下滑，撞坏仪器。

实验图41中显微镜筒4的下方有微调焦环，3是角度读数目镜的照明光源，转动立柱倾斜手轮12，可使立柱绕连接座13左右摆动一定角度（读数可从其上读出），使整个光学系统相对于被测工件倾斜一个角度（螺纹升角），以适应螺纹工件的测量需要（实验图44）。立柱的倾斜方向与螺纹的左右旋向有关，测量操作者一侧为前方，立柱一侧为后方，立柱倾斜方向与螺纹左右旋向的关系见实验表7。

4. 测量步骤

（1）**安装被测件**　安装前，将被测螺纹（包括顶尖孔）及仪器顶尖擦洗干净，小心地将螺纹工件安装在两顶尖间，在顶尖未顶牢之前，一定要用手拿稳工件，以免掉下砸坏工作台玻璃板，测件在顶尖上不得有轴向窜动，但又能灵活转动，测件装好后，将工作台的转角对好零位。

（2）**调整焦距**　先转动目镜视度环（实验图43a 中央目镜的下方），使米字线成清晰像，利用横支承臂上显微镜筒4下方的微调焦环精细调焦，使得工件影像完全清晰为止。

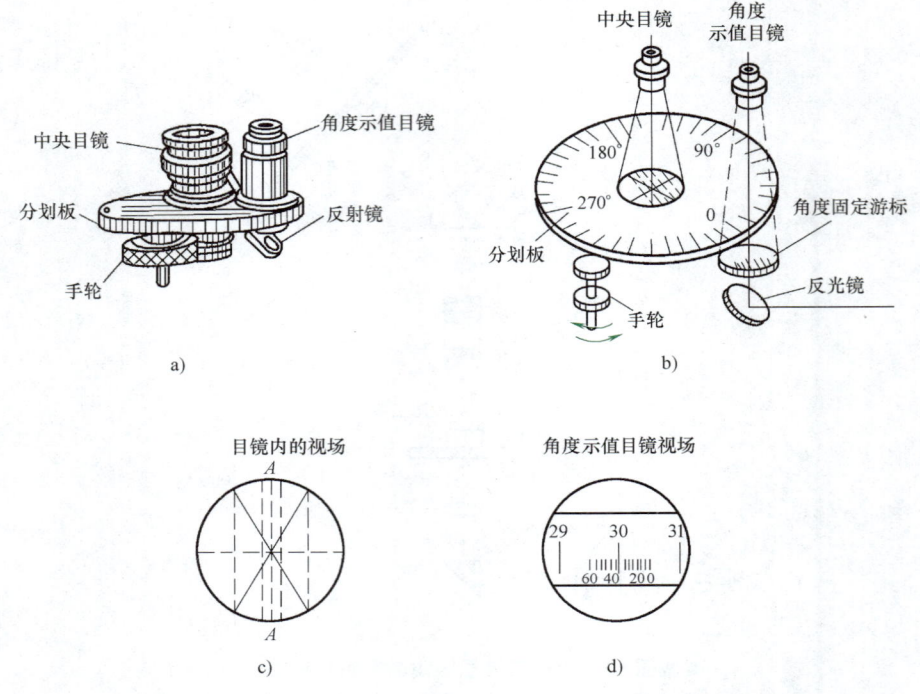

实验图 43 大型工具显微镜的目镜结构与读数视场
a) 目镜的外观结构 　b) 目镜的分划板结构
c) 目镜中的米字线视场 　d) 目镜中的角度视场

实验表 7 立柱倾斜方向与螺纹左右旋向的关系

螺纹的旋向	从前方看立柱	从后方看立柱
右旋	左倾	右倾
左旋	右倾	左倾

（3）立柱的倾斜调整　由于螺纹表面为一螺旋面，如果立柱保持垂直位置（实验图 44a），则从目镜中观察到的将不是定义螺纹各参数的轴向剖面轮廓，而是因有螺旋致使两边都凸出了的实际轮廓。同时由于两边焦距不等，使影像一边清晰，一边模糊，为减小这种投影误差，测量时应将立柱倾斜一个螺纹升角 φ（实验图 44b），使测量过程能在近似轴向剖面的法向剖面内进行，法向剖面和轴向剖面之间仍有一较小的误差，但对一般的螺纹测量影响不大，必要时可进行修正。倾斜角度为：$\varphi = \arctan(P/\pi d_2)$，式中，$P$ 和 d_2 分别为被测螺纹的螺距和中径的公称值。

调整时转动实验图 41 中的立柱倾斜手轮 12，即可使立柱倾斜，再按其上的刻度对好 φ 角。立柱倾斜方向见实验表 7。

（4）测量单一中径 d_{2s}

1）倾斜立柱后，转动横向千分尺手轮 7 和纵向千分尺手轮 11（实验图 41）移动工作台，使螺纹影像的牙边 Ⅰ（实验图 45）的中部与米字线中心点重合，再转动实验图 43a 中的手轮，使米字线的中间虚线 A—A 与螺纹影像的牙边 Ⅰ 平行并重合（按实验图 46a 的压线方式），记下横向千分尺上的读数。

2）向另一方向倾斜立柱，转动横向千分尺手轮 7，横向移动工作台，直到视场中出现牙边 Ⅱ，并且与米字线中心点重合，仍按实验图 46a 所示平行压线，使米字线中心点与牙边 Ⅱ 重合，记下横向千分尺上的读数，两次读数之差，即为所测的左侧中径 $d_{2左}$。实验图 47 为视场中两种瞄准方式。

3）按同样方法在实验图 45 中的 Ⅲ、Ⅳ 牙边上测出右侧中径 $d_{2右}$。

4）实际中径 d_{2s}（$d_{2实}$）为

$$d_{2实} = (d_{2左} + d_{2右})/2$$

因为工件在安装时总有一定误差存在，致使螺纹的轴线方向与工作台的纵向移动方向在水平面内不一致（在垂直面内的不一致影响很小），如实验图 45 所示，$d_{2左}$ 将偏小，$d_{2右}$ 将偏大。之所以最后取 $d_{2左}$ 和 $d_{2右}$ 的平均值作为测量结果，就是为了消除安装误差的影响。

(5) **测量螺距累积误差 ΔP_Σ** 测量时，先使米字线的中间虚线 A—A（实验图 43c）在实验图 48 中的牙边 Ⅰ 上平行重合（实验图 47a），记下纵向千分尺的读数，转动实验图 41 中的纵向千分尺手轮 11，使影像移过 n 个螺距后（n 可按螺纹长短的不同取 3～6 牙，实验图 48 中只取 2 牙），再以牙边 Ⅱ（与牙边 Ⅰ 同在一侧）与米字线中间虚线 A—A（实验图 48）重合，再次记下纵向千分尺上的读数，两次读数之差为 $P_{\Sigma实左}$，同样在牙边右侧上测出 $P_{\Sigma实右}$（实验图 48 中两个 A—A 处），于是实际的 $P_{\Sigma实}$ 为

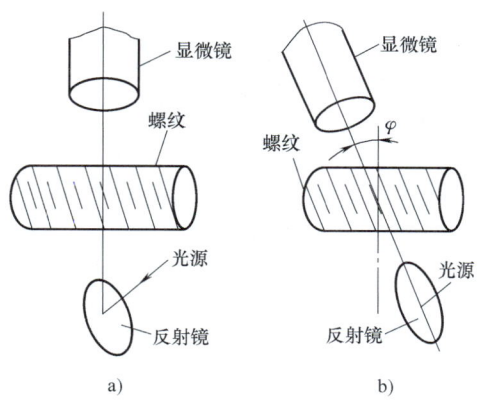

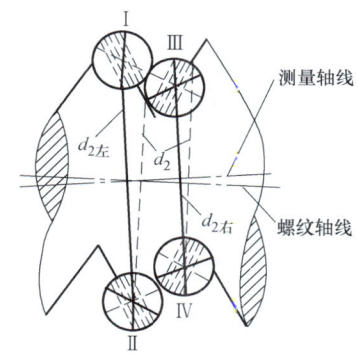

实验图 44 立柱的倾斜调整

实验图 45 单一中径测量

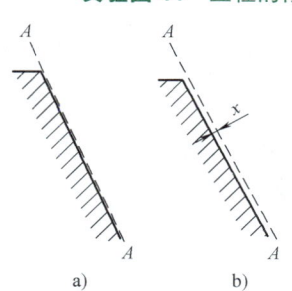

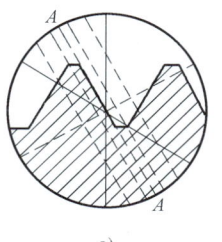

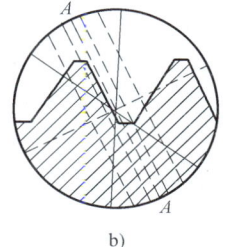

实验图 46 压线与对线

　　a）压线　b）对线

实验图 47 两种瞄准方式的目镜视场

　　a）压线法　b）对线法

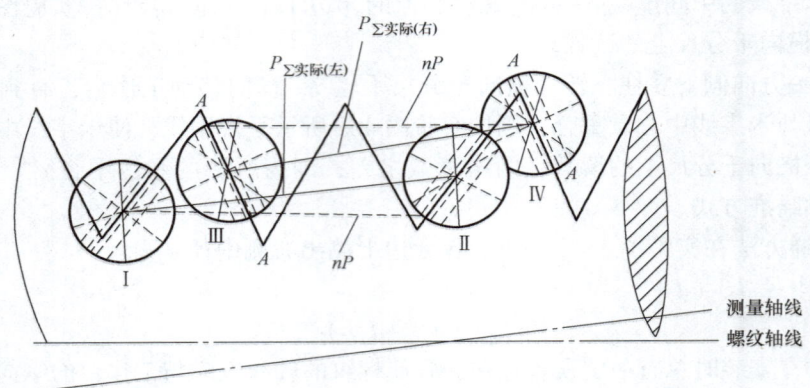

实验图 48 压线法测量螺距

$$P_{\Sigma 实} = (P_{\Sigma 实左} + P_{\Sigma 实右})/2$$

这样取左右两个数的平均值也是为了消除安装误差的影响。

螺距累积误差为 $\Delta P_\Sigma = |P_{\Sigma 实} - nP|$，$P$ 为被测螺纹的公称螺距。

(6) 测量牙侧角 $\alpha/2$　牙侧角 $\alpha/2$ 测量如实验图 49 所示，从角度目镜中读出 $\alpha/2$ 的值，由于角度刻线对准零位时，米字线中间虚线 $A-A$（实验图 48、实验图 49a）正好垂直于工作台的纵向移动方向，所以当 $A-A$ 线与某一牙边平行重合时，目镜中的度数就是该牙边的牙侧角值，对米制螺纹，若读数在 330° 左右就以 360° 相减。

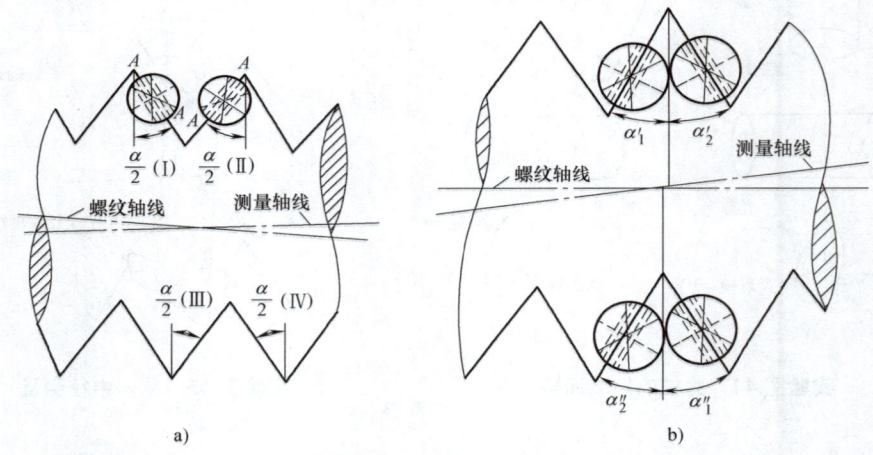

实验图 49 用对线法测量牙侧角

由于米字线与牙边压线重合时不易察觉互不平行的微小角度误差，故测量角度宜采用如实验图 46b 所示的对线方式，即使米字线中间虚线 $A-A$（实验图 48）与牙边之间留一很小的均匀光缝 x，观察光缝的均匀性比压线方式的测量精度高。

为了消除安装误差，测量牙侧角时，在实验图 49a 所示的位置测出 $\dfrac{\alpha}{2}$（Ⅰ）、$\dfrac{\alpha}{2}$（Ⅱ）、$\dfrac{\alpha}{2}$（Ⅲ）、$\dfrac{\alpha}{2}$（Ⅳ）四个数值，并按以下公式计算获得牙侧角的读数与偏差。

左、右牙侧角的读数为

$$\frac{\alpha}{2}左 = \frac{\frac{\alpha}{2}(Ⅱ) + \frac{\alpha}{2}(Ⅳ)}{2}, \quad \frac{\alpha}{2}右 = \frac{\frac{\alpha}{2}(Ⅰ) + \frac{\alpha}{2}(Ⅲ)}{2}$$

左、右牙侧角的偏差为

$$\Delta\frac{\alpha}{2}(左) = \frac{\alpha}{2}左 - \frac{\alpha}{2}, \quad \Delta\frac{\alpha}{2}(右) = \frac{\alpha}{2}右 - \frac{\alpha}{2}$$

螺纹的牙侧角偏差为

$$\Delta\frac{\alpha}{2} = \frac{1}{2}\left[\left|\Delta\frac{\alpha}{2}(左)\right| + \left|\Delta\frac{\alpha}{2}(右)\right|\right]$$

对于米制螺纹，取 $\alpha/2 = 30°$。

在测量牙侧角时，由角度目镜读取数值时可以参照实验图 50。

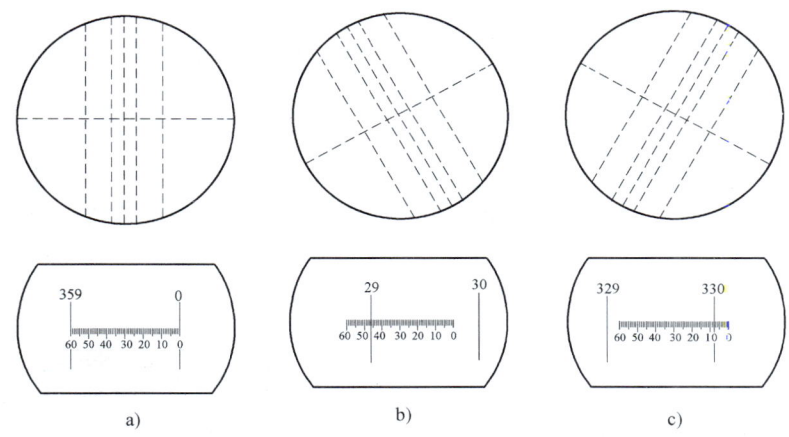

实验图 50 测量牙侧角时角度目镜的读数示例

a) 角度读数为 0°0′ b) 角度读数为 29°46.5′ c) 角度读数为 360° - 330°8′ = 29°52′

在测量完单一中径、螺距累积偏差和牙侧角偏差以后，就能计算出所测螺纹的作用中径，并按中径的合格条件判定螺纹的合格性。

实验五　齿轮测量

齿轮测量分为综合测量和单项测量。综合测量能连续地反映整个齿啮合点上的误差，较全面地评定齿轮的使用质量。为了进行工艺分析，提高齿轮加工的质量，宜采用单项测量。

实验 5-1　齿轮单个齿距偏差与齿距累积总偏差的测量

1. 实验目的

1）熟悉测量齿轮单个齿距偏差与齿距累积总偏差的方法。
2）加深理解单个齿距偏差与齿距累积总偏差的定义。

2. 实验内容

1）用齿轮齿距检查仪测量齿轮单个齿距偏差和齿距累积总偏差。
2）用列表计算法或作图法求解单个齿距偏差和齿距累积总偏差。

3. 测量原理及仪器说明

齿轮的单个齿距偏差是在分度圆上相邻同侧齿面间的实际弧长与公称弧长之差。在同一圆周上各齿距的理论值均相等，由于制造误差，齿廓的实际位置相对于精确位置总有误差。单个齿距偏差 Δf_{pt} 影响齿轮传动平稳性。

齿轮传动中，齿距累积总偏差 ΔF_p 影响运动精度。ΔF_p 指的是在分度圆上，任意两个同侧齿面间的实际弧长与公称弧长之差的最大绝对值，若在第某齿产生最大正偏差 ΔF_{pmax}，在另一某齿产生最大负偏差（$-\Delta F_{pmax}$），则该齿轮的齿距累积总偏差 ΔF_p 为

$$\Delta F_p = |(+\Delta F_{pmax})| + |(-\Delta F_{pmax})|$$

在实际测量中，通常采用某一齿距作为基准齿距，测量其余的齿距对基准齿距的偏差。然后，通过数据处理来求解单个齿距偏差 Δf_{pt} 和齿距累积总偏差 ΔF_p，测量时，允许在齿高中部同一圆周上进行。以实际测得齿距的平均值作为公称齿距。

测量上述两指标，可使用齿轮齿距仪和万能测齿仪。本实验采用实验图 51 所示的齿轮齿距仪，齿轮的齿顶圆作为测量基准。该仪器的分度值为 0.001mm，可测量模数为 2~16mm 的中等精度齿轮。

万能测齿仪是应用比较广泛的一种齿轮仪器，它可以用来测量齿轮的齿距、基节、公法线、齿厚、径向跳动等，其测量基准是齿轮的内孔。实验图 52 为万能测齿仪外形结构图。

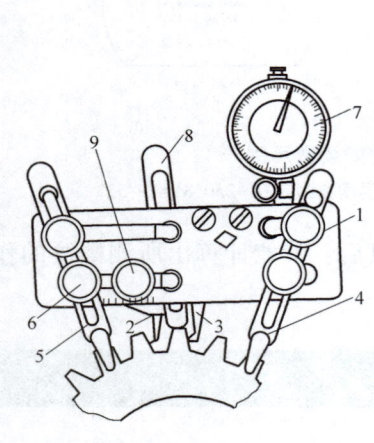

实验图 51 齿距仪测量齿轮的齿距偏差
1、6、9—螺钉 2、3—量爪 4、5—支脚
7—指示表 8—辅助定位脚

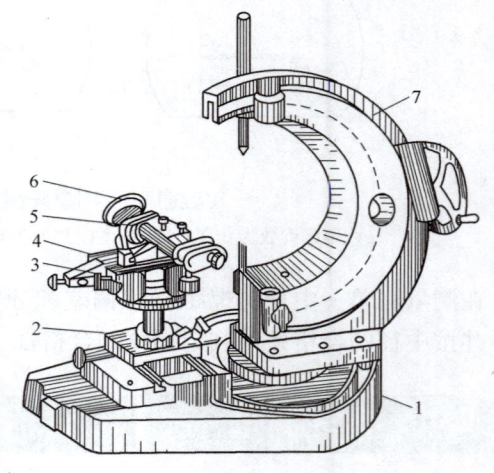

实验图 52 万能测齿仪
1—机座 2—工作台支座 3—锁紧装置
4—滑板 5—可升降的径向滑动工作台
6—指示表 7—弓形架

4. 测量步骤

（1）调整测量仪器　根据被测齿轮模数，调整实验图 51 中固定量爪 2 的位置，调节支

脚4、5，当两个量爪2、3大致能与两个同侧齿面在分度圆附近相接触时，拧紧支脚上的螺钉1、6、9，此时指示表7应有一定的压缩量，旋转表壳使指针对零，以此实际齿距作为测量的基准齿距。

（2）测量相对齿距偏差　逐齿测量各实际齿距对基准齿距的偏差，即相对齿距偏差。测量齿距偏差的数据及其处理见实验表8。

实验表8　测量齿距偏差的数据及其处理

齿　序	步　骤	相对齿距偏差（读数值）/μm	读数值累加/μm	每个齿距偏差 Δf_{pt}/μm	齿距累积偏差 $\Delta F_{p(0\sim n)}$/μm
	1	0	0	+4	+4
	2	+5	+5	+9	+13
	3	+5	+10	+9	+22
	4	+10	+20	+14	+36
	5	−20	0	−16	+20
	6	−10	−10	−6	+14
	7	−20	−30	−16	−2
	8	−18	−48	−14	−16
	9	−10	−58	−6	−22
	10	−10	−68	−6	−28
	11	+15	−53	+19	−9
	12	+5	*−48	+9	0
			*为12个读数值累加	读数值+K	齿距偏差累加

（3）处理测量数据

1）作图法求齿距累积总偏差。以横坐标代表齿序，纵坐标代表相对齿距累积总偏差 $\Delta F_{p相对}$（读数值累加），绘出曲线图，连接曲线首尾两点，过曲线的最高最低点，作两条直线与该连线平行，两平行线沿纵坐标方向的距离即代表齿距累积总偏差（$\Delta F_p = 64\mu m$）。

2）计算法求齿距偏差和齿距累积总偏差。见实验表8，设第0齿与第1齿之间的齿距为第一齿距，$\Delta F_{p(1\sim n)}$ 为第0齿与第 n 齿之间的齿距累积偏差（n 个齿距偏差相加）。

① 先计算相对齿距偏差的累积值（读数值累加），求出读数偏差的平均值 K。由于测量时，作为测量基准的实际齿距并不等于公称齿距值，两者相差 K 值，所以读数值累加到第 z 个齿距时就有误差 zK，即

$$K = -\frac{z \text{个读数值累加}}{z} = -\left(\frac{-48}{12}\right)\mu m = 4\mu m$$

② 计算齿距偏差。将读数值加 K 值得1~12个齿的每个齿距偏差值，从齿距偏差数值系列中，取一绝对值最大的数作为被测齿轮的单个齿距偏差的评定值。显然

$$\Delta f_{pt\,max} = +19\mu m$$

③ 计算齿距累积总偏差。由齿距偏差值 Δf_{pt} 累积，得齿距累积偏差数值系列，取出最大值与最小值两者之差即为被测齿轮的齿距累积总偏差

$$\Delta F_p = \Delta F_{p(1\sim n)\,max} - \Delta F_{p(1\sim n)\,min} = (+36)\mu m - (-28)\mu m = 64\mu m$$

实验 5-2 齿轮径向综合总偏差的测量

1. 实验目的
1) 熟悉齿轮双面啮合综合检查仪的测量原理和测量方法。
2) 加深理解齿轮径向综合总偏差和一齿径向综合偏差的定义。

2. 实验内容
用双面啮合检查仪测量齿轮径向综合总偏差和一齿径向综合偏差。

3. 仪器工作原理
利用双面啮合检查仪，可以测量齿轮一转范围内的径向综合总偏差和相邻齿的一齿径向综合偏差。

用齿轮双面啮合检查仪进行径向综合总偏差的测量时，被测齿轮与理想精确的测量齿轮双面啮合转动，在被测齿轮一转内，度量其双啮中心距的变动（一转的变动量，一齿的变动量）。双面啮合检查仪的外形结构和基本原理如实验图 53 所示。

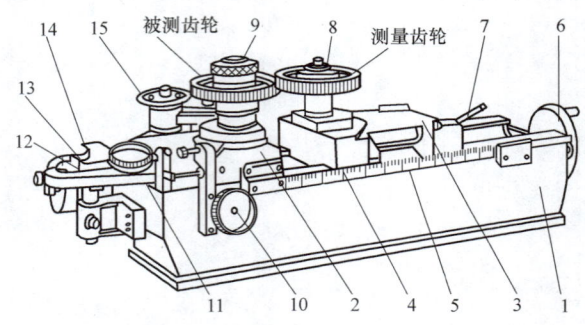

实验图 53　齿轮双面啮合检查仪
1—底座　2—径向浮动滑座　3—固定滑座　4—刻线尺　5—游标尺（装在固定滑座 3 上）
6—手轮（可使固定滑座 3 在导轨上移动）　7—固定滑座的位置锁紧器　8—测量齿轮安装轴
9—被测齿轮安装轴　10—偏心器（可控制径向浮动滑座位置）　11—指示表　12—记录器
13—记录笔　14—记录滚轮　15—摩擦盘

测量时，被测齿轮空套在仪器固定滑座 3 的心轴上，理想精确的测量齿轮空套在径向浮动滑座 2 的心轴上，借弹簧作用力使两轮双面啮合，此时，如果被测齿轮有误差，比如有齿轮径向跳动 ΔF_r，则当被测齿轮转动时，将推动理想精确的测量齿轮及径向滑座左右移动，使双啮中心距发生变动。变动量由指示表读出或由记录器记录。

4. 齿轮径向综合总偏差和一齿径向综合偏差的测量
将被测齿轮空套在仪器心轴上，转动偏心器，将径向浮动滑座大致安置在其浮动范围内，并使指示表有一至两圈压缩量。转动手轮 6，使被测齿轮与理想精确的测量齿轮双面啮合，然后，用固定滑座的位置锁紧器 7 锁紧固定滑座，放松偏心器 10，缓慢转动测量齿轮。由于被测齿轮的加工误差，双啮中心距就产生变动，其变动情况从指示表中反映出来。在被测齿轮转一转时，由指示表读出双啮中心距的最大值与最小值，两数之差就是齿轮径向综合总偏差 $\Delta F_i''$。在被测齿轮转一个齿距角时，从指示表读出双啮中心距的最大变动量，即为一齿径向综合偏差 $\Delta f_i''$。

两者的合格条件为:
$\Delta F_i'' \leqslant F_i''$,径向综合总偏差合格。
$\Delta f_i'' \leqslant f_i''$,一齿径向综合偏差合格。

实验 5-3　齿轮齿厚偏差的测量

1. 实验目的

1) 掌握测量齿轮齿厚偏差的方法。
2) 加深理解齿轮齿厚偏差的定义。

2. 实验内容

用齿厚卡尺测量分度圆弦齿厚偏差。

3. 使用量具与测量方法说明

齿轮分度圆齿厚偏差 ΔE_{sn} 是指分度圆面上法向齿厚的实际值与公称值之差,控制分度圆齿厚,是为了保证齿轮传动所必需的齿侧间隙。齿轮分度圆齿厚偏差一般用齿轮齿厚卡尺测量,齿轮齿厚卡尺又分游标齿轮齿厚卡尺和光学齿轮齿厚卡尺两种,它们均以齿顶圆作为测量基准。本实验采用游标齿轮齿厚卡尺测量,如第十一章图 11-19 所示。

齿厚游标卡尺的分度值为 0.02mm,模数为 1~26mm。外形相当于两个普通游标卡尺的组合,垂直游标尺用来控制测量部位的高度,水平游标尺用来测量齿厚。

分度圆处弦齿高 h_c 与弦齿厚 s_{nc} 按下式计算

$$h_c = m\{1+(z/2)\times[1-\cos(90°/z)]\}-(R_e'-R_e)$$
$$s_{nc} = mz\sin(90°/z)$$

式中　　m——模数;
　　　　z——齿数;
　　　　R_e——理论齿顶圆半径;
　　　　R_e'——实际齿顶圆半径。

4. 测量步骤

1) 用外径千分尺测出齿顶圆实际直径。
2) 计算 h_c 和 s_{nc}。
3) 按游标读数用微动螺钉将垂直游标尺定位到 h_c,并用螺钉固紧。
4) 将卡尺置于轮齿上,使垂直游标尺(高度定位)顶端与顶圆正中接触,然后将量爪靠近齿廓,从水平游标尺上读出分度圆齿厚的实际尺寸(借透光判断接触是否良好)。在圆周上几个等距离的齿上进行测量。
5) 判断是否合格。其测量的每一个齿厚偏差值均应在齿厚的极限偏差 E_{sns} 和 E_{sni} 范围内。即

$$E_{sni} \leqslant \Delta E_{sn} \leqslant E_{sns}$$

实验 5-4　齿轮径向跳动的测量

1. 实验目的

1) 熟悉测量齿轮径向跳动误差的方法。

2）加深理解齿轮径向跳动误差的定义。

2. 实验内容

在跳动检查仪上测量齿轮径向跳动。

齿轮径向跳动 ΔF_r 是指齿轮一转范围内，测头在齿槽内或在轮齿上，与齿高中部双面接触，测头相对于齿轮轴线的最大变动量。

3. 跳动检查仪简介

齿轮径向跳动可以在万能测齿仪上测量，也可以使用跳动检查仪测量。本实验用后者，跳动检查仪的外形如实验图 54 所示。

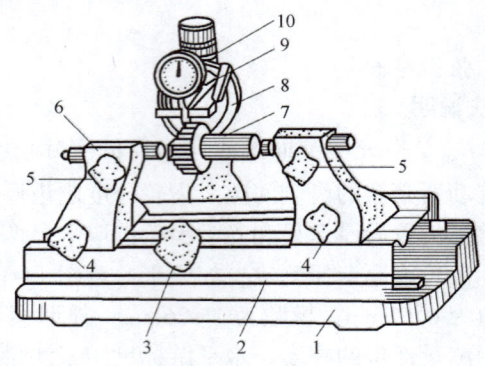

实验图 54　跳动检查仪

1—底座　2—滑板　3—支承滑板纵向移动手轮　4—顶尖座锁紧手轮　5—顶尖锁紧手轮　6—顶尖座　7—调节螺母　8—回转盘与指示表架　9—指示表提升手柄　10—指示表

齿轮径向跳动的测量，无论采用哪种仪器和何种形式的测头均应在测量前根据被测齿轮的模数选择适当大小的测头，以保证测头在齿高中部附近与齿轮双面接触。

4. 齿轮径向跳动的测量

将被测齿轮安置在仪器顶尖上，调整仪器为实验图 54 所示状态，注意指示表指针压缩大约在指示表范围中间，但不一定要对准零位。操纵提升手柄，让测头从齿槽中抬起退出，转动被测齿轮一齿，再将测头放入新的齿槽中，依次逐齿重复操作一周，记下每次指示表读数，一周中指示表指针最大变动范围（最大读数与最小读数差）即为齿轮径向跳动 ΔF_r。合格条件为

$$\Delta F_r \leqslant F_r$$

实验 5-5　齿轮公法线长度偏差的测量

1. 实验目的

1）掌握测量齿轮公法线长度偏差的方法。
2）加深理解齿轮公法线长度偏差的定义。

2. 实验内容

用公法线千分尺测量齿轮公法线长度偏差。

3. 测量原理及仪器说明

公法线长度 W 是指与两异名齿廓相切的两平行平面间的距离。公法线长度偏差 ΔE_w 是指实际公法线长度与公称公法线长度之差。

公法线长度可用公法线指示卡规、公法线千分尺或万能测齿仪测量，本实验用公法线千

分尺来测量，用公法线千分尺测量长度时，采用绝对测量法，测量前校对零位，公法线千分尺外形如第十一章图 11-20a 所示。

4. 测量步骤

（1）计算公法线公称长度　按公式计算直齿圆柱齿轮公法线公称长度 W

$$W = m\cos\alpha\left[\frac{\pi}{2}(2n-1) + 2x\tan\alpha + z\text{inv}\alpha\right]$$

式中　m——模数；

$\text{inv}\alpha$——渐开线函数，$\text{inv}\alpha = \theta = \tan\alpha - \alpha$；

α——压力角；

x——变位系数；

n——跨齿数；

z——齿数。

当 $\alpha = 20°$，变位系数 $x = 0$ 时，则

$$W = m[1.476(2n-1) + 0.014z]$$

$$n = \frac{z}{9} + 0.5$$

跨齿数 n 可按实验表 9 选取（适用于非变位齿轮及变位系数不大的齿轮）。

实验表 9　依据齿轮的齿数 z 选取跨齿数 n

z	11~18	19~27	28~36	37~45	46~54	55~63	64~72
n	2	3	4	5	6	7	8
z	73~81	82~90	91~99	100~108	109~117	118~126	127~135
n	9	10	11	12	13	14	15
z	136~144	145~153	154~162	163~171	172~180	181~189	190~198
n	16	17	18	19	20	21	22

（2）测量公法线长度偏差 ΔE_w　根据跨齿数，使两测量盘和齿轮的非同名齿廓接触，由千分尺读数部分可读得实际公法线长度。分别沿圆周五个等分位置进行测量，记入实验报告，五个测量结果与公称公法线长度比较，得到五个公法线长度偏差，其值应在公法线长度的极限偏差（E_{ws}、E_{wi}）范围内。即满足合格条件

$$E_{wi} \leq \Delta E_w \leq E_{ws}$$

实验 5-6　齿轮切向综合总偏差的测量

1. 实验目的

1）熟悉光栅式齿轮单面啮合检查仪的测量原理和测量方法。

2）加深理解齿轮切向综合总偏差和一齿切向综合偏差的定义。

2. 实验内容

用光栅式齿轮单面啮合检查仪测量齿轮切向综合总偏差和一齿切向综合偏差。

3. 仪器介绍

光栅式齿轮单面啮合检查仪的测量原理如实验图 55 所示。

CD320G-B 型单啮仪是以蜗杆为标准元件在单面啮合状态下对齿轮进行动态测量的仪

器。仪器由主机、齿轮误差分析仪和记录仪三大部分组成。主机装配有两台高精度圆光栅传感器和测量回转驱动装置,齿轮误差分析仪对传感器输出的信号进行处理和分析,记录仪以长、圆两种图形的形式显示误差(实验图 56),从图中可分析出齿轮的多项误差。

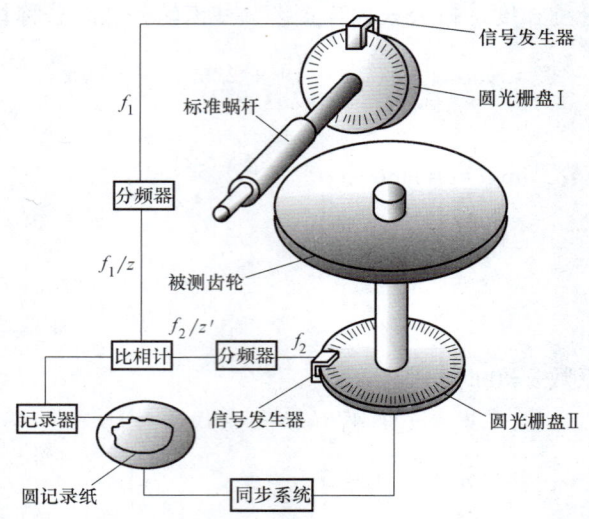

实验图 55 光栅式单面啮合检查仪测量原理图

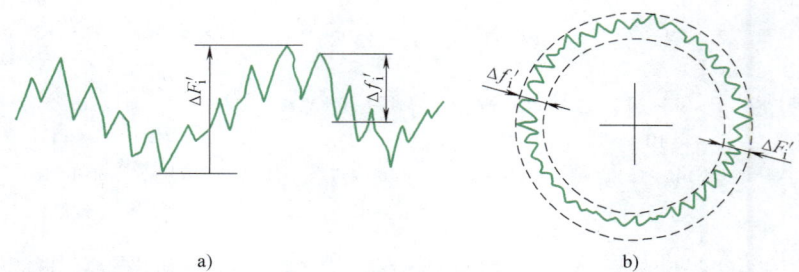

实验图 56 单啮仪的记录仪显示齿轮误差的两种图形形式
a)长形记录图 b)圆形记录图

4. 间齿测量原理及测量方法

(1) **间齿测量原理** 当仪器使用单头蜗杆时,能方便地测出齿轮的切向综合总偏差和一齿切向综合偏差。

使用多头蜗杆时,采用间齿测量可获得齿轮截面整体误差曲线,从曲线可分析出切向综合总偏差 $\Delta F_i'$、一齿切向综合偏差 $\Delta f_i'$、齿距累积总偏差 ΔF_p、单个齿距偏差 Δf_{pt}、单个基圆齿距偏差 Δf_{pb} 和齿廓形状偏差 $\Delta f_{f\alpha}$ 等。例如,采用双头蜗杆测量奇数齿的齿轮(实验图 57a),蜗杆的一个头具有完整而精确的形状和尺寸,另一头被减薄,则测量时与被测齿轮每间隔一个齿相互啮合,就能对每个齿廓从齿根到齿顶的整个工作部分进行测量,并全面反映其误差,不会因重合度 $\varepsilon>1$ 而受相邻齿误差的影响,可在被测齿轮旋转两周内连续测完全部轮齿误差(第一转测量第 1,3,5,…齿,第二转测量第 2,4,6,…齿),如实验图 57b 所示。

(2) **测量方法简述** 测前调整及准备:螺旋角(蜗杆)的调整、蜗杆的选择、蜗杆与齿轮的安装、蜗杆轴向位置的选择、中心距的选择、记录形式的选择、测量速度的选择。

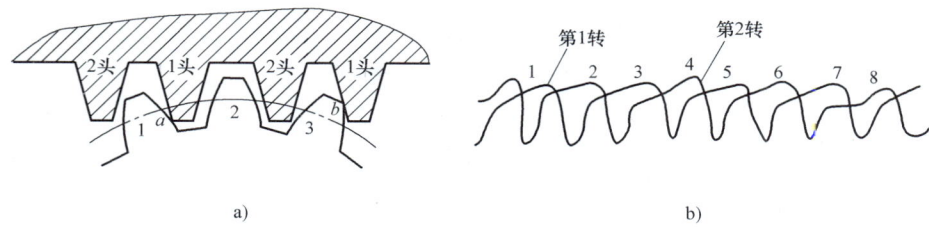

实验图 57 间齿测量方法与误差记录曲线

a）双头蜗杆测量奇数齿轮采用间齿测量方法　b）测量两转的长形记录图

齿轮误差分析仪的操作与调整：各拨码盘调整，包括"头数选择""齿轮选择""比相扩展"λ、"误差计数当量扩展"W、"位移"按钮调整、"测量""定标""40"波段开关调整。

记录仪操作：打开圆记录开关，调节记录仪调零旋钮，打开信号输入开关，落下记录笔记录曲线（注：在打开圆记录开关前，必须先脱离啮合状态）。

5. 齿轮整体误差曲线及切向综合总偏差 $\Delta F_i'$ 和一齿切向综合偏差 $\Delta f_i'$ 的评定

用多头蜗杆（双头、三头）进行间齿测量，采用圆图记录，可获得整体误差曲线，从中可分析齿轮的多项误差。实验用单头蜗杆测量得到记录曲线如实验图 58 所示。

切向综合总偏差为被测齿轮一转内，被测齿轮实际转角与理论转角的最大差值，以分度圆弧长计值，在曲线记录纸径向坐标方向上的最高点和最低点之间的距离。

一齿切向综合偏差为记录曲线上小波纹的最大幅值，如实验图 56 和实验图 58 中的 $\Delta f_i'$。

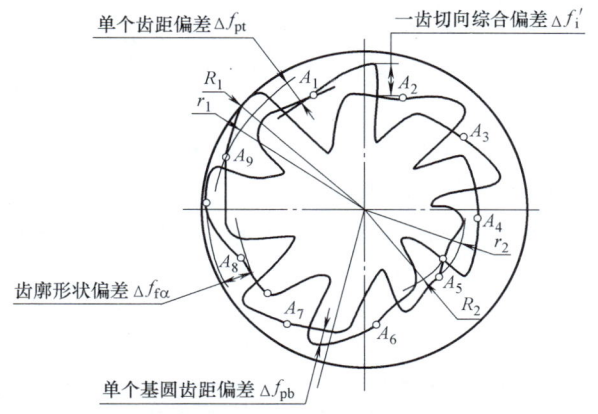

实验图 58 齿轮整体误差曲线

$\Delta F_i'$ 和 $\Delta f_i'$ 均由记录纸上的格值评定，其中

角度：K（秒/格）$= 800 \cdot \dfrac{z_1}{z_2} \cdot \dfrac{W}{L}$

线值：在啮合线上：$K_{啮}$（μm/格）$= \dfrac{\pi}{1.62} \cdot \dfrac{m_n z_1 W}{L} \cos\alpha$

在分度圆上：$K_{分}$（μm/格）$= \dfrac{\pi}{1.62} \cdot \dfrac{m_t z_1 W}{L}$

式中　z_1——蜗杆头数；
　　　z_2——齿轮齿数；
　　　m_n——法向模数；
　　　m_t——端面模数；
　　　W——误差计数当量扩展数；
　　　L——定标格数；
　　　α——分度圆压力角。

实验六　活塞几何精度的综合测量

实验 6-1　活塞直径尺寸和圆度、平行度等误差测量

1. 实验目的

1）了解活塞的结构特点及其测量原理和方法。
2）学习针对零件特征，正确选用测量仪器及其相关附件，组成合适的测量方案。

2. 实验内容

1）测量活塞裙部的外圆柱直径。
2）测量活塞裙部上安装连杆的两个销孔直径。
3）测量活塞裙部的外圆柱的圆度误差（圆度评定可以采用特征值法）。
4）测量活塞的销孔公共中心线对底平面的平行度误差。
5）测量活塞的裙部轴线对销孔公共中心线的垂直度误差。
6）测量活塞的裙部轴线对销孔公共中心线的位置度误差。

3. 仪器选用与测量过程

1）活塞的圆柱部分的直径为外尺寸，可用立式光学比较仪测量（实验图 1）。
2）活塞的销孔直径为内尺寸，可用内径指示表测量（实验图 5）。
3）当采用特征值法评定圆度时，可以用立式光学比较仪测量不同方位的直径多次，然后进行数据处理得出圆度误差。

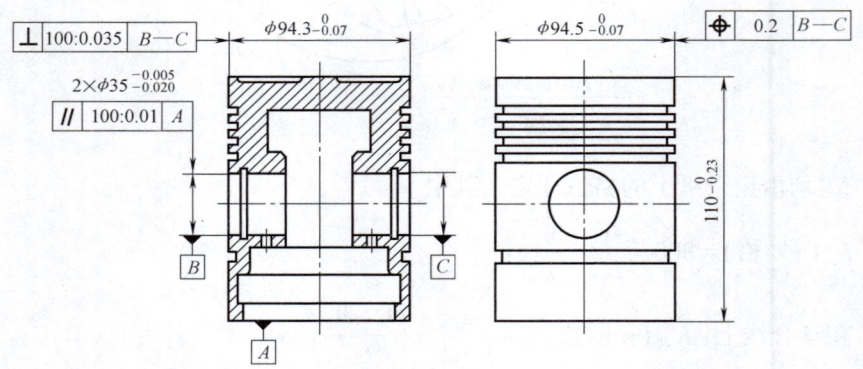

实验图 59　活塞工作图及其几何精度标注

4）按照实验图 33 所示的方式，在基准平板上，测量活塞的销孔公共中心线对底平面

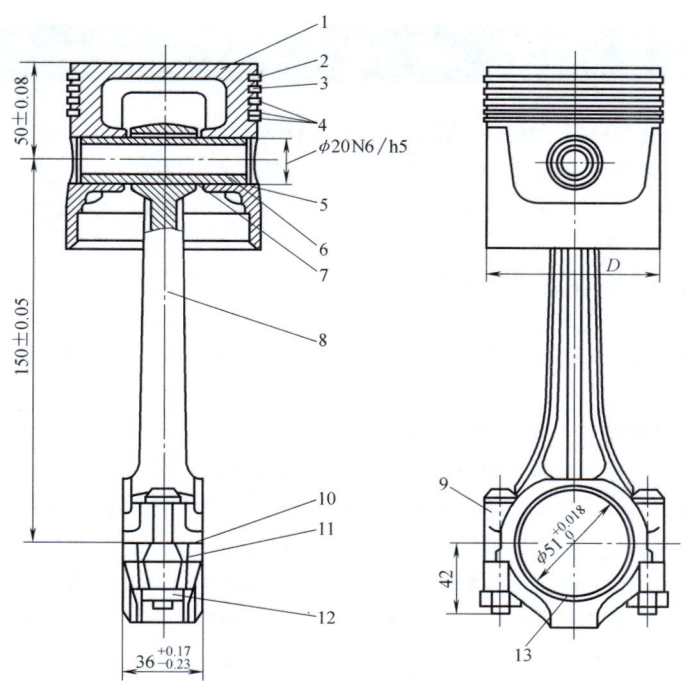

实验图 60　活塞与连杆的组装图

1—活塞　2—一道气环　3—二道气环　4—油环　5—卡环　6—活塞销　7—连杆小头轴瓦
8—连杆　9—连杆螺栓　10—调整垫片　11—连杆盖　12—连杆螺母　13—连杆大头轴瓦

的平行度。

5）按照实验图 31 所示的方式，在基准平板上，测量活塞的裙部轴线对销孔公共中心线的垂直度。

6）按照实验图 32 所示的方式，在基准平板上，测量活塞的裙部轴线对销孔公共中心线的位置度。

4. 分析测量结果

根据活塞工作图的几何精度标注（实验图 59），分析活塞测量结果的各项误差，并判定是否符合精度设计的要求。

实验图 60 是桑塔纳 2000 时代超人发动机的活塞结构及其与连杆等零件的组装图，供测量时参考。

参 考 文 献

[1] 甘永立. 几何量公差与检测 [M]. 9版. 上海：上海科学技术出版社，2010.
[2] 王伯平. 互换性与测量技术基础 [M]. 4版. 北京：机械工业出版社，2013.
[3] 全国产品尺寸和几何技术规范标准化技术委员会. GB/T 321—2005 优先数和优先数系 [S]. 北京：中国标准出版社，2005.
[4] 全国量具量仪标准化技术委员会. GB/T 6093—2001 几何量技术规范（GPS） 长度标准 量块 [S]. 北京：中国标准出版社，2001.
[5] 全国产品尺寸和几何技术规范标准化技术委员会. GB/T 2822—2005 标准尺寸 [S]. 北京：中国标准出版社，2005.
[6] 全国几何量长度计量技术委员会. JJG 146—2011 量块 [S]. 北京：中国质检出版社，2012.
[7] 全国产品尺寸和几何技术规范标准化技术委员会. GB/T 1800.1—2009 产品几何技术规范（GPS） 极限与配合 第1部分：公差、偏差和配合的基础 [S]. 北京：中国标准出版社，2009.
[8] 全国产品尺寸和几何技术规范标准化技术委员会. GB/T 1800.2—2009 产品几何技术规范（GPS） 极限与配合 第2部分：标准公差等级和孔、轴极限偏差表 [S]. 北京：中国标准出版社，2009.
[9] 全国产品尺寸和几何技术规范标准化技术委员会. GB/T 1801—2009 产品几何技术规范（GPS） 极限与配合 公差带与配合的选择 [S]. 北京：中国标准出版社，2009.
[10] 全国产品尺寸和几何技术规范标准化技术委员会. GB/T 1804—2000 一般公差 未注公差的线性和角度尺寸的公差 [S]. 北京：中国标准出版社，2000.
[11] 全国产品尺寸和几何技术规范标准化技术委员会. GB/T 1182—2008 产品几何技术规范（GPS） 几何公差 形状、方向、位置和跳动公差标注 [S]. 北京：中国标准出版社，2008.
[12] 全国形状和位置公差标准化技术委员会. GB/T 1184—1996 形状和位置公差 未注公差值 [S]. 北京：中国标准出社，1997.
[13] 全国产品尺寸和几何技术规范标准化技术委员会. GB/T 4249—2009 产品几何技术规范（GPS） 公差原则 [S]. 北京：中国标准出版社，2009.
[14] 全国产品尺寸和几何技术规范标准化技术委员会. GB/T 16671—2009 产品几何技术规范（GPS） 几何公差 最大实体要求、最小实体要求和可逆要求 [S]. 北京：中国标准出版社，2009.
[15] 全国产品尺寸和几何技术规范标准化技术委员会. GB/T 18780.1—2002 产品几何量技术规范（GPS） 几何要素 第1部分：基本术语和定义 [S]. 北京：中国标准出版社，2002.
[16] 全国产品尺寸和几何技术规范标准化技术委员会. GB/T 1958—2004 产品几何量技术规范（GPS） 形状和位置公差 检测规定 [S]. 北京：中国标准出版社，2005.
[17] 全国产品尺寸和几何技术规范标准化技术委员会. GB/T 3505—2009 产品几何技术规范（GPS） 表面结构 轮廓法 术语、定义及表面结构参数 [S]. 北京：中国标准出版社，2009.
[18] 全国产品尺寸和几何技术规范标准化技术委员会. GB/T 10610—2009 产品几何技术规范（GPS） 表面结构 轮廓法 评定表面结构的规则和方法 [S]. 北京：中国标准出版社，2009.
[19] 全国产品尺寸和几何技术规范标准化技术委员会. GB/T 1031—2009 产品几何技术规范（GPS） 表面结构 轮廓法 表面粗糙度参数及其数值 [S]. 北京：中国标准出版社，2009.
[20] 全国滚动轴承标准化技术委员会. GB/T 275—1993 滚动轴承与轴和外壳的配合 [S]. 北京：中国标准出版社，1993.
[21] 全国滚动轴承标准化技术委员会. GB/T 307.1—2005 滚动轴承 向心轴承 公差 [S]. 北京：中国标准出版社，2005.

[22] 全国滚动轴承标准化技术委员会. GB/T 307.3—2005 滚动轴承 通用技术规则 [S]. 北京：中国标准出版社, 2005.
[23] 全国产品尺寸和几何技术规范标准化技术委员会. GB/T 3177—2009 产品几何技术规范 (GPS) 光滑工件尺寸的检验 [S]. 北京：中国标准出版社, 2009.
[24] 全国量具量仪标准化技术委员. GB/T 1957—2006 光滑极限量规 技术要求 [S]. 北京：中国标准出版社, 2006.
[25] 全国产品尺寸和几何技术规范标准化技术委员会. GB/T 11334—2005 产品几何量技术规范 (GPS) 圆锥公差 [S]. 北京：中国标准出版社, 2005.
[26] 全国产品尺寸和几何技术规范标准化技术委员会. GB/T 12360—2005 产品几何量技术规范 (GPS) 圆锥配合 [S]. 北京：中国标准出版社, 2005.
[27] 全国产品尺寸和几何技术规范标准化技术委员会. GB/T 15754—1995 技术制图 圆锥的尺寸和公差注法 [S]. 北京：中国标准出版社, 1995.
[28] 全国机器轴与附件标准化技术委员会. GB/T 1095—2003 平键 键槽的剖面尺寸 [S]. 北京：中国标准出版社, 2004.
[29] 全国机器轴与附件标准化技术委员会. GB/T 1144—2001 矩形花键尺寸、公差和检验 [S]. 北京：中国标准出版社, 2001.
[30] 全国螺纹标准化技术委员会. GB/T 14791—2003 螺纹 术语 [S]. 北京：中国标准出版社, 2013.
[31] 全国螺纹标准化技术委员会. GB/T 192—2003 普通螺纹 基本牙型 [S]. 北京：中国标准出版社, 2004.
[32] 全国螺纹标准化技术委员会. GB/T 197—2003 普通螺纹 公差 [S]. 北京：中国标准出版社, 2004.
[33] 全国金属切削机床标准化技术委员会. JB/T 2886—2008 机床梯形丝杠、螺母 技术要求 [S]. 北京：机械工业出版社, 2008.
[34] 陈于萍. 互换性与测量技术基础 [M]. 2版. 北京：机械工业出版社, 2007.
[35] 刘巽尔. 形状和位置公差——原理与应用 [M]. 北京：机械工业出版社, 1999.
[36] 陈隆德, 赵福令. 机械精度设计与检测技术 [M]. 北京：机械工业出版社, 2000.
[37] 高晓康. 几何精度设计与检测 [M]. 上海：上海交通大学出版社, 2002.
[38] 刘品, 刘丽华. 互换性与测量技术基础 [M]. 修订版. 哈尔滨：哈尔滨工业大学出版社, 2001.
[39] 廖念钊. 互换性与测量技术基础 [M]. 3版. 北京：中国计量出版社, 2002.
[40] 甘永立. 几何量公差与检测习题试题集 [M]. 4版. 上海：上海科学技术出版社, 2003.
[41] 张善锺. 精密仪器结构设计手册 [M]. 北京：机械工业出版社, 2009.
[42] 全国齿轮标准化技术委员会. GB/T 10095.1—2008 圆柱齿轮 精度制 第1部分：轮齿同侧齿面偏差的定义和允许值 [S]. 北京：中国标准出版社, 2008.
[43] 全国齿轮标准化技术委员会. GB/T 10095.2—2008 圆柱齿轮 精度制 第2部分：径向综合偏差与径向跳动的定义和允许值 [S]. 北京：中国标准出版社, 2008.
[44] 全国齿轮标准化技术委员会. GB/Z 18620.1—2008 圆柱齿轮 检验实施规范 第1部分：轮齿同侧齿面的检验 [S]. 北京：中国标准出版社, 2008.
[45] 全国齿轮标准化技术委员会. GB/Z 18620.2—2008 圆柱齿轮 检验实施规范 第2部分：径向综合偏差、径向跳动、齿厚和侧隙的检验 [S]. 北京：中国标准出版社, 2008.
[46] 全国齿轮标准化技术委员会. GB/Z 18620.3—2008 圆柱齿轮 检验实施规范 第3部分：齿轮坯、轴中心距和轴线平行度的检验 [S]. 北京：中国标准出版社, 2008.
[47] 全国齿轮标准化技术委员会. GB/Z 18620.4—2008 圆柱齿轮 检验实施规范 第4部分：表面结构和轮齿接触斑点的检验 [S]. 北京：中国标准出版社, 2008.